Ergebnisse der Mathematik und ihrer Grenzgebiete

Band 71

Herausgegeben von P. R. Halmos · P. J. Hilton
R. Remmert · B. Szőkefalvi-Nagy

Unter Mitwirkung von L. V. Ahlfors · R. Baer
F. L. Bauer · A. Dold · J. L. Doob
S. Eilenberg · M. Kneser · G. H. Müller
M. M. Postnikov · B. Segre · E. Sperner

Geschäftsführender Herausgeber: P. J. Hilton

Jean Claude Tougeron

Idéaux de fonctions différentiables

Springer-Verlag Berlin Heidelberg New York
1972

Jean Claude Tougeron
Université de Rennes, Faculté des Sciences, Départment de Mathématiques et Informatique

AMS Subject Classifications (1970): 58 C xx

ISBN 3-540-05906-7 Springer-Verlag Berlin Heidelberg New York
ISBN 0-387-05906-7 Springer-Verlag New York Heidelberg Berlin

Printed in Germany. Gesamtherstellung: Universitätsdruckerei H. Stürtz AG, Würzburg

Table des matières

Introduction

L'objet essentiel de ce livre est l'étude de l'anneau $\mathscr{E}_n$ des germes de fonctions numériques, indéfiniment dérivables à l'origine de $\mathbb{R}^n$. Deux problèmes sont à l'origine de ce travail: d'une part, la théorie des singularités des applications différentiables, développée d'abord par H. Whitney et R. Thom; d'autre part, des résultats de L. Hörmander, S. Łojasiewicz et B. Malgrange, concernant les idéaux de $\mathscr{E}_n$ engendrés par des fonctions analytiques.

Quatre thèmes principaux sont abordés: les problèmes de prolongements de fonctions différentiables, en particulier le théorème de Whitney (chapitre IV); les théorèmes de transversalité (chapitre VII); l'étude de certains idéaux de $\mathscr{E}_n$, en particulier ceux engendrés par des fonctions analytiques, ou ceux obtenus comme images réciproques d'un idéal analytique par une fonction C^∞, vérifiant certaines conditions de transversalité (chapitres V, VI et VIII); enfin, le théorème de préparation de Malgrange-Mather, analogue C^∞ du théorème de préparation de Weierstrass (chapitre IX) et ses applications à la théorie de J. Mather sur la stabilité des applications différentiables (chapitre X).

Nous nous sommes beaucoup inspirés (chapitres IV, V, VI) du livre de B. Malgrange: «Ideals of differentiable functions»; toutefois, le chapitre IV contient un important théorème de prolongement, dû à Łojasiewicz, essentiel dans la preuve du théorème de préparation différentiable; en outre, les démonstrations de l'inégalité de Łojasiewicz et du théorème de division, diffèrent sensiblement de celles de B. Malgrange.

Parmi les nombreuses preuves du théorème de préparation différentiable, nous avons préféré celle de S. Łojasiewicz, la plus proche, semble-t-il, de l'esprit de ce livre. Parmi tous les résultats de J. Mather sur la stabilité des applications C^∞, nous avons choisi le théorème fondamental caractérisant les applications stables d'une variété C^∞ dans une autre. Ce résultat est une application remarquable du théorème de préparation de Malgrange-Mather. Enfin, deux variantes du théorème de transversalité de *R.* Thom sont démontrées au chapitre VII: la première, algébrique et locale, est utilisée essenticllement dans le chapitre VIII; la seconde, globale et géométrique, est employée dans la preuve du théoréme de stabilité.

L'étude de $\mathscr{E}_n$ nécessite, au préalable, une bonne connaissance de l'anneau $\mathcal{O}_n = \mathbb{R}\{x_1, \ldots, x_n\}$ des germes de fonctions numériques, analytiques à l'origine de $\mathbb{R}^n$ et de son complété, l'anneau $\mathscr{F}_n = \mathbb{R}[[x_1, \ldots, x_n]]$ des séries formelles. Aussi, leur avons-nous consacré les trois premiers chapitres. Le chapitre I est un rappel d'algèbre locale (l'ouvrage de référence est le livre de J.P. Serre: Algèbre locale – Multiplicités); à tout module M et à tout $k \in \mathbb{N}$, on associe un idéal $\sigma_k(M)$: nous utilisons systématiquement ces idéaux pour décrire les résultats sur la dimension homologique des modules et les propriétés des anneaux locaux réguliers. Le chapitre II est consacré aux algèbres analytiques et formelles: les divers théorèmes classiques sur la complétion d'une algèbre analytique et les propriétés locales des ensembles analytiques (en particulier, les théorèmes d'Oka sur la cohérence du faisceau des germes de fonctions analytiques, sur la cohérence des ensembles analytiques complexes et sur les points normaux d'un espace analytique) sont démontrés rapidement, par des méthodes qui diffèrent sensiblement des méthodes habituelles. Enfin, nous démontrons au chapitre III deux résultats fondamentaux: le théorème de préparation de Weierstrass et le théorème de M. Artin sur les solutions d'un système d'équations analytiques.

Ce travail doit beaucoup aux encouragements de divers mathématiciens. En particulier, je tiens à remercier MM. B. Malgrange et J. Merrien pour leurs nombreuses suggestions et les diverses corrections qu'ils ont apportées au manuscrit.

Chapitre I. Algèbre locale

Nous avons groupé dans ce chapitre les résultats d'algèbre locale utilisés par la suite. Les théorèmes, en dehors du critère de platitude (théorème 6.13) et des quelques lemmes du paragraphe 2, sont classiques et leurs démonstrations souvent omises. En particulier, pour tous les théorèmes généraux relatifs à la dimension des anneaux locaux noethériens, nous renvoyons à Serre [1] ou Zariski-Samuel [1]. Toutefois, il nous a paru souhaitable de démontrer les résultats concernant la dimension homologique des modules et les propriétés (fondamentales pour la suite) des anneaux locaux réguliers.

Dans tout ce chapitre, A désigne un anneau commutatif et unitaire. Les A-modules considérés seront toujours unitaires. Un A-module M est de type fini s'il est engendré sur A par un nombre fini d'éléments.

1. Anneaux locaux – Localisation

Le *radical* $r(A)$ de A est l'intersection des idéaux maximaux de A. Un idéal I est contenu dans $r(A)$ si et seulement si, $\forall a \in I$, $1+a$ est inversible dans A. L'anneau A est *local*, si l'ensemble des éléments non inversibles de A est un idéal $\underline{m}$; dans ce cas, $\underline{m}$ contient tout idéal propre de A, i.e. $\underline{m}$ est le seul idéal maximal de A, i.e. $\underline{m}=r(A)$. Nous utiliserons fréquemment le résultat suivant:

Proposition 1.1 (lemme de Nakayama). *Soient M un A-module de type fini et M' un sous-module de M tels que:*

$$M = M' + r(A) \cdot M.$$

Alors $M = M'$.

Preuve. Posons $N = M/M'$. Par hypothèse $N = r(A) \cdot N$ et nous devons montrer que $N=0$. Soit $n_1, \ldots, n_p$ un système de générateurs de N. Il existe des éléments $a_{ij} \in r(A)$ $(1 \leqq i \leqq p, 1 \leqq j \leqq p)$ tels que:

$$n_i = \sum_{j=1}^{p} a_{ij} n_j$$

soit:

$$\sum_{j=1}^{p} (\delta_{ij} - a_{ij}) \cdot n_j = 0 \qquad (\delta_{ij} \text{ est le symbole de Kronecker}).$$

Puisque $\Delta = \det(\delta_{ij} - a_{ij}) \in 1 + r(A)$, Δ est inversible et donc, par la règle de Cramer, $n_1 = \cdots = n_p = 0$. □

Corollaire 1.2. *Soit M un module de type fini sur un anneau local A d'idéal maximal $\underline{m}$. Le nombre minimum $g_A(M)$ de générateurs de M est égal à la dimension sur $\underline{k} = A/\underline{m}$ de l'espace vectoriel $M \otimes_A \underline{k} = M/\underline{m} \cdot M$.*

Preuve. Visiblement: $g_A(M) \geqq \dim_{\underline{k}} (M \otimes_A \underline{k})$. Soient $m_1, \ldots, m_p$ des éléments de M tels que leurs classes modulo $\underline{m} \cdot M$, forment une base de $M/\underline{m} \cdot M$. Si M' est le sous-module de M engendré par les m_i: $M = M' + \underline{m} \cdot M$ d'où (lemme de Nakayama) $M = M'$. Ainsi: $g_A(M) \leqq \dim_{\underline{k}} (M \otimes_A \underline{k})$. □

Rappelons la définition et quelques propriétés du localisé d'un module. Les vérifications sont triviales et laissées au lecteur; celui-ci peut se reporter à Bourbaki [1].

Soient $\mathfrak{p}$ un idéal premier de l'anneau A; M un A-module. Posons $S = A \setminus \mathfrak{p}$. On définit sur l'ensemble $M \times S$ une relation d'équivalence: $(m, s) \simeq (m', s')$ si et seulement s'il existe $s'' \in S$ tel que: $s''(s' m - s m') = 0$. La classe d'équivalence de (m, s) sera notée m/s et l'ensemble de ces classes d'équivalence $M_{\mathfrak{p}}$. Si m/s, m'/s' appartiennent à $M_{\mathfrak{p}}$, on pose: $m/s + m'/s' = (s' m + s m')/s s'$; si $a/t \in A_{\mathfrak{p}}$, $(a/t) \cdot (m/s) = a m/t s$. On munit ainsi $A_{\mathfrak{p}}$ d'une structure d'anneau commutatif et unitaire et $M_{\mathfrak{p}}$ d'une structure de $A_{\mathfrak{p}}$-module unitaire. Nous dirons que $M_{\mathfrak{p}}$ *est le localisé de M par rapport à $\mathfrak{p}$.*

L'application canonique: $A \ni a \to a/1 \in A_{\mathfrak{p}}$ est un homomorphisme de A-modules unitaires. On vérifie facilement que l'application canonique $M \otimes_A A_{\mathfrak{p}} \to M_{\mathfrak{p}}$ (qui à $m \otimes a/s$ associe $a m/s$) est un isomorphisme.

A tout homomorphisme φ: $M' \to M$ de A-modules, on associe un homomorphisme de $A_{\mathfrak{p}}$-modules $\varphi_{\mathfrak{p}}$: $M'_{\mathfrak{p}} \ni m/s \to \varphi(m)/s \in M_{\mathfrak{p}}$.

Si: $\quad M' \xrightarrow{\varphi} M \xrightarrow{\Psi} M''$ est une suite exacte de A-modules,

la suite $M'_{\mathfrak{p}} \xrightarrow{\varphi_{\mathfrak{p}}} M_{\mathfrak{p}} \xrightarrow{\Psi_{\mathfrak{p}}} M''_{\mathfrak{p}}$ est exacte

(cela signifie que $A_{\mathfrak{p}}$ *est un A-module plat* — cf. paragraphe 4).

Un élément $a/s \in A_{\mathfrak{p}}$ est inversible si et seulement si $a \in S$. Il en résulte que $A_{\mathfrak{p}}$ *est un anneau local d'idéal maximal* $\mathfrak{p} \cdot A_{\mathfrak{p}}$. Enfin, si $\mathfrak{p}'$ est un idéal premier de A contenu dans $\mathfrak{p}$, $\mathfrak{p}' \cdot A_{\mathfrak{p}}$ est un idéal premier de $A_{\mathfrak{p}}$: on définit ainsi une bijection (conservant l'inclusion) de l'ensemble des idéaux premiers de A contenus dans $\mathfrak{p}$ sur l'ensemble des idéaux premiers de $A_{\mathfrak{p}}$.

2. Les idéaux $\sigma_k(M)$

Définition 2.1. Soit M un A-module. Une *présentation finie* du module M est une suite exacte:

$$A^p \xrightarrow{\lambda} A^q \xrightarrow{\alpha} M \to 0, \qquad \text{où } p,\ q \in \mathbb{N}.$$

S'il existe une telle suite, nous dirons que M est de présentation finie.

Définition 2.2. Soit $\lambda\colon A^p \to A^q$ une application A-linéaire (on identifie λ à sa matrice par rapport aux bases canoniques de A^p et A^q). Soit $k \in \mathbb{N}$; si $q-p \leqq k < q$, on désigne par $\sigma'_k(\lambda)$ l'idéal engendré dans A par les mineurs d'ordre $q-k$ de la matrice λ; si $k < q-p$, on pose $\sigma'_k(\lambda)=0$; si $k \geqq q$, $\sigma'_k(\lambda)=A$.

Lemme 2.3. *Soient M un A-module de présentation finie et*

$$A^p \xrightarrow{\lambda} A^q \xrightarrow{\alpha} M \to 0 \tag{$*$}$$

une présentation finie du module M. L'idéal $\sigma'_k(\lambda)$ est indépendant de la présentation $(*)$ choisie et sera noté $\sigma'_k(M)$.

Preuve. Soit: $A^{p'} \xrightarrow{\lambda'} A^{q'} \xrightarrow{\alpha'} M \to 0$ une seconde présentation finie du module M. Nous devons montrer que $\sigma'_k(\lambda)=\sigma'_k(\lambda')$.

(1) Si $q=q'$ et $\mathrm{Im}(\lambda)=\mathrm{Im}(\lambda')$, le résultat est trivial et la vérification est laissée au lecteur.

(2) Considérons le cas général. Soient $(e_1, \dots, e_q)$ la base canonique de A^q; $(e'_1, \dots, e'_{q'})$ celle de $A^{q'}$. Posons $\alpha(e_i)=x_i$; $\alpha'(e'_j)=x'_j$. On construit un épimorphisme $\alpha''\colon A^q \oplus A^{q'} \to M$ en posant: $\alpha''(e_i)=x_i$; $\alpha''(e'_j)=x'_j$ (on identifie A^q au sous-module $A^q \oplus 0$ de $A^q \oplus A^{q'}$ et de même $A^{q'}$ au sous-module $0 \oplus A^{q'}$ de $A^q \oplus A^{q'}$).

Il existe des $a_{ji} \in A$ $(1 \leqq i \leqq q;\ 1 \leqq j \leqq q')$ tels que:

$$x'_j = \sum_{i=1}^{q} a_{ji} x_i.$$

Soit N le sous-module de $\ker \alpha''$ engendré par les

$$n_j = e'_j - \sum_{i=1}^{q} a_{ji} e_i.$$

Si

$$r = \sum_{i=1}^{q} r_i e_i + \sum_{j=1}^{q'} r'_j e'_j \in \ker \alpha'', \qquad \text{on a:} \quad r - \sum_{j=1}^{q'} r'_j n_j \in \ker \alpha.$$

Donc: $N + \ker \alpha = \ker \alpha''$.

Ceci permet de construire une présentation finie:

$$A^{p+q'} \xrightarrow{\lambda_1} A^q \oplus A^{q'} \xrightarrow{\alpha''} M \to 0$$

où $\lambda_1 = \begin{vmatrix} \lambda & \mathscr{A} \\ 0 & I_{q'} \end{vmatrix}$ ($\mathscr{A}$ est la matrice des $-a_{ji}$ et $I_{q'}$ est la matrice carrée unité de rang q'). Le lecteur vérifiera que, $\forall k \in \mathbb{N}$, $\sigma'_k(\lambda) = \sigma'_k(\lambda_1)$.

En inversant les rôles de λ et λ', on construit de même une suite exacte:

$$A^{q+p'} \xrightarrow{\lambda_2} A^q \oplus A^{q'} \xrightarrow{\alpha''} M \to 0$$

où λ_2 est de la forme $\begin{vmatrix} I_q & 0 \\ \mathscr{B} & \lambda' \end{vmatrix}$, ce qui entraîne: $\sigma'_k(\lambda') = \sigma'_k(\lambda_2)$. D'après (1), $\sigma'_k(\lambda_1) = \sigma'_k(\lambda_2)$, d'où le résultat. □

Définition 2.4. Soit M un A-module. Pour tout $k \in \mathbb{N}$, on note $\sigma_k(M)$ l'idéal engendré dans A par tous les ξ tels que $\xi \cdot M$ soit contenu dans un sous-module de M engendré par k éléments.

Si I est un idéal de A, on note $\sqrt{I}$ la racine de I: $\sqrt{I}$ est l'idéal de A formé des éléments dont une puissance appartient à I. C'est encore l'intersection des idéaux premiers qui contiennent I.

Le lemme suivant interprète les idéaux $\sigma'_k(M)$ et $\sigma_k(M)$:

Lemme 2.5. *Soit M un A-module de type fini.*

(1) *Un idéal premier $\mathfrak{p}$ contient $\sigma_k(M)$ si et seulement si: $g_{A_\mathfrak{p}}(M_\mathfrak{p}) > k$.*

(2) *Si M est de présentation finie: $\sigma'_k(M) \subset \sigma_k(M)$ et $\sqrt{\sigma'_k(M)} = \sqrt{\sigma_k(M)}$.*

Preuve. (1) Soit $\mathfrak{p}$ un idéal premier de A ne contenant pas $\sigma_k(M)$. Il existe $\xi \in A \smallsetminus \mathfrak{p}$ et un sous-module N de M engendré sur A par k éléments tels que: $\xi \cdot (M/N) = 0$, ce qui signifie (ξ étant inversible dans $A_\mathfrak{p}$) que $(M/N)_\mathfrak{p} = M_\mathfrak{p}/N_\mathfrak{p} = 0$. Ainsi $M_\mathfrak{p}$ est engendré sur $A_\mathfrak{p}$ par k éléments.

Réciproquement, si $M_\mathfrak{p}$ est engendré sur $A_\mathfrak{p}$ par k éléments, il existe un sous-module N de M engendré sur A par k éléments, tel que $(M/N)_\mathfrak{p} = 0$, ce qui signifie (M étant de type fini) qu'il existe $\xi \in A \smallsetminus \mathfrak{p}$ tel que $\xi \cdot M \subset N$; ainsi $\mathfrak{p} \not\supset \sigma_k(M)$.

(2) Soit:

$$A^p \xrightarrow{\lambda} A^q \xrightarrow{\alpha} M \to 0 \qquad (*)$$

une présentation finie du module M. Si $k \geqq q$, $\sigma'_k(M) = A = \sigma_k(M)$ (car M est engendré par q éléments). Nous supposerons donc $k < q$.

Montrons d'abord que $\sigma'_k(M) \subset \sigma_k(M)$. Si $k < q - p$, $\sigma'_k(M) = 0$ et l'inclusion est évidente. Si $q - p \leqq k < q$, soit $\xi \in \sigma'_k(M)$ et supposons, pour fixer les idées, que ξ est le déterminant de la matrice intersection des $q-k$ premières colonnes avec les $q-k$ premières lignes de λ.

Désignons par $(\varepsilon_1, \ldots, \varepsilon_p)$ et $(e_1, \ldots, e_q)$ les bases canoniques de A^p et A^q respectivement. Le système $(\lambda(\varepsilon_1), \ldots, \lambda(\varepsilon_{q-k}), e_{q-k+1}, \ldots, e_q)$ a un déterminant égal à ξ, et donc, par la règle de Cramer, $\xi \cdot A^q$ est contenu dans le sous-module engendré par ces éléments. Il en résulte que:

$$\xi \cdot M \subset (\alpha(e_{q-k+1}), \ldots, \alpha(e_q)), \qquad \text{d'où } \xi \in \sigma_k(M).$$

Pour achever la démonstration, il suffit de montrer l'inclusion: $\sqrt{\sigma'_k}(M) \supset \sigma_k(M)$. Soit $\mathfrak{p}$ un idéal premier contenant $\sigma'_k(M)$ et posons $\underline{k}_{\mathfrak{p}} = A_{\mathfrak{p}}/\mathfrak{p} \cdot A_{\mathfrak{p}}$. En tensorisant sur A par $\underline{k}_{\mathfrak{p}}$ la suite exacte (∗), on obtient une suite exacte:

$$\underline{k}_{\mathfrak{p}}^p \xrightarrow{\bar{\lambda}} \underline{k}_{\mathfrak{p}}^q \xrightarrow{\bar{\alpha}} M_{\mathfrak{p}} \otimes_{A_{\mathfrak{p}}} \underline{k}_{\mathfrak{p}} \to 0.$$

Tous les mineurs d'ordre $q-k$ de la matrice $\bar{\lambda}$ étant nuls:

$$\dim_{\underline{k}_{\mathfrak{p}}}(M_{\mathfrak{p}} \otimes_{A_{\mathfrak{p}}} \underline{k}_{\mathfrak{p}}) > k.$$

D'après le corollaire 1.2 et la première partie de cette démonstration, $\mathfrak{p} \supset \sigma_k(M)$. □

Remarque. Pour tout entier $k \geqq 0$, on a des inclusions:

$$\sigma'_k(M) \subset \sigma'_{k+1}(M) \quad \text{et} \quad \sigma_k(M) \subset \sigma_{k+1}(M).$$

L'annulateur $\operatorname{Ann}(M)$ du module M est égal à $\sigma_0(M)$. D'après le lemme 2.5:

$$\sigma'_0(M) \subset \operatorname{Ann}(M) \quad \text{et} \quad \sqrt{\sigma'_0}(M) = \sqrt{\operatorname{Ann}}(M).$$

L'anneau A est *intègre* s'il ne possède pas de diviseurs de zéro, i.e. si (0) est un idéal premier de A. Par définition, le corps des fractions de A est le localisé $A_{(0)}$.

Définition 2.6. Supposons que A est intègre. Le *rang* d'un A-module M de type fini est l'entier $\operatorname{rg}_A(M) = \dim_{A_{(0)}}(M_{(0)})$.

Visiblement, on a toujours l'inégalité: $\operatorname{rg}_A(M) \leqq g_A(M)$.

Lemme 2.7. *Avec les hypothèses précédentes:*

(1) *Le rang de M est le plus petit entier k tel que $\sigma_k(M) \neq 0$.*

(2) *Le module M est libre si et seulement si:* $\operatorname{rg}_A(M) = g_A(M)$.

(3) *Pour tout idéal premier $\mathfrak{p}$ de A,* $\operatorname{rg}_A(M) = \operatorname{rg}_{A_{\mathfrak{p}}}(M_{\mathfrak{p}})$.

Preuve. (1) Posons $h = \operatorname{rg}(M)$. Puisque $g_{A_{(0)}}(M_{(0)}) = h$:

$$0 \neq \sigma_h(M), \quad \text{i.e.} \quad \sigma_h(M) \neq 0 \quad \text{(lemme 2.5)}.$$

Supposons $h > 0$; si $\sigma_{h-1}(M) \neq 0$, d'après le lemme 2.5: $g_{A_{(0)}}(M_{(0)}) \leq h-1$, ce qui est absurde; donc $\sigma_{h-1}(M) = 0$.

(2) Si M est libre, $\mathrm{rg}_A(M)=g_A(M)$. Réciproquement, si $h=g_A(M)=\mathrm{rg}_A(M)$, soit $(m_1,\dots,m_h)$ un système de générateurs de M; les $m_i\otimes 1$ forment un système de générateurs, donc une base de $M_{(0)}$: il en résulte que $(m_1,\dots,m_h)$ est un systéme libre de M.

(3) Le rang de M est égal à celui de $M_\mathfrak{p}$, car visiblement:

$$M_{(0)}\simeq(M_\mathfrak{p})_{(0)}. \quad \square$$

Corollaire 2.8. *Si* $h=\mathrm{rg}(M)$, *un idéal premier* $\mathfrak{p}$ *ne contient pas* $\sigma_h(M)$ *si et seulement si* $M_\mathfrak{p}$ *est libre sur* $A_\mathfrak{p}$.

Preuve. D'après le lemme 2.5, un idéal premier $\mathfrak{p}$ ne contient pas $\sigma_h(M)$ si et seulement si $g_{A_\mathfrak{p}}(M_\mathfrak{p})\leqq h=\mathrm{rg}_{A_\mathfrak{p}}(M_\mathfrak{p})$, i.e. $g_{A_\mathfrak{p}}(M_\mathfrak{p})=\mathrm{rg}_{A_\mathfrak{p}}(M_\mathfrak{p})$. Il suffit d'appliquer 2.7.2. $\square$

3. Anneaux noethériens

Pour les démonstrations des résultats de ce paragraphe, nous renvoyons à Serre [1] ou Zariski-Samuel [1].

Définition 3.1. Un A-module M est *noethérien* si tout sous-module de M est de type fini ou (condition équivalente) si toute suite croissante de sous-modules de M est stationnaire.

L'anneau A est *noethérien* s'il est noethérien en tant que A-module, i.e. si tout idéal de A est de type fini.

On vérifie facilement que tout module de type fini sur un anneau noethérien est noethérien. De même, si A est noethérien et si $\mathfrak{p}$ est un idéal premier de A, l'anneau $A_\mathfrak{p}$ est noethérien.

Nous supposerons désormais dans ce paragraphe que A est noethérien.

3.2. Rappelons brièvement quelques résultats sur la décomposition primaire.

Un A-module M de type fini est dit *coprimaire* s'il est différent de 0 et s'il satisfait à la condition suivante: pour tout $a\in A$, l'homothétie φ_a de M déterminée par a $(\varphi_a(x)=a\cdot x)$ est soit nilpotente, soit injective, i.e. on a soit $a^n\cdot M=0$ pour n assez grand, soit $ax\neq 0$ pour tout $x\neq 0$. La racine $\sqrt{\mathrm{Ann}(M)}$ de l'annulateur de M est alors un idéal premier $\mathfrak{p}$; nous dirons que M est $\mathfrak{p}$-coprimaire. Visiblement, un sous-module $M'\neq 0$ d'un module $\mathfrak{p}$-coprimaire M est $\mathfrak{p}$-coprimaire.

Soit M un A-module de type fini. Il existe des sous-modules $N_1,\dots,N_r$ de M et des idéaux premiers $\mathfrak{p}_1,\dots,\mathfrak{p}_r$ tels que:

(1) $\bigcap_{i=1}^{r} N_i=0$.

(2) Pour $i=1,\dots,r$: M/N_i est $\mathfrak{p}_i$-coprimaire.

(3) $\mathfrak{p}_i \neq \mathfrak{p}_j$ si $i \neq j$.

(4) Pour $i=1, \ldots, r$: $\bigcap_{j \neq i} N_j \neq 0$.

Soient $N'_1, \ldots, N'_s$ des sous-modules de M; $\mathfrak{p}'_1, \ldots, \mathfrak{p}'_s$ des idéaux premiers, vérifiant des conditions analogues. En réordonnant si nécessaire les N'_i et $\mathfrak{p}'_i$, on vérifie que: $r=s$ et pour $i=1, \ldots, r$: $\mathfrak{p}_i = \mathfrak{p}'_i$. En outre, si $\mathfrak{p}_i$ est un élément minimal de la famille $\{\mathfrak{p}_1, \ldots, \mathfrak{p}_r\}$, on a $N_i = N'_i$. Nous dirons que l'égalité $0 = N_1 \cap \cdots \cap N_r$ est une *décomposition primaire réduite de* 0 *dans* M.

Les idéaux $\mathfrak{p}_1, \ldots, \mathfrak{p}_r$ sont les idéaux premiers *associés à* M: l'ensemble de ces idéaux est noté $\mathrm{Ass}(M)$. La réunion $\mathfrak{p}_1 \cup \cdots \cup \mathfrak{p}_r$ est l'ensemble des éléments de A *diviseurs de zéro dans* M (un élément $a \in A$ est diviseur de zéro dans M si a annule un élément non nul de M). En outre: $\sqrt{\mathrm{Ann}(M)} = \mathfrak{p}_1 \cap \cdots \cap \mathfrak{p}_r$.

Enfin, si $\mathfrak{p}$ est un idéal premier de A, les idéaux premiers associés au $A_\mathfrak{p}$-module $M_\mathfrak{p}$ sont les $\mathfrak{p}_i \cdot A_\mathfrak{p}$, où $\mathfrak{p}_i$ décrit l'ensemble des idéaux premiers associés à M et contenus dans $\mathfrak{p}$.

Définition 3.3 Une chaîne d'idéaux premiers dans A est une suite finie croissante:

$$\mathfrak{p}_0 \subset \mathfrak{p}_1 \subset \cdots \subset \mathfrak{p}_r$$

d'idéaux premiers de A, telle que $\mathfrak{p}_i \neq \mathfrak{p}_{i+1}$ pour $0 \leqq i \leqq r-1$.

On appelle *dimension de* A, et l'on note $\dim(A)$, la borne supérieure (finie ou infinie) des longueurs de chaînes d'idéaux premiers dans A.

Si $\mathfrak{p}$ est un idéal premier de A, on appelle *hauteur de* $\mathfrak{p}$ et on note $\mathrm{ht}(\mathfrak{p})$, la dimension de $A_\mathfrak{p}$; c'est encore la borne supérieure des longueurs des chaînes d'idéaux premiers contenus dans $\mathfrak{p}$ (ceci, en raison de la bijection $\mathfrak{p}' \mapsto \mathfrak{p}' \cdot A_\mathfrak{p}$ entre l'ensemble des idéaux premiers de A contenus dans $\mathfrak{p}$ et l'ensemble des idéaux premiers de $A_\mathfrak{p}$).

Si I est un idéal quelconque, on appelle *hauteur de* I et on note $\mathrm{ht}(I)$, la borne inférieure des hauteurs des idéaux premiers qui contiennent I.

On a visiblement l'inégalité: $\mathrm{ht}(I) + \dim(A/I) \leqq \dim(A)$.

Nous supposerons désormais dans ce paragraphe que *A est un anneau local noethérien d'idéal maximal $\underline{m}$*. Un idéal I de A est un *idéal de définition* si $\sqrt{I} = \underline{m}$ (i.e. $I \subset \underline{m}$ et I contient une puissance de $\underline{m}$). Le résultat essentiel sur la dimension est le suivant:

Théorème 3.4. *La dimension de A est finie. Cette dimension est égale au nombre minimum d'éléments de $\underline{m}$ engendrant un idéal de définition.*

Définition 3.5. Soit $(x_1, \ldots, x_n)$ une famille d'éléments de $\underline{m}$. Si $n = \dim(A)$ et si l'idéal I engendré par $x_1, \ldots, x_n$ est un idéal de définition, nous dirons que $(x_1, \ldots, x_n)$ est un *système de paramètres de* A.

D'après le théorème 3.4, il existe toujours de tels systèmes. Soient I, I' deux idéaux de A tels que $I' \subset I \subset \underline{m}$ et $\mathrm{ht}\, I - \mathrm{ht}\, I' = k > 0$. Soient

$\mathfrak{p}_1, \ldots, \mathfrak{p}_r$ les idéaux premiers de hauteur égale à $\operatorname{ht} I'$ contenant I'. D'après 3.12.2, il existe $x \in I$, $x \notin \mathfrak{p}_1 \cup \cdots \cup \mathfrak{p}_r$. Il en résulte que $\operatorname{ht}(I' + A \cdot x) \geqq \operatorname{ht} I' + 1$. En appliquant plusieurs fois cette remarque, on trouve par récurrence sur $i = 1, \ldots, k$, des $x_i \in I$, tels que $\operatorname{ht}(I' + A x_1 + \cdots + A x_k) = \operatorname{ht} I$.

Soit $\mathfrak{p}$ un idéal premier de hauteur k. En appliquant la remarque précédente à $I' = 0$; $I = \mathfrak{p}$, on voit qu'il existe $x_1, \ldots, x_k \in \mathfrak{p}$ tels que $\operatorname{ht}(A x_1 + \cdots + A x_k) = k$; puis en appliquant la même remarque à $I' = A \cdot x_1 + \cdots + A \cdot x_k$ et $I = \underline{m}$, on voit qu'il existe $x_{k+1}, \ldots, x_n \in \underline{m}$ (où $n = \dim A = \operatorname{ht} \underline{m}$) tels que $\operatorname{ht}(A \cdot x_1 + \cdots + A \cdot x_n) = n$, i.e. $(x_1, \ldots, x_n)$ est un système de paramètres de A. Ainsi:

Proposition 3.6. *Soit $\mathfrak{p}$ un idéal premier de hauteur k de A. Il existe un système de paramètres $(x_1, \ldots, x_n)$ de A tel que: $A \cdot x_1 + \cdots + A \cdot x_k \subset \mathfrak{p}$ et $\operatorname{ht}(A \cdot x_1 + \cdots + A \cdot x_k) = k$.*

Définition 3.7. Soit M un A-module de type fini. On appelle *dimension de M* et on note $\dim(M)$, la dimension de $A/\operatorname{Ann}(M)$.

Nous utiliserons souvent par la suite le résultat suivant:

Proposition 3.8. *Un A-module M de type fini admet une suite de composition: $0 = M_0 \subset M_1 \subset \cdots \subset M_n = M$ telle que M_{i+1}/M_i soit isomorphe à un module $A/\mathfrak{p}_i$ où $\mathfrak{p}_i$ est un idéal premier tel que $\dim(A/\mathfrak{p}_i) \leqq \dim(M)$.*

Cette proposition résulte facilement du lemme suivant:

Lemme 3.9. *Soit $\mathfrak{p}$ un idéal premier associé à un module $M \neq 0$. Il existe un sous-module de M isomorphe à $A/\mathfrak{p}$.*

Preuve. Avec les notations de 3.2, supposons que $\mathfrak{p} = \mathfrak{p}_1$. On a une injection: $N = \bigcap_{i=2}^{r} N_i \to M/N_1$. Puisque M/N_1 est $\mathfrak{p}$-coprimaire et $N \neq 0$, N est $\mathfrak{p}$-coprimaire. Soit $\xi \in N \setminus \{0\}$ tel que $\operatorname{Ann}(\xi)$ soit un élément maximal de la famille $(\operatorname{Ann}(\eta))_{\eta \in N \setminus \{0\}}$.

On a $\operatorname{Ann}(\xi) = \mathfrak{p}$. En effet, $\operatorname{Ann}(\xi)$ est premier: sinon, il existerait $a_1, a_2 \in A \setminus \operatorname{Ann}(\xi)$ tels que $a_1 \cdot a_2 \in \operatorname{Ann}(\xi)$ et l'on aurait: $a_2 \cdot \xi \neq 0$ et $\operatorname{Ann}(a_2 \cdot \xi) \supset \operatorname{Ann}(\xi) + a_1 \cdot A \supsetneqq \operatorname{Ann}(\xi)$, ce qui est absurde. Ainsi: $\operatorname{Ann}(\xi) = \sqrt{\operatorname{Ann}(\xi)} = \mathfrak{p}$ et $A \cdot \xi \simeq A/\mathfrak{p}$. □

Démontrons la proposition 3.8. On construit les M_j par récurrence sur j. Supposons construite la suite $0 = M_0 \subset M_1 \subset \cdots \subset M_j$ telle que $M_{i+1}/M_i \simeq A/\mathfrak{p}_i$ pour $0 \leqq i \leqq j-1$. Si $M_j \neq M$, d'après de lemme 3.9, il existe un sous-module M_{j+1} de M contenant M_j, tel que $M_{j+1}/M_j \simeq A/\mathfrak{p}_j$ où $\mathfrak{p}_j$ est un idéal premier de A. La suite $\{M_i\}$ est stationnaire et donc il existe un entier n tel que $M_n = M$. Visiblement: $\dim(A/\mathfrak{p}_i) \leqq \dim(M_{i+1}) \leqq \dim(M)$. □

Rappelons le résultat fondamental suivant (lemme d'Artin-Rees):

Théorème 3.10. *Soit N un sous-module d'un A-module de type fini M. Il existe un entier $p>0$ tel que, pour tout $q \geqq p$, on ait l'égalité:*

$$N \cap \underline{m}^q \cdot M = \underline{m}^{q-p} \cdot (N \cap \underline{m}^p \cdot M).$$

Corollaire 3.11. *Soit M' un sous-module d'un A-module de type fini M. On a l'égalité:*

$$M' = \bigcap_{q \in \mathbb{N}} (M' + \underline{m}^q \cdot M).$$

Preuve. Posons: $N = M/M'$; nous devons montrer que $N' = \bigcap_{q \in \mathbb{N}} \underline{m}^q \cdot N = 0$. D'après le théorème 3.10, il existe un entier p tel que:

$$\underline{m} \cdot N' = \underline{m} \cdot (N' \cap \underline{m}^p \cdot N) = N' \cap \underline{m}^{p+1} \cdot N = N'.$$

D'après le lemme de Nakayama, $N' = 0$. □

Lemme 3.12. (1) *Soient $\mathfrak{p}$ un idéal premier de A; $I_1, \ldots, I_r$ des idéaux de A, tels que $\mathfrak{p} \supset I_1 \cap \cdots \cap I_r$. Alors $\mathfrak{p}$ contient l'un des I_j.*

(2) *Soient I un idéal de A; $\mathfrak{p}_1, \ldots, \mathfrak{p}_r$ des idéaux premiers de A tels que $I \subset \mathfrak{p}_1 \cup \cdots \cup \mathfrak{p}_r$. Alors I est contenu dans l'un des $\mathfrak{p}_j$.*

Preuve. (1) Si $\mathfrak{p}$ ne contenait aucun des I_j, il existerait pour $j = 1, \ldots, r$, $a_j \in I_j \setminus \mathfrak{p}$. Alors $a_1 \ldots a_r \in I_1 \cap \cdots \cap I_r \subset \mathfrak{p}$, donc l'un des a_i appartiendrait à $\mathfrak{p}$, ce qui est absurde.

(2) On peut supposer, pour la démonstration, que $\mathfrak{p}_i \not\subset \mathfrak{p}_j$ pour tous i et j, $i \neq j$. D'après (1), il existe $a_i \in (\bigcap_{j \neq i} \mathfrak{p}_j) \setminus \mathfrak{p}_i$. Si I n'était contenu dans aucun des $\mathfrak{p}_i$, il existerait $b_i \in I \setminus \mathfrak{p}_i$ pour $i = 1, \ldots, r$ et l'on aurait:

$$\sum_{i=1}^{r} a_i b_i \in I \setminus \left(\bigcup_{i=1}^{r} \mathfrak{p}_i \right),$$

ce qui est absurde. □

Proposition 3.13. *Soit a un élément de $\underline{m}$, non diviseur de zéro dans A. Tout idéal premier associé à A est contenu dans un idéal premier associé au A-module $A/A \cdot a$.*

Preuve. Soit $\mathfrak{p} \in \mathrm{Ass}(A)$ et supposons que $\mathrm{Ass}(A/A \cdot a) = \{\mathfrak{p}_1, \ldots, \mathfrak{p}_r\}$. D'après 3.12.2, il suffit de montrer que: $\mathfrak{p} \subset \mathfrak{p}_1 \cup \cdots \cup \mathfrak{p}_r$.

Soit $x \in \mathfrak{p}$: il existe $y \in A$, $y \neq 0$, tel que $x \cdot y = 0$. D'après 3.11: $\bigcap_{q \in \mathbb{N}} A \cdot a^q = 0$; donc il existe $y_1 \in A \setminus A \cdot a$ et un entier positif i, tels que: $y = y_1 \cdot a^i$. Ainsi $x \cdot y_1 \cdot a^i = 0$; d'où $x \cdot y_1 = 0$, $y_1 \neq 0 \bmod A \cdot a$. L'élément x est donc diviseur de zéro dans $A/A \cdot a$ et en conséquence $x \in \mathfrak{p}_1 \cup \cdots \cup \mathfrak{p}_r$. □

Corollaire 3.14. *Soit $a \in \underline{m}$, non diviseur de zéro dans A. Si $A/A \cdot a$ est intègre, l'anneau A est intègre.*

Preuve. Soit $\mathfrak{p} \in \operatorname{Ass}(A)$; d'après le lemme précédent, $\mathfrak{p} \subset A \cdot a$ et puisque $a \notin \mathfrak{p}$, on a: $\mathfrak{p} = a \cdot \mathfrak{p}$; d'où $\mathfrak{p} = 0$, d'après le lemme de Nakayama. □

4. Modules plats

Soient M et N deux A-modules. Rappelons brièvement la construction et quelques propriétés des $\operatorname{Tor}_i^A(M, N)$ (pour les démonstrations, nous renvoyons le lecteur à Northcott [1]).

Considérons une suite exacte:

$$L_{i+1} \xrightarrow{\lambda_{i+1}} L_i \xrightarrow{\lambda_i} \cdots \to L_1 \xrightarrow{\lambda_1} L_0 \xrightarrow{\lambda_0} M \to 0$$

où les L_i sont des A-modules libres. En tensorisant cette suite exacte par N sur A, on obtient une 0-suite:

$$L_{i+1} \otimes_A N \xrightarrow{\lambda_{i+1} \otimes 1} L_i \otimes_A N \xrightarrow{\lambda_i \otimes 1} \cdots \to L_1 \otimes_A N \xrightarrow{\lambda_1 \otimes 1} L_0 \otimes_A N$$
$$\xrightarrow{\lambda_0 \otimes 1} M \otimes_A N \to 0.$$

Le A-module $\ker(\lambda_i \otimes 1)/\operatorname{Im}(\lambda_{i+1} \otimes 1)$ est indépendant, à isomorphisme près, de la suite exacte choisie et sera noté $\operatorname{Tor}_i^A(M, N)$.

On a des isomorphisms: $\operatorname{Tor}_i^A(M, N) \simeq \operatorname{Tor}_i^A(N, M)$
$\operatorname{Tor}_0^A(M, N) \simeq M \otimes_A N$.

A tout homomorphisme de A-modules $\varphi: M' \to M$, on associe un homomorphisme $\varphi_i: \operatorname{Tor}_i^A(M', N) \to \operatorname{Tor}_i^A(M, N)$ (l'application φ_0 s'identifie à $\varphi \otimes 1$, compte tenu des isomorphismes $\operatorname{Tor}_0^A(M', N) \simeq M' \otimes_A N$ et $\operatorname{Tor}_0^A(M, N) \simeq M \otimes_A N$).

Enfin, si $0 \to M' \xrightarrow{\varphi} M \xrightarrow{\Psi} M'' \to 0$ est une suite exacte de A-modules, on a pour tout $i \geqq 0$, une suite exacte:

$$\cdots \to \operatorname{Tor}_{i+1}^A(M, N) \xrightarrow{\Psi_{i+1}} \operatorname{Tor}_{i+1}^A(M'', N) \xrightarrow{\partial} \operatorname{Tor}_i^A(M', N)$$
$$\xrightarrow{\varphi_i} \operatorname{Tor}_i^A(M, N) \xrightarrow{\Psi_i} \operatorname{Tor}_i^A(M'', N) \to \cdots.$$

Si A est noethérien et si M et N sont deux A-modules de type fini, on peut supposer que les L_i sont des modules libres de type fini, ce qui entraîne que les $\operatorname{Tor}_i^A(M, N)$ sont des A-modules de type fini.

Définition 4.1. Soit $\underline{a} = \{a_1, \ldots, a_k\}$ une suite d'éléments de A. Le module $\mathscr{R}_M(\underline{a})$ des *relations entre les a_i à coefficients dans M* est le noyau de l'homomorphisme:

$$\lambda_M(\underline{a}): M^k \ni (m_1, \ldots, m_k) \to \sum_{i=1}^{k} a_i m_i \in M.$$

On notera $\mathscr{R}_A^*(\underline{a})$ le sous-module de $\mathscr{R}_A(\underline{a})$ engendré par les relations dites *triviales:* $r_{\alpha,\beta}=(r_{\alpha,\beta}^1,\ldots,r_{\alpha,\beta}^k)$ où $r_{\alpha,\beta}^{\gamma}=0$, si $\gamma\neq\alpha$ et β; $r_{\alpha,\beta}^{\alpha}=-a_\beta$ et $r_{\alpha,\beta}^{\beta}=a_\alpha$. Si $k=1$, on pose $\mathscr{R}_A^*(\underline{a})=0$.

Soit $(\underline{a})$ l'idéal engendré par les a_i dans A. Considérons la suite exacte:

$$L\xrightarrow{\varphi}A^k\xrightarrow{\lambda_A(\underline{a})}A\to A/(\underline{a})\to 0$$

où L est libre. En tensorisant par M sur A cette suite exacte, on obtient la suite:

$$L\otimes_A M\xrightarrow{\varphi\otimes 1}M^k\xrightarrow{\lambda_M(\underline{a})}M\to A/(\underline{a})\otimes_A M\to 0.$$

Visiblement, $\operatorname{Im}(\varphi\otimes 1)=\mathscr{R}_A(\underline{a})\cdot M$; ainsi:

$$\operatorname{Tor}_1^A(A/(\underline{a}),M)\simeq\mathscr{R}_M(\underline{a})/\mathscr{R}_A(\underline{a})\cdot M. \tag{4.1.1}$$

En particulier, $\operatorname{Tor}_1^A(A/(\underline{a}),M)=0$ si et seulement si le module des relations entre les a_i à coefficients dans M est engendré sur M par le module des relations entre les a_i à coefficients dans A.

Pour les démonstrations des deux propositions suivantes, nous renvoyons le lecteur à Bourbaki [1] ou Northcott [1].

Proposition 4.2. *Soit M un A-module. Les conditions suivantes sont équivalentes:*

(1) *Pour toute suite exacte: $N'\xrightarrow{\varphi}N\xrightarrow{\Psi}N''$ de A-modules, la suite: $N'\otimes_A M\xrightarrow{\varphi\otimes 1}N\otimes_A M\xrightarrow{\Psi\otimes 1}N''\otimes_A M$ est exacte.*

(2) *Pour tout A-module N et tout $i>0$,* $\operatorname{Tor}_i^A(N,M)=0$.

(3) *Pour tout idéal de type fini I,* $\operatorname{Tor}_1^A(A/I,M)=0$.

Si ces conditions sont satisfaites, nous dirons que M est A-plat.

Proposition 4.3. *Soit M un A-module. Les conditions suivantes sont équivalentes:*

(1) *Une 0-suite: $N'\xrightarrow{\varphi}N\xrightarrow{\Psi}N''$ est exacte si et seulement si la suite: $N'\otimes_A M\xrightarrow{\varphi\otimes 1}N\otimes_A M\xrightarrow{\Psi\otimes 1}N''\otimes_A M$ est exacte.*

(2) *Le module M est plat et pour tout idéal maximal $\underline{m}$ de A:*

$$M/\underline{m}\cdot M\neq 0.$$

(3) *Le module M est plat et pour tout module $N\neq 0$, on a $M\otimes_A N\neq 0$.*

Si ces conditions sont satisfaites, nous dirons que M est fidèlement plat sur A.

Visiblement, tout module libre est fidèlement plat. Voici une réciproque partielle.

Proposition 4.4. *Soit A un anneau local. Un A-module plat et de présentation finie M est libre.*

Preuve. Considérons une suite exacte: $0 \to M' \xrightarrow{\varphi} A^q \xrightarrow{\Psi} M \to 0$ où $q = g_A(M)$ est le nombre minimum de générateurs de M. En tensorisant cette suite exacte par $A/\underline{m}$ sur A ($\underline{m}$ désigne l'idéal maximal de A), on obtient une suite exacte:

$$0 \to M' \otimes_A A/\underline{m} \xrightarrow{\varphi \otimes 1} (A/\underline{m})^q \xrightarrow{\Psi \otimes 1} M \otimes_A A/\underline{m} \to 0.$$

Puisque $\Psi \otimes 1$ est un isomorphisme, $M' = \underline{m} \cdot M'$. Puisque M' est de type fini, $M' = 0$ (lemme de Nakayama) et Ψ est un isomorphisme de A^q sur M. □

Définition 4.5. Soient A et B deux anneaux locaux d'idéaux maximaux respectifs $\underline{m}$ et $\underline{n}$. Un homomorphisme d'anneaux unitaires $f: A \to B$ est *local* si $f(\underline{m}) \subset \underline{n}$.

Nous utiliserons le critère de platitude suivant:

Proposition 4.6. *Soit f un homomorphisme local d'un anneau local noethérien A, d'idéal maximal $\underline{m}$, dans un anneau local noethérien B. Un B-module M de type fini et $\neq 0$ est fidèlement plat sur A si et seulement si:*

$$\mathrm{Tor}_1^A(A/\underline{m}, M) = 0.$$

Preuve. Si M est A-plat, $\mathrm{Tor}_1^A(A/\underline{m}, M) = 0$ (proposition 4.2). Réciproquement, soit N un A-module de type fini et montrons, par récurrence sur $\dim(N)$, que $\mathrm{Tor}_1^A(N, M) = 0$. D'après la proposition 3.8, il existe une suite croissante: $0 = N_0 \subset N_1 \subset \cdots \subset N_n = N$ de sous-modules de N telle que N_{i+1}/N_i soit isomorphe à un module $A/\mathfrak{p}_i$, où $\mathfrak{p}_i$ est un idéal premier tel que $\dim(A/\mathfrak{p}_i) \leqq \dim(N)$. Utilisant la suite exacte des Tor et l'hypothèse de récurrence, on voit qu'on peut supposer $N = A/\mathfrak{p}$, où $\mathfrak{p}$ est un idéal premier de A.

Si $\dim(A/\mathfrak{p}) = 0$, nécessairement $\mathfrak{p} = \underline{m}$ et par hypothèse

$$\mathrm{Tor}_1^A(A/\mathfrak{p}, M) = 0.$$

Supposons donc que $\dim(A/\mathfrak{p}) > 0$ et soit $\delta \in \underline{m} \setminus \mathfrak{p}$. On a une suite exacte: $0 \to A/\mathfrak{p} \xrightarrow{\delta} A/\mathfrak{p} \to A/\mathfrak{p} + \delta \cdot A \to 0$ où δ désigne la multiplication par δ; d'où la suite exacte:

$$\mathrm{Tor}_1^A(A/\mathfrak{p}, M) \xrightarrow{\delta} \mathrm{Tor}_1^A(A/\mathfrak{p}, M) \to \mathrm{Tor}_1^A(A/\mathfrak{p} + \delta \cdot A, M).$$

Mais: $\dim(A/\mathfrak{p} + \delta \cdot A) < \dim(A/\mathfrak{p})$ et donc, d'après l'hypothèse de récurrence, $\mathrm{Tor}_1^A(A/\mathfrak{p} + \delta \cdot A, M) = 0$. Ainsi $P = \mathrm{Tor}_1^A(A/\mathfrak{p}, M)$ est un B-module de type fini tel que: $P = f(\delta) \cdot P$. D'après le lemme de Nakayama, $P = 0$.

D'après la proposition 4.2, le module M est A-plat. D'après le lemme de Nakayama et l'hypothèse sur f, $M \neq \underline{m} \cdot M$. D'après la proposition 4.3, le module M est A-fidèlement plat. □

Signalons la conséquence suivante de la platitude.

Proposition 4.7. *Soit $f: A \to B$ un homomorphisme d'anneaux commutatifs et unitaires. Supposons que B est un A-module plat (nous dirons que f est un morphisme plat). Soient M un A-module; M', M'' deux sous-modules de M. Alors:*

$$(M' \otimes_A B) \cap (M'' \otimes_A B) = (M' \cap M'') \otimes_A B$$

(on identifie $M' \otimes_A B$ et $M'' \otimes_A B$ à des sous-modules de $M \otimes_A B$).

Preuve. Considérons la suite exacte:

$$0 \to M' \cap M'' \xrightarrow{\varphi} M' \oplus M'' \xrightarrow{\psi} M$$

où $\varphi(m) = (m, m)$ et $\psi(m', m'') = m' - m''$.

En tensoriant cette suite exacte par B sur A, on obtient une suite exacte; il en résulte que:

$$\operatorname{Ker}(\psi \otimes 1) = (M' \cap M'') \otimes_A B = (M' \otimes_A B) \cap (M'' \otimes_A B). \quad \square$$

Corollaire 4.8. *Sous les hypothèses précédentes:*

(1) *Si M'' est de type fini: $(M' : M'') \cdot B = (M' \otimes_A B : M'' \otimes_A B)$, où l'on pose $(M' : M'') = \{a \in A \mid a \cdot M'' \subset M'\}$ et $(M' \otimes_A B : M'' \otimes_A B) = \{b \in B \mid b \cdot (M'' \otimes_A B) \subset M' \otimes_A B\}$.*

(2) *Si M est de type fini:* $\operatorname{Ann}(M) \cdot B = \operatorname{Ann}(M \otimes_A B)$

($M \otimes_A B$ est considéré comme B-module).

Preuve. (1) On a: $(M' : M'') = \operatorname{Ann}(M' + M''/M')$

$$(M' \otimes_A B : M'' \otimes_A B) = \operatorname{Ann}\big((M' + M''/M') \otimes_A B\big).$$

Puisque $M' + M''/M'$ est de type fini, (1) résultera de (2).

(2) En effet, $M = M_1 + \cdots + M_n$ où les M_i sont des sous-modules de M isomorphes à A/I_i (I_i idéal de A). Visiblement, $\operatorname{Ann}(M_i \otimes_A B) = I_i \cdot B = \operatorname{Ann}(M_i) \cdot B$. D'autre part:

$$\operatorname{Ann}(M) = \bigcap_{i=1}^{n} \operatorname{Ann}(M_i)$$

et

$$\operatorname{Ann}(M \otimes_A B) = \bigcap_{i=1}^{n} \operatorname{Ann}(M_i \otimes_A B) = \bigcap_{i=1}^{n} \big(\operatorname{Ann}(M_i) \cdot B\big).$$

Il suffit alors d'appliquer la proposition 4.7. $\square$

Proposition 4.9. *Soit $f: A \to B$ un homomorphisme d'anneaux commutatifs et unitaires; si B est un A-module fidèlement plat, pour tout idéal I de A, on a: $f^{-1}(I \cdot B) = I$ (en particulier, $f^{-1}(0) = 0$ et donc f est injectif).*

Preuve. Posons $I' = f^{-1}(I \cdot B)$. On a $(I'/I) \otimes_A B = I' \cdot B/I \cdot B = 0$, donc $I' = I$, d'après 4.3.3. □

5. Dimension homologique d'un module

Dans ce paragraphe, A désigne un anneau local noethérien d'idéal maximal $\underline{m}$; M un A-module de type fini, $M \neq 0$. On pose $\underline{k} = A/\underline{m}$.

Proposition 5.1. *Soit* $\underline{a} = \{a_1, \ldots, a_k\}$ *une suite d'éléments de* $\underline{m}$. *Les propositions suivantes sont équivalentes:*

(1) *Pour tout* i, $1 \leqq i \leqq k$, a_i *n'est pas diviseur de zéro dans* $M/(a_0, \ldots, a_{i-1}) \cdot M$ (*on pose* $a_0 = 0$).

(2) $\mathscr{R}_M(\underline{a}) = \mathscr{R}_A^*(\underline{a}) \cdot M$, i.e. *le module des relations entre les* a_i *à coefficients dans* M *est engendré par les relations triviales.*

Si ces conditions sont satisfaites, nous dirons que $\underline{a}$ *est une* M*-suite de* A.

Preuve. Si $i \leqq k$, on identifie $\mathscr{R}_M(a_1, \ldots, a_i)$ à un sous-module de $\mathscr{R}_M(\underline{a})$ par l'injection qui envoie $(m_1, \ldots, m_i)$ sur $(m_1, \ldots, m_i, 0, \ldots, 0)$.

Procédons par récurrence sur k. Si $k = 1$, le résultat est trivial. Supposons donc $k > 1$.

(1)⇒(2) Puisque a_k n'est pas diviseur de zéro dans $M/(a_1, \ldots, a_{k-1}) \cdot M$, $\mathscr{R}_M(\underline{a})$ est engendré sur M par les relations $r_{1,k}, \ldots, r_{k-1,k}$ et $\mathscr{R}_M(a_1, \ldots, a_{k-1})$. Mais en appliquant l'hypothèse de récurrence à la M-suite $\{a_1, \ldots, a_{k-1}\}$, $\mathscr{R}_M(a_1, \ldots, a_{k-1})$ est engendré sur M par les relations triviales, d'où le résultat.

(2)⇒(1) Puisque $\mathscr{R}_M(\underline{a})$ est engendré par les relations triviales, a_k n'est pas diviseur de zéro dans $M/(a_1, \ldots, a_{k-1}) \cdot M$. En utilisant l'hypothèse de récurrence, on voit qu'il suffit de montrer que:

$$\mathscr{R}_M(a_1, \ldots, a_{k-1}) = \mathscr{R}_A^*(a_1, \ldots, a_{k-1}) \cdot M$$

soit (lemme de Nakayama):

$$\mathscr{R}_M(a_1, \ldots, a_{k-1}) = \mathscr{R}_A^*(a_1, \ldots, a_{k-1}) \cdot M + a_k \cdot \mathscr{R}_M(a_1, \ldots, a_{k-1}).$$

Or

$$\mathscr{R}_M(a_1, \ldots, a_{k-1}) \subset \mathscr{R}_M(a_1, \ldots, a_k) = \mathscr{R}_A^*(a_1, \ldots, a_{k-1}) \cdot M + (r_{1,k}, \ldots, r_{k-1,k}) \cdot M.$$

Il suffit donc de montrer que:

$$\mathscr{R}_M(a_1, \ldots, a_{k-1}) \cap (r_{1,k}, \ldots, r_{k-1,k}) \cdot M \subset a_k \cdot \mathscr{R}_M(a_1, \ldots, a_{k-1}).$$

Or, soit

$$r = \sum_{i=1}^{k-1} r_{i,k}\, m_i \in \mathscr{R}_M(a_1, \ldots, a_{k-1}), \qquad (m_1, \ldots, m_{k-1} \in M).$$

D'une part, la dernière composante de r est nulle, i.e.

$$\sum_{i=1}^{k-1} a_i \cdot m_i = 0,$$

i.e. $(m_1, \ldots, m_{k-1}) \in \mathscr{R}_M(a_1, \ldots, a_{k-1})$; d'autre part:

$$r = -a_k \cdot (m_1, \ldots, m_{k-1}) \in a_k \cdot \mathscr{R}_M(a_1, \ldots, a_{k-1}),$$

ce que nous voulions démontrer. ▯

Proposition 5.2. *Soit i un entier >0. Les conditions suivantes sont équivalentes:*

(1) *Pour toute suite exacte:* $0 \to N \to L_{i-1} \to L_{i-2} \to \cdots \to L_0 \to M \to 0$ *où les L_j sont libres de type fini, N est libre.*

(2) *Il existe une suite exacte:* $0 \to L_i \to L_{i-1} \to \cdots \to L_0 \to M \to 0$ *où les L_j sont libres de type fini.*

(3) *Pour tout A-module N et tout entier $j > i$,* $\mathrm{Tor}_j^A(N, M) = 0$.

(4) $\mathrm{Tor}_{i+1}^A(\underline{k}, M) = 0$.

Preuve. Visiblement (1) ⇒ (2) ⇒ (3) ⇒ (4).

(4) ⇒ (1): En effet $\mathrm{Tor}_1^A(\underline{k}, N) \simeq \mathrm{Tor}_{i+1}^A(\underline{k}, M) = 0$; d'après les propositions 4.4 et 4.6, N est libre. ▯

Définition 5.3. La *dimension homologique de M* est la borne supérieure (finie ou infinie) $\mathrm{dh}_A(M)$ des entiers i tels que $\mathrm{Tor}_i^A(\underline{k}, M) \neq 0$.

D'après la proposition 5.2, pour tout entier $j > \mathrm{dh}_A(M)$ et tout A-module N: $\mathrm{Tor}_j^A(N, M) = 0$.

Le module M est libre si et seulement si: $\mathrm{Tor}_1^A(\underline{k}, M) = 0$, i.e. si et seulement si $\mathrm{dh}_A(M) = 0$.

On a toujours l'inégalité $\mathrm{dh}_A(\underline{k}) \geqq \mathrm{dh}_A(M)$; $r = \mathrm{dh}_A(\underline{k})$ est la *dimension homologique globale de A*. Nous dirons que A est *régulier* si $\mathrm{dh}_A(\underline{k}) < \infty$.

Proposition 5.4. *Soit i un entier >0. Supposons que A est intègre et considérons une suite exacte:*

$$0 \to N \to L_{i-1} \to \cdots \to L_0 \to M \to 0$$

où les L_j sont libres de type fini. Posons $h = \mathrm{rg}_A(N)$. Un idéal premier $\mathfrak{p}$ de A contient $\sigma_h(N)$ si et seulement si $\mathrm{dh}_{A_\mathfrak{p}}(M_\mathfrak{p}) > i$. En particulier, $\sqrt{\sigma_h(N)}$ est l'intersection des idéaux premiers $\mathfrak{p}$ tels que $\mathrm{dh}_{A_\mathfrak{p}}(M_\mathfrak{p}) > i$. Cet idéal sera noté $H_i(M)$.

Preuve. En localisant par rapport à $\mathfrak{p}$ la suite exacte, on obtient une suite exacte:

$$0 \to N_\mathfrak{p} \to L_{i-1} \otimes_A A_\mathfrak{p} \to \cdots \to L_0 \otimes_A A_\mathfrak{p} \to M_\mathfrak{p} \to 0$$

et $\mathrm{dh}_{A_\mathfrak{p}}(M_\mathfrak{p}) \leqq i$ si et seulement si $N_\mathfrak{p}$ est libre (proposition 5.2), i.e. si et seulement si $\mathfrak{p} \not\supset \sigma_h(N)$ (corollaire 2.8). ▯

Le cas $i=0$: si $h=\mathrm{rg}_A(M)$, posons $H_0(M)=\sqrt{\sigma_h(M)}$: d'après le corollaire 2.8, un idéal premier $\mathfrak{p}$ contient $\sigma_h(M)$ si et seulement si $\mathrm{dh}_{A_\mathfrak{p}}(M_\mathfrak{p})>0$. En particulier, $H_0(M)$ est l'intersection des idéaux premiers $\mathfrak{p}$ tels que $\mathrm{dh}_{A_\mathfrak{p}}(M_\mathfrak{p})>0$.

Corollaire 5.5. *On a* $\mathrm{dh}_A(M)>i$ *si et seulement si* $H_i(M) \neq A$.

Lemme 5.6. *Soit* a *un élément de* $\underline{m}$ *non diviseur de zéro dans* M. *On a l'égalité:*

$$\mathrm{dh}_A(M/a \cdot M) = \mathrm{dh}_A(M)+1.$$

Preuve. Considérons la suite exacte:

$$0 \to M \xrightarrow{a} M \to M/a \cdot M \to 0$$

où a désigne la multiplication par a.

Si $p=\mathrm{dh}_A(M)$, on a une suite exacte:

$$0=\mathrm{Tor}^A_{p+2}(\underline{k}, M) \to \mathrm{Tor}^A_{p+2}(\underline{k}, M/a \cdot M) \to \mathrm{Tor}^A_{p+1}(\underline{k}, M)=0$$

d'où

$$\mathrm{Tor}^A_{p+2}(\underline{k}, M/a \cdot M)=0, \quad \text{i.e.} \quad \mathrm{dh}_A(M/a \cdot M) \leqq \mathrm{dh}_A(M)+1.$$

Si $q=\mathrm{dh}_A(M/a \cdot M)$, on a une suite exacte:

$$0=\mathrm{Tor}^A_{q+1}(\underline{k}, M/a \cdot M) \to \mathrm{Tor}^A_q(\underline{k}, M) \xrightarrow{a} \mathrm{Tor}^A_q(\underline{k}, M).$$

Ce dernier homomorphisme est une application linéaire injective d'un $\underline{k}$-espace vectoriel de dimension finie dans lui-même; elle est donc surjective. Puisque $a \in \underline{m}$, le lemme de Nakayama entraîne: $\mathrm{Tor}^A_q(\underline{k}, M)=0$, i.e. $\mathrm{dh}_A(M) \leqq \mathrm{dh}_A(M/a \cdot M)-1$. Ceci achève la démonstration. ▯

6. Anneaux locaux réguliers

Dans ce paragraphe, A désigne un anneau local régulier, d'idéal maximal $\underline{m}$, de corps résiduel $\underline{k}=A/\underline{m}$. Nous poserons:

$$r=\mathrm{dh}_A(\underline{k})$$

$$n=\dim(A)$$

$$s=\dim_{\underline{k}}(\underline{m}/\underline{m}^2)=g_A(\underline{m}).$$

Proposition 6.1. *Soit* M *un* A*-module de type fini* $(M \neq 0)$ *et soit* $\underline{a}=\{a_1, \ldots, a_k\}$ *une* M*-suite maximale de* A. *Alors:*

$$k+\mathrm{dh}_A(M)=r.$$

Toutes les M-suites maximales ont donc le même nombre d'éléments. Cet entier, noté $\mathrm{codh}_A(M)$ *(codimension homologique ou profondeur de M), vérifie l'inégalité:*

$$\mathrm{codh}_A(M) \leqq \dim(M).$$

Preuve. Posons $N = M/(a_1, \ldots, a_k) \cdot M$. D'après le lemme 5.6:

$$\mathrm{dh}_A(N) = \mathrm{dh}_A(M) + k.$$

Il suffit de montrer que $\mathrm{dh}_A(N) = r$. Or, tout élément de $\underline{m}$ étant diviseur de zéro dans N, l'idéal $\underline{m}$ est associé à N et il existe une suite exacte (lemme 3.9):

$$0 \to \underline{k} \to N \to P \to 0$$

d'où une suite exacte:

$$0 = \mathrm{Tor}_{r+1}^A(\underline{k}, P) \to \mathrm{Tor}_r^A(\underline{k}, \underline{k}) \to \mathrm{Tor}_r^A(\underline{k}, N).$$

Puisque $\mathrm{Tor}_r^A(\underline{k}, \underline{k}) \neq 0$, $\mathrm{Tor}_r^A(\underline{k}, N) \neq 0$ et $\mathrm{dh}_A(N) = r$.

Démontrons enfin l'inégalité $\mathrm{codh}_A(M) \leqq \dim M$. Il suffit de montrer que pour tout élément $a \in \underline{m}$, non diviseur de zéro dans M: $\dim(M/a \cdot M) < \dim(M)$. Puisque $a \in \mathrm{Ann}(M/a \cdot M)$, tout idéal premier associé à $M/a \cdot M$ contient a, et contient donc strictement un idéal premier associé à M. D'où le résultat. □

Appliquons la proposition précédente à $M = A$. Puisque $\mathrm{dh}_A(A) = 0$, on a $\mathrm{codh}_A(A) = r$ et donc, d'après 6.1: $r \leqq n$.

Par définition d'un système de paramètres: $n \leqq s$.

Enfin, si $0 \leqq i \leqq s$, on démontre l'inégalité:

$$\dim_{\underline{k}} \mathrm{Tor}_i^A(\underline{k}, \underline{k}) \geqq \binom{s}{i}$$

(cette inégalité est valable pour tout anneau local noetherien, voir Serre [1], appendice 1). En particulier: $\mathrm{Tor}_s^A(\underline{k}, \underline{k}) \neq 0$, d'où l'inégalité: $s \leqq r$.

En définitive: $r = n = s$, i.e.

Théorème 6.2. *Si A est un anneau local régulier:*

$$\mathrm{dh}_A(\underline{k}) = \dim(A) = g_A(\underline{m}).$$

Définition 6.3. Une famille $(x_1, \ldots, x_n)$ de n générateurs de $\underline{m}$ est un *système régulier de paramètres* de A. D'après le théorème précédent, il existe toujours de tels systèmes.

Nous allons démontrer quelques propriétés remarquables des anneaux local réguliers.

Proposition 6.4. *Soit $\mathfrak{p}$ un idéal premier de A. Si M est un A-module de type fini:* $\mathrm{dh}_A(M) \geqq \mathrm{dh}_{A_\mathfrak{p}}(M_\mathfrak{p})$. *En particulier,* $\mathrm{dh}_A(A/\mathfrak{p}) \geqq \mathrm{dh}_{A_\mathfrak{p}}(A_\mathfrak{p}/\mathfrak{p} \cdot A_\mathfrak{p})$ *et donc $A_\mathfrak{p}$ est un anneau local régulier.*

Preuve. Si $i = \mathrm{dh}_A(M)$, il existe une suite exacte:

$$0 \to L_i \to L_{i-1} \to \cdots \to L_1 \to L_0 \to M \to 0$$

où les L_j sont libres de type fini. En tensorisant cette suite exacte par $A_\mathfrak{p}$ sur A on obtient encore une suite exacte, ce qui prouve que $\mathrm{dh}_A(M) \geqq \mathrm{dh}_{A_\mathfrak{p}}(M_\mathfrak{p})$. □

Corollaire 6.5. *Si $k = \mathrm{ht}(\mathfrak{p})$, $\sigma_k(\mathfrak{p})$ contient strictement $\mathfrak{p}$.*

Preuve. Visiblement: $\sigma_k(\mathfrak{p}) \supset \mathfrak{p}$. Puisque $A_\mathfrak{p}$ est régulier de dimension k, $g_{A_\mathfrak{p}}(\mathfrak{p} \cdot A_\mathfrak{p}) = k$, d'où (lemme 2.5): $\mathfrak{p} \not\supset \sigma_k(\mathfrak{p})$. □

Corollaire 6.6. *Soit M un A-module de type fini. Pour tout $i = 0, 1, \ldots, n$:*

$$\mathrm{ht}(H_i(M)) > i.$$

Preuve. Remarquons d'abord que les idéaux $H_i(M)$ n'ont été définis que si A est intègre, mais nous montrerons plus loin (proposition 6.10) que tout anneau local régulier est intègre. Ceci dit, soit $\mathfrak{p}$ un idéal premier contenant $H_i(M)$. On a: $\mathrm{dh}_{A_\mathfrak{p}}(M_\mathfrak{p}) > i$ (proposition 5.4) et $\mathrm{ht}(\mathfrak{p}) \geqq \mathrm{dh}_{A_\mathfrak{p}}(M_\mathfrak{p})$ (car d'après 6.4, l'anneau $A_\mathfrak{p}$ est régulier de dimension $\mathrm{ht}(\mathfrak{p})$). Ainsi $\mathrm{ht}(\mathfrak{p}) > i$, d'où le résultat. □

Lemme 6.7. *Soit $\underline{a} = \{a_1, \ldots, a_k\}$ une A-suite de A. Les idéaux premiers associés à $A/(\underline{a})$ sont tous de hauteur k.*

Preuve. Soit $\mathfrak{p}$ un idéal premier associé à $A/(\underline{a})$. On a $\mathrm{dh}_A(A/(\underline{a})) = k$ (conséquence du lemme 5.6), d'où (proposition 6.4):

$$\mathrm{dh}_{A_\mathfrak{p}}(A_\mathfrak{p}/(\underline{a}) \cdot A_\mathfrak{p}) \leqq k.$$

L'anneau $A_\mathfrak{p}$ étant régulier de dimension $\mathrm{ht}(\mathfrak{p})$:

$$\mathrm{codh}_{A_\mathfrak{p}}(A_\mathfrak{p}/(\underline{a}) \cdot A_\mathfrak{p}) \geqq \mathrm{ht}(\mathfrak{p}) - k \quad \text{(proposition 6.1)}.$$

L'idéal $\mathfrak{p} \cdot A_\mathfrak{p}$ étant associe à $A_\mathfrak{p}/(\underline{a}) \cdot A_\mathfrak{p}$, tout élément de $\mathfrak{p} \cdot A_\mathfrak{p}$ est diviseur de zéro dans $A_\mathfrak{p}/(\underline{a}) \cdot A_\mathfrak{p}$, i.e. la codimension homologique de $A_\mathfrak{p}/(\underline{a}) \cdot A_\mathfrak{p}$ est nulle, d'où $k \geqq \mathrm{ht}(\mathfrak{p})$.

Quant à l'inégalité $k \leqq \mathrm{ht}(\mathfrak{p})$, elle est vérifiée même si A n'est pas régulier: en effet, pour $i = 1, \ldots, k$, a_i n'appartient à aucun des idéaux premiers associés à $A/(a_0, \ldots, a_{i-1})$ (on pose $a_0 = 0$); il en résulte facilement que:

$$0 < \mathrm{ht}(A \cdot a_1) < \mathrm{ht}(A \cdot a_1 + A \cdot a_2) < \cdots < \mathrm{ht}(A \cdot a_1 + \cdots + A \cdot a_k) \leqq \mathrm{ht}(\mathfrak{p}),$$

d'où le résultat. □

Proposition 6.8. *Soit $\underline{a} = \{a_1, \ldots, a_k\}$ une suite d'éléments de $\underline{m}$. Les propositions suivantes sont équivalentes:*

(1) *$\underline{a}$ est une A-suite de A.*

(2) *Le module des relations entre les* a_i *à coefficients dans* A *est engendré par les relations triviales.*

(3) *Les* $a_1, \dots, a_k$ *font partie d'un système de paramètres de* A.

Preuve: (1) ⇔ (2): d'après la proposition 5.1.

(1) ⇔ (3); la démonstration par récurrence sur k est immédiate (en utilisant le lemme 6.7) et laissée au lecteur. □

Corollaire 6.9. *Un anneau local noetherien* A *est régulier de dimension* n *si et seulement si son idéal maximal est engendré par* n *éléments faisant partie d'une* A*-suite de* A.

Preuve. En effet, si A est régulier de dimension n, un système régulier de paramètres $(x_1, \dots, x_n)$ est une A-suite de A (proposition 6.8). Réciproquement, si l'idéal maximal $\underline{m}$ est engendré par les éléments $a_1, \dots, a_n$ d'une A-suite de A: $\mathrm{dh}_A(A/\underline{m}) = n$ (d'après le lemme 5.6), et donc A est régulier de dimension n. □

Remarque. Un anneau local noetherien A de dimension n est régulier si et seulement si son idéal maximal est engendré par n éléments (voir Serre [1]). Nous n'utiliserons pas ce critère.

Proposition 6.10. *Un anneau local régulier* A *est intègre.*

Preuve. Soit $(x_1, \dots, x_n)$ un système régulier de paramètres de A. D'après la proposition précédente $\{x_1, \dots, x_n\}$ est une A-suite de A. Montrons par récurrence descendante sur $i = 0, 1, \dots, n$ que $A/(x_0, x_1, \dots, x_i)$ est intègre (on pose $x_0 = 0$). C'est immédiat pour $i = n$ ($A/\underline{m}$ est un corps). Supposons $0 \leqq i < n$: x_{i+1} n'est pas diviseur de zéro dans $A/(x_0, x_1, \dots, x_i) = B$ et $B/x_{i+1} \cdot B$ est intègre (hypothèse de récurrence). D'après le corollaire 3.14, B est intègre. □

Proposition 6.11. *Soit* I *un idéal propre de* A. *Les propositions suivantes sont équivalentes:*

(1) I *est engendré sur* A *par* k *éléments et* $\dim_{\underline{k}}(I + \underline{m}^2/\underline{m}^2) = k$.

(2) I *est engendré par* k *éléments* $x_1, \dots, x_k$ *faisant partie d'un systéme régulier de paramètres de* A.

(3) *L'anneau* A/I *est régulier de dimension* $n - k$.

Preuve. (1) ⇔ (2) En effet, k éléments $x_1, \dots, x_k$ de $\underline{m}$ font partie d'un système régulier de paramètres si et seulement si leurs classes mod $\underline{m}^2$ engendrent dans $\underline{m}/\underline{m}^2$ un sous-espace vectoriel de dimension k, i.e. si et seulement si $\dim_{\underline{k}}((x_1, \dots, x_k) + \underline{m}^2/\underline{m}^2) = k$.

(2) ⇒ (3) Posons $B = A/I$. Soient $x_{k+1}, \dots, x_n$ appartenant à $\underline{m}$ tels que $(x_1, \dots, x_n)$ soit un système régulier de paramètres de A (donc une

A-suite de A). La suite $\{x_{k+1} \bmod I, \ldots, x_n \bmod I\}$ est une B-suite de B et donc B est régulier de dimension $n-k$ (corollaire 6.9).

(3) $\Rightarrow$ (1) Si $B = A/I$ est régulier de dimension $n-k$:

$$\dim_{\underline{k}}(\underline{m} \cdot B/\underline{m}^2 \cdot B) = \dim_{\underline{k}}(\underline{m}/I + \underline{m}^2) = n-k \quad \text{et donc} \quad \dim_{\underline{k}}(I + \underline{m}^2/\underline{m}^2) = k.$$

Soient $x_1, \ldots, x_k$ des éléments de I tels que les $x_i \bmod \underline{m}^2$ forment une base de $I + \underline{m}^2/\underline{m}^2$. Les $x_1, \ldots, x_k$ font partie d'un système régulier de paramètres de A et donc $A/(x_1, \ldots, x_k)$ est un anneau régulier, donc intègre, de dimension $n-k$ (d'après (2) $\Rightarrow$ (3)). Puisque $\dim(A/I) = n-k$ et $I \supset (x_1, \ldots, x_k)$, $I = (x_1, \ldots, x_k)$. □

Proposition 6.12. *Soit I un idéal propre de A. On a l'égalité:*

$$\mathrm{ht}(I) + \dim(A/I) = n.$$

Preuve. Pour la démonstration, on peut supposer que I est un idéal premier $\mathfrak{p}$. Posons $k = \mathrm{ht}(\mathfrak{p})$ et soit $(a_1, \ldots, a_n)$ un système de paramètres de A tel que: $(a_1, \ldots, a_k) \subset \mathfrak{p}$ (proposition 3.6).

L'idéal premier $\mathfrak{p}_0 = \mathfrak{p}$ est associé à $A/(a_1, \ldots, a_k)$.

En utilisant 3.13 et 6.7, on construit par récurrence sur $i = 0, 1, \ldots, n-k$ une suite strictement croissante d'idéaux premiers:

$$\mathfrak{p}_0 \subset \mathfrak{p}_1 \subset \cdots \subset \mathfrak{p}_{n-k} = \underline{m}$$

où $\mathfrak{p}_i$ est un idéal premier associé à $A/(a_1, \ldots, a_{k+i})$ et $\mathrm{ht}(\mathfrak{p}_i) = k+i$. Ceci prouve que $\dim(A/\mathfrak{p}) \geqq n-k$; l'inégalité $\dim(A/\mathfrak{p}) \leqq n-k$ étant triviale: $\mathrm{ht}(\mathfrak{p}) + \dim(A/\mathfrak{p}) = n$. □

Enfin, nous utiliserons le critère de platitude suivant:

Théorème 6.13. *Un A-module B (de type fini ou non) est A-plat si et seulement si pour toute A-suite $\underline{a} = \{a_1, \ldots, a_k\}$ de A:*

$$\mathrm{Tor}_1^A(A/(\underline{a}), B) = 0.$$

Preuve. Si B est A-plat, $\mathrm{Tor}_1^A(A/(\underline{a}), B) = 0$ (proposition 4.2). Démontrons la réciproque.

(1) Soit $\underline{a} = \{a_1, \ldots, a_k\}$ une A-suite de A. Montrons d'abord, par récurrence sur la longueur k de la suite $\underline{a}$, que $\forall i \geqq 1$, $\mathrm{Tor}_i^A(A/(\underline{a}), B) = 0$. Si $k = 0$, i.e. $\underline{a} = 0$, le résultat est trivial. Si $k > 0$, posons $\underline{a}' = \{a_0, a_1, \ldots, a_{k-1}\}$ (on pose $a_0 = 0$). De la suite exacte:

$$0 \to A/(\underline{a}') \xrightarrow{a_k} A/(\underline{a}') \to A/(\underline{a}) \to 0$$

où a_k désigne la multiplication par a_k, on déduit une suite exacte:

$$\mathrm{Tor}_{i+1}^A(A/(\underline{a}'), B) \to \mathrm{Tor}_{i+1}^A(A/(\underline{a}), B) \to \mathrm{Tor}_i^A(A/(\underline{a}'), B).$$

Il résulte de là et de l'hypothèse de récurrence que, $\forall i \geqq 2$: $\mathrm{Tor}_i^A(A/(\underline{a}), B) = 0$. Puisque $\mathrm{Tor}_1^A(A/(\underline{a}), B) = 0$, la démonstration par récurrence est terminée.

(2) Montrons, par récurrence descendante sur $i=1,2,\ldots,n+1$, que pour tout A-module M de type fini: $\mathrm{Tor}_i^A(M,B)=0$. On a toujours $\mathrm{Tor}_{n+1}^A(M,B)=0$, car la dimension homologique globale de A est égale à n.

D'après la proposition 3.8, il existe une suite croissante: $0=M_0\subset M_1\subset\cdots\subset M_s=M$ de sous-modules de M, telle que $M_{i+1}/M_i\simeq A/\mathfrak{p}_i$ où $\mathfrak{p}_i$ est un idéal premier de A. En utilisant la suite exacte des Tor, on peut donc supposer que $M=A/\mathfrak{p}$, où $\mathfrak{p}$ est un idéal premier de A.

D'après 3.6, si $k=\mathrm{ht}(\mathfrak{p})$, il existe k éléments $a_1,\ldots,a_k$, faisant partie d'un système de paramètres de A, tels que $\mathfrak{p}$ soit un idéal premier associé à $A/(\underline{a})$, où $(\underline{a})$ est l'idéal engendré par $a_1,\ldots,a_k$ dans A. D'après 6.8, $\underline{a}=\{a_1,\ldots,a_k\}$ est une A-suite de A. D'après le lemma 3.9, on a une suite exacte:

$$0\to A/\mathfrak{p}\to A/(\underline{a})\to N\to 0$$

d'où une suite exacte:

$$\mathrm{Tor}_{i+1}^A(N,B)\to\mathrm{Tor}_i^A(A/\mathfrak{p},B)\to\mathrm{Tor}_i^A\big(A/(\underline{a}),B\big).$$

D'après (1) et l'hypothèse de récurrence:

$$\mathrm{Tor}_i^A\big(A/(\underline{a}),B\big)=\mathrm{Tor}_{i+1}^A(N,B)=0;$$

ainsi: $\mathrm{Tor}_i^A(A/\mathfrak{p},B)=0$. □

Remarque 6.14. Nous avons en fait démontré le résultat plus précis:

soit M un A-module de type fini. Il existe un nombre fini de A-suites $\underline{a}^\alpha$ de A telles que pour tout module B vérifiant l'hypothèse:

$$\forall\alpha,\quad \mathrm{Tor}_1^A\big(A/(\underline{a}^\alpha),B\big)=0,\quad \textit{on ait:}\quad \forall i\geqq 1,\quad \mathrm{Tor}_i^A(M,B)=0.$$

Si l'on remplace l'hypothèse par la suivante: $\forall\alpha$, $\mathrm{Tor}_1^A\big(A/(\underline{a}^\alpha),B\big)$ est de longueur finie, il faut modifier comme suit la conclusion: $\forall i\geqq 1$, $\mathrm{Tor}_i^A(M,B)$ *est de longueur finie.* Cette version sera utilisée au chapitre VIII.

7. Clôture intégrale

Soit A un sous-anneau d'un anneau B commutatif et unitaire. Un élément b de B est *entier sur A* s'il vérifie une «équation de dépendance intégrale»:

$$b^p+a_1\,b^{p-1}+\cdots+a_p=0,\qquad \text{avec } a_i\in A.$$

Les éléments de B entiers sur A forment un sous-anneau de B, appelé *clôture intégrale de A dans B.* Si cette clôture intégrale est égale à B, nous dirons que B est entier sur A. Visiblement, si B est un A-module de type fini, B est entier sur A.

Lemme 7.1. *Supposons B intégre et entier sur A. Pour que B soit un corps, il faut et il suffit que A en soit un.*

Preuve. Supposons que A soit un corps et soit $b \in B \setminus \{0\}$. L'élément b vérifie une équation:

$$b^p + a_1 b^{p-1} + \cdots + a_p = 0 \qquad \text{avec } a_p \neq 0.$$

Si $b' = (-b^{p-1} - a_1 b^{p-2} - \cdots - a_{p-1}) \cdot a_p^{-1}$, $b \cdot b' = 1$.

Supposons que B soit un corps et soit $a \in A \setminus \{0\}$. L'inverse a^{-1} de a dans B vérifie une équation:

$$a^{-p} + a_1 a^{-p+1} + \cdots + a_p = 0$$

d'où: $a^{-1} = -a_1 - \cdots - a_p \cdot a^{p-1} \in A$. ▯

Soient $\mathfrak{p}$ et $\mathfrak{p}'$ des idéaux premiers de A et B respectivement. On dira que $\mathfrak{p}'$ est au-dessus de $\mathfrak{p}$ si $\mathfrak{p}' \cap A = \mathfrak{p}$.

Proposition 7.2. *Supposons B entier sur A:*

(1) *Pour tout idéal premier $\mathfrak{p}$ de A, il existe un idéal $\mathfrak{p}'$ de B qui est au-dessus de $\mathfrak{p}$.*

(2) *Si $\mathfrak{p}' \subset \mathfrak{p}''$ sont deux idéaux premiers de B au-dessus du même idéal premier $\mathfrak{p}$ de A, on a $\mathfrak{p}' = \mathfrak{p}''$.*

(3) *Si $\mathfrak{p}'$ est au-dessus de $\mathfrak{p}$, pour que $\mathfrak{p}'$ soit maximal, il faut et il suffit que $\mathfrak{p}$ le soit.*

Preuve. L'assertion (3) résulte du lemme 7.1 appliqué à $A/\mathfrak{p} \subset B/\mathfrak{p}'$. L'assertion (2) résulte de (3), appliquée à $A_\mathfrak{p} \subset B_\mathfrak{p}$. En effet: $\mathfrak{p}' \cdot B_\mathfrak{p} \cap A_\mathfrak{p} = \mathfrak{p}'' \cdot B_\mathfrak{p} \cap A_\mathfrak{p} = \mathfrak{p} \cdot A_\mathfrak{p}$; donc $\mathfrak{p}' \cdot B_\mathfrak{p} = \mathfrak{p}'' \cdot B_\mathfrak{p}$, car ce sont deux idéaux maximaux de $B_\mathfrak{p}$ (d'après (3)) et le premier est contenu dans le second. Il en résulte que $\mathfrak{p}' = \mathfrak{p}''$.

Le même argument montre qu'il suffit de démontrer (1) lorsque A est local et $\mathfrak{p}$ maximal; dans ce cas, on prend pour $\mathfrak{p}'$ n'importe quel idéal maximal de B et on applique le lemme 7.1. ▯

Corollaire 7.3. *Si B est entier sur A,* $\dim(B) = \dim(A)$.

Preuve. En effet, si $\mathfrak{p}'_0 \subset \cdots \subset \mathfrak{p}'_r$ est une chaîne d'idéaux premiers de B, les $\mathfrak{p}_i = \mathfrak{p}'_i \cap A$ forment une chaîne d'idéaux premiers de A (d'après 7.2.2). Donc: $\dim(B) \leqq \dim(A)$.

Si $\mathfrak{p}_0 \subset \cdots \subset \mathfrak{p}_r$ est une chaîne d'idéaux premiers de A, on construit par récurrence sur $i = 0, 1, \ldots, r$ des idéaux $\mathfrak{p}'_i$ tels que $\mathfrak{p}'_0 \subset \cdots \subset \mathfrak{p}'_i$ soit une chaîne d'idéaux premiers de B et $\mathfrak{p}'_i \cap A = \mathfrak{p}_i$ (pour construire $\mathfrak{p}'_{i+1}$ on applique 7.2.1 à l'idéal $\mathfrak{p}_{i+1}/\mathfrak{p}_i$ de $A/\mathfrak{p}_i \subset B/\mathfrak{p}'_i$). Ceci prouve que $\dim(B) \geqq \dim(A)$. ▯

Définition 7.4. Un anneau A est *normal* s'il est noethérien, intègre, et si la clôture intégrale de A dans son corps des fractions $A_{(0)}$ est égale à A.

Théorème 7.5. *Soit A un sous-anneau, normal et de caractèristique* 0, *d'un anneau intègre B. Supposons que B est un A-module de type fini et soit $\tilde{B}$ la clôture intégrale de B dans son corps des fractions. Posons $p=\dim_{A_{(0)}} B_{(0)}$. Il existe un élément $x\in B$ et un polynôme unitaire $P(X)=X^p+a_1 X^{p-1}+\cdots+a_p$ à coefficients dans A et à discriminant $\Delta\in A\setminus\{0\}$ tels que: $P(x)=0$* et $\Delta\cdot\tilde{B}\subset A+A\cdot x+\cdots+A\cdot x^{p-1}$.

En particulier, $\tilde{B}$ est un A-module de type fini, donc un anneau normal (nous dirons que $\tilde{B}$ est le normalisé de B).

Preuve. Le corps des fractions $B_{(0)}$ de B est une extension algébrique finie du corps des fractions de $A_{(0)}$. Soit p le degré de cette extension. On sait (théorème de l'élément primitif) que $B_{(0)}$ est engendrée en tant qu'algèbre sur $A_{(0)}$ par un élément $x=b'/b$ ($b'\in B$, $b\in B\setminus\{0\}$). Soit $b''\in B\setminus\{0\}$ tel que $b''b\in A$. Visiblement $b'b''$ engendre $B_{(0)}$ sur $A_{(0)}$: on peut donc supposer que *l'élément primitif x appartient à B.*

L'élément x vérifie une équation minimale:

$$x^p+a_1 x^{p-1}+\cdots+a_p=0, \qquad a_i\in A_{(0)}. \tag{$*$}$$

Il existe un surcorps K de $B_{(0)}$ dans lequel l'équation ($*$) admet p racines distinctes $x=x_1, x_2, \ldots, x_p$; des $A_{(0)}$-automorphismes $\sigma_1=\mathrm{id}$, $\sigma_2, \ldots, \sigma_p$ de K, tels que pour tout i: $\sigma_i(x)=x_i$. Ceci dit:

(1) Les $x_i=\sigma_i(x)$ sont entiers sur A; il en est de même des a_j, fonctions symétriques des x_i. Puisque les a_j appartiennent à $A_{(0)}$ et que A est normal,

$$a_1\in A, \ldots, a_p\in A.$$

De même, le discriminant:

$$\Delta=\prod_{i<j}(x_i-x_j)^2=(\det|\sigma_i(x)^j|)^2$$

appartient à A, et $\Delta\neq 0$.

(2) Soit $y\in\tilde{B}$: $y=\sum_{j=0}^{p-1} b_j x^j$, $b_j\in A_{(0)}$ d'où pour $i=1,\ldots,p$: $\sigma_i(y)=\sum_{j=0}^{p-1} b_j\,\sigma_i(x)^j$.

En résolvant ce système par rapport aux b_j, on trouve que $\Delta\cdot b_j$ est entier sur A.

Mais $\Delta\cdot b_j\in A_{(0)}$; il en résulte que: $\Delta\cdot b_j\in A$, d'où $\Delta\cdot y\in B$.

Puisque $\Delta\cdot\tilde{B}\subset B$, $\Delta\cdot\tilde{B}$ et donc $\tilde{B}$ (isomorphe à $\Delta\cdot\tilde{B}$ en tant que A-module) sont des A-modules de type fini. ▯

Enfin, nous utiliserons le critère de normalité suivant (Serre [1]):

Théorème 7.6. *Soit A un anneau local noethérien. Pour que A soit normal, il faut et il suffit qu'il vérifie les deux conditions suivantes:*

(1) *Pour tout idéal premier $\mathfrak{p}$ de A, tel que* $\mathrm{ht}(\mathfrak{p}) \leqq 1$, *l'anneau local $A_{\mathfrak{p}}$ est régulier.*

(2) *Si* $\mathrm{ht}(\mathfrak{p}) \geqq 2$, *on a* $\mathrm{codh}(A_{\mathfrak{p}}) \geqq 2$.

8. Complétion

Soient A un anneau local; $\underline{m}$ son idéal maximal; M un A-module. On munit M de la structure de groupe topologique (topologie $\underline{m}$-adique ou topologie de Krull) définie comme suit: un système fondamental de voisinages de l'origine est formé des $\underline{m}^p \cdot M$, où $p \in \mathbb{N}$.

Le lemme suivant est un corollaire du lemme d'Artin-Rees.

Lemme 8.1. *Supposons A noethérien et M de type fini. Soit M' un sous-module de M.*

(1) *La topologie $\underline{m}$-adique de M' est induite par la topologie $\underline{m}$-adique de M.*

(2) *La topologie $\underline{m}$-adique de M/M' est le quotient de celle de M par celle de M'.*

(3) *M' est fermé dans M.*

(4) *M est séparé pour la topologie $\underline{m}$-adique.*

Preuve. (1) résulte trivialement du théorème 3.10.

(2) est évident.

On a $\overline{M'} = \bigcap_{q \in \mathbb{N}} (M' + \underline{m}^q \cdot M) = M'$ (corollaire 3.11), ce qui démontre (3).

Enfin, en choisissant $M' = 0$, on voit que 0 est fermé dans M, ce qui prouve (4). □

Désignons par $\hat{M}$ le complété de M pour la topologie $\underline{m}$-adique. Visiblement, $\hat{A}$ est muni d'une structure d'anneau commutatif et unitaire ($\hat{A}$ est local noethérien si A est local noethérien (Serre [1]) mais nous n'utiliserons pas ce résultat) et $\hat{M}$ est muni d'une structure de $\hat{A}$-module. On a le résultat suivant:

Proposition 8.2. *Supposons A noethérien et M de type fini.*

(1) *L'application canonique: $\hat{A} \otimes_A M \to \hat{M}$ est un isomorphisme.*

(2) *$\hat{A}$ est fidèlement plat sur A.*

Preuve. (1) Soit $0 \to M' \to M \to M'' \to 0$ une suite exacte de A-modules de type fini. La topologie de M' est induite par celle de M et la topologie de M'' est le quotient de celle de M par celle de M'; en outre, ces espaces sont séparés (lemme 8.1). D'après les propriétés du complété d'un groupe topologique, la suite $0 \to \hat{M}' \to \hat{M} \to \hat{M}'' \to 0$ est exacte. De là, on déduit, par une méthode bien connue, que pour toute suite exacte $M' \to M \to M''$ de A-modules de type fini, la suite $\hat{M}' \to \hat{M} \to \hat{M}''$ est exacte.

Appliquons ceci à une présentation finie de M, i.e. à une suite exacte:

$$A^p \to A^q \to M \to 0.$$

On a un diagramme commutatif:

$$\begin{array}{ccccccc}
A^p \otimes_A \hat{A} & \longrightarrow & A^q \otimes_A \hat{A} & \longrightarrow & M \otimes_A \hat{A} & \longrightarrow & 0 \\
\downarrow \wr & & \downarrow \wr & & \downarrow & & \\
\hat{A}^p & \longrightarrow & \hat{A}^q & \longrightarrow & \hat{M} & \longrightarrow & 0
\end{array}$$

où les lignes sont exactes et les deux premières flèches verticales sont des isomorphismes. La dernière flèche verticale sera aussi un isomorphisme.

(2) D'après la première partie de la démonstration, $\hat{A}$ est un A-module plat. Si M est un A-module de type fini, M est séparé (lemme 8.1) et donc l'application canonique $M \to M \otimes_A \hat{A} \simeq \hat{M}$ est injective. Ainsi $A/\underline{m} \otimes_A \hat{A} \neq 0$ et $\hat{A}$ est fidèlement plat sur A (proposition 4.3). □

Chapitre II. Algèbres analytiques et algèbres formelles. Propriétés locales d'un ensemble analytique

Soit $\underline{k}$ un corps commutatif valué complet, de caractéristique 0. On désigne par $\mathcal{O}_n$ (resp. $\mathcal{F}_n$) l'anneau des séries convergentes $\underline{k}\{x_1, \ldots, x_n\}$ (resp. l'anneau des séries formelles $\underline{k}[[x_1, \ldots, x_n]]$) en les indéterminées $x_1, \ldots, x_n$ à coefficients dans $\underline{k}$. Une $\underline{k}$-algèbre A est *analytique* (resp. *formelle*) s'il existe $n \in \mathbb{N}$ tel que A soit isomorphe à un quotient de $\mathcal{O}_n$ (resp. $\mathcal{F}_n$). Dans les trois paragraphes suivants, nous donnons quelques propriétés communes aux algébres analytiques et formelles: les démonstrations seront faites dans le cas analytique, le cas formel se traitant de façon analogue.

1. Régularité et factorialité de $\mathcal{O}_n$ et $\mathcal{F}_n$

Un élément f de $\mathcal{O}_n$ (resp. $\mathcal{F}_n$) est non inversible si et seulement si $f(0)=0$. Les éléments non inversibles de $\mathcal{O}_n$ (resp. $\mathcal{F}_n$) forment donc un idéal, i.e. $\mathcal{O}_n$ (resp. $\mathcal{F}_n$) est un anneau local. Son idéal maximal est engendré par $x_1, \ldots, x_n$.

Définition 1.1. Nous dirons que f est *régulière d'ordre* p *en* x_n si $f(0, \ldots, 0, x_n) = x_n^p \cdot g(x_n)$, avec $g(0) \neq 0$.

Un polynôme $a_0 \cdot y^p + a_1 y^{p-1} + \cdots + a_p$ à coefficients dans $\mathcal{F}_n$ est *distingué* si $a_0 = 1$ et $a_1(0) = \cdots = a_p(0) = 0$.

Enfin, si k est un entier positif $\leqq n$, on pose:

$$\mathcal{O}_{n-k} = \underline{k}\{x_1, \ldots, x_{n-k}\}; \quad \mathfrak{F}_{n-k} = \underline{k}[[x_1, \ldots, x_{n-k}]].$$

Les deux résultats suivants seront démontrés au chapitre III:

Théorème 1.2 (théorème de division de Weierstrass). *Soit $\Phi \in \mathcal{O}_n$ régulière d'ordre p en x_n:*

Pour tout $f \in \mathcal{O}_n$, il existe $Q \in \mathcal{O}_n$ et $R \in \mathcal{O}_{n-1}[x_n]$ avec degré $R < p$, tels que $f = \Phi \cdot Q + R$. Ces conditions déterminent Q et R de façon unique. En outre, si Φ est un polynôme distingué en x_n et si $f \in \mathcal{O}_{n-1}[x_n]$, Q, R appartiennent à $\mathcal{O}_{n-1}[x_n]$.

On a un résultat analogue en remplaçant $\mathcal{O}_n$ par $\mathcal{F}_n$; $\mathcal{O}_{n-1}$ par $\mathcal{F}_{n-1}$.

Théorème 1.3 (théorème de préparation de Weierstrass). *Soit $\Phi \in \mathcal{O}_n$ régulière d'ordre p en x_n. Il existe un polynôme distingué $P \in \mathcal{O}_{n-1}[x_n]$ de degré p et $Q \in \mathcal{O}_n$, $Q(0) \neq 0$, tels que: $P = \Phi \cdot Q$. Ces conditions déterminent P et Q de façon unique.*

On a un résultat analogue en remplaçant $\mathcal{O}_n$ par $\mathcal{F}_n$; $\mathcal{O}_{n-1}$ par $\mathcal{F}_{n-1}$.

Soit $f \in \mathcal{F}_n$, $f \neq 0$. On désigne par f_p la forme homogène, de degré total p, de f. Soit $\omega(f)$ le plus petit entier p tel que $f_p \neq 0$. Le lemme suivant nous sera très utile:

Lemme 1.4. *Soit $f \in \mathcal{F}_n$, $f \neq 0$. Après un éventuel changement linéaire de coordonnées, on peut supposer que f est régulière d'ordre $\omega(f)$ en x_n.*

Preuve. Posons $p = \omega(f)$. Puisque $f_p \neq 0$, il existe $(a_1, \ldots, a_{n-1}) \in \underline{k}^{n-1}$ tel que $f_p(a_1, \ldots, a_{n-1}, 1) \neq 0$. Effectuons le changement linéaire de coordonnées: $(x_1, \ldots, x_n) \to (X_1 + a_1 X_n, \ldots, X_{n-1} + a_{n-1} X_n, X_n)$. Visiblement: $f(a_1 X_n, \ldots, a_{n-1} X_n, X_n) = f_p(a_1, \ldots, a_{n-1}, 1) \cdot X_n^p$ plus des monômes en X_n de degré $> p$. Ceci prouve que f est régulière d'ordre p en X_n. □

Théorème 1.5. *L'anneau $\mathcal{O}_n$ (resp. $\mathcal{F}_n$) est un anneau local régulier de dimension n.*

Preuve. Montrons d'abord, par récurrence sur n, que $\mathcal{O}_n$ est noethérien. Pour $n = 0$, le résultat est trivial ($\mathcal{O}_0 \simeq \underline{k}$). Supposons $n > 0$. Soit I un idéal de $\mathcal{O}_n$, $I \neq 0$, et montrons que I est de type fini. Soit $\Phi \in I$, $\Phi \neq 0$. D'après le lemme 1.4, on peut supposer que Φ est régulière d'ordre p en x_n. D'après le théorème 1.2 $\mathcal{O}_n/\Phi \cdot \mathcal{O}_n$ est un module de type fini sur $\mathcal{O}_{n-1}$, lequel est noethérien par hypothèse de récurrence. Il en résulte que $I/\Phi \cdot \mathcal{O}_n$ est un module de type fini sur $\mathcal{O}_{n-1}$, donc a fortiori sur $\mathcal{O}_n$. Soient $f_1, \ldots, f_k$ des éléments de I tels que leurs classes mod $\cdot \Phi \cdot \mathcal{O}_n$ engendrent $I/\Phi \cdot \mathcal{O}_n$: la famille $(f_1, \ldots, f_k, \Phi)$ est un système de générateurs de l'idéal I.

L'idéal maximal $\underline{m}_n$ de $\mathcal{O}_n$ est engendré par $x_1, \ldots, x_n$. D'après (I.6.9), il suffit de montrer que $\{x_1, \ldots, x_n\}$ est une $\mathcal{O}_n$-suite de $\mathcal{O}_n$. Soit $f \in \mathcal{O}_n$ telle que: $x_{i+1} \cdot f \in (x_1, \ldots, x_i)$: chaque monôme de $x_{i+1} \cdot f$, donc de f, contient en facteur l'un des $x_1, \ldots, x_i$. Il en résulte que $f \in (x_1, \ldots, x_i)$. □

Un élément a d'un anneau A commutatif et unitaire est *irréductible* si toute égalité $a = a_1 \cdot a_2$, $a_1 \in A$, $a_2 \in A$ implique que l'un des a_i est inversible. Nous dirons que A est *factoriel* s'il est intègre et si tout élément de $A \setminus \{0\}$ se décompose de façon unique (aux facteurs inversibles près) en un produit fini d'éléments irréductibles. Un anneau intègre noethérien A est factoriel si et seulement si tout élément irréductible de A est premier (i.e. engendre un idéal premier ou A).

Un anneau A noethérien et factoriel est normal: en effet, soit $x \in A_{(0)} \setminus A$; $x = a/b$, où a et b sont deux éléments de A tels que b contienne un facteur irréductible qui ne divise pas a, donc aucune puissance de a. Si x vérifiait une équation de dépendance intégrale de degré p, b diviserait a^p, ce qui est absurde.

Tout anneau local régulier est factoriel (Serre [1]). Nous allons retrouver ce résultat pour $\mathcal{O}_n$ et $\mathcal{F}_n$, en utilisant le théorème de préparation:

Théorème 1.6. *L'anneau $\mathcal{O}_n$ (resp. $\mathcal{F}_n$) est factoriel, donc normal.*

Preuve. Nous procédons par récurrence sur n. Si $n=0$, le résultat est trivial. Supposons $n>0$ et soit Φ un élément irréductible de $\mathcal{O}_n$. Nous devons montrer que Φ est premier dans $\mathcal{O}_n$. D'après le lemma 1.4 et le théorème 1.3, nous pouvons supposer que Φ est un polynôme distingué en x_n à coefficients dans $\mathcal{O}_{n-1}$. D'après l'hypothèse de récurrence, $\mathcal{O}_{n-1}$ est factoriel et donc (théorème de Gauss), $\mathcal{O}_{n-1}[x_n]$ est factoriel. Le théorème résultera du lemme suivant:

Lemme 1.7. *Soit $P \in \mathcal{O}_{n-1}[x_n]$ un polynôme distingué.*

(1) *Si P est irréductible dans $\mathcal{O}_n$, P est irréductible dans $\mathcal{O}_{n-1}[x_n]$.*

(2) *Si P est irréductible dans $\mathcal{O}_{n-1}[x_n]$, P est premier dans $\mathcal{O}_{n-1}[x_n]$ et dans $\mathcal{O}_n$.*

Preuve. (1) Soit $P = P_1 \cdot P_2$ une décomposition de P dans $\mathcal{O}_{n-1}[x_n]$. Par hypothèse, l'un des P_i, par exemple P_1, est inversible dans $\mathcal{O}_n$. Ainsi: $P_2 = (1/P_1) \cdot P$, $P_2 \in \mathcal{O}_{n-1}[x_n]$; d'après le théorème 1.2, $1/P_1 \in \mathcal{O}_{n-1}[x_n]$, et P_1 est inversible dans $\mathcal{O}_{n-1}[x_n]$.

(2) L'anneau $\mathcal{O}_{n-1}[x_n]$ étant factoriel, P est premier dans $\mathcal{O}_{n-1}[x_n]$. Soient $g, h \in \mathcal{O}_n$ tels que P divise $g \cdot h$. Soient $\bar{g}, \bar{h}$ les restes de g, h respectivement après division par P. On a: $\bar{g} \cdot \bar{h} = P \cdot Q$, avec $Q \in \mathcal{O}_n$. Puisque $\bar{g} \cdot \bar{h} \in \mathcal{O}_{n-1}[x_n]$, $Q \in \mathcal{O}_{n-1}[x_n]$ (théorème 1.2). Puisque P est premier dans $\mathcal{O}_{n-1}[x_n]$, $\bar{g}$ (ou $\bar{h}$) est divisible par P dans $\mathcal{O}_{n-1}[x_n]$ et donc, g (ou h) est divisible par P dans $\mathcal{O}_n$. □

2. Algèbres analytiques (ou formelles) intègres

Définition 2.1. Soit k un entier compris entre 0 et n, et soit I in idéal de $\mathcal{O}_n$ (resp. $\mathcal{F}_n$). On note $J_k(I)$ l'idéal engendré dans $\mathcal{O}_n$ (resp. $\mathcal{F}_n$) par I et tous les jacobiens $\dfrac{D(f_1, \ldots, f_k)}{D(x_{i_1}, \ldots, x_{i_k})}$ où $f_1, \ldots, f_k \in I$ et $1 \leqq i_1 < i_2 < \cdots < i_k \leqq n$. Visiblement, cet idéal ne dépend pas du système de coordonnées $(x_1, \ldots, x_n)$ que l'on a choisi. Nous poserons:

$$R_k(I) = \sqrt{J_k(I)} \cap \sqrt{\sigma_k(I)}.$$

Soit $\mathfrak{p}$ un idéal premier de $\mathcal{O}_n$. Si l'application canonique: $\mathcal{O}_{n-i+1} \to \mathcal{O}_n/\mathfrak{p}$ n'est pas injective, i.e. si $\mathfrak{p} \cap \mathcal{O}_{n-i+1} \neq 0$, il existe, après un éventuel changement linéaire de coordonnées sur les $x_1, \ldots, x_{n-i+1}$ (d'après le lemme 1.4 et le théorème 1.3), un polynôme distingué $P_i \in \mathcal{O}_{n-i}[x_{n-i+1}] \cap \mathfrak{p}$.

On construit ainsi, par récurrence, sur $i=1, \ldots, k$, en modifiant linéairement le système de coordonnées, des polynômes distingués $P_i \in \mathcal{O}_{n-i}[x_{n-i+1}] \cap \mathfrak{p}$. On peut supposer que l'application: $\mathcal{O}_{n-k} \to \mathcal{O}_n/\mathfrak{p}$ est injective.

D'après le théorème 1.2, $\mathcal{O}_{n-i+1}/(P_i)$ est un module de type fini sur $\mathcal{O}_{n-i}$. Il en résulte immédiatement que $\mathcal{O}_n/(P_1, \ldots, P_k)$ et donc $\mathcal{O}_n/\mathfrak{p}$ sont des modules de type fini sur $\mathcal{O}_{n-k}$. Puisque $(P_1, \ldots, P_k, x_1, \ldots, x_{n-k})$ est un système de paramètres de $\mathcal{O}_n$, $k \leqq \mathrm{ht}(\mathfrak{p})$. D'après (I.7.3), $\dim(\mathcal{O}_n/\mathfrak{p}) = \dim(\mathcal{O}_{n-k}) = n-k$; d'où l'inégalité: $\mathrm{ht}(\mathfrak{p}) \leqq n - \dim(\mathcal{O}_n/\mathfrak{p}) = k$. On a donc nécessairement: $k = \mathrm{ht}(\mathfrak{p})$. On retrouve l'égalité: $\mathrm{ht}(\mathfrak{p}) + \dim(\mathcal{O}_n/\mathfrak{p}) = n$, valable pour tout anneau local régulier de dimension n (I.6.12).

Enfin, on peut choisir les P_i de telle sorte que $\dfrac{\partial P_i}{\partial x_{n-i+1}} \notin \mathfrak{p}$ (en effet, il existe un plus grand entier m tel que $\dfrac{\partial^m P_i}{\partial x_{n-i+1}^m} \in \mathfrak{p}$ et il suffit de remplacer P_i par cette dérivée partielle).

Alors: $\dfrac{D(P_1, \ldots, P_k)}{D(x_n, \ldots, x_{n-k+1})} = \prod_{i=1}^{k} \dfrac{\partial P_i}{\partial x_{n-i+1}} \notin \mathfrak{p}$. Ainsi $J_k(\mathfrak{p}) \supsetneqq \mathfrak{p}$.

De même: $\sigma_k(\mathfrak{p}) \supsetneqq \mathfrak{p}$ (I.6.5). En définitive: $R_k(\mathfrak{p}) \supsetneqq \mathfrak{p}$ (d'après I.3.12.1). En résumé:

Proposition 2.2. *Soit $\mathfrak{p}$ un idéal premier de hauteur k de $\mathcal{O}_n$.*

(1) *Après un changement linéaire de coordonnées, on peut supposer que l'application canonique: $\mathcal{O}_{n-k} \to \mathcal{O}_n/\mathfrak{p}$ est injective et que $\mathcal{O}_n/\mathfrak{p}$ est un module de type fini sur $\mathcal{O}_{n-k}$. On a:* $\dim(\mathcal{O}_n/\mathfrak{p}) = n-k$.

(2) $R_k(\mathfrak{p}) \supsetneqq \mathfrak{p}$.

On a un résultat analogue en remplaçant $\mathcal{O}_n$ par $\mathcal{F}_n$, $\mathcal{O}_{n-k}$ par $\mathcal{F}_{n-k}$.

La proposition suivante fournit un critère pour reconnaître si une $\underline{k}$-algèbre est analytique (resp. formelle):

Proposition 2.3. *Soit B une $\underline{k}$-algèbre intègre contenant $\mathcal{O}_n$* (resp. $\mathcal{F}_n$) *et supposons que B est un module de type fini sur $\mathcal{O}_n$ (resp. $\mathcal{F}_n$). Alors:*

(1) *l'algèbre B est locale.*

(2) *soit $\underline{m}$ l'idéal maximal de B. L'algèbre $B^* = \underline{k} + \underline{m}$ est une $\underline{k}$-algèbre analytique (resp. formelle).*

(3) *si $\underline{k}$ est algébriquement clos, $B^* = B$.*

Preuve. Soient $\underline{m}_n$ l'idéal maximal de $\mathcal{O}_n$; $\underline{m}$ un idéal maximal quelconque de B. Puisque $B/\underline{m}$ est entier sur $\mathcal{O}_n/\underline{m}\cap\mathcal{O}_n$, $\underline{m}\cap\mathcal{O}_n=\underline{m}_n$ (I.7.1).

Soit $b\in B$. Il existe un polynôme unitaire $P\in\mathcal{O}_n[y]$ tel que $P(b)=0$. D'après le théorème 1.3: $P=P'\cdot P''$ où $P'\in\mathcal{O}_n[y]$ est distingué et $P''\in \underline{k}\{x_1,\dots,x_n;y\}$, $P''(0)\neq 0$. D'après le théorème 1.2, $P''\in\mathcal{O}_n[y]$ et P'' est unitaire.

L'anneau B étant intègre, $P'(b)=0$ ou $P''(b)=0$. Deux cas sont à considérer:

– supposons que $b\in\underline{m}$. Si l'on avait:

$$P''(b)=b^p+a_1\,b^{p-1}+\cdots+a_p=0,$$

b serait inversible dans B (car $a_p(0)\neq 0$ et donc a_p est inversible dans $\mathcal{O}_n$), ce qui est absurde. On a donc: $P'(b)=0$.

– supposons que $b\in B\setminus\underline{m}$. Si l'on avait:

$$P'(b)=b^q+c_1\,b^{q-1}+\cdots+c_q=0$$

on aurait $b^q\in\underline{m}$, i.e. $b\in\underline{m}$ (en effet, $c_1,\dots,c_q\in\underline{m}_n\subset\underline{m}$). Ceci est absurde et donc: $P''(b)=0$. Il en résulte que b est inversible dans B.

L'anneau B est donc local, d'idéal maximal $\underline{m}$, ce qui prouve l'assertion (1). Le corps $B/\underline{m}$ est une extension algébrique finie de $\underline{k}\simeq\mathcal{O}_n/\underline{m}_n$. Si $\underline{k}$ est algébriquement clos, l'application canonique $\underline{k}\to B/\underline{m}$ est donc un isomorphisme et $B=\underline{k}+\underline{m}=B^*$, d'où l'assertion (3).

L'algèbre B^* est engendrée sur $\mathcal{O}_n$ par des éléments $b_1,\dots,b_q\in\underline{m}$ et chaque b_i est racine d'un polynôme distingué $P_i\in\mathcal{O}_n[y_i]$. Il en résulte que B^* est isomorphe à un quotient de $\mathcal{O}_n[y_1,\dots,y_q]/(P_1,\dots,P_q)$. L'assertion (2) résultera donc du lemme suivant:

Lemme 2.4. *Sous les hypothèses précédentes, l'application canonique* φ:

$$A=\mathcal{O}_n[y_1,\dots,y_q]/(P_1,\dots,P_q)\to A'=\underline{k}\{x_1,\dots,x_n;\,y_1,\dots,y_q\}/(P_1,\dots,P_q)$$

est un isomorphisme.

Preuve. Posons $p_i=$degré P_i. L'application φ est surjective. En effet, si $f\in\underline{k}\{x_1,\dots,x_n;\,y_1,\dots,y_q\}$, des divisions successives par $P_1,\dots,P_q$ montrent que:

$$f=\sum_{0\leqq n_i\leqq p_i-1} a_{n_1\dots n_q}\,y_1^{n_1}\dots y_q^{n_q} \quad \mathrm{mod}\,(P_1,\dots,P_q)$$

où les $a_{n_1\dots n_q}\in\mathcal{O}_n$.

Les $\mathcal{O}_n$-modules A et A' sont donc de type fini. Montrons que A' est libre. Pour cela, il suffit de montrer que A' est plat sur $\mathcal{O}_n$, i.e. (I.4.6) que $\mathrm{Tor}_1^{\mathcal{O}_n}(\mathcal{O}_n/\underline{m}_n, A')=0$, soit encore que le module des relations entre les x_i dans A' est engendré sur A' par les relations triviales. Ceci résulte de I.6.8, joint au fait que $\{x_1,\dots,x_n;\,P_1,\dots,P_q\}$ est un système de paramètres de l'anneau local régulier $\underline{k}\{x_1,\dots,x_n;\,y_1,\dots,y_q\}$.

En tensorisant par $\underline{k}$ sur $\mathcal{O}_n$ la suite exacte:

$$0 \to \ker \varphi \to A \xrightarrow{\varphi} A' \to 0$$

on obtient donc une suite exacte:

$$0 \to \ker \varphi \otimes_{\mathcal{O}_n} \underline{k} \to A \otimes_{\mathcal{O}_n} \underline{k} \xrightarrow{\varphi \otimes 1} A' \otimes_{\mathcal{O}_n} \underline{k} \to 0.$$

Mais visiblement: $A \otimes_{\mathcal{O}_n} \underline{k} \simeq A' \otimes_{\mathcal{O}_n} \underline{k} \simeq \underline{k}[y_1, \ldots, y_q]/(y_1^{p_1}, \ldots, y_q^{p_q})$. Ainsi: $\ker \varphi \otimes_{\mathcal{O}_n} \underline{k} = 0$ et (lemme de Nakayama): $\ker \varphi = 0$. □

Théorème 2.5. *Soit B une $\underline{k}$-algèbre analytique (resp. formelle) intègre. Soit $\tilde{B}$ la clôture intégrale de B dans son corps des fractions.*

(1) *$\tilde{B}$ est un B-module de type fini et une $\underline{k}$-algèbre locale.*

(2) *L'injection $B \to \tilde{B}$ est locale.*

(3) *Si $\underline{k}$ est algébriquement clos, $\tilde{B}$ est une $\underline{k}$-algèbre analytique (resp. formelle).*

Preuve. On peut supposer que $B = \mathcal{O}_{n+k}/\mathfrak{p}$, où $\mathfrak{p}$ est un idéal premier de hauteur k de $\mathcal{O}_{n+k}$. D'après la proposition 2.2, après changement linéaire de coordonnées, on a une injection: $\mathcal{O}_n \to B$ et B est un module de type fini sur $\mathcal{O}_n$. Puisque $\mathcal{O}_n$ est un anneau normal (théorème 1.6), $\tilde{B}$ est un module de type fini sur $\mathcal{O}_n$ (I.7.5), donc sur B. Les assertions (1) et (3) résultent de là et de la proposition 2.3, appliquée à $\tilde{B}$ au lieu de B.

Si $\underline{\tilde{m}}$ est l'idéal maximal de $\tilde{B}$; $\underline{m}$ celui de B: $\underline{\tilde{m}} \cap B = \underline{m}$ ($\tilde{B}$ étant entier sur B, on applique (I.7.1)), d'où l'assertion (2). □

3. Les critères de régularité et de normalité

Dans ce paragraphe, A désigne $\mathcal{O}_n$ ou $\mathcal{F}_n$. Soit I un idéal propre de A.

Le critère de régularité suivant (critère jacobien des points simples) est fondamental:

Théorème 3.1. *Soit $\mathfrak{p}$ un idéal premier de A contenant I. L'anneau $A_\mathfrak{p}/I.\,A_\mathfrak{p}$ est régulier de dimension $\operatorname{ht}(\mathfrak{p}) - k$ si et seulement si $\mathfrak{p} \not\supset R_k(I)$.*

Preuve. Démontrons d'abord un lemme préliminaire.

Lemme 3.2. *Avec les notations précédentes, si $I \cdot A_\mathfrak{p}$ est engendré sur $A_\mathfrak{p}$ par k éléments $f_1, \ldots, f_k \in I$, l'idéal $J_k(I) \cdot A_\mathfrak{p}$ est engendré sur $A_\mathfrak{p}$ par $f_1, \ldots, f_k$ et tous les jacobiens* $\dfrac{D(f_1, \ldots, f_k)}{D(x_{i_1}, \ldots, x_{i_k})}$ $(1 \leqq i_1 < \cdots < i_k \leqq n)$.

Preuve. Si $f \in I$, il existe $s \in A \setminus \mathfrak{p}$ et $a_1, \ldots, a_k \in A$ tels que: $s \cdot f = \sum_{i=1}^{k} a_i f_i$. En dérivant cette égalité:

$$s \cdot \frac{\partial f}{\partial x_j} + \frac{\partial s}{\partial x_j} \cdot f = \sum_{i=1}^{k} a_i \frac{\partial f_i}{\partial x_j} \mod (f_1, \ldots, f_k).$$

D'où:

$$s^2 \cdot \frac{\partial f}{\partial x_j} = \sum_{i=1}^{k} (s\, a_i) \cdot \frac{\partial f_i}{\partial x_j} \quad \operatorname{mod}(f_1, \dots, f_k).$$

Le résultat est alors immédiat. □

Démontrons le théorème 3.1

La condition est nécessaire: Posons $r = \operatorname{ht}(\mathfrak{p})$. Puisque $A_\mathfrak{p}/I \cdot A_\mathfrak{p}$ est régulier de dimension $r-k$ et $A_\mathfrak{p}$ régulier de dimension r (I.6.4), il existe k éléments $f_1, \dots, f_k \in I$ et $f_{k+1}, \dots, f_r \in \mathfrak{p}$ tels que $\mathfrak{p} \cdot A_\mathfrak{p}$ soit engendré sur $A_\mathfrak{p}$ par $f_1, \dots, f_r$; $I \cdot A_\mathfrak{p}$ soit engendré sur $A_\mathfrak{p}$ par $f_1, \dots, f_k$ (I.6.11). D'après la proposition 2.2 et le lemme 3.2, il existe un jacobien $\dfrac{D(f_1, \dots, f_r)}{D(x_{i_1}, \dots, x_{i_r})}$ qui n'appartient pas à $\mathfrak{p}$ et donc un jacobien $\dfrac{D(f_1, \dots, f_k)}{D(x_{i_1}, \dots, x_{i_k})}$ qui n'appartient pas à $\mathfrak{p}$. Ainsi $J_k(I) \not\subset \mathfrak{p}$.

Puisque $g_{A_\mathfrak{p}}(I \cdot A_\mathfrak{p}) \leq k$, $\sigma_k(I) \not\subset \mathfrak{p}$ (I.2.5).

En définitive: $R_k(I) = \sqrt{J_k(I)} \cap \sqrt{\sigma_k(I)} \not\subset \mathfrak{p}$ (d'après I.3.12.1).

La condition est suffisante: Puisque $\mathfrak{p} \not\supset \sigma_k(I)$, l'idéal $I \cdot A_\mathfrak{p}$ est engendré sur $A_\mathfrak{p}$ par k éléments $f_1, \dots, f_k \in I$. D'après le lemme 3.2 et l'hypothèse $\mathfrak{p} \not\supset J_k(I)$, après une éventuelle permutation de coordonnées:

$$\frac{D(f_1, \dots, f_k)}{D(x_1, \dots, x_k)} \notin \mathfrak{p}.$$

D'après (I.6.11), il suffit de montrer que les images de $f_1, \dots, f_k$ dans $\mathfrak{p} \cdot A_\mathfrak{p}/\mathfrak{p}^2 \cdot A_\mathfrak{p}$ forment un système libre sur le corps résiduel $A_\mathfrak{p}/\mathfrak{p} \cdot A_\mathfrak{p}$. Soient: $\varphi_1, \dots, \varphi_k \in A_\mathfrak{p}$ tels que:

$$\sum_{i=1}^{k} \varphi_i f_i = 0 \quad \operatorname{mod} \mathfrak{p}^2 \cdot A_\mathfrak{p}.$$

En dérivant cette égalité par rapport aux coordonnées $x_1, \dots, x_k$, pour $j = 1, \dots, k$: $\sum_{i=1}^{k} \varphi_i \dfrac{\partial f_i}{\partial x_j} = 0 \operatorname{mod} \mathfrak{p} \cdot A_\mathfrak{p}$.

Puisque $\det \left| \dfrac{\partial f_i}{\partial x_j} \right|$ est inversible dans $A_\mathfrak{p}$, en résolvant le système précédent:

$$\varphi_1 = \dots = \varphi_k = 0 \quad \operatorname{mod} \mathfrak{p} \cdot A_\mathfrak{p}. \quad □$$

Corollaire 3.3. *Soit $\mathfrak{p}$ un idéal premier de hauteur k de A. Une condition nécessaire et suffisante pour que des éléments $f_1, \dots, f_k \in \mathfrak{p}$ engendrent l'idéal $\mathfrak{p} \cdot A_\mathfrak{p}$ sur $A_\mathfrak{p}$ est qu'il existe un jacobien $\dfrac{D(f_1, \dots, f_k)}{D(x_{i_1}, \dots, x_{i_k})}$ n'appartenant pas à $\mathfrak{p}$.*

Dans ce cas, il existe $\delta \in (A \setminus \mathfrak{p}) \cap J_k(f_1, \dots, f_k)$ tel que $\delta \cdot \mathfrak{p} \subset (f_1, \dots, f_k)$.

Preuve. Posons $I=(f_1, \ldots, f_k)$. D'après 3.1, on a $I \cdot A_\mathfrak{p} = \mathfrak{p} \cdot A_\mathfrak{p}$ si et seulement si $\sqrt{J_k}(I) = R_k(I) \not\subset \mathfrak{p}$. Ceci démontre la première assertion. Prouvons la seconde. Si $I \cdot A_\mathfrak{p} = \mathfrak{p} \cdot A_\mathfrak{p}$, il existe $\delta' \in A \setminus \mathfrak{p}$ tel que $\delta' \cdot \mathfrak{p} \subset I$. Soit $\delta'' \in (A \setminus \mathfrak{p}) \cap J_k(I)$: il suffit de poser $\delta = \delta' \cdot \delta''$. □

Définition 3.4. L'anneau A/I est *réduit*, s'il est sans nilpotents, i.e. si $I=\sqrt{I}$; *équidimensionnel*, si $\sqrt{I}$ est une intersection finie d'idéaux premiers ayant tous la même hauteur.

Proposition 3.5. (1) *Si l'anneau A/I est équidimensionnel de dimension $n-k$:*

$$\sqrt{J_k}(I) \subset \sqrt{\sigma_k}(I).$$

(2) *Si l'anneau A/I est réduit de dimension $n-k$:*

$$\operatorname{ht}(R_k(I)) > k = \operatorname{ht}(I).$$

Preuve. (1) Soit $\mathfrak{p}$ un idéal premier contenant I et ne contenant pas $J_k(I)$. Il existe $f_1, \ldots, f_k \in I$ tels que $\dfrac{D(f_1, \ldots, f_k)}{D(x_{i_1}, \ldots, x_{i_k})} \notin \mathfrak{p}$ pour un multi-indice $(i_1, \ldots, i_k)$. Soit I' le sous-idéal de I engendré par $f_1, \ldots, f_k$. Puisque $\sigma_k(I')=A$, $R_k(I') \not\subset \mathfrak{p}$. D'après le théorème 3.1, $A_\mathfrak{p}/I' \cdot A_\mathfrak{p}$ est régulier de dimension $\operatorname{ht}(\mathfrak{p})-k$. En particulier, $I' \cdot A_\mathfrak{p}$ est un idéal premier de hauteur k de $A_\mathfrak{p}$. Puisque $I' \cdot A_\mathfrak{p} \subset I \cdot A_\mathfrak{p}$ et $\operatorname{ht}(I \cdot A_\mathfrak{p})=k$ (ceci d'après l'hypothèse d'équidimensionnalité), $I' \cdot A_\mathfrak{p} = I \cdot A_\mathfrak{p}$. Puisque $A_\mathfrak{p}/I \cdot A_\mathfrak{p}$ est régulier de dimension $\operatorname{ht}(\mathfrak{p})-k$, $R_k(I) \not\subset \mathfrak{p}$ (théorème 3.1).

Ainsi, tout idéalpremier contenant $R_k(I)$, contient $J_k(I)$, i.e. $R_k(I) = \sqrt{\sigma_k}(I) \cap \sqrt{J_k}(I) \supset \sqrt{J_k}(I)$, d'où le résultat.

(2) Soient $\mathfrak{p}_1, \ldots, \mathfrak{p}_s$ les idéaux premiers de hauteur k associés à A/I. Par hypothèse: $I = \mathfrak{p}_1 \cap \cdots \cap \mathfrak{p}_s \cap I'$, où I' est un idéal de hauteur $>k$. On a donc, pour tout $i=1, \ldots, s$:

$$I \cdot A_{\mathfrak{p}_i} = \mathfrak{p}_i \cdot A_{\mathfrak{p}_i}.$$

Puisque $A_{\mathfrak{p}_i}/I \cdot A_{\mathfrak{p}_i}$ est un corps (donc un anneau local régulier de dimension $\operatorname{ht}(\mathfrak{p}_i)-k=0$), $R_k(I) \not\subset \mathfrak{p}_i$ (théorème 3.1). On a toujours l'inclusion: $I \subset R_k(I)$, d'où il résulte que: $\operatorname{ht}(R_k(I)) > k$. □

Proposition 3.6. *Les propositions suivantes sont équivalentes:*

(1) *L'anneau A/I est réduit et équidimensionnel de dimension $n-k$.*

(2) *Il existe $\delta \in R_k(I)$ non diviseur de zéro dans A/I.*

Preuve. (1) ⇒ (2) D'après l'hypothèse et la proposition 3.5, l'idéal $R_k(I)$ n'est contenu dans aucun des idéaux premiers associés à A/I. D'après I.3.12.2, il existe $\delta \in R_k(I)$ non diviseur de zéro dans A/I.

(2) ⇒ (1) Montrons d'abord que $I=\sqrt{I}$, et posons $M=\sqrt{I}/I$. Si $\mathfrak{p}$ est un idéal premier qui ne contient pas δ, ou $I \not\subset \mathfrak{p}$ et visiblement $M_\mathfrak{p}=0$;

ou $I \subset \mathfrak{p}$; dans ce cas, l'anneau $A_\mathfrak{p}/I \cdot A_\mathfrak{p}$ est régulier (théorème 3.1) et donc $I \cdot A_\mathfrak{p}$ est un idéal premier de $A_\mathfrak{p}$. Ainsi, $I \cdot A_\mathfrak{p} = \sqrt{I} \cdot A_\mathfrak{p}$ et l'on a encore $M_\mathfrak{p} = 0$.

L'égalité $M_\mathfrak{p} = 0$ équivaut à $\mathfrak{p} \not\supset \mathrm{Ann}(M) = \sigma_0(M)$ (d'après I.2.5). Il en résulte que $\delta \in \sqrt{\mathrm{Ann}(M)}$, i.e. il existe $q \in \mathbb{N}$ tel que $\delta^q \cdot \sqrt{I} \subset I$. Puisque δ n'est pas diviseur de zéro dans A/I, $\sqrt{I} = I$.

Soit $\mathfrak{p}$ un élément de $\mathrm{Ass}(A/I)$. Par hypothèse, δ n'est pas diviseur de zéro dans A/I et donc $\delta \notin \mathfrak{p}$. On a $I = \sqrt{I} = \mathfrak{p} \cap I'$, où I' est un idéal de A tel que $I' \not\subset \mathfrak{p}$. Ainsi: $I \cdot A_\mathfrak{p} = \mathfrak{p} \cdot A_\mathfrak{p}$ et $R_k(I) \not\subset \mathfrak{p}$. D'après le théorème 3.1, $A_\mathfrak{p}/\mathfrak{p} \cdot A_\mathfrak{p} = A_\mathfrak{p}/I \cdot A_\mathfrak{p}$ est régulier de dimension $\mathrm{ht}(\mathfrak{p}) - k$; ainsi, $\mathrm{ht}(\mathfrak{p}) = k$. Ceci achève la démonstration. □

Supposons A/I équidimensionnel de dimension $n-k$. Le critère de normalité (I.7.6) appliqué à A/I au lieu de A se traduit comme suit: L'anneau A/I est normal si et seulement si les deux conditions suivantes sont vérifiées:

(1) Pour tout idéal premier $\mathfrak{p}$ de A tel que $\mathfrak{p} \supset I$ et $\mathrm{ht}(\mathfrak{p}) \leqq k+1$, l'anneau local $A_\mathfrak{p}/I \cdot A_\mathfrak{p}$ est régulier.

(2) Pour tout idéal premier $\mathfrak{p}$ de A tel que $\mathfrak{p} \supset I$ et $\mathrm{ht}(\mathfrak{p}) \geqq k+2$, on a $\mathrm{codh}_{A_\mathfrak{p}}(A_\mathfrak{p}/I \cdot A_\mathfrak{p}) \geqq 2$.

D'après le théorème 3.1, la condition (1) signifie simplement que: $\mathrm{ht}(R_k(I)) \geqq k+2$. Soit $\mathfrak{p}$ un idéal premier de hauteur $i \geqq k+2$. L'anneau $A_\mathfrak{p}$ est régulier de dimension i, et donc:

$\mathrm{codh}_{A_\mathfrak{p}}(A_\mathfrak{p}/I \cdot A_\mathfrak{p}) = i - \mathrm{dh}_{A_\mathfrak{p}}(A_\mathfrak{p}/I \cdot A_\mathfrak{p})$ (d'après I.6.1). La condition (2) signifie donc que $\mathrm{dh}_{A_\mathfrak{p}}(A/I)_\mathfrak{p} \leqq i-2$, pour tout idéal premier $\mathfrak{p}$ de hauteur $i \geqq k+2$, i.e. (d'après I.5.4): pour $i = k+2, \ldots, n$, $\mathrm{ht}(H_{i-2}(A/I)) \geqq i+1$. (On remarquera que l'inégalité $\mathrm{ht}(H_{i-2}(A/I)) \geqq i-1$ est toujours vérifiée, d'après I.6.6). Ainsi:

Théorème 3.7. *Supposons que A/I est équidimensionnel de dimension $n-k>0$. L'anneau A/I est normal si et seulement si* $\mathrm{ht}(R_k(I)) \geqq k+2$, *et pour $i = k+2, \ldots, n$:* $\mathrm{ht}(H_{i-2}(A/I)) \geqq i+1$.

Remarque. Si $k = n-1$, seule la première condition intervient et dans ce cas A/I est régulier de dimension 1.

4. Complétion d'une algèbre analytique

Soient M un module de type fini sur $\mathcal{O}_n$; $\hat{M}$ le complété de M pour la topologie $\mathfrak{m}_n$-adique. Visiblement, on a un isomorphisme canonique: $\hat{\mathcal{O}}_n \simeq \mathcal{F}_n$. D'après I.8.2, l'application canonique: $\mathcal{F}_n \otimes_{\mathcal{O}_n} M \to \hat{M}$ est un isomorphisme et $\mathcal{F}_n$ est un module fidèlement plat sur $\mathcal{O}_n$. Soit I un idéal propre de $\mathcal{O}_n$; on a: $\hat{I} = I \cdot \mathcal{F}_n \simeq I \otimes_{\mathcal{O}_n} \mathcal{F}_n$.

Proposition 4.1. *Si $\mathcal{O}_n/I$ est réduit et équidimensionnel de dimension $n-k$, $\mathcal{F}_n/\hat{I}$ est réduit et équidimensionnel de dimension $n-k$.*

Preuve. On a visiblement:

$$\widehat{\sigma'_k(I)}=\sigma'_k(\hat{I})$$

$$\widehat{J_k(I)}=J_k(\hat{I}).$$

D'où il résulte que:

$$R_k(\hat{I})=\sqrt{J_k(\hat{I})}\cap\sqrt{\sigma'_k(\hat{I})}\supset\sqrt{\widehat{J_k(I)}}\cap\sqrt{\widehat{\sigma'_k(I)}}\supset\widehat{R_k(I)}.$$

D'après la proposition 3.6, il existe $\delta\in R_k(I)$ tel que le morphisme: $\mathcal{O}_n/I\xrightarrow{\delta}\mathcal{O}_n/I$ soit injectif. Puisque $\mathcal{F}_n$ est plat sur $\mathcal{O}_n$, le morphisme: $\mathcal{F}_n/\hat{I}\xrightarrow{\delta}\mathcal{F}_n/\hat{I}$ est injectif. D'après la proposition 3.6, $\mathcal{F}_n/\hat{I}$ est réduit et équidimensionnel de dimension $n-k$. □

Corollaire 4.2. *Soit I un idéal de $\mathcal{O}_n$. On a les égalités:*

(1) $\mathrm{ht}(I)=\mathrm{ht}(\hat{I})$, i.e. $\dim(\mathcal{O}_n/I)=\dim(\mathcal{F}_n/\hat{I})$.

(2) $\widehat{\sqrt{I}}=\sqrt{\hat{I}}$.

(3) $\widehat{R_k(I)}=R_k(\hat{I})$.

Preuve. Soient $\mathfrak{p}_1,\ldots,\mathfrak{p}_s$ les idéaux premiers associés à A/I. On a: $\sqrt{I}=\mathfrak{p}_1\cap\cdots\cap\mathfrak{p}_s$. D'après I.4.7:

$$\widehat{\sqrt{I}}=\hat{\mathfrak{p}}_1\cap\cdots\cap\hat{\mathfrak{p}}_s.$$

D'après la proposition 4.1: $\mathrm{ht}(\mathfrak{p}_i)=\mathrm{ht}(\hat{\mathfrak{p}}_i)$ et $\sqrt{\hat{\mathfrak{p}}_i}=\hat{\mathfrak{p}}_i$. L'idéal $\widehat{\sqrt{I}}$ est donc égal à sa racine; puisque $\widehat{\sqrt{I}}\supset\hat{I}$, on a: $\widehat{\sqrt{I}}\supset\sqrt{\hat{I}}$. L'inclusion inverse étant évidente, $\widehat{\sqrt{I}}=\sqrt{\hat{I}}$.

Ensuite,

$$\mathrm{ht}(\hat{I})=\inf_{i=1,\ldots,s}(\mathrm{ht}(\hat{\mathfrak{p}}_i))=\inf_{i=1,\ldots,s}(\mathrm{ht}(\mathfrak{p}_i))=\mathrm{ht}(I).$$

Enfin, l'assertion (3) résulte immédiatement de (2) et des égalités: $\widehat{\sigma'_k(I)}=\sigma'_k(\hat{I})$ et $\widehat{J_k(I)}=J_k(\hat{I})$. □

Proposition 4.3. *Soit M un $\mathcal{O}_n$-module de type fini. On a les égalités:*

(1) $\forall k\in\mathbb{N}$, $\widehat{\sigma'_k(M)}=\sigma'_k(\hat{M})$; $\mathrm{rg}_{\mathcal{O}_n}(M)=\mathrm{rg}_{\mathcal{F}_n}(\hat{M})$.

(2) $\forall i\in\mathbb{N}$, $\widehat{H_i(M)}=H_i(\hat{M})$; $\mathrm{dh}_{\mathcal{O}_n}(M)=\mathrm{dh}_{\mathcal{F}_n}(\hat{M})$.

(3) $\widehat{\mathrm{Ann}(M)}=\mathrm{Ann}(\hat{M})$; $\dim(M)=\dim(\hat{M})$.

Preuve. (1) On a visiblement: $\widehat{\sigma'_k(M)}=\sigma'_k(\hat{M})$. Il en résulte que $\sigma_k(M)\neq 0 \Rightarrow \sigma_k(\hat{M})\neq 0$; $\sigma_k(M)=0 \Rightarrow \sigma_k(\hat{M})=0$. D'après I.2.7, $\mathrm{rg}_{\mathcal{O}_n}(M)=\mathrm{rg}_{\mathcal{F}_n}(\hat{M})$.

(2) Considérons une suite exacte: $0\to N\to L_{i-1}\to\cdots\to L_0\to M\to 0$ où les L_j sont des $\mathcal{O}_n$-modules libres de type fini. Le module $\mathcal{F}_n$ étant plat sur $\mathcal{O}_n$, on en déduit une suite exacte:

$$0\to\hat{N}\to\hat{L}_{i-1}\to\cdots\to\hat{L}_0\to\hat{M}\to 0.$$

Si $h=\mathrm{rg}_{\mathcal{O}_n}(N)=\mathrm{rg}_{\mathcal{F}_n}(\hat{N})$:

$$H_i(N)=\sqrt{\sigma'_h(N)}$$
$$H_i(\hat{N})=\sqrt{\sigma'_h(\hat{N})}.$$

D'après (1) et le corollaire 4.2:

$$H_i(\hat{N})=\sqrt{\widehat{\sigma'_h(N)}}=\widehat{\sqrt{\sigma'_h(N)}}=\widehat{H_i(N)}.$$

L'égalite $\mathrm{dh}_{\mathcal{O}_n}(M)=\mathrm{dh}_{\mathcal{F}_n}(\hat{M})$ est alors évidente, d'après I.5.5.

(3) On a: $\widehat{\mathrm{Ann}(M)}=\mathrm{Ann}(\hat{M})$ d'après I.4.8, donc:

$$\dim(M)=\dim(\mathcal{O}_n/\mathrm{Ann}(M))=\dim(\mathcal{F}_n/\mathrm{Ann}(\hat{M}))=\dim(\hat{M}),$$

d'après le corollaire 4.2. □

Théorème 4.4. *La complétée d'une $\underline{k}$-algèbre analytique normale est normale.*

Preuve. Soit $B=\mathcal{O}_n/I$ une $\underline{k}$-algèbre analytique normale de dimension $n-k$. D'après la proposition 4.1, $\hat{B}=\mathcal{F}_n/\hat{I}$ est réduite et équidimensionnelle de dimension $n-k$. D'après le théorème 3.7, le corollaire 4.2 et la proposition 4.3:

$$\mathrm{ht}(R_k(I))=\mathrm{ht}(R_k(\hat{I}))\geqq k+2.$$

Pour $i=k+2,\ldots,n$: $\mathrm{ht}(H_{i-2}(\mathcal{O}_n/I))=\mathrm{ht}(H_{i-2}(\mathcal{F}_n/\hat{I}))\geqq i+1$. D'après le théorème 3.7, $\hat{B}$ est normale. □

Le résultat suivant est dû à M. Nagata. Nous le démontrerons au chapitre III, comme corollaire d'un théorème de M. Artin. Nous nous contenterons ici de le démontrer lorsque $\underline{k}$ est algébriquement clos.

Théorème 4.5. *La complétée d'une $\underline{k}$-algèbre analytique intègre est intègre.*

Preuve. Soient B une $\underline{k}$-algèbre analytique intègre; $\tilde{B}$ la normalisée de B. D'après le théorème 2.5, $\tilde{B}$ est une $\underline{k}$-algèbre analytique; en outre, $\tilde{B}$ est un B-module de type fini et l'injection $B\to\tilde{B}$ est locale. Soient $\underline{m}$

l'idéal maximal de B; $\underline{\tilde{m}}$ celui de $\tilde{B}$. Puisque $\tilde{B}/\underline{m}\cdot\tilde{B}$ est un $\underline{k}$-espace vectoriel de dimension finie, l'idéal $\underline{m}\cdot\tilde{B}$ est un idéal de définition de $\tilde{B}$. Il en résulte que les topologies $\underline{m}$-adique et $\underline{\tilde{m}}$-adique coïncident sur $\tilde{B}$. En passant aux complétés, on en déduit une injection: $\hat{B}\to\hat{\tilde{B}}$. D'après le théorème 4.4, $\hat{\tilde{B}}$ est normale, donc intègre. Il en résulte que $\hat{B}$ est intègre. □

5. Semi-continuité supérieure de la dimension d'une algèbre analytique (resp. formelle)

Dans ce paragraphe, A désigne $\mathcal{O}_n$ ou $\mathcal{F}_n$. Nous supposerons désormais dans ce chapitre, que $\underline{k}=\mathbb{R}$, corps des réels, ou $\mathbb{C}$, corps des complexes.

Soient $\underline{m}$ l'idéal maximal de A; I un idéal quelconque de A. On note $\dim_{\underline{k}}(A/I)$ la dimension du $\underline{k}$-espace vectoriel A/I (à ne pas confondre avec la dimension de Krull $\dim(A/I)$ de A/I).

Lemme 5.1. *Soit M un module de type fini sur un anneau local B, d'idéal maximal $\underline{n}$. Supposons $\underline{n}$ de type fini. Si la longueur de $M/\underline{n}^{h+1}\cdot M$ est $\leqq h$, on a: $\underline{n}^h\cdot M=0$ et donc $\operatorname{long}(M)\leqq h$.*

Preuve. On a $\underline{n}^h\cdot M=0$, car sinon, on aurait des inclusions strictes:

$$M\supset\underline{n}\cdot M\supset\cdots\supset\underline{n}^h\cdot M\supset\underline{n}^{h+1}\cdot M$$

(lemme de Nakayama) et donc: $\operatorname{long}(M/\underline{n}^{h+1}\cdot M)\geqq h+1$, ce qui contredirait l'hypothèse. □

Posons $\omega(h)=\dim_{\underline{k}}(A/\underline{m}^{h+1})=\binom{n+h}{n}$.

Corollaire 5.2. *Si $\dim_{\underline{k}}(A/I+\underline{m}^{h+1})\leqq h$ ou de façon équivalente si $\dim_{\underline{k}}(I+\underline{m}^{h+1}/\underline{m}^{h+1})\geqq\omega(h)-h$, alors $I\supset\underline{m}^h$ et $\dim_{\underline{k}}(A/I)\leqq h$.*

Munissons A^q de la topologie de la convergence simple sur les coefficients. Soit Ψ une application continue d'un espace topologique Λ dans A^q. Posons $\Psi(\lambda)=(f_1(\lambda),\ldots,f_q(\lambda))$ et notons I_λ l'idéal de A engendré par les $f_i(\lambda)$.

Proposition 5.3. *Les fonctions: $\Lambda\ni\lambda\to\dim_{\underline{k}}(A/I_\lambda)$ et $\Lambda\ni\lambda\to\dim(A/I_\lambda)$ sont semi-continues supérieurement (la première à valeurs dans $[0,\infty]$).*

Preuve. Soit $\lambda_0\in\Lambda$ et posons $h=\dim_{\underline{k}}(A/I_{\lambda_0})$. Nous devons construire un voisinage $\mathscr{V}_{\lambda_0}$ de λ_0 dans Λ, tel que $\forall\lambda\in\mathscr{V}_{\lambda_0}$, on ait: $\dim_{\underline{k}}(A/I_\lambda)\leqq h$. On peut supposer $h<\infty$.

Puisque $\dim_{\underline{k}}(A/I_{\lambda_0}+\underline{m}^{h+1})\leqq h$, $\dim_{\underline{k}}(I_{\lambda_0}+\underline{m}^{h+1}/\underline{m}^{h+1})\geqq\omega(h)-h$ et par continuité: $\dim_{\underline{k}}(I_\lambda+\underline{m}^{h+1}/\underline{m}^{h+1})\geqq\omega(h)-h$ pour tout $\lambda\in\mathscr{V}_{\lambda_0}$, où $\mathscr{V}_{\lambda_0}$ est un voisinage convenable de λ_0. D'après le corollaire 5.2, sur ce voisinage: $\dim_{\underline{k}}(A/I)\leqq h$, ce qui prouve la première assertion.

Posons $\dim(A/I_{\lambda_0})=n-k$. Il existe $g_1,\ldots,g_{n-k}\in\underline{m}$ tels que l'idéal I'_{λ_0} engendré par I_{λ_0} et $g_1,\ldots,g_{n-k}$ soit un idéal de définition de A, i.e. $\dim_{\underline{k}}(A/I'_{\lambda_0})<\infty$. Soit I'_λ l'idéal engendré par I_λ et $g_1,\ldots,g_{n-k}$ dans A. D'après la première partie de la démonstration, $\dim_{\underline{k}}(A/I'_\lambda)<\infty$, pour tout $\lambda\in\mathscr{V}_{\lambda_0}$, où $\mathscr{V}_{\lambda_0}$ est un voisinage convenable de λ_0. Sur ce même voisinage, les classes de $g_1,\ldots,g_{n-k} \bmod I_\lambda$ engendrent un idéal de définition de A/I_λ et donc: $\forall\lambda\in\mathscr{V}_{\lambda_0}$, $\dim(A/I_\lambda)\leqq n-k$. ▯

Voici une conséquence intéressante de la proposition 5.3:

Théorème 5.4. *Soit λ un homomorphisme de $\underline{k}$-algèbres de $\mathcal{O}_p$ dans $\mathcal{O}_n$ et soit I un idéal propre de $\mathcal{O}_p$. On a:* $\operatorname{ht}(\lambda(I)\cdot\mathcal{O}_n)\leqq\operatorname{ht}I$.

En outre, on a un résultat analogue, si l'on remplace $\mathcal{O}_p$ par $\mathscr{F}_p$, $\mathcal{O}_n$ par $\mathscr{F}_n$.

Preuve. Nous ferons la démonstration dans le cas analytique. Posons $\mathcal{O}_p=\underline{k}\{y_1,\ldots,y_p\}$; $\mathcal{O}_n=\underline{k}\{x_1,\ldots,x_n\}$. Considérons d'abord le cas élémentaire: $n\geqq p$ et $\forall f\in\mathcal{O}_p$, $\lambda(f)=f(x_1,\ldots,x_p)$. On a alors l'égalité: $\operatorname{ht}(\lambda(I)\cdot\mathcal{O}_n)=\operatorname{ht}I$. La démonstration est analogue à celle de l'égalité: $\operatorname{ht}I=\operatorname{ht}\hat{I}$. En bref, en utilisant I.4.6, on montre d'abord que $\mathcal{O}_n$ est un module plat, par l'application λ, sur $\mathcal{O}_p$; ceci permet de se ramener au cas où $\mathcal{O}_p/I$ est réduit et équidimensionnel de dimension $p-k$. En utilisant le critère 3.6 et la platitude de $\mathcal{O}_n$ sur $\mathcal{O}_p$, on vérifie alors que $\mathcal{O}_n/\lambda(I)\cdot\mathcal{O}_n$ est réduit et équidimensionnel de dimension $n-k$, ce qui entraîne le résultat.

Démontrons le théorème. D'après ce qui précède, en ajoutant si nécessaire des variables à $\mathcal{O}_n$, on peut supposer $n\geqq p$ pour la démonstration. L'ensemble Λ des $\underline{k}$-homomorphismes de $\mathcal{O}_p$ dans $\mathcal{O}_n$ s'identifie à $\bigoplus_p\underline{m}$, où $\underline{m}$ est l'idéal maximal de $\mathcal{O}_n$ (à $\lambda\in\Lambda$ on associe $(\lambda(y_1),\ldots,\lambda(y_p))\in\bigoplus_p\underline{m}$ et réciproquement, à $(\lambda_1,\ldots,\lambda_p)\in\bigoplus_p\underline{m}$, on associe l'homomorphisme λ: $f\to f(\lambda_1,\ldots,\lambda_p)$). Munissons $\bigoplus_p\underline{m}$, et donc Λ, de la topologie de la convergence simple sur les coefficients. Soit $f_1,\ldots,f_q$, une famille de générateurs de I. L'application: $\Lambda\ni\lambda\to\Psi(\lambda)=(\lambda(f_1),\ldots,\lambda(f_q))\in\mathcal{O}_n^q$ est continue. D'après 5.3, la hauteur de l'idéal I_λ engendré dans $\mathcal{O}_n$ par $\lambda(f_1),\ldots,\lambda(f_q)$ est semi-continue inférieurement. Il suffit donc de trouver un ouvert partout dense de Λ sur lequel: $\operatorname{ht}I_\lambda=\operatorname{ht}I$. Or, visiblement, l'ensemble des $\lambda=(\lambda_1,\ldots,\lambda_p)$ tels qu'il existe un jacobien

$$\frac{D(\lambda_1,\ldots,\lambda_p)}{D(x_{i_1},\ldots,x_{i_p})}(0)\neq 0,$$

est un ouvert partout dense de Λ. Si λ appartient à cet ouvert, on peut, (d'après le théorème des fonctions implicites et après un éventuel changement de coordonnées sur $\mathcal{O}_p$ et $\mathcal{O}_n$) supposer que λ est l'injection: $f \to f(x_1, \ldots, x_p)$; mais alors, $\operatorname{ht} I = \operatorname{ht} I_\lambda$, ce qui démontre le théorème. □

Corollaire 5.5. *Soient I, I' deux idéaux propes de $\mathcal{O}_n$ (resp. $\mathcal{F}_n$). On a l'inégalité:*

$$\operatorname{ht}(I+I') \leqq \operatorname{ht} I + \operatorname{ht} I'$$

(*en fait, ce résultat est vrai pour tout anneau local régulier, voir Serre* [1]).

Preuve. Posons $x=(x_1, \ldots, x_n)$; $y=(y_1, \ldots, y_n)$. Soit λ l'homomorphisme: $\mathcal{O}_{2n} = \underline{k}\{x, y\} \ni f \to f(x, x) \in \mathcal{O}_n$. Soient $f_1, \ldots, f_q$ une famille de générateurs de I; $g_1, \ldots, g_r$ une famille de générateurs de I'; I'' l'idéal engendré dans $\mathcal{O}_{2n}$ par $f_1(x), \ldots, f_q(x)$; $g_1(y), \ldots, g_r(y)$. Visiblement: $\operatorname{ht} I'' = \operatorname{ht} I + \operatorname{ht} I'$ et $\lambda(I'') \cdot \mathcal{O}_n = I + I'$. Il suffit alors d'appliquer 5.4. □

6. Faisceaux analytiques cohérents

Soit Ω un ouvert de $\underline{k}^n$ ($\underline{k} = \mathbb{R}$ ou $\mathbb{C}$). On désigne par $\mathcal{O}$ le faisceau sur Ω des germes de fonction analytiques à valeurs dans $\underline{k}$. Un faisceau $\mathcal{M}$ de $\mathcal{O}$-modules unitaires sera dit *analytique*. Si $\mathcal{N}$ est un second faisceau analytique, un morphisme $\Phi: \mathcal{M} \to \mathcal{N}$ sera, par définition, un morphisme de $\mathcal{O}$-modules.

Définition 6.1. Soit $x \in \Omega$. Un faisceau analytique $\mathcal{M}$ est de *type fini en* x s'il existe un voisinage ouvert U de x tel que $\mathcal{M}|U$ soit engendré par un nombre fini de sections globales (i.e. il existe une suite exacte $(\mathcal{O}|U)^q \to \mathcal{M}|U \to 0$).

Le faisceau $\mathcal{M}$ est *de présentation finie en x ou cohérent en x* s'il existe un voisinage ouvert U de x et une suite exacte: $(\mathcal{O}|U)^p \to (\mathcal{O}|U)^q \to \mathcal{M}|U \to 0$.

Nous dirons que $\mathcal{M}$ est de *type fini* (resp. de *présentation finie* ou *cohérent*) si, $\forall x \in \Omega$, $\mathcal{M}$ est de type fini en x (resp. cohérent en x).

Reprenant une idée de B. Malgrange (Malgrange [1]), nous allons interpréter la cohérence d'un faisceau analytique en termes de platitude. Pour tout ouvert U de Ω, posons $\tilde{\mathcal{M}}(U) = \prod_{x \in U} \mathcal{M}_x$. Si V est un ouvert de U, on a une projection canonique: $\tilde{\mathcal{M}}(U) \to \tilde{\mathcal{M}}(V)$. On définit ainsi un faisceau $\tilde{\mathcal{M}}$ sur Ω. En particulier, $\tilde{\mathcal{O}}$ est un faisceau d'anneaux; il opère de façon évidente sur $\tilde{\mathcal{M}}$: si $(f_x)_{x\in U} \in \tilde{\mathcal{O}}(U)$ et si $(m_x)_{x\in U} \in \tilde{\mathcal{M}}(U)$, on pose: $(f_x)_{x\in U} \cdot (m_x)_{x\in U} = (f_x \cdot m_x)_{x\in U}$. On munit ainsi $\tilde{\mathcal{M}}$ d'une structure de module sur $\tilde{\mathcal{O}}$.

On a un monomorphisme $\tau_{\mathcal{M}}: \mathcal{M} \to \tilde{\mathcal{M}}$: si U est un ouvert de Ω, on associe à $m \in \mathcal{M}(U)$, l'élément $(m_x)_{x\in U}$ de $\tilde{\mathcal{M}}(U)$.

Soit $\Phi\colon \mathscr{M} \to \mathscr{N}$ un morphisme de $\mathscr{M}$ dans un second faisceau analytique $\mathscr{N}$. On définit de façon évidente un morphisme $\tilde{\Phi}\colon \tilde{\mathscr{M}} \to \tilde{\mathscr{N}}$ de $\tilde{\mathscr{O}}$-modules: à l'élément $(m_x)_{x\in U} \in \tilde{\mathscr{M}}(U)$, on associe $(\Phi_x(m_x))_{x\in U} \in \tilde{\mathscr{N}}(U)$. Visiblement: $\tilde{\Phi} \circ \tau_{\mathscr{M}} = \tau_{\mathscr{N}} \circ \Phi$. Enfin, si $\Psi\colon \mathscr{N} \to \mathscr{P}$ est un second morphisme de faisceaux analytiques: $\widetilde{\Psi \circ \Phi} = \tilde{\Psi} \circ \tilde{\Phi}$.

Nous utiliserons fréquemment par la suite le résultat suivant:

Lemme 6.2. *Soit $\mathscr{M} \xrightarrow{\Phi} \mathscr{N} \xrightarrow{\Psi} \mathscr{P}$ une 0-suite de faisceaux analytiques et soit $x \in \Omega$. Les propositions suivantes sont équivalentes:*

(1) *La suite $\tilde{\mathscr{M}}_x \xrightarrow{\tilde{\Phi}_x} \tilde{\mathscr{N}}_x \xrightarrow{\tilde{\Psi}_x} \tilde{\mathscr{P}}_x$ est exacte.*

(2) *Il existe un voisinage ouvert U de x tel que la suite:*

$$\mathscr{M}|U \xrightarrow{\Phi|U} \mathscr{N}|U \xrightarrow{\Psi|U} \mathscr{P}|U$$

soit exacte.

Preuve. (2) $\Rightarrow$ (1) En effet, la suite $\tilde{\mathscr{M}}|U \xrightarrow{\tilde{\Phi}|U} \tilde{\mathscr{N}}|U \xrightarrow{\tilde{\Psi}|U} \tilde{\mathscr{P}}|U$ est alors exacte.

(1) $\Rightarrow$ (2) Nous devons montrer que pour tout y assez voisin de x, la suite $\mathscr{M}_y \xrightarrow{\Phi_y} \mathscr{N}_y \xrightarrow{\Psi_y} \mathscr{P}_y$ est exacte. Sinon, il existerait une suite x_p de points de Ω, $x_p \to x$, et $\xi_p \in \ker(\Psi_{x_p}) \setminus \operatorname{Im}(\Phi_{x_p})$. Soit $(\xi_y) \in \prod_{y\in\Omega} \ker(\Psi_y)$, $\xi_y = \xi_p$ si $y = x_p$ et $\xi_y = 0$ si y n'appartient pas à la suite (x_p). Soit $\xi \in \ker(\tilde{\Psi}_x)$ le germe induit par (ξ_y) en x: visiblement, $\xi \notin \operatorname{Im}(\tilde{\Phi}_x)$, ce qui contredit (1). ☐

Lemme 6.3. *Soit $\mathscr{M}$ un faisceau analytique et soit $x \in \Omega$. Les propositions suivantes sont équivalentes:*

(1) *$\mathscr{M}$ est de présentation finie en x.*

(2) *Le morphisme canonique: $\mathscr{M}_x \otimes_{\mathscr{O}_x} \tilde{\mathscr{O}}_x \to \tilde{\mathscr{M}}_x$ est un isomorphisme et $\mathscr{M}_x$ est un $\mathscr{O}_x$-module de type fini.*

Preuve. (1) $\Rightarrow$ (2) Il existe un voisinage ouvert U de x et une suite exacte:

$$(\mathscr{O}|U)^p \to (\mathscr{O}|U)^q \to \mathscr{M}|U \to 0.$$

On en déduit un diagramme commutatif où les lignes sont exactes et les deux premières flèches verticales sont des isomorphismes:

$$\begin{array}{ccccccc}
\tilde{\mathscr{O}}_x^p & \longrightarrow & \tilde{\mathscr{O}}_x^q & \longrightarrow & \mathscr{M}_x \otimes_{\mathscr{O}_x} \tilde{\mathscr{O}}_x & \longrightarrow & 0 \\
\| \wr & & \| \wr & & \downarrow & & \\
\tilde{\mathscr{O}}_x^p & \longrightarrow & \tilde{\mathscr{O}}_x^q & \longrightarrow & \tilde{\mathscr{M}}_x & \longrightarrow & 0.
\end{array}$$

La dernière flèche verticale est donc un isomorphisme. Par ailleurs, il est évident que $\mathscr{M}_x$ est de type fini sur $\mathscr{O}_x$.

(2) $\Rightarrow$ (1) Si U est un voisinage ouvert assez petit du point x, il existe une 0-suite: $(\mathcal{O}|U)^p \xrightarrow{\Phi} (\mathcal{O}|U)^q \xrightarrow{\Psi} \mathcal{M}|U \to 0$ telle que la suite $\mathcal{O}_x^p \xrightarrow{\Phi_x} \mathcal{O}_x^q \xrightarrow{\Psi_x} \mathcal{M}_x \to 0$ soit exacte. En tensorisant par $\tilde{\mathcal{O}}_x$ sur $\mathcal{O}_x$, cette dernière suite exacte, et en utilisant l'hypothèse, on vérifie que la suite:

$$\tilde{\mathcal{O}}_x^p \xrightarrow{\tilde{\Phi}_x} \tilde{\mathcal{O}}_x^q \xrightarrow{\tilde{\Psi}_x} \tilde{\mathcal{M}}_x \to 0$$

est exacte.

Il suffit alors d'appliquer le lemme 6.2. □

Soit $\mathcal{I}$ un faisceau d'idéaux, i.e. un sous-faisceau analytique de $\mathcal{O}$. Si $\mathcal{I}$ est de type fini en x, on a visiblement $\tilde{\mathcal{I}}_x = \mathcal{I}_x \cdot \tilde{\mathcal{O}}_x$. Le faisceau $\mathcal{I}$ sera alors de présentation finie en x, si et seulement si l'application: $\mathcal{I}_x \otimes_{\mathcal{O}_x} \tilde{\mathcal{O}}_x \to \tilde{\mathcal{O}}_x$ est injective, i.e. si $\mathrm{Tor}_1^{\mathcal{O}_x}(\mathcal{O}_x/\mathcal{I}_x, \tilde{\mathcal{O}}_x) = 0$. Ainsi, les propositions suivantes sont équivalentes:

(1) $\tilde{\mathcal{O}}_x$ est un $\mathcal{O}_x$-module plat.

(2) Tout faisceau d'idéaux $\mathcal{I}$, analytique sur un voisinage ouvert U de x et de type fini en x, est de présentation finie en x.

La démonstration classique du théorème suivant se fait par récurrence sur n, en utilisant le théorème de préparation (Narasimhan [1] ou Gunning et Rossi [1]).

Théorème 6.4. (*Théorème de cohérence d'Oka*). *Le faisceau $\tilde{\mathcal{O}}$ est plat sur $\mathcal{O}$, i.e. $\forall x \in \Omega$, $\tilde{\mathcal{O}}_x$ est un $\mathcal{O}_x$-module plat.*

Preuve. Nous appliquons le critère de platitude I.6.13. Soient U un voisinage ouvert de x, $\underline{f} = (f_1, \ldots, f_k) \in \mathcal{O}(U)^k$, tels que $\{f_{1,x}, \ldots, f_{k,x}\}$ soit une $\mathcal{O}_x$-suite de $\mathcal{O}_x$. Nous devons montrer que $\mathrm{Tor}_1^{\mathcal{O}_x}(\mathcal{O}_x/(\underline{f}_x), \tilde{\mathcal{O}}_x) = 0$.

Soit I l'idéal engendré par $f_1, \ldots, f_k$ dans $\mathcal{O}(U)$. D'après la proposition 5.3, en diminuant U si nécessaire: $\forall y \in U$: $\mathrm{ht}(I_y) \geqq \mathrm{ht}(I_x) = k$. Ceci implique que $I_y = \mathcal{O}_y$ ou que $f_{1,y}, \ldots, f_{k,y}$ font partie d'un système de paramètres de $\mathcal{O}_y$. Dans l'un ou l'autre cas, le module des relations entre les $f_{i,y}$ est engendré sur $\mathcal{O}_y$ par les relations triviales (I.6.8). On en déduit l'égalité: $\mathcal{R}_{\tilde{\mathcal{O}}_x}(\underline{f}_x) = \mathcal{R}_{\mathcal{O}_x}(\underline{f}_x) \cdot \tilde{\mathcal{O}}_x$, d'où le résultat, d'après I.4.1.1. □

Corollaire 6.5. *Soit Φ: $\mathcal{M} \to \mathcal{N}$ un morphisme de faisceaux analytiques sur Ω. Si $\mathcal{M}$ et $\mathcal{N}$ sont cohérents en x,* $\ker(\Phi)$, $\mathrm{coker}(\Phi)$, $\mathrm{Im}(\Phi)$ *sont cohérents en x.*

Preuve. On a un diagramme commutatif où les lignes sont exactes (la première d'après le théorème 6.4):

$$\begin{array}{ccccccc}
0 \longrightarrow & \ker(\Phi_x) \otimes_{\mathcal{O}_x} \tilde{\mathcal{O}}_x & \longrightarrow & \mathcal{M}_x \otimes_{\mathcal{O}_x} \tilde{\mathcal{O}}_x & \longrightarrow & \mathcal{N}_x \otimes_{\mathcal{O}_x} \tilde{\mathcal{O}}_x \\
& \downarrow{\scriptstyle \Psi'} & & \downarrow{\scriptstyle \Psi} & & \downarrow{\scriptstyle \Psi''} \\
0 \longrightarrow & \widetilde{\ker(\Phi)}_x & \longrightarrow & \tilde{\mathcal{M}}_x & \longrightarrow & \tilde{\mathcal{N}}_x
\end{array}$$

Les applications Ψ, Ψ'' étant des isomorphismes (lemme 6.3), il en sera de même de Ψ'. D'après le lemme 6.3, $\ker(\Phi)$ est cohérent en x. Les démonstrations relatives à $\operatorname{coker}(\Phi)$ et $\operatorname{Im}(\Phi)$ sont analogues. ▯

Corollaire 6.6. *Soit $0 \to \mathcal{M}' \to \mathcal{M} \to \mathcal{M}'' \to 0$ une suite exacte de faisceaux analytiques. Si $\mathcal{M}'$ et $\mathcal{M}''$ sont cohérents en x, $\mathcal{M}$ est cohérent en x.*

La démonstration est analogue à celle du corollaire 6.5. ▯

Corollaire 6.7. *Soient $\mathcal{M}$ et $\mathcal{N}$ deux faiceaux analytiques cohérents en x. Le faisceau $\operatorname{Hom}_{\mathcal{O}}(\mathcal{M}, \mathcal{N})$ est cohérent en x.*

Preuve. $\mathcal{M}$ étant cohérent en x, il existe un voisinage ouvert U de x et une suite exacte: $(\mathcal{O} \mid U)^p \to (\mathcal{O} \mid U)^q \to \mathcal{M} \mid U \to 0$. D'où une suite exacte, en appliquant le foncteur $\operatorname{Hom}(., \mathcal{N} \mid U)$:

$$0 \to \operatorname{Hom}_{\mathcal{O} \mid U}(\mathcal{M} \mid U, \mathcal{N} \mid U) \to (\mathcal{N} \mid U)^q \to (\mathcal{N} \mid U)^p.$$

D'après 6.5, le faisceau $\operatorname{Hom}_{\mathcal{O}}(\mathcal{M}, \mathcal{N})$ est cohérent en x. ▯

Corollaire 6.8. *Soient $\mathcal{M}'$ et $\mathcal{M}''$ deux sous-faisceaux analytiques d'un faisceau analytique $\mathcal{M}$. Si $\mathcal{M}'$, $\mathcal{M}''$ et $\mathcal{M}$ sont cohérents en x, $\mathcal{M}' \cap \mathcal{M}''$ et $(\mathcal{M}' : \mathcal{M}'')$ sont cohérents en x.*

Preuve. Le faisceau $\mathcal{M}' \cap \mathcal{M}''$ est isomorphe au noyau du morphisme: $\mathcal{M}' \oplus \mathcal{M}'' \to \mathcal{M}$ associant, si U est un ouvert de Ω, aux sections $\varphi' \in \mathcal{M}'(U)$ et $\varphi'' \in \mathcal{M}''(U)$, la section $\varphi' - \varphi'' \in \mathcal{M}(U)$. D'après 6.5, le faisceau $\mathcal{M}' \cap \mathcal{M}''$ est cohérent en x.

Le faisceau $(\mathcal{M}' : \mathcal{M}'')$ est le noyau du morphisme: $\mathcal{O} \to \operatorname{Hom}_{\mathcal{O}}(\mathcal{M}'', \mathcal{M}/\mathcal{M}')$ associant à $s \in \mathcal{O}(U)$ le morphisme «multiplication par s» de $\mathcal{M}''(U)$ dans $(\mathcal{M}/\mathcal{M}')(U)$. D'après les corollaires précédents, le faisceau $(\mathcal{M}' : \mathcal{M}'')$ est cohérent en x. ▯

Corollaire 6.9. *Soit $\mathcal{N}$ un sous-faisceau analytique d'un faisceau analytique $\mathcal{M}$. Si $\mathcal{M}$ est cohérent en x et $\mathcal{N}$ de type fini en x, $\mathcal{N}$ est cohérent en x.*

Preuve. Le faisceau $\mathcal{N}$ étant de type fini en x, l'application

$$\mathcal{N}_x \otimes_{\mathcal{O}_x} \tilde{\mathcal{O}}_x \to \tilde{\mathcal{N}}_x$$

est surjective. Elle est injective, car $\mathcal{M}$ est cohérent en x. On applique alors 6.3. ▯

Remarque 6.10. Si $x \in \Omega$, désignons par $\mathcal{F}_x$ le complété de $\mathcal{O}_x$ muni de sa topologie de Krull: $\mathcal{F}_x$ s'identifie à l'anneau des séries formelles $\underline{k}[[x_1, \ldots, x_n]]$. On définit un faisceau analytique $\tilde{\mathcal{F}}$ sur Ω en associant à tout ouvert U de Ω, le $\mathcal{O}(U)$-module $\tilde{\mathcal{F}}(U) = \prod_{x \in U} \mathcal{F}_x$ (ce faisceau jouera un rôle fondamental au chapitre V). On a le résultat suivant (on utilise le fait que toute $\mathcal{O}_x$-suite de $\mathcal{O}_x$ est une $\mathcal{O}_x$-suite de $\mathcal{F}_x$: modulo cette remarque, la démonstration est analogue à celle de 6.4):

Le faisceau $\tilde{\mathcal{F}}$ *est plat sur* $\mathcal{O}$.

7. Propriétés locales d'un ensemble analytique

Dans ce paragraphe, $\mathcal{M}$ désigne un faisceau analytique cohérent sur Ω; $\mathcal{I}$ un faisceau cohérent d'idéaux sur Ω.

On définit des faisceaux d'idéaux $\mathrm{Ann}(\mathcal{M})$, $\sigma'_k(\mathcal{M})$, $J_k(\mathcal{I})$, $R_k(\mathcal{I})$, $\sqrt{\mathcal{I}}$, en posant, $\forall x \in \Omega$:

$$\mathrm{Ann}(\mathcal{M})_x = \mathrm{Ann}(\mathcal{M}_x); \quad \sigma'_k(\mathcal{M})_x = \sigma'_k(\mathcal{M}_x); \quad J_k(\mathcal{I})_x = J_k(\mathcal{I}_x);$$
$$R_k(\mathcal{I})_x = R_k(\mathcal{I}_x); \quad \sqrt{\mathcal{I}}_x = \sqrt{\mathcal{I}_x}.$$

Le faisceau $\mathrm{Ann}(\mathcal{M}) = (0:\mathcal{M})$ est cohérent, d'après le corollaire 6.8. Visiblement, les faisceaux $\sigma'_k(\mathcal{M})$ et $J_k(\mathcal{I})$ sont cohérents (i.e. de type fini, d'après 6.9). Montrons qu'il en est de même de $R_k(\mathcal{I})$ et $\sqrt{\mathcal{I}}$. Donnons d'abord quelques définitions.

Définition 7.1. Un sous-ensemble Σ de Ω est *analytique* si tout point $x \in \Sigma$ possède un voisinage ouvert U tel que $\Sigma \cap U$ soit l'ensemble des zéros d'un nombre fini de fonctions analytiques sur U.

Le *support* $\mathrm{supp}(\mathcal{M})$ du faisceau $\mathcal{M}$ est l'ensemble des points $x \in \Omega$ tels que $\mathcal{M}_x \neq 0$. On pose $V(\mathcal{I}) = \mathrm{supp}(\mathcal{O}|\mathcal{I})$. Visiblement: $\mathrm{supp}(\mathcal{M}) = V(\mathrm{Ann}(\mathcal{M}))$. Il en résulte que $\mathrm{supp}(\mathcal{M})$ est un sous-ensemble analytique fermé de Ω.

Lemme 7.2. *Soit* $x \in \Omega$. *Si* $\mathcal{O}_x/\mathcal{I}_x$ *est réduit et équidimensionnel de dimension* $n-k$, *il existe un voisinage ouvert* U *de* x *dans* Ω *tel que:* $\forall y \in U \cap V(\mathcal{I})$, $\mathcal{O}_y|\mathcal{I}_y$ *soit réduit et équidimensionnel de dimension* $n-k$.

Preuve. D'après la proposition 3.6, il existe un voisinage ouvert U de x et $\delta \in R_k(\mathcal{I})(U)$ tels que l'application: $\mathcal{O}_x/\mathcal{I}_x \xrightarrow{\delta_x} \mathcal{O}_x/\mathcal{I}_x$ soit injective.

D'après le théorème 6.4, l'application: $\widetilde{\mathcal{O}_x/\mathcal{I}_x} \xrightarrow{\delta_x} \widetilde{\mathcal{O}_x/\mathcal{I}_x}$ est injective. D'après 6.2, en diminuant U si nécessaire:

$$\forall y \in U \text{ l'application } \mathcal{O}_y/\mathcal{I}_y \xrightarrow{\delta_y} \mathcal{O}_y/\mathcal{I}_y \text{ est injective.}$$

Il suffit alors d'appliquer 3.6. □

Soit I un idéal de $\mathcal{O}_n$. Notons $I^{(i)}$ l'intersection des éléments minimaux de $\mathrm{Ass}(\mathcal{O}_n/I)$, qui sont de hauteur i (s'il n'en existe pas, on pose $I^{(i)} = \mathcal{O}_n$). Visiblement: $\sqrt{I} = \bigcap_{i=0}^{n} I^{(i)}$.

Soient $I_0, \ldots, I_n$ des idéaux de $\mathcal{O}_n$. Nous laissons au lecteur le soin de vérifier le résultat suivant:

une condition nécessaire et suffisante pour que l'on ait: $I_i = I^{(i)}$ *pour* $i=0, 1, \ldots, n$, *est que les trois conditions suivantes soient satisfaites:*

(1) $\sqrt{I} = \bigcap_{i=0}^{n} I_i$.

(2) $\forall i<j$, $\mathrm{ht}(I_i + I_j) > j$.

(3) $\forall i=0, 1, \ldots, n$, *l'anneau* $\mathcal{O}_n/I_i$ *est réduit et équidimensionnel de dimension* $n-i$ *ou* $I_i = \mathcal{O}_n$.

Ceci dit, posons, $\forall x \in \Omega$, $\mathcal{I}^{(i)}{}_x = \mathcal{I}_x^{(i)}$. Nous allons montrer que les $\mathcal{I}^{(i)}{}_x$ définissent un faisceau cohérent d'idéaux sur Ω.

Soit $x \in \Omega$. Il existe un voisinage ouvert U de x et des faisceaux cohérents d'idéaux sur U: $\mathcal{I}_0, \ldots, \mathcal{I}_n$ tels que: $\mathcal{I}_{i,x} = \mathcal{I}^{(i)}{}_x$. D'après le lemme 7.2, si U est assez petit: $\forall y \in U$, $\mathcal{O}_y/\mathcal{I}_{i,y}$ est réduit et équidimensionnel de dimension $n-i$ ou $\mathcal{I}_{i,y} = \mathcal{O}_y$.

Si $i<j$, $\mathrm{ht}(\mathcal{I}_{i,x} + \mathcal{I}_{j,x}) > j$. D'après 5.3, en diminuant U si nécessaire: $\forall y \in U$, $\mathrm{ht}(\mathcal{I}_{i,y} + \mathcal{I}_{j,y}) > j$.

Le faisceau $\mathcal{I}_0 \cap \cdots \cap \mathcal{I}_n$ est cohérent (corollaire 6.8) et sa fibre en x est $\sqrt{\mathcal{I}_x}$. En diminuant U si nécessaire:

$$\forall y \in U \qquad \mathcal{I}_y \subset \mathcal{I}_{0,y} \cap \cdots \cap \mathcal{I}_{n,y} \subset \sqrt{\mathcal{I}_y}.$$

Il en résulte que: $\sqrt{\mathcal{I}_y} = \mathcal{I}_{0,y} \cap \cdots \cap \mathcal{I}_{n,y}$.

Ainsi, $\forall y \in U$ on a: $\mathcal{I}_{i,y} = \mathcal{I}^{(i)}{}_y$. Les $\mathcal{I}^{(i)}{}_y$ définissent donc un faisceau cohérent d'idéaux sur U, donc sur Ω, puisque U est un voisinage ouvert d'un point arbitraire x de Ω. Ainsi:

Théorème 7.3. *Les faisceaux d'idéaux* $\mathcal{I}^{(i)}$ *sont cohérents sur* Ω *et* $\sqrt{\mathcal{I}} = \bigcap_{i=0}^{n} \mathcal{I}^{(i)}$.

Corollaire 7.4. *Le faisceau* $\sqrt{\mathcal{I}}$ *est cohérent. Le sous-ensemble analytique fermé* $V(\mathcal{I} : \sqrt{\mathcal{I}})$ *est l'ensemble des points* $x \in V(\mathcal{I})$ *tels que* $\mathcal{O}_x/\mathcal{I}_x$ *ne soit pas réduit.*

Corollaire 7.5. *Le sous-ensemble analytique fermé* $V\left(\bigcap_{i \neq k} \mathcal{I}^{(i)}\right)$ *est l'ensemble des points* $x \in V(\mathcal{I})$ *tels que* $\mathcal{O}_x/\mathcal{I}_x$ *ne soit pas équidimensionnel de dimension* $n-k$.

Corollaire 7.6. *Le sous-ensemble analytique fermé* $V\left(\bigcap_{i \leqq k} \mathcal{I}^{(i)}\right)$ *est l'ensemble des points* $x \in V(\mathcal{I})$ *tels que* $\dim(\mathcal{O}_x/\mathcal{I}_x) \geqq n-k$ *(ou* $\mathrm{ht}(\mathcal{I}_x) \leqq k$*).*

Corollaire 7.7. *Le faisceau d'idéaux $R_k(\mathscr{I})$ est cohérent.*

Remarques 7.8. Soit Σ un sous-ensemble de Ω. Désignons par $\mathscr{J}(\Sigma)$ le faisceau des germes de fonctions analytiques sur Ω, nulles sur Σ (si U est un ouvert de Ω: $\mathscr{J}(\Sigma)(U)=\{f\in\mathscr{O}(U)\,|\,\forall x\in\Sigma\cap U, f(x)=0\}$). Si $\underline{k}=\mathbb{C}$, pour tout faisceau cohérent $\mathscr{I}$ d'idéaux sur Ω: $\mathscr{J}(V(\mathscr{I}))=\sqrt{\mathscr{I}}$ (d'après le *nullstellensatz*; voir le paragraphe 8 de ce chapitre). Ce résultat est faux dans le cas réel [contre-exemple: soit $\mathscr{I}$ le faisceau d'idéaux sur $\mathbb{R}^2$ engendré par x^2+y^2; on a $\sqrt{\mathscr{I}}=\mathscr{I}$ et $\mathscr{J}(V(\mathscr{I}))$ est engendré par (x,y)].

Un sous-ensemble analytique fermé Σ de Ω est *cohérent* si le faisceau $\mathscr{J}(\Sigma)$ est cohérent. Tout point $x\in\Omega$ possède un voisinage ouvert U tel que $U\cap\Sigma=V(\mathscr{I})$, où $\mathscr{I}$ est un faisceau cohérent d'idéaux sur U. Si $\underline{k}=\mathbb{C}$, d'après le nullstellensatz: $\mathscr{J}(V(\mathscr{I}))=\mathscr{J}(\Sigma)|U=\sqrt{\mathscr{I}}$. Ainsi, d'après le corollaire 7.4, tout sous-ensemble analytique de $\mathbb{C}^n$ est cohérent (théorème de Cartan-Oka).

Il n'en est pas de même dans le cas réel [contre-exemple: $\Sigma=\{(x,y,z)\in\mathbb{R}^3;\ x^2-z\,y^2=0\}$. Au voisinage de chaque point $\underline{\xi}=(0,0,\xi)$, $\xi<0$, Σ se réduit à l'axe des z. L'idéal $\mathscr{J}(\Sigma)_{\underline{\xi}}$ est donc engendré par x, y. L'idéal $\mathscr{J}(\Sigma)_0$ est engendré par $x^2-z\,y^2$. Le faisceau $\mathscr{J}(\Sigma)$ n'est donc pas cohérent à l'origine].

Le résultat suivant est un corollaire immédiat du critère jacobien des points simples (théorème 3.1):

Théorème 7.9. *Le sous-ensemble analytique fermé $V(R_k(\mathscr{I}))$ est l'ensemble des points $x\in V(\mathscr{I})$ tels que $\mathscr{O}_x/\mathscr{I}_x$ ne soit pas régulier de dimension $n-k$.*

Soit $x\in V(\mathscr{I})\setminus V(R_k(\mathscr{I}))$. L'idéal $\mathscr{I}_x$ est engendré par k éléments $\Theta_1,\ldots,\Theta_k$ tels que $\dfrac{D(\Theta_1,\ldots,\Theta_k)}{D(x_{i_1},\ldots,x_{i_k})}(x)\neq 0$, pour un multi-indice $\underline{i}=(i_1,\ldots,i_k)$. Il en résulte, par le théorème des fonctions implicites ordinaire, que $V(\mathscr{I})\setminus V(R_k(\mathscr{I}))$ est une sous-variété analytique de codimension k de Ω et que $\mathscr{I}\,|\,\Omega\setminus V(R_k(\mathscr{I}))$ est le faisceau des germes de fonctions analytiques nulles sur $V(\mathscr{I})\setminus V(R_k(\mathscr{I}))$.

Proposition 7.10. *La fonction $\Omega\ni x\to \operatorname{rg}_{\mathscr{O}_x}(\mathscr{M}_x)$ est localement constante.*

Preuve. Soit $x\in\Omega$. Le faisceau $\sigma'_k(\mathscr{M})$ étant cohérent:

- si $\sigma'_k(\mathscr{M}_x)=0$, on a $\sigma'_k(\mathscr{M}_y)=0$ pour tout y voisin de x.
- si $\sigma'_k(\mathscr{M}_x)\neq 0$, on a $\operatorname{ht}(\sigma'_k(\mathscr{M}_y))>0$ pour tout y voisin de x

(d'après 5.3), d'où $\sigma'_k(\mathscr{M}_y)\neq 0$. D'après I.2.7, $\operatorname{rg}_{\mathscr{O}_x}(\mathscr{M}_x)=\operatorname{rg}_{\mathscr{O}_y}(\mathscr{M}_y)$, pour tout y voisin de x. □

Si $i \in \mathbb{N}$ et $x \in \Omega$, posons $H_i(\mathcal{M})_x = H_i(\mathcal{M}_x)$: les $H_i(\mathcal{M}_x)$ définissent un faisceau cohérent d'idéaux $H_i(\mathcal{M})$ sur Ω. En effet, soit $x \in \Omega$. Il existe un voisinage ouvert U de x et une suite exacte de faisceaux analytiques cohérents sur U:

$$0 \to \mathcal{N} \to \mathcal{L}_{i-1} \to \cdots \to \mathcal{L}_0 \to \mathcal{M} \mid U \to 0$$

où les $\mathcal{L}_j$ sont libres. Posons $h = \mathrm{rg}_{\mathcal{O}_x}(\mathcal{N}_x)$. En diminuant U si nécessaire, $\forall y \in U: h = \mathrm{rg}_{\mathcal{O}_y}(\mathcal{N}_y)$ (d'après 7.10). D'après I.5.4, $\forall y \in U: H_i(\mathcal{M})_y = \sqrt{\sigma'_h(\mathcal{N})_y}$, i.e. $H_i(\mathcal{M}) \mid U = \sqrt{\sigma'_h(\mathcal{N})}$ et ce dernier faisceau est cohérent (corollaire 7.4).

Un point $x \in V(H_i(\mathcal{M}))$ si et seulement si $H_i(\mathcal{M}_x) \neq \mathcal{O}_x$, i.e. (d'après I.5.5) si $\mathrm{dh}_{\mathcal{O}_x}(\mathcal{M}_x) > i$. Ainsi:

Proposition 7.11. *Le faisceau d'idéaux $H_i(\mathcal{M})$ est cohérent. Le sous-ensemble analytique fermé $V(H_i(\mathcal{M}))$ est l'ensemble des points $x \in \mathrm{Supp}(\mathcal{M})$ tels que $\mathrm{dh}_{\mathcal{O}_x}(\mathcal{M}_x) > i$. La fonction $\Omega \ni x \to \mathrm{dh}_{\mathcal{O}_x}(\mathcal{M}_x)$ est donc semi-continue supérieurement.*

Signalons le résultat suivant, conséquence immédiate du corollaire 7.6.

Proposition 7.12. *Le sous-ensemble analytique fermé $V(\bigcap_{i \leq k} \mathrm{Ann}(\mathcal{M})^{(i)})$ est l'ensemble des points $x \in \mathrm{Supp}(\mathcal{M})$ tels que $\dim(\mathcal{M}_x) \geqq n-k$. La fonction $\Omega \ni x \to \dim(\mathcal{M}_x)$ est donc semi-continue supérieurement.*

Cherchons enfin, à l'aide du théorème 3.7, les points $x \in V(\mathcal{I})$ tels que $\mathcal{O}_x/\mathcal{I}_x$ soit normal de dimension $n-k$. Nous devons vérifier que:

(1) $\mathcal{O}_x/\mathcal{I}_x$ est équidimensionnel de dimension $n-k$, i.e. $x \notin V(\bigcap_{i \neq k} \mathcal{I}^{(i)})$ d'après 7.5.

(2) $\mathrm{ht}(R_k(\mathcal{I}_x)) \geqq k+2$, i.e. $x \notin V(\bigcap_{i \leq k+1} R_k(\mathcal{I})^{(i)})$ d'après 7.6.

(3) Pour $j = k+2, \ldots, n$; $\mathrm{ht}(H_{j-2}(\mathcal{O}_x/\mathcal{I}_x)) \geqq j+1$, i.e.

$$x \notin V(\bigcap_{i \leq j} (H_{j-2}(\mathcal{O}/\mathcal{I}))^{(i)})$$

d'après 7.6.

En particulier:

Théorème 7.13 (Oka). *L'ensemble des points $x \in V(\mathcal{I})$ tels que $\mathcal{O}_x/\mathcal{I}_x$ ne soit pas normal de dimension $n-k$ est un sous-ensemble analytique fermé de $V(\mathcal{I})$ (c'est même le support d'un faisceau analytique cohérent sur Ω).*

On construit aisément, à partir du théorème précédent, le normalisé d'un ensemble analytique complexe (voir Narasimhan [1]; on trouvera, dans cet ouvrage, deux démonstrations, différentes de la précédente, du théorème d'Oka). Pour une étude détaillée des ensembles analytiques, nous renvoyons le lecteur à Herve [1], Gunning et Rossi [1] ou Narasimhan [1].

8. Le Nullstellensatz (cas analytique et formel)

Dans ce paragraphe, nous supposons que *le corps $\underline{k}$ est algébriquement clos.*

Soit $\mathfrak{p}$ un idéal premier de hauteur k de $\mathcal{O}_n$. D'après la proposition 2.2, après un éventuel changement linéaire de coordonnées, l'application canonique: $\mathcal{O}_{n-k}=A\to B=\mathcal{O}_n/\mathfrak{p}$ est injective et $\mathcal{O}_n/\mathfrak{p}$ est un module de type fini sur $\mathcal{O}_{n-k}$. Appliquons le théorème I.7.5. Si $p=\dim_{A_{(0)}} B_{(0)}$, il existe un élément non inversible $\chi\in B$ et un polynôme unitaire $P(X)=X^p+a_1 X^{p-1}+\cdots+a_p$ à coefficients dans A et à discriminant $\Delta\in A\setminus\{0\}$ tels que: $P(\chi)=0$ et

$$\Delta\cdot B\subset A+A\cdot\chi+\cdots+A\cdot\chi^{p-1}.$$

On vérifie immédiatement, en utilisant les théorèmes de division et de préparation, que le polynôme $P(X)$ est distingué. Soient A_Δ la sous-algèbre de $A_{(0)}$ formée des fractions dont le dénominateur est une puissance de Δ; $A_\Delta[\chi]$ la sous-algèbre unitaire engendrée dans $B_{(0)}$ par A_Δ et χ. Visiblement: $B\subset A_\Delta[\chi]$ et l'application évidente: $A_\Delta[X]/(P)\to A_\Delta[\chi]$ est un isomorphisme (car P est le polynôme minimal de χ).

Lemme 8.1. *Tout homomorphisme h (de $\underline{k}$-algèbres unitaires) de A dans $\underline{k}\{t^{p!}\}$ tel que $h(\Delta)\neq 0$, se prolonge en un homomorphisme H de B dans $\underline{k}\{t\}$.*

Preuve. Le théorème de Puiseux affirme l'existence d'une série $\xi\in\underline{k}\{t\}$ telle que:

$$\xi^p+h(a_1)\cdot\xi^{p-1}+\cdots+h(a_p)=0.$$

Il existe donc un homomorphisme et un seul H de $A_\Delta[X]/(P)\simeq A_\Delta[\chi]$ dans le corps des fractions de $\underline{k}\{t\}$, prolongeant h et vérifiant $H(\chi)=\xi$. On a $H(B)\subset\underline{k}\{t\}$. En effet, tout élément $y\in B$ vérifie une équation de dépendance intégrale: $y^q+b_1 y^{q-1}+\cdots+b_0=0$ où $b_i\in A$. Donc:

$$H(y)^q+h(b_1)\cdot H(y)^{q-1}+\cdots+h(b_0)=0$$

et puisque $h(b_i)\in\underline{k}\{t\}$, $H(y)\in\underline{k}\{t\}$ (car $\underline{k}\{t\}$ est normal). □

Nous déduisons du lemme précédent, l'importante conséquence suivante:

Théorème 8.2. *Soit B une $\underline{k}$-algèbre analytique (resp. formelle) réduite et soit $\mathscr{H}$ l'ensemble de tous les homomorphismes (de $\underline{k}$-algèbres unitaires) de B dans $\underline{k}\{t\}$ (resp. $\underline{k}[[t]]$). Alors:* $\bigcap_{H\in\mathscr{H}}\ker H=0$.

Preuve. Démontrons le cas analytique. Il suffit de faire la démonstration lorsque $B=\mathcal{O}_n/\mathfrak{p}$ est une algèbre analytique intègre. Soit $y\in B\setminus\{0\}$: nous devons construire un homomorphisme $H\in\mathscr{H}$ tel que $H(y)\neq 0$.

Or, avec les notations du lemme 8.1, l'élément y est entier sur $A=\mathcal{O}_{n-k}$; l'algèbre B étant intègre, il existe $y'\in B$ tel que $y\cdot y'\in A\setminus\{0\}$. Soient $a_1, \ldots, a_{n-k}$ des éléments de $\underline{k}$ tels que l'homomorphisme h:

$$\mathcal{O}_{n-k}\ni f\to f(a_1 t^{p!}, \ldots, a_{n-k} t^{p!})\in \underline{k}\{t^{p!}\}$$

vérifie $h(y y'\Delta)\neq 0$. D'après 8.1, l'homomorphisme h se prolonge en un homomorphisme $H\in\mathcal{H}$; visiblement $H(y)\neq 0$. □

Nous utiliserons ultérieurement la conséquence suivante:

Corollaire 8.3. *Soit $f\in\mathcal{O}_n$ (resp. $\mathcal{F}_n$) telle que $f(0)=0$. Il existe un entier $p>0$ et $g_1, \ldots, g_n\in\mathcal{O}_n$ (resp. $\mathcal{F}_n$) tels que: $f^p=\sum_{i=1}^{n} g_i \frac{\partial f}{\partial x_i}$.*

Preuve. Désignons par I l'idéal engendré dans $\mathcal{O}_n$ par les $\frac{\partial f}{\partial x_i}$, $i\in[1,n]$, et posons $B=\mathcal{O}_n/\sqrt{I}$. Soit H un homomorphisme de B dans $\underline{k}\{t\}$ et posons $H'=H\circ\pi$ où π est la projection canonique de $\mathcal{O}_n$ sur B. On a les égalités:

$$\frac{d}{dt} H'(f)=\frac{d}{dt} f(H'(x_1), \ldots, H'(x_n))=\sum_{i=1}^{n} H'\left(\frac{\partial f}{\partial x_i}\right)\cdot\frac{d}{dt} H'(x_i)=0.$$

Puisque $f(0)=0$, $H'(f)=0$. D'après 8.2, $f\in\sqrt{I}$. □

Le corollaire suivant est la formulation habituelle du Nullstellensatz analytique.

Corollaire 8.4. *Soit I un idéal propre de $\mathcal{O}_n=\mathbb{C}\{x_1, \ldots, x_n\}$. On note $V(I)$ le germe des zéros de I et $\mathcal{J}(V(I))$ l'idéal de $\mathcal{O}_n$ formé des germes nuls sur $V(I)$. On a l'égalité: $\mathcal{J}(V(I))=\sqrt{I}$.*

Preuve. L'inclusion $\mathcal{J}(V(I))\supset\sqrt{I}$ est évidente. Réciproquement, soit $f\in\mathcal{J}(V(I))$ et soit H un homomorphisme de $B=\mathcal{O}_n/\sqrt{I}$ dans $\mathbb{C}\{t\}$. Posons comme précédemment $H'=H\circ\pi$, où π est la projection canonique de $\mathcal{O}_n$ sur B. On a:

$$H'(f)=f(x_1(t), \ldots, x_n(t)), \qquad \text{où l'on pose } H'(x_i)=x_i(t).$$

Mais le germe de courbe analytique $t\mapsto(x_1(t), \ldots, x_n(t))$ est contenu dans $V(I)$ et donc $H'(f)=0$. D'après 8.2, $f\in\sqrt{I}$. □

Chapitre III. Morphismes analytiques et morphismes formels

Nous démontrons dans ce chapitre trois résultats essentiels: le théorème de préparation, i.e. un critère de finitude pour les morphismes analytiques ou formels; un théorème de fonctions implicites généralisant le théorème habituel; un résultat de M. Artin sur les morphismes formels d'algèbres analytiques.

1. Le formalisme algébrique du théorème de préparation (J. Mather [2])

Soit $\varphi\colon A \to B$ un homomorphisme d'anneaux commutatifs et unitaires. On note $r(A)$ le radical de A, i.e. l'intersection des idéaux maximaux de A. Tout B-module M est muni par φ d'une structure de A-module.

Définition 1.1. L'homomorphisme φ est *excellent* si tout B-module de type fini M, tel que $M/r(A)\cdot M$ soit de type fini sur $A/r(A)$, est de type fini sur A.

Les lemmes suivants résultent immédiatement de la définition précédente:

Lemme 1.2. *Tout homomorphisme surjectif est excellent.*

Lemme 1.3. *Soient I un idéal de A contenu dans $r(A)$; J un idéal de B. Si $\varphi\colon A \to B$ est un homomorphisme excellent tel que $\varphi(I) \subset J$, l'homomorphisme $\Psi\colon A/I \to B/J$ déduit de φ, est excellent.*

Lemme 1.4. *Soient $\varphi\colon A \to B$; $\Psi\colon B \to C$ des homomorphismes excellents d'anneaux commutatifs et unitaires. Si $\varphi(r(A)) \subset r(B)$, l'homomorphisme $\Psi \circ \varphi\colon A \to C$ est excellent.*

Remarque 1.5. Soit $\varphi\colon A \to B$ un homomorphisme excellent. Soient M_A un A-module de type fini; M_B et N_B deux B-modules (N_B de type fini); $\alpha\colon M_A \to N_B$ un φ-homomorphisme; $\beta\colon M_B \to N_B$ un B-homomorphisme.

L'hypothèse:

$$\alpha(M_A) + \beta(M_B) + r(A)\cdot N_B = N_B \tag{1.5.1}$$

implique

$$\alpha(M_A) + \beta(M_B) = N_B. \tag{1.5.2}$$

En effet, soit π la projection: $N_B \to M = N_B/\beta(M_B)$. Le morphisme $\pi \circ \alpha$ induit une surjection: $M_A/r(A) \cdot M_A \to M/r(A) \cdot M$. Il en résulte que $M/r(A) \cdot M$ est un module de type fini sur $A/r(A)$, i.e. le morphisme φ étant excellent: M est un A-module de type fini. Puisque

$$M = \pi \circ \alpha(M_A) + r(A) \cdot M: \quad M = \pi \circ \alpha(M_A) \quad \text{(lemme de Nakayama)},$$

d'où l'égalité (1.5.2).

Remarque 1.6. Avec les notations et hypothèses précédentes, supposons en outre que A est local et que $r(B)$ est un idéal de type fini. Soit $n = g_A(M_A)$ le nombre minimum de générateurs de M_A.

L'hypothèse:

$$\alpha(M_A) + \beta(M_B) + r(A) \cdot N_B + r(B)^{n+1} \cdot N_B = N_B \tag{1.6.1}$$

implique (1.5.1) *et donc* (1.5.2).

En effet, posons $\underline{k} = A/r(A)$; $M' = N_B/\beta(M_B) + r(A) \cdot N_B$. D'après (1.6.1), $M'/r(B)^{n+1} \cdot M'$ est un $\underline{k}$-espace vectoriel de dimension $\leqq n$. Donc $r(B)^{n+1} \cdot M' = 0$, car sinon, par le lemme de Nakayama, on aurait des inclusions strictes: $M' \supset \cdots \supset r(B)^{n+1} \cdot M' \supset 0$ et donc

$$\dim_{\underline{k}}(M'/r(B)^{n+1} \cdot M') \geqq n+1,$$

contradiction. On en déduit l'inclusion: $r(B)^{n+1} \cdot N_B \subset \beta(M_B) + r(A) \cdot N_B$ et donc les égalités (1.5.1) et (1.5.2).

Définition 1.7. Soit $t \in B$. Nous dirons que le couple (φ, t) vérifie (D) (propriété de division) si:

$$\forall p \in \mathbb{N}^+, \quad \forall u_1, \ldots, u_p \in A; \quad \forall b \in r(A) \cdot B \quad \text{et} \quad \forall f \in B,$$

il existe $q \in B$ et $h_1, \ldots, h_p \in A$ tels que:

$$f = \Lambda q + \sum_{i=1}^{p} \varphi(h_i) \cdot t^{p-i} \tag{1.7.1}$$

où l'on pose $\Lambda = t^p + \sum_{i=1}^{p} \varphi(u_i) \cdot t^{p-i} + b$.

Proposition 1.8. *Soit φ: $A \to B$ un homomorphisme d'anneaux commutatifs et unitaires. S'il existe $t \in B$ tel que le couple (φ, t) vérifie (D), l'homomorphisme φ est excellent.*

Preuve. Soit M un B-module de type fini tel que $M/r(A) \cdot M$ soit un module de type fini sur $A/r(A)$. Soit $\{m_1, \ldots, m_p\}$ une famille de générateurs du B-module M telle que les m_i mod $r(A) \cdot M$ engendrent $M/r(A) \cdot M$ sur $A/r(A)$. Il existe des $a_{ij} \in A$, $b_{ij} \in r(A) \cdot B$ tels que:

$$\forall i \in [1, p] \quad t \cdot m_i = \sum_{j=1}^{p} (\varphi(a_{ij}) + b_{ij}) \cdot m_j. \tag{1.8.1}$$

Posons $\Lambda = \det|t\cdot\delta_{ij} - \varphi(a_{ij}) - b_{ij}| = t^p + \sum_{i=1}^{p} \varphi(u_i)\, t^{p-i} + b$ avec $u_1, \dots, u_p \in A$ et $b \in r(A)\cdot B$. D'après (1.8.1):

$$\forall i \in [1, p] \qquad \Lambda \cdot m_i = 0.$$

Soit $m \in M$. Puisque le couple (φ, t) vérifie (D), il existe des $q_i \in B$, $b_i \in B$ et des $h_{ij} \in A$ tels que:

$$m = \sum_{i=1}^{p} b_i m_i = \sum_{i=1}^{p} \left(\Lambda q_i + \sum_{j=1}^{p} \varphi(h_{ij})\, t^{p-j}\right) m_i = \sum_{i,j=1}^{p} \varphi(h_{ij}) \cdot t^{p-j} \cdot m_i.$$

Ainsi les $t^{p-j}\cdot m_i$ $(i, j \in [1, p])$ engendrent M sur A. L'homomorphisme φ est donc excellent. □

2. Le théorème de préparation pour les algèbres analytiques ou formelles

Soit $\underline{k}$ un corps commutatif, valué complet, de caractéristique 0. Rappelons qu'une $\underline{k}$-algèbre A est *analytique* (resp. *formelle*) s'il existe $n \in \mathbb{N}$ et un homomorphisme surjectif de $\underline{k}$-algèbres: $\mathcal{O}_n \xrightarrow{\pi} A$ (resp.: $\mathcal{F}_n \xrightarrow{\pi} A$). Une $\underline{k}$-algèbre analytique ou formelle A est évidemment locale et l'application canonique: $\underline{k} \to A/r(A)$ est un isomorphisme.

Soient A et B deux $\underline{k}$-algèbres analytiques (resp. formelles). Par définition, un *morphisme* $\varphi: A \to B$ sera un homomorphisme des $\underline{k}$-algèbres unitaires sous-jacentes. Un tel homomorphisme est nécessairement local. [Sinon, il existerait $a \in r(A)$ tel que $\varphi(a)$ soit inversible dans B, i.e. $\varphi(a) = \xi - b$, où $\xi \in \underline{k} \setminus \{0\}$ et $b \in r(B)$; alors: $\varphi(\xi - a) = b \in r(B)$, ce qui est absurde puisque $\xi - a$ est inversible].

Soient $u_1, \dots, u_p \in r(\mathcal{O}_n)$. Il existe un morphisme et un seul φ: $\mathcal{O}_p = \underline{k}\{y_1, \dots, y_p\} \to \mathcal{O}_n$ tel que: $\forall i \in [1, p]$ $\varphi(y_i) = u_i$. (On pose: $\forall f \in \mathcal{O}_p$, $\varphi(f) = f(u_1, \dots, u_p)$). Bien entendu, on a une remarque analogue quand on remplace $\mathcal{O}_n$ par $\mathcal{F}_n$, $\mathcal{O}_p$ par $\mathcal{F}_p$.

Posons $x = (x_1, \dots, x_n)$; $y = (y_1, \dots, y_p)$. Le résultat suivant (théorème des fonctions implicites) est classique et sa démonstration sera omise:

Théorème 2.1. *Soient $f_1, \dots, f_p \in \underline{k}\{x; y\}$ (resp. $\underline{k}[[x; y]]$) telles que*

$$f_1(0,0) = \dots = f_p(0,0) = 0 \quad \text{et} \quad \frac{D(f_1, \dots, f_p)}{D(y_1, \dots, y_p)}(0,0) \neq 0.$$

Il existe $y(x) \in \underline{k}\{x\}^p$ (resp. $\underline{k}[[x]]^p$) tel que $y(0) = 0$ et

$$f_1(x, y(x)) = \dots = f_p(x, y(x)) = 0.$$

En outre, $y(x)$ est unique.

Le résultat fondamental de ce paragraphe est le suivant:

Théorème 2.2. *Tout morphisme φ de $\mathcal{O}_p$ (resp. $\mathcal{F}_p$) dans $\mathcal{O}_n$ (resp. $\mathcal{F}_n$) est excellent.*

Preuve. Nous démontrons le cas analytique, le cas formel étant analogue. On a l'égalité $\varphi = \pi \circ i$, où i est l'injection canonique de $\underline{k}\{y\}$ dans $\underline{k}\{x; y\}$ et π l'homomorphisme surjectif de $\underline{k}\{x; y\}$ dans $\underline{k}\{x\}$ tel que:

$$\forall i \in [1, n], \quad \pi(x_i) = x_i; \qquad \forall j \in [1, p], \quad \pi(y_j) = \varphi(y_j).$$

D'après 1.2, π est excellent. En utilisant 1.4, il suffit de démontrer que l'injection canonique φ: $\mathcal{O}_{n-1} = \underline{k}\{x'\} \to \underline{k}\{x\} = \mathcal{O}_n$ est excellente (on pose $x' = (x_1, \ldots, x_{n-1})$), ou encore (proposition 1.8) que le couple (φ, x_n) vérifie (D).

Soient $u_1, \ldots, u_p \in \mathcal{O}_{n-1}$; $b \in r(\mathcal{O}_{n-1}) \cdot \mathcal{O}_n$. Visiblement, la fonction $\Lambda = x_n^p + \sum_{i=1}^{p} u_i \cdot x_n^{p-i} + b$ est régulière d'ordre $\leqq p$ en x_n (cf. définition II.1.1).

Le théorème 2.2 résultera donc de II.1.2.

2.3. *Preuve de II.1.2.* On a: $\Phi = \sum_{i=1}^{p} a_i \cdot x_n^{p-i} + \delta \cdot x_n^p$, les a_i appartenant à $\mathcal{O}_{n-1}$, $a_i(0) = 0$, et δ étant inversible dans $\mathcal{O}_n$.

Nous appliquons la proposition 6.1 de l'appendice de ce chapitre. Soient ρ, $r \in]0, 1]$. Notons $Y = \underline{k}\{x\}_{\rho, r}$ le sous-anneau de $\mathcal{O}_n = \underline{k}\{x\}$ formé des séries $f = \sum a_{\omega, \mu} x'^{\omega} x_n^{\mu}$ telles que: $|f| = \sum |a_{\omega, \mu}| \rho^{|\omega|} r^{\mu} < \infty$ (si $\omega = (\omega_1, \ldots, \omega_{n-1})$, on pose $|\omega| = \omega_1 + \cdots + \omega_{n-1}$ et $x'^{\omega} = x_1^{\omega_1} \ldots x_{n-1}^{\omega_{n-1}}$); de même, soit $\underline{k}\{x'\}_\rho$ le sous-anneau du précédent formé des séries $f = \sum a_\omega x'^{\omega}$ telles que $|f| = \sum |a_\omega| \rho^{|\omega|} < \infty$. L'application $f \mapsto |f|$ munit les groupes additifs sous-jacents d'une valeur absolue et la métrique associée est complète. Supposons ρ, r assez petits pour que les $a_1, \ldots, a_p$ appartiennent à $\underline{k}\{x'\}_\rho$ et pour que δ appartienne à $\underline{k}\{x\}_{\rho, r}$ et soit inversible dans $\underline{k}\{x\}_{\rho, r}$. Si $(u_1, \ldots, u_p; v) \in \underline{k}\{x'\}_\rho{}^p \times Y = X$, on pose:

$$|(u_1, \ldots, u_p; v)| = \sup(|u_1|, \ldots, |u_p|, |v|)$$

On *a* des applications $\underline{k}$-linéaires T, U: $X \mapsto Y$ en posant:

$$T(u_1, \ldots, u_p; v) = \sum_{i=1}^{p} u_i \cdot x_n^{p-i} + \delta \cdot x_n^p \cdot v.$$

$$U(u_1, \ldots, u_p; v) = (a_1 x_n^{p-1} + \cdots + a_p) \cdot v.$$

L'application T est bijective et:

$$|T(u_1, \ldots, u_p; v)| \geqq r^p \cdot |(u_1, \ldots, u_p; \delta \cdot v)| \geqq r^p \cdot |(u_1, \ldots, u_p; v)|$$

si l'on suppose que $|\delta^{-1}| \leqq 1$ (ceci est toujours possible en multipliant Φ par une constante convenable). D'autre part:

$$|U(u_1, \ldots, u_p; v)| \leqq (|a_1| r^{p-1} + \cdots + |a_p|) \cdot |v|$$

Puisque $a_1(0) = \cdots = a_p(0) = 0$, en diminuant ρ si nécessaire, on peut supposer que, $\forall (u_1, \ldots, u_p; v) \in X$:

$$|U(u_1, \ldots, u_p; v)| \leqq C |(u_1, \ldots, u_p; v)|$$

où C est une constante $\geqq 0$ telle que $C < r^p$. D'après 6.1: $T+U$ est bijective. Ceci démontre visiblement l'existence et l'unicité de la division par Φ.

La démonstration dans le cas formel est analogue à la précédente. On remplace $\underline{k}\{x\}_{\rho,r}$ par $\underline{k}[[x]]$; $\underline{k}\{x'\}_\rho$ par $\underline{k}[[x']]$ et l'on munit ces anneaux de séries formelles de la valeur absolue associée à leur topologie $\underline{m}'$-adique ($\underline{m}'$ désignant l'idéal maximal de $\underline{k}[[x']]$): si $f \in \underline{k}[[x]]$, on pose $|f| = e^{-v(f)}$ où $v(f)$ est le plus grand entier i tel que $f \in \underline{m}'^i \cdot \underline{k}[[x]]$. On définit les applications T et U comme précédemment; on a visiblement:

$$|T(u_1, \ldots, u_p; v)| = |(u_1, \ldots, u_p; v)|$$

$$|U(u_1, \ldots, u_p; v)| \leqq e^{-1} \cdot |(u_1, \ldots, u_p; v)|$$

D'après 6.1, $T+U$ est bijective; ceci démontre l'existence et l'unicité de la division dans le cas formel.

Supposons enfin que f et Φ sont des polynômes en x_n et que Φ est distingué. Il existe Q' et $R' \in \mathcal{O}_{n-1}[x_n]$, degré $R' < p$, tels que:

$$f = \Phi \cdot Q' + R' \qquad \text{(division euclidienne de } f \text{ par } \Phi).$$

D'après l'unicité d'une telle décomposition: $Q = Q'$, $R = R'$; ainsi, Q, R appartiennent à $\mathcal{O}_{n-1}[x_n]$. La preuve dans le cas formel, est analogue. □

2.4. *Preuve de II.1.3*. Divisions x_n^p par Φ; on a: $x_n^p = \Phi \cdot Q - \sum_{i=1}^{p} a_i \cdot x_n^{p-i}$ avec $Q \in \mathcal{O}_n$ et $a_i \in \mathcal{O}_{n-1}$. En faisant $x_1 = \cdots = x_{n-1} = 0$ dans l'égalité précédente, on vérifie que $Q(0) \neq 0$ et $a_1(0) = \cdots = a_p(0) = 0$. Le polynôme $P = x_n^p + a_1 \cdot x_n^{p-1} + \cdots + a_p$ est donc distingué et $P = \Phi \cdot Q$, où $Q \in \mathcal{O}_n$ est inversible. L'unicité de P et Q résulte de l'unicité de la division par Φ. Le cas formel se traite de manière analogue. □

Nous avons démontré au chapitre II (en admettant les théorèmes II.1.2 et II.1.3) que $\mathcal{O}_n$ et $\mathcal{F}_n$ sont des anneaux noethériens. Il en résulte que toute algèbre analytique ou formelle est noethérienne.

Proposition 2.5. *Soient A et B deux $\underline{k}$-algèbres analytique; $\pi: \mathcal{O}_p \to A$, $\pi': \mathcal{O}_n \to B$, deux homomorphismes surjectifs de $\underline{k}$-algèbres. Si Ψ est un morphisme de A dans B, il existe un morphisme $\varphi: \mathcal{O}_p \to \mathcal{O}_n$ tel que: $\Psi \circ \pi = \pi' \circ \varphi$. On a un résultat analogue quand on remplace analytique par formel; $\mathcal{O}_p$ par $\mathcal{F}_p$; $\mathcal{O}_n$ par $\mathcal{F}_n$.*

Preuve. Posons $\mathcal{O}_p = \underline{k}\{y_1, \ldots, y_p\}$. Soient $u_1, \ldots, u_p \in r(\mathcal{O}_n)$ tels que: $\pi'(u_i) = \Psi \circ \pi(y_i)$. Il existe un morphisme $\varphi: \mathcal{O}_p \to \mathcal{O}_n$ tel que, $\forall i \in [1, p]$: $\varphi(y_i) = u_i$. Les morphismes $\Psi \circ \pi$ et $\pi' \circ \varphi$ coïncident en restriction à $\underline{k}[y_1, \ldots, y_p]$ et sont locaux. Il en résulte que, $\forall f \in \mathcal{O}_p$:

$$\Psi \circ \pi(f) - \pi' \circ \varphi(f) \in \bigcap_{j \in \mathbb{N}} r(B)^j.$$

L'anneau B étant noethérien: $\bigcap\limits_{j \in \mathbb{N}} r(B)^j = 0$ (d'après I.3.11) et donc:

$$\Psi \circ \pi(f) = \pi' \circ \varphi(f). \quad \square$$

Corollaire 2.6. *Un morphisme Ψ de $\underline{k}$-algèbres analytiques (resp. formelles) est excellent.*

(Ceci résulte de 2.5, 1.3 et 2.2).

3. Une généralisation du théorème des fonctions implicites (Tougeron [2])

Posons, comme précédemment: $x = (x_1, \ldots, x_n)$; $y = (y_1, \ldots, y_p)$; $\mathcal{O}_n = \underline{k}\{x\}$. Soit $f = (f_1, \ldots, f_q) \in \underline{k}\{x, y\}^q$ telle que $f(0,0) = 0$. La matrice jacobienne $\lambda = f'_y(x, 0) = \left(\dfrac{\partial f_i}{\partial y_j}(x, 0)\right)$ définit une application $\mathcal{O}_n$-linéaire de $\mathcal{O}_n^p$ dans $\mathcal{O}_n^q$.

Soient $\delta \in \mathcal{O}_n$; $(\varepsilon_1, \ldots, \varepsilon_p)$, $(e_1, \ldots, e_q)$ les bases canoniques respectives de $\mathcal{O}_n^p$ et $\mathcal{O}_n^q$. Une condition nécessaire et suffisante pour que $\delta \in \operatorname{Ann}(\operatorname{coker} \lambda)$ est qu'il existe des $n_{ij} \in \mathcal{O}_n$ tels que: $\delta \cdot e_i = \lambda \cdot \sum\limits_{j=1}^{p} n_{ij} \varepsilon_j$. Si μ est l'application $\mathcal{O}_n$-linéaire de $\mathcal{O}_n^q$ dans $\mathcal{O}_n^p$ associée à la matrice (n_{ij}), cela signifie donc que: $\lambda \cdot \mu = \delta \cdot I$ où I est l'application identique de $\mathcal{O}_n^q$ sur lui-même.

Posons: $y^i = (y_1^i, \ldots, y_p^i)$, $1 \leqq i \leqq r$, où r est un entier positif quelconque. La démonstration du lemme suivant s'inspire de Bourbaki [2]:

Lemme 3.1. *Soient $\delta_1, \ldots, \delta_r \in \operatorname{Ann}(\operatorname{coker} \lambda)$. Alors il existe des séries convergentes $Y^1, \ldots, Y^r \in \underline{k}\{x; y^1, \ldots, y^r\}^p$, nulles pour $y^1 = \cdots = y^r = 0$ et telles que:*

$$f\left(x, \sum_{i=1}^{r} \delta_i Y^i\right) = f(x, 0) + \lambda \cdot \sum_{i=1}^{r} \delta_i y^i. \tag{3.1.1}$$

Preuve. Posons $z=(z_1, \ldots, z_p)$; $z^i=(z_1^i, \ldots, z_p^i)$, pour $1 \leqq i \leqq r$. Développons la série $f(x, z)$ comme suit:

$$f(x, z)=f(x, 0)+\lambda \cdot z+\sum_{1 \leqq k, \ell \leqq p} G_{k\ell}(x, z)\, z_k\, z_\ell$$

où $G_{k\ell} \in \underline{k}\{x, z\}^q$. Par substitution:

$$f\left(x, \sum_{i=1}^r \delta_i z^i\right)=f(x, 0)+\lambda \cdot \sum_{i=1}^r \delta_i z^i+\sum_{1 \leqq i, j \leqq r} Y_{ij}(x; z^1, \ldots, z^r)\, \delta_i\, \delta_j \tag{3.1.2}$$

où $Y_{ij} \in \underline{k}\{x; z^1, \ldots, z^r\}^q$ et

$$Y_{ij}(x; 0, \ldots, 0)=\frac{\partial Y_{ij}}{\partial z_\ell^k}(x; 0, \ldots, 0)=0.$$

Il existe par hypothèse, pour $j=1, \ldots, r$, des applications $\mathcal{O}_n$-linéaires μ_j de $\mathcal{O}_n^q$ dans $\mathcal{O}_n^p$ telles que $\delta_j \cdot I=\lambda \circ \mu_j$.

Posons: $A^i=z^i+\sum_{j=1}^r \mu_j \cdot Y_{ij}$. D'après (3.1.2):

$$f\left(x, \sum_{i=1}^r \delta_i z^i\right)=f(x, 0)+\lambda \cdot \sum_{i=1}^r \delta_i A^i.$$

Grâce au théorème classique des fonctions implicites, nous pouvons résoudre par rapport aux $z^1, \ldots, z^r$ le système de pr équations scalaires: $A^i(x; z^1, \ldots, z^r)=y^i$ $(1 \leqq i \leqq r)$ et finalement calculer des $Y^i(x; y^1, \ldots, y^r)$ vérifiant (3.1.1). □

Bien entendu, le lemme précédent est encore vrai quand on considère des séries formelles au lieu de séries convergentes. Le résultat suivant généralise le théorème des fonctions implicites ordinaire:

Théorème 3.2. *Soit* $f \in \underline{k}\{x, y\}^q$ *(resp.* $\underline{k}[[x, y]]^q$*). Soient* I *l'idéal engendré dans* $\mathcal{O}_n$ *(resp.* $\mathcal{F}_n$*) par les mineurs d'ordre* q *de la matrice jacobienne* $f_y'(x, 0)$ *(si* $q>p$, $I=0$*);* I' *un idéal propre de* $\mathcal{O}_n$ *(resp.* $\mathcal{F}_n$*). Si* $f(x, 0) \in \bigoplus_q I' \cdot I^2$*, il existe* $y(x) \in \bigoplus_p I' \cdot I$ *tel que* $f(x, y(x))=0$.

Preuve. Démontrons le cas analytique. Soient $\delta_1, \ldots, \delta_r$ les mineurs d'ordre q de la matrice jacobienne $\lambda=f_y'(x, 0)$. On a (d'après I.2.5):

$$\delta_i \in \sigma_0'(\operatorname{coker} \lambda) \subset \sigma_0(\operatorname{coker} \lambda)=\operatorname{Ann}(\operatorname{coker} \lambda).$$

Par hypothèse, il existe $\beta^1, \ldots, \beta^r \in \bigoplus_p I'$ *tels que:*

$$f(x, 0)=\lambda \cdot \sum_{i=1}^r \delta_i \beta^i.$$

Effectuons dans l'identité (3.1.1), la substitution $y^i = -\beta^i$. On obtient $f(x, y(x)) = 0$, où

$$\begin{aligned} y(x) &= \sum_{i=1}^{r} \delta_i \cdot Y^i(x; -\beta^1, \ldots, -\beta^r) \\ &= \sum_{i=1}^{r} \delta_i \cdot \big(Y^i(x; -\beta^1, \ldots, -\beta^r) - Y^i(x; 0, \ldots, 0)\big). \end{aligned}$$

Posons $\beta^j = (\beta^j_1, \ldots, \beta^j_p)$. Il est clair que $y(x)$ a toutes ses composantes contenues dans l'idéal engendré dans $\mathcal{O}_n$ par les $\delta_i \cdot \beta^j_k$, ce qui entraîne $y(x) \in \bigoplus_p I' \cdot I$. □

On déduit facilement du théorème précédent certains résultats intéressants (en particulier sur l'algébricité d'un germe de fonction analytique ou d'une série formelle). Mais des résultats analogues seront énoncés dans le cas différentiable (chapitre VIII) et la traduction au cas formel ou analytique est immédiate. Nous nous contenterons d'illustrer le théorème précédent par un exemple.

Exemple 3.3. Soit $f \in \underline{k}\{x, y\}$ où $x = (x_1, \ldots, x_n)$; $y = (y_1, \ldots, y_n)$. Supposons que:

(1) $f(x, 0)$ s'annule à l'origine ainsi que ses dérivées premières et secondes.

(2) $\det \left| \dfrac{\partial^2 f(0,0)}{\partial y_i \, \partial x_j} \right| \neq 0.$

Soit $\underline{m}$ l'idéal maximal de $\mathcal{O}_n = \underline{k}\{x\}$. L'hypothèse (1) signifie que $f(x, 0) \in \underline{m}^3$. L'hypothèse (2) signifie que

$$I = \left(\frac{\partial f}{\partial y_1}(x, 0), \ldots, \frac{\partial f}{\partial y_n}(x, 0) \right) = \underline{m}.$$

On a donc: $f(x, 0) \in \underline{m} \cdot I^2$. L'équation implicite $f(x, y) = 0$ admet donc une solution $y(x) \in \bigoplus_n \underline{m}^2$.

4. Le théorème de M. Artin (M. Artin [1])

Posons $x = (x_1, \ldots, x_n)$; $y = (y_1, \ldots, y_p)$. Soient I, J deux idéaux propres de $\underline{k}\{x; y\}$ engendrés respectivement par $f_1(x, y), \ldots, f_q(x, y)$; $g_1(x, y), \ldots, g_r(x, y)$. Soient $y(x) \in \underline{k}\{x\}^p$; $\bar{y}(x) \in \underline{k}[[x]]^p$ tels que $\bar{y}(0) = y(0) = 0$.

Définition 4.1. Nous dirons que $y(x)$ (resp. $\bar{y}(x)$) est une *solution analytique* (resp. *formelle*) du système $[I; J]$ s'il existe des $\lambda_{i,j} \in \underline{k}\{x\}$ (resp.

des $\bar{\lambda}_{i,j} \in \underline{k}[[x]]$) tels que:

$$\forall i \in [1,q] \quad f_i(x, y(x)) = \sum_{j=1}^{r} \lambda_{i,j}\, g_j(x, y(x))$$

$$\text{resp. } \forall i \in [1,q] \quad f_i(x, \bar{y}(x)) = \sum_{j=1}^{r} \bar{\lambda}_{i,j}\, g_j(x, \bar{y}(x)).$$

Si $y(x)$, $y'(x)$ appartiennent à $\underline{k}\{x\}^p$ ou $\underline{k}[[x]]^p$ et si $v \in \mathbb{N}$, nous écrirons $y(x) \overset{v}{\simeq} y'(x)$ si $y(x) - y'(x)$ a toutes ses dérivées jusqu'à l'ordre v inclus nulles à l'origine.

Le théorème fondamental est le suivant:

Théorème 4.2. *Soit $\bar{y}(x)$ une solution formelle de système $[I; J]$. Alors pour tout $v \in \mathbb{N}$, il existe $y^v(x)$, solution analytique du système $[I; J]$, telle que $\bar{y}(x) \overset{v}{\simeq} y^v(x)$.*

Posons $z = (z_{i,j})$, où $1 \leqq i \leqq q$, $1 \leqq j \leqq r$, et soit $y(x)$ une solution analytique du système $[I; J]$. Cela signifie qu'il existe $z(x) = (z_{i,j}(x)) \in \underline{k}\{x\}^{qr}$ avec $z(0) = 0$, et des $a_{i,j} \in \underline{k}$, tels que $(y(x); z(x))$ soit solution analytique du système $[I'; 0]$, où I' est l'idéal engendré dans $\underline{k}\{x; y; z\}$ par les $f_i(x, y) - \sum_{j=1}^{r} (z_{i,j} + a_{i,j})\, g_j(x, y)$, où $1 \leqq i \leqq q$.

On a une remarque analogue pour les solutions formelles. *Il suffit donc démontrer le théorème 4.2 lorsque $J = 0$.*

Nous procédons par récurrence sur $n = \dim(\underline{k}\{x\})$. Si $n = 0$, le résultat est trivial. Soit $n \geqq 1$: *nous supposons le théorème démontré lorsque* $\dim(\underline{k}\{x\}) \leqq n-1$, et nous le démontrons lorsque $\dim(\underline{k}\{x\}) = n$. Voici d'abord un lemme préliminaire:

Lemme 4.3. *Soient $\Delta(x, y) \in \underline{k}\{x; y\}$; $\bar{y}(x) \in \underline{k}[[x]]^p$, tels que: $\Delta(0,0) = 0$, $\bar{y}(0) = 0$ et $\Delta(x, \bar{y}(x)) \neq 0$. Supposons que $\bar{y}(x)$ est une solution formelle du système $[I; 0]$. Alors, pour tout $v \in \mathbb{N}$, il existe $z^v(x) \in \underline{k}\{x\}^p$ tel que $\bar{y}(x) \overset{v}{\simeq} z^v(x)$ et $z^v(x)$ est une solution analytique du système $[I; \{\Delta\}]$.*

Preuve. Après un éventuel changement linéaire de coordonnées, on peut supposer que $\Delta(x, \bar{y}(x))$ est régulière d'ordre s en x_n (d'après II.1.4). Soit v un entier $\geqq 1$. D'après le théorème de division II.1.2, en posant $x' = (x_1, \ldots, x_{n-1})$ et $\bar{y}(x) = (\bar{y}_1(x), \ldots, \bar{y}_p(x))$:

$$\bar{y}_j(x) = \bar{q}_j(x) \cdot (\Delta(x, \bar{y}(x)))^{v+1} + \bar{z}_j(x) \tag{4.3.1}$$

où: $\bar{z}_j(x) = \sum_{k=1}^{(v+1)s} x_n^{(v+1)s-k} (\bar{y}_{j,k}(x') + y_{j,k}^0)$; $\bar{q}_j(x) \in \underline{k}[[x]]$; $\bar{y}_{j,k}(x') \in \underline{k}[[x']]$ et $\bar{y}_{j,k}(0) = 0$; $y_{j,k}^0 \in \underline{k}$. En outre $\bar{z}_j(0) = 0$, i.e. $y_{j,(v+1)s}^0 = 0$.

Posons: $\bar{z}(x)=(\bar{z}_1(x), \ldots, \bar{z}_p(x))$; visiblement $\Delta(x, \bar{y}(x))-\Delta(x, \bar{z}(x))$ appartient à l'idéal engendré dans $\underline{k}[[x]]$ par les $\bar{y}_j(x)-\bar{z}_j(x)$ et donc, d'après (4.3.1):

$$\Delta(x, \bar{y}(x))-\Delta(x, \bar{z}(x)) \in \Delta(x, \bar{y}(x))^{\nu+1} \cdot \underline{k}[[x]]. \tag{4.3.2}$$

En particulier, $\Delta(x, \bar{y}(x))$ et $\Delta(x, \bar{z}(x))$ engendrent le même idéal dans $\underline{k}[[x]]$ et $\Delta(x, \bar{z}(x))$ est régulière d'ordre s en x_n.

Introduisons des variables auxiliaires $y_{j,k}$ et posons:

$$z_j = \sum_{k=1}^{(\nu+1)s} x_n^{(\nu+1)s-k}(y_{j,k}+y_{j,k}^0)$$

et $z=(z_1, \ldots, z_p)$.

Si x' et les $y_{j,k}$ sont nuls: $\Delta(x, z)=\Delta(x, \bar{z}(x))$. Il en résulte que $\Delta(x, z)$ est régulière d'ordre s en x_n. D'après le théorème de division:

$$f_i(x, z)=Q_i(x; \{y_{j,k}\}) \cdot \Delta(x, z)+\sum_{\ell=1}^{s} x_n^{s-\ell} \cdot g_{i,\ell}(x'; \{y_{j,k}\}) \tag{4.3.3}$$

où $Q_i \in \underline{k}\{x; \{y_{j,k}\}\}$; $g_{i,\ell} \in \underline{k}\{x'; \{y_{j,k}\}\}$.

Par substitution, on déduit de (4.3.3):

$$f_i(x, \bar{z}(x))=Q_i(x; \{\bar{y}_{j,k}(x')\}) \cdot \Delta(x, \bar{z}(x))+\sum_{\ell=1}^{s} x_n^{s-\ell} \cdot g_{i,\ell}(x'; \{\bar{y}_{j,k}(x')\}). \tag{4.3.4}$$

Mais $f_i(x, \bar{z}(x))=f_i(x, \bar{z}(x))-f_i(x, \bar{y}(x))$ est divisible par $\Delta(x, \bar{y}(x))^{\nu+1}$, donc a fortiori par $\Delta(x, \bar{z}(x))$, laquelle est régulière d'ordre s en x_n. D'après l'unicité de la division (4.3.4):

$$g_{i,\ell}(x'; \{\bar{y}_{j,k}(x')\})=0.$$

D'après l'hypothèse de récurrence, il existe des $y_{j,k}^\nu(x') \in \underline{k}\{x'\}$ tels que: $y_{j,k}^\nu(x') \overset{\nu}{\simeq} \bar{y}_{j,k}(x')$ et

$$g_{i,\ell}(x'; \{y_{j,k}^\nu(x')\})=0. \tag{4.3.5}$$

Posons:

$$z_j^\nu(x)=\sum_{k=1}^{(\nu+1)s} x_n^{(\nu+1)s-k}(y_{j,k}^\nu(x')+y_{j,k}^0).$$

Si $z^\nu(x)=(z_1^\nu(x), \ldots, z_p^\nu(x))$, on a visiblement les équivalences:

$$z^\nu(x) \overset{\nu}{\simeq} \bar{z}(x) \overset{\nu}{\simeq} \bar{y}(x).$$

En outre, d'après (4.3.3) et (4.3.5):

$$f_i(x, z^\nu(x))=Q_i(x; \{y_{j,k}^\nu(x')\}) \cdot \Delta(x, z^\nu(x))$$

et donc $z^\nu(x)$ est une solution analytique du système $[I; \{\Delta\}]$. □

Démonstration du théorème 4.2

Posons $\operatorname{ht}(I)=k$. Si $k=n+p$, i.e. si I est l'idéal maximal de $\underline{k}\{x;y\}$, le théorème est trivial. Nous raisonnons par récurrence descendante sur k et nous supposons donc le théorème démontré si $\operatorname{ht}(I)>k$.

Si $\sqrt{I}=\mathfrak{p}_1\cap\cdots\cap\mathfrak{p}_r$, où $\mathfrak{p}_1,\ldots,\mathfrak{p}_r$ sont des idéaux premiers de $\underline{k}\{x;y\}$, il existe un indice i tel que $\bar{y}(x)$ soit solution formelle du système $[\mathfrak{p}_i;0]$. Sinon, $\forall i\in[1,r]$, il existe $g_i\in\mathfrak{p}_i$ telle que $g_i(x,\bar{y}(x))\neq 0$. Si h est un entier assez grand: $(g_1\ldots g_r)^h\in I$ et $(g_1\ldots g_r)^h(x,\bar{y}(x))\neq 0$, ce qui est absurde. Nous pouvons donc supposer que *I est un idéal premier de hauteur k.*

Il existe $f_1,\ldots,f_k\in I$ et k formes linéaires indépendantes en $(x_1,\ldots,x_n;y_1,\ldots,y_p)$, soient $z_1,\ldots,z_k$, telles que:

$$\delta'=\frac{D(f_1,\ldots,f_k)}{D(z_1,\ldots,z_k)}\notin I \qquad \text{(d'après II.2.2).}$$

On peut supposer, d'après l'hypothèse de récurrence sur k, que $\delta'(x,\bar{y}(x))\neq 0$. Or, $\forall i\in[1,k]$ et $\forall j\in[1,n]$:

$$\frac{\partial f_i}{\partial x_j}(x,\bar{y}(x))=-\sum_{\ell=1}^{p}\frac{\partial f_i}{\partial y_\ell}(x,\bar{y}(x))\cdot\frac{\partial\bar{y}_\ell(x)}{\partial x_j}.$$

Ceci entraîne, si l'on pose $f=(f_1,\ldots,f_k)$, que les $\dfrac{\partial f}{\partial z_i}(x,\bar{y}(x))$ sont combinaisons linéaires à coefficients dans $\underline{k}[[x]]$ des $\dfrac{\partial f}{\partial y_\ell}(x,\bar{y}(x))$. Après une éventuelle permutation de coordonnées, on peut donc supposer que $\delta(x,\bar{y}(x))\neq 0$, où $\delta=\dfrac{D(f_1,\ldots,f_k)}{D(y_1,\ldots,y_k)}$. En particulier: $\delta\notin I$.

D'après le corollaire II.3.3, les $f_1,\ldots,f_k$ engendrent l'idéal maximal du localisé $\underline{k}\{x;y\}_I$. Il existe donc $\delta''\notin I$ tel que: $\delta''\cdot I\subset(f_1,\ldots,f_k)$. D'après l'hypothèse de récurrence sur k, on peut supposer que: $\delta''(x,\bar{y}(x))\neq 0$. Soit $y^\nu(x)$ une solution analytique du système $[(f_1,\ldots,f_k);0]$ telle que $y^\nu(x)\overset{\nu}{\simeq}\bar{y}(x)$. Si ν est assez grand, $\delta''(x,y^\nu(x))\neq 0$ et donc $y^\nu(x)$ est solution analytique du système $[I;0]$. En définitive, nous sommes ramenés à démontrer le théorème lorsque

$$I=(f_1,\ldots,f_k) \quad\text{et}\quad \delta(x,\bar{y}(x))\neq 0, \qquad \text{où } \delta=\frac{D(f_1,\ldots,f_k)}{D(y_1,\ldots,y_k)}.$$

Posons $\Delta(x,y)=x_n^{\nu+1}\cdot(\delta(x,y))^2$. D'après le lemme 4.3, il existe $z^\nu(x)\in\underline{k}\{x\}^p$ telle que $\bar{y}(x)\overset{\nu}{\simeq}z^\nu(x)$ et $\forall i\in[1,k]$:

$$f_i(x,z^\nu(x))\in\Delta(x,z^\nu(x))\cdot\underline{k}\{x\}.$$

Considérons le système d'équations implicites:

$$g_i(x,Y)=f_i(x,Y+z^\nu(x))=0, \qquad i\in[1,k].$$

On a:
$$g_i(x,0)=f_i(x,z^\nu(x))\in x_n^{\nu+1}\cdot(\delta(x,z^\nu(x)))^2\cdot \underline{k}\{x\}$$
et
$$\delta(x,z^\nu(x))=\frac{D(g_1,\ldots,g_k)}{D(Y_1,\ldots,Y_k)}(x,0).$$

D'après le théorème 3.2, il existe $Y(x)\in\bigoplus_p x_n^{\nu+1}\cdot\delta(x,z^\nu(x))\cdot\underline{k}\{x\}$ telle que, $\forall i\in[1,k]$: $g_i(x,Y(x))=f_i(x,Y(x)+z^\nu(x))=0$.

Visiblement: $y^\nu(x)=Y(x)+z^\nu(x)$ est une solution analytique du système $[I;0]$ et $y^\nu(x)\overset{\nu}{\simeq}z^\nu(x)\overset{\nu}{\simeq}\bar{y}(x)$. □

Les théorèmes II.4.4 et II.4.5 résultent facilement du théorème précédent:

Corollaire 4.4. *La complétée d'une $\underline{k}$-algèbre analytique intègre est intègre.*

Preuve. Soit $\mathfrak{p}$ un idéal premier de $\mathcal{O}_n$. Nous devons montrer que $\hat{\mathfrak{p}}$ est un idéal premier de $\mathcal{F}_n$. Soient $\bar{f},\bar{g}\in\mathcal{F}_n$ telles que $\bar{f}\cdot\bar{g}\in\hat{\mathfrak{p}}$. D'après le théorème 4.2, $\forall\nu\in\mathbb{N}$, il existe $f^\nu,g^\nu\in\mathcal{O}_n$ telles que $f^\nu\cdot g^\nu\in\mathfrak{p}$ et $\bar{f}\overset{\nu}{\simeq}f^\nu$, $\bar{g}\overset{\nu}{\simeq}g^\nu$. Il existe une suite d'entiers $\nu_i\to\infty$ telle que par exemple $f^{\nu_i}\in\mathfrak{p}$. Il en résulte que $\bar{f}=\lim_{i\to\infty}f^{\nu_i}\in\hat{\mathfrak{p}}$. □

Corollaire 4.5. *La complétée d'une $\underline{k}$-algèbre analytique normale est normale.*

Preuve. Soient $B=\mathcal{O}_n/\mathfrak{p}$ une $\underline{k}$-algèbre analytique normale; $\hat{B}=\mathcal{F}_n/\hat{\mathfrak{p}}$ sa complétée. D'après le corollaire précédent, l'algèbre $\hat{B}$ est intègre. Soient $\bar{f}\in\mathcal{F}_n$; $\bar{g}\in\mathcal{F}_n\setminus\hat{\mathfrak{p}}$ telles que $\bar{f}$ mod $\hat{\mathfrak{p}}/\bar{g}$ mod $\hat{\mathfrak{p}}$ soit entier sur $\hat{B}$. Cela signifie qu'il existe $\bar{h}_1,\ldots,\bar{h}_p\in\mathcal{F}_n$ telles que:
$$\bar{f}^p+\sum_{i=1}^p\bar{h}_i\bar{f}^{p-i}\bar{g}^i\in\hat{\mathfrak{p}}$$

D'après le théorème 4.2, $\forall\nu\in\mathbb{N}$, il existe $f^\nu,g^\nu,h_i^\nu\in\mathcal{O}_n$ telles que:
$$(f^\nu)^p+\sum_{i=1}^p h_i^\nu(f^\nu)^{p-i}(g^\nu)^i\in\mathfrak{p}$$
et $\bar{f}\overset{\nu}{\simeq}f^\nu$, $\bar{g}\overset{\nu}{\simeq}g^\nu$.

Il en résulte que f^ν mod $\mathfrak{p}/g^\nu$ mod $\mathfrak{p}$ est entier sur B, donc appartient à B, i.e. $f^\nu\in g^\nu\cdot\mathcal{O}_n+\mathfrak{p}$. Ainsi:
$$\forall\nu\in\mathbb{N}\quad \bar{f}\in\bar{g}\cdot\mathcal{F}_n+\hat{\mathfrak{p}}+r(\mathcal{F}_n)^{\nu+1}$$
$$\text{ce qui entraîne}\quad \bar{f}\in\bar{g}\cdot\mathcal{F}_n+\hat{\mathfrak{p}},$$
i.e. $\bar{f}$ mod $\hat{\mathfrak{p}}/\bar{g}$ mod $\hat{\mathfrak{p}}\in\hat{B}$. □

Signalons enfin les conséquences suivantes, du même type que les précédentes:

Corollaire 4.6. *Soient* $\mathfrak{p}$ *un idéal premier de* $\mathcal{O}_n$; M *un* $\mathcal{O}_n$*-module de type fini* $\mathfrak{p}$*-coprimaire. Le complété* $\hat{M}$ *de* M *est un* $\mathscr{F}_n$*-module* $\hat{\mathfrak{p}}$*-coprimaire.*

Preuve. On a $\mathfrak{p}=\sqrt{\operatorname{Ann}(M)}$; $\hat{\mathfrak{p}}=\sqrt{\operatorname{Ann}(\hat{M})}$ (d'après II.4.2 et II.4.3). Soit $\bar{g}\in\mathscr{F}_n\setminus\hat{\mathfrak{p}}$; nous devons montrer que l'homothétie $\varphi_{\bar{g}}$: $\hat{M}\to\hat{M}$ est injective (d'après I.3.2). Si $M=\mathcal{O}_n{}^p/N$, on a $\hat{M}=\mathscr{F}_n{}^p/\hat{N}$. Soit $\bar{f}\in\mathscr{F}_n{}^p$ telle que: $\bar{g}\cdot\bar{f}\in\hat{N}$. Nous devons montrer que $\bar{f}\in\hat{N}$. Or, d'après le théorème 4.2, $\forall\nu\in\mathbb{N}$, il existe $g^\nu\in\mathcal{O}_n$; $f^\nu\in\mathcal{O}_n{}^p$ telles que: $g^\nu\cdot f^\nu\in N$ et $\bar{g}\overset{\nu}{\simeq}g^\nu$; $\bar{f}\overset{\nu}{\simeq}f^\nu$.

Si ν est assez grand, $g^\nu\notin\mathfrak{p}$ et donc $f^\nu\in N$ et $\bar{f}=\lim_{\nu\to\infty}f^\nu\in\hat{N}$. □

Corollaire 4.7. *Soient* $N_1,\ldots,N_r$ *des sous-modules du* $\mathcal{O}_n$*-module de type fini* M, *tels que* $0=N_1\cap\cdots\cap N_r$ *soit une décomposition primaire réduite de* 0 *dans* M. *Alors:* $0=\hat{N}_1\cap\cdots\cap\hat{N}_r$ *est une décomposition primaire réduite de* 0 *dans* $\hat{M}$.

Preuve. D'après 4.6, si M/N_i est $\mathfrak{p}_i$-coprimaire, $\hat{M}/\hat{N}_i$ est $\hat{\mathfrak{p}}_i$-coprimaire. L'anneau $\mathscr{F}_n$ étant fidèlement plat sur $\mathcal{O}_n$, on a les implications:

$$0=\bigcap_{i=1}^{r}N_i\Rightarrow 0=\bigcap_{i=1}^{r}\hat{N}_i$$

$$\mathfrak{p}_i\neq\mathfrak{p}_j\quad\text{si}\quad i\neq j\Rightarrow\hat{\mathfrak{p}}_i\neq\hat{\mathfrak{p}}_j\quad\text{si}\quad i\neq j$$

$$\bigcap_{j\neq i}N_j\neq 0\Rightarrow\bigcap_{j\neq i}\hat{N}_j\neq 0.$$

Ceci entraîne le résultat, d'après I.3.2. □

Corollaire 4.8. *Soit* I *un idéal de* $\mathcal{O}_n$ *et soient* $\mathfrak{p}_1,\ldots,\mathfrak{p}_r$ *les éléments minimaux de* $\operatorname{Ass}(\mathcal{O}_n/I)$. *Alors,* $\hat{\mathfrak{p}}_1,\ldots,\hat{\mathfrak{p}}_r$ *sont les éléments minimaux de* $\operatorname{Ass}(\mathscr{F}_n/\hat{I})$.

Preuve: Il suffit d'appliquer 4.7 à $M=\mathcal{O}_n/\sqrt{I}$. □

Remarque 4.9. Avec les notations du début de ce paragraphe, *supposons que la hauteur de l'idéal* I *engendré par* $f_1(x,y),\ldots,f_q(x,y)$ *dans* $\underline{k}\{x,y\}$ *soit égale à* p. *Alors, toute solution formelle* $\bar{y}(x)$ *du système* $f_1(x,y)=\cdots=f_q(x,y)=0$ *est analytique.*

En effet, soit $\mathfrak{p}'$ l'idéal de $\underline{k}[[x,y]]$ engendré par les $y_j-\bar{y}_j(x)$, $1\leqq j\leqq p$: $\mathfrak{p}'$ est un idéal premier de hauteur p de $\underline{k}[[x,y]]$ (l'anneau $\underline{k}[[x,y]]/\mathfrak{p}'$ est même régulier de dimension n, d'après le critère jacobien des points simples II.3.1) et visiblement $\mathfrak{p}'\supset\hat{I}$. Puisque $p=\operatorname{ht}\mathfrak{p}'=\operatorname{ht}\hat{I}$, on a $\mathfrak{p}'=\hat{\mathfrak{p}}$, où $\mathfrak{p}$ est un idéal premier de hauteur p de $\underline{k}\{x,y\}$ contenant I (d'après 4.8). En utilisant le critère jacobien des points simples et le théorème des fonctions implicites, on vérifie que $\mathfrak{p}$ est engendré sur $\underline{k}\{x,y\}$ par $y_1-y_1(x),\ldots,y_p-y_p(x)$, où les $y_i(x)$ appartiennent à $\mathcal{O}_n$. Il en résulte que pour $i=1,\ldots,p$: $y_i(x)=\bar{y}_i(x)$, et donc la solution $\bar{y}(x)$ est analytique.

5. Morphismes formels d'algèbres analytiques

Soient A et B deux $\underline{k}$-algèbres analytiques (resp. formelles). Tout morphisme Ψ de A dans B est local et induit donc un morphisme

$$\Psi_\nu: A/r(A)^{\nu+1} \to B/r(B)^{\nu+1}.$$

Munissons l'ensemble $\mathrm{Hom}(A, B)$ des morphismes de A dans B de la structure uniforme (métrisable) définie par le système d'entourages $\mathcal{U}_\nu (\nu \in \mathbb{N})$:

$$\begin{aligned}\mathcal{U}_\nu &= \{(\Psi, \Psi') \in \mathrm{Hom}(A, B) \times \mathrm{Hom}(A, B);\ \Psi_\nu = \Psi'_\nu\}\\ &= \{(\Psi, \Psi') \in \mathrm{Hom}(A, B) \times \mathrm{Hom}(A, B);\ \forall a \in A,\ \Psi(a) - \Psi'(a) \in r(B)^{\nu+1}\}.\end{aligned}$$

Supposons désormais que $A = \mathcal{O}_p/I$; $B = \mathcal{O}_n/J$ sont deux $\underline{k}$-algèbres analytiques. Tout morphisme Ψ de A dans B est continu pour les topologies de Krull et se prolonge en un morphisme $\hat{\Psi}$ de $\hat{A}$ dans $\hat{B}$. On a ainsi une injection canonique: $\mathrm{Hom}(A, B) \to \mathrm{Hom}(\hat{A}, \hat{B})$.

Soient $f_1(y), \ldots, f_q(y)$, une famille de générateurs de I; $g_1(x), \ldots, g_r(x)$, une famille de générateurs de J. Un morphisme $\bar{\Psi}$ de $\hat{A}$ dans $\hat{B}$ est induit par un morphisme $\bar{\varphi}$ de $\mathcal{F}_p$ dans $\mathcal{F}_n$ (proposition 2.5). Posons, pour $i = 1, \ldots, p$: $\bar{\varphi}(y_i) = \bar{y}_i(x)$ et $\bar{y}(x) = (\bar{y}_1(x), \ldots, \bar{y}_p(x))$. La condition $\bar{\varphi}(\hat{I}) \subset \hat{J}$ signifie qu'il existe des $\bar{\lambda}_{i,j}(x) \in \mathcal{F}_n$ tels que:

$$\forall i \in [1, q] \qquad f_i(\bar{y}(x)) = \sum_{j=1}^{r} \bar{\lambda}_{i,j}(x)\, g_j(x).$$

D'après le théorème 4.2, il existe $y^\nu(x) = (y_1^\nu(x), \ldots, y_p^\nu(x)) \in \mathcal{O}_n^p$ telle que $y^\nu(x) \overset{\nu}{\simeq} \bar{y}(x)$ et:

$$\forall i \in [1, q] \qquad f_i(y^\nu(x)) = \sum_{j=1}^{r} \lambda_{i,j}^\nu(x)\, g_j(x)$$

où les $\lambda_{i,j}^\nu(x)$ appartiennent à $\mathcal{O}_n$.

Soit φ^ν le morphisme de $\mathcal{O}_p$ dans $\mathcal{O}_n$ tel que $\varphi^\nu(y_i) = y_i^\nu(x)$. D'après les égalités précédentes, le morphisme φ^ν induit un morphisme Ψ^ν de A dans B tel que: $\widehat{\Psi^\nu}_\nu = \bar{\Psi}_\nu$. On a visiblement: $\bar{\Psi} = \lim_{\nu \to \infty} \widehat{\Psi^\nu}$ et donc le résultat suivant (on identifie $\mathrm{Hom}(A, B)$ à un sous-ensemble de $\mathrm{Hom}(\hat{A}, \hat{B})$):

Théorème 5.1. *Soient A et B deux $\underline{k}$-algèbres analytiques. On a l'égalité:*

$$\mathrm{Hom}(\hat{A}, \hat{B}) = \widehat{\mathrm{Hom}(A, B)}.$$

5.2. Un *épimorphisme* de A dans B est, d'après le langage des catégories, un morphisme Ψ de A dans B tel que, pour toute $\underline{k}$-algèbre analytique C et tous morphismes Ψ', Ψ'': $B \to C$, l'égalité $\Psi' \circ \Psi = \Psi'' \circ \Psi$ entraîne $\Psi' = \Psi''$. Tout morphisme surjectif est visiblement un épimorphisme.

Réciproquement, si le morphisme Ψ n'est pas surjectif: $\Psi(r(A))\cdot B \subsetneqq r(B)$ (car sinon, $\Psi(A)+\Psi(r(A))\cdot B=B$; le morphisme Ψ étant excellent: $\Psi(A)=B$, d'après 1.5). Posons $C=B/\Psi(r(A))\cdot B$ et soient Ψ' la projection canonique de B sur C; Ψ'' le morphisme de B dans C qui envoie $r(B)$ sur 0. On a $\Psi' \neq \Psi''$ et $\Psi'\circ\Psi=\Psi''\circ\Psi$. Le morphisme Ψ n'est donc pas un épimorphisme.

Les épimorphismes de la catégorie des algèbres analytiques (resp. formelles) sont donc les morphismes surjectifs.

Le morphisme Ψ est surjectif si et seulement si (remarque 1.6):

$$\Psi(A)+\Psi(r(A))\cdot B+r(B)^2=B$$

i.e. si et seulement si le morphisme Ψ_1 de $A/r(A)^2$ dans $B/r(B)^2$ est surjectif. *L'ensemble* $\mathrm{Epi}(A,B)$ (*resp.* $\mathrm{Epi}(\hat{A},\hat{B})$) *des épimorphismes de A dans B (resp. de $\hat{A}$ dans $\hat{B}$) est donc un ouvert de* $\mathrm{Hom}(A,B)$ (*resp.* $\mathrm{Hom}(\hat{A},\hat{B})$) *et* $\mathrm{Epi}(A,B)\subset\mathrm{Epi}(\hat{A},\hat{B})$, (car si $\Psi\in\mathrm{Epi}(A,B)$, le morphisme Ψ_1, et donc $\hat{\Psi}_1$, sont surjectifs; il en résulte que $\hat{\Psi}\in\mathrm{Epi}(\hat{A},\hat{B})$). On déduit du théorème 5.1 le:

Corollaire 5.3. *On a l'égalité:* $\mathrm{Epi}(\hat{A},\hat{B})=\widehat{\mathrm{Epi}(A,B)}$.

Soit Ψ un isomorphisme de A sur B. Tout morphisme Ψ' de A dans B tel que $\Psi_1'=\Psi_1$ est un isomorphisme. En effet, $(\Psi^{-1}\circ\Psi')_1$ est l'application identique de $A/r(A)^2$; donc $\Psi^{-1}\circ\Psi'$ est un épimorphisme de A sur A (d'après 5.2). Il résulte du lemme suivant que $\Psi^{-1}\circ\Psi'$, et donc Ψ', sont des isomorphismes:

Lemme 5.4. *Tout homomorphisme surjectif φ d'un anneau noethérien A dans A est un isomorphisme.*

Preuve. Raisonnons par l'absurde et supposons $\varphi^{-1}(0)\neq 0$. Pour tout $i\in\mathbb{N}$: $(\varphi^{i+1})^{-1}(0)=(\varphi^i)^{-1}(\varphi^{-1}(0))\supsetneqq(\varphi^i)^{-1}(0)$ (car φ^i est surjectif). On aurait donc une suite strictement croissante d'idéaux de A: $\varphi^{-1}(0)\subset\varphi^{-2}(0)\subset\cdots$, ce qui contredit la noethérianité de A. □

L'ensemble $\mathrm{Iso}(A,B)$ (*resp.* $\mathrm{Iso}(\hat{A},\hat{B})$) *des isomorphismes de A dans B (resp. de $\hat{A}$ dans $\hat{B}$) est donc un ouvert de* $\mathrm{Hom}(A,B)$ (*resp.* $\mathrm{Hom}(\hat{A},\hat{B})$) *et* $\mathrm{Iso}(A,B)\subset\mathrm{Iso}(\hat{A},\hat{B})$.

On déduit du théorème 5.1 le:

Corollaire 5.5. *On a l'égalité:* $\mathrm{Iso}(\hat{A},\hat{B})=\widehat{\mathrm{Iso}(A,B)}$.

6. Appendice

Soit X un groupe additif. Une *valeur absolue* sur X est une application: $X\ni x\rightsquigarrow|x|\in\mathbb{R}^+$ telle que:

(1) $|x|=0$ si et seulement si $x=0$.

(2) $\forall x, x' \in X$, $|x+x'| \leqq |x|+|x'|$.

(3) $\forall x \in X$, $|x|=|-x|$.

Une valeur absolue munit X d'une métrique d: $\forall x, x' \in X$, $d(x,x')=|x-x'|$, et donc d'une structure de groupe topologique métrisable.

Proposition 6.1. *Soient X, Y deux groupes additifs munis chacun d'une valeur absolue. Supposons X complet pour la métrique associée à sa valeur absolue. Soient T, U deux applications de X dans Y; C, C' deux constantes réelles >0 vérifiant $CC'<1$, telles que:*

(1) *T est un homomorphisme continu.*

(2) *$U(0)=0$; il existe un voisinage $\mathcal{U}$ de 0 dans X tel que:*

$$\forall x, x' \in \mathcal{U} \qquad |U(x)-U(x')| \leqq C|x-x'|$$

(3) *Il existe une application S: $Y \to X$ telle que: $\forall y \in Y$, $|S(y)| \leqq C'|y|$ et $T \circ S(y)=y$ (donc T est surjective).*

Soit $\varepsilon>0$ tel que $X_0=\{x \in X; |x| \leqq \varepsilon\} \subset \mathcal{U}$ et posons

$$Y_0=\left\{y \in Y; |y| \leqq \frac{(1-CC')\varepsilon}{C'}\right\}.$$

Alors $(T+U)(X_0) \supset Y_0$. Si T est bijective, la restriction de $T+U$ à $\mathcal{U}$ est un homéomorphisme de $\mathcal{U}$ sur $f(\mathcal{U})$.

Preuve. Soit $y \in Y_0$. On définit, par récurrence sur n, une suite $\{x_n\}$ de points de X, telle que: $x_0=0$ et

$$\forall n>0 \qquad x_{n+1}=x_n+S(y-(T+U)(x_n)) \tag{6.1.1}$$

On a: $T(x_{n+1})-T(x_n)=y-(T+U)(x_n)$, d'où:

$$T(x_{n+1})=y-U(x_n). \tag{6.1.2}$$

Démontrons par récurrence sur i que $|x_i-x_{i-1}| \leqq C'|y| \cdot (CC')^{i-1}$ et que $x_i \in X_0$. C'est vrai pour $i=1$: $|x_1-x_0|=|x_1|=|S(y)| \leqq C'|y| \leqq \varepsilon$. Supposons le démontré pour $i \leqq n$. D'après (6.1.2):

$$|T(x_{n+1})-T(x_n)|=|U(x_n)-U(x_{n-1})| \leqq C|x_n-x_{n-1}|.$$

D'après (6.1.1) et l'inégalité précédente:

$$|x_{n+1}-x_n| \leqq C'|T(x_{n+1})-T(x_n)| \leqq CC'|x_n-x_{n-1}| \leqq C'|y| \cdot (CC')^n.$$

On a:

$$|x_{n+1}| \leqq \sum_{i=1}^{n+1} |x_i-x_{i-1}| \leqq \sum_{i=0}^{n} C'|y| \cdot (CC')^i \leqq \frac{C'|y|}{1-CC'} \leqq \varepsilon,$$

donc $x_{n+1} \in X_0$.

La suite x_n converge donc vers un point $x \in X_0$. D'après (6.1.1), par passage à la limite: $y=(T+U)(x)$.

Supposons T bijective. Soient $x, x' \in \mathscr{U}$; on a les minorations:

$$|(T+U)(x)-(T+U)(x')| \geqq |T(x-x')| - |U(x)-U(x')| \geqq (1/C' - C)|x-x'|.$$

Le restriction de $T+U$ à $\mathscr{U}$ est donc un homéomorphisme de $\mathscr{U}$ sur $f(\mathscr{U})$. □

Voici quelques exemples illustrant la proposition précédente.

Exemple 6.2. Soient X, Y deux espaces de Banach (sur $\mathbb{R}$ ou $\mathbb{C}$). Soit T une application linéaire continue et surjective de X dans Y (i.e. T est un épimorphisme). D'après le théorème des homomorphismes de Banach, il existe une constante $C' > 0$ et une application $S: Y \to X$ telles que: $\forall y \in Y\ |S(y)| \leqq C'|y|$ et $T \circ S(y) = y$.

(1) Soit U une application linéaire continue de X dans Y telle que $\|U\| < 1/C'$. On a l'inégalité: $\forall x \in X\ \ |U(x)| \leqq \|U\| \cdot |x|$. D'après 6.1, l'application $T+U$ est un épimorphisme.

Les épimorphismes de X dans Y forment donc un ouvert de l'espace des applications linéaires continues de X dans Y.

(2) Soit $f: X \to Y$ une application de classe C^1, telle que $f(0)=0$. Supposons que T est l'application linéaire tangente à f à l'origine. Posons $U = f - T$, et soit C une constante >0, telle que $C C' < 1$. D'après le théorème des accroissements finis, il existe un voisinage $\mathscr{U}$ de 0 dans X tel que:

$$\forall x, x' \in \mathscr{U} \qquad |U(x) - U(x')| \leqq C|x-x'|.$$

D'après 6.1, $f(\mathscr{U})$ est un voisinage de 0 dans Y. On en déduit le résultat suivant:

Soit f une application de classe C^1 d'un ouvert $\mathscr{V}$ de X dans Y. Si l'application linéaire tangente à f en tout point $x \in \mathscr{V}$ est surjective, l'application f est ouverte.

Exemple 6.3. Les théorèmes de division par un polynôme distingué (cas analytique ou formel) sont des conséquences faciles de 6.1 (voir 2.3).

Exemple 6.4. Le théorème classique des fonctions implicites (cas analytique ou différentiable) résulte facilement de la proposition 6.1. Nous démontrerons au chapitre V, proposition 5.1, une version précisant le diamètre des voisinages difféomorphes.

Chapitre IV. Le théorème du prolongement de Whitney

Dans ce chapitre, nous démontrons deux résultats principaux: le théorème du prolongement de Whitney et un théorème de prolongement de champs formellement holomorphes (paragraphe 5). Ces deux résultats sont indépendants l'un de l'autre; le dernier joue un rôle essentiel dans la démonstration du théorème de préparation différentiable (chapitre IX).

1. Fonctions différentiables au sens de Whitney

Soient $\mathbb{R}$ l'ensemble des nombres réels; $\mathbb{N}$ l'ensemble des entiers positifs. Si $k=(k_1, \ldots, k_n)\in\mathbb{N}^n$ et si $x=(x_1, \ldots, x_n)\in\mathbb{R}^n$, on pose: $|k|=k_1+\cdots+k_n$; $k!=k_1!\ldots k_n!$; $x^k=x_1^{k_1}\ldots x_n^{k_n}$. On ordonne $\mathbb{N}^n$ par la relation: «$k\leqq\ell$, si et seulement si pour tout j, $k_j\leqq\ell_j$», et l'on pose $\binom{\ell}{k}=\frac{\ell!}{k!(\ell-k)!}$ si $k\leqq\ell$ et $\binom{\ell}{k}=0$ si $k>\ell$. La norme euclidienne de x sera notée $|x|$.

Soit $m\in\mathbb{N}$ et soit K un compact de $\mathbb{R}^n$; considérons tous les $F=(F^k)_{|k|\leqq m}$ où les F^k sont des fonctions numériques continues sur K. Nous dirons que F est un jet d'ordre m sur K. Soit $\mathsf{J}^m(K)$ l'espace de tous les jets d'ordre m sur K muni de sa structure naturelle d'espace vectoriel réel. On pose $|F|_m^K=\sup_{\substack{x\in K\\ |k|\leqq m}}|F^k(x)|$ et $F(x)=F^0(x)$ si $x\in K$.

Si $k\in\mathbb{N}^n$ et $|k|\leqq m$, on a une application linéaire D^k: $\mathsf{J}^m(K)\to\mathsf{J}^{m-|k|}(K)$ définie par $D^k(F)=(F^{k+\ell})_{|\ell|\leqq m-|k|}$. Désignons par $\mathscr{E}^m(\Omega)$ (resp. $\mathscr{E}(\Omega)$) l'algèbre des fonctions numériques, m fois continument dérivables (resp. indéfiniment dérivables) sur un ouvert Ω de $\mathbb{R}^n$. On a une application linéaire J^m: $\mathscr{E}^m(\mathbb{R}^n)\to\mathsf{J}^m(K)$ associant à toute fonction f, le jet $\left(\frac{\partial^{|k|}f}{\partial x^k}\right)_{|k|\leqq m}$. On peut (sans risques de confusion) désigner par D^k l'application de $\mathscr{E}^m(\mathbb{R}^n)$ dans $\mathscr{E}^{m-|k|}(\mathbb{R}^n)$ qui à f associe $\frac{\partial^{|k|}f}{\partial x^k}$; on a en effet la formule:

$$D^k\circ\mathsf{J}^m=\mathsf{J}^{m-|k|}\circ D^k. \tag{1.1}$$

Si $a \in K$ et si $F \in \mathrm{J}^m(K)$, on note $T_a^m F$ le polynôme de degré $\leqq m$ défini par: $x \mapsto \sum_{|k| \leqq m} \frac{(x-a)^k}{k!} F^k(a)$ et l'on pose:

$$R_a^m F = F - \mathrm{J}^m(T_a^m F).$$

Visiblement, si $|k| \leqq m$:

$$D^k \circ R_a^m F(a) = (R_a^m F)^k(a) = 0. \tag{1.2}$$

Soient $x, y \in K$; $z \in \mathbb{R}^n$. En développant par la formule de Taylor au point x le polynôme $T_x^m F - T_y^m F$ et en utilisant (1.1) et (1.2), on vérifie que:

$$\begin{aligned} T_x^m F(z) - T_y^m F(z) &= \sum_{|k| \leqq m} \frac{(z-x)^k}{k!} D^k \circ (T_x^m F - T_y^m F)(x) \\ &= \sum_{|k| \leqq m} \frac{(z-x)^k}{k!} D^k \circ (R_y^m F - R_x^m F)(x) \\ &= \sum_{|k| \leqq m} \frac{(z-x)^k}{k!} (R_y^m F)^k(x). \end{aligned} \tag{1.3}$$

Définition 1.4. Un *module de continuité* est une fonction croissante, continue et concave $\alpha: \mathbb{R}^+ \to \mathbb{R}^+$ telle que $\alpha(0) = 0$.

Proposition 1.5. *Soit F un jet d'ordre m sur K. Les conditions suivantes sont équivalentes:*

(1) $(R_x^m F)^k(y) = o(|x-y|^{m-|k|})$ *si $x, y \in K$ et $|k| \leqq m$, lorsque* $|x-y| \to 0$.

(2) *Il existe un module de continuité α tel que, si $x, y \in K$ et $|k| \leqq m$,*

$$|(R_x^m F)^k(y)| \leqq |x-y|^{m-|k|} \, \alpha(|x-y|).$$

(3) *Il existe un module de continuité α_1 tel que, si $x, y \in K$ et $z \in \mathbb{R}^n$,*

$$|T_x^m F(z) - T_y^m F(z)| \leqq \alpha_1(|x-y|) \cdot (|x-z|^m + |y-z|^m).$$

En outre, si (2) *est vrai, on peut choisir $\alpha_1 = C\alpha$, où C ne dépend que de m et n; si* (3) *est vrai, on peut choisir $\alpha = C\alpha_1$, où C ne dépend que de m et n.*

Preuve. Supposons (1) vérifié et posons:

$$\beta(t) = \sup_{\substack{x, y \in K \\ x \neq y \\ |x-y| \leqq t \\ |k| \leqq m}} \frac{|(R_x^m F)^k(y)|}{|x-y|^{m-|k|}}$$

si $t > 0$, et $\beta(0) = 0$. La fonction β est croissante, continue en 0. En considérant l'enveloppe convexe du demi-axe des $t \geqq 0$ et du graphe de β, on obtient un module de continuité α tel que, $\forall t \in \mathbb{R}^+$, $\alpha(t) \geqq \beta(t)$. Visiblement, α vérifie (2). Remarquons que $\alpha(t) = \beta(\operatorname{diam} K)$ si $t \geqq \operatorname{diam} K$.

La condition (2) entraîne trivialement (1); montrons qu'elle entraîne aussi (3). D'après (1.3):

$$|T_x^m F(z) - T_y^m F(z)| \leqq \sum_{|k| \leqq m} \frac{|z-x|^{|k|}}{k!} \cdot |x-y|^{m-|k|} \cdot \alpha(|x-y|)$$

$$\leqq \sum_{|k| \leqq m} \frac{|z-y|^m}{k!} \cdot 2^{m-|k|} \cdot \alpha(|x-y|) \leqq 2^m \cdot e^{n/2} \cdot \alpha(|x-y|) \cdot |z-y|^m$$

en supposant $|z-x| \leqq |z-y|$. On aurait de même:

$$|T_x^m F(z) - T_y^m F(z)| \leqq 2^m \cdot e^{n/2} \cdot \alpha(|x-y|) \cdot |z-x|^m$$

en supposant $|z-x| \geqq |z-y|$. En définitive, on a (3) avec $\alpha_1 = 2^m \cdot e^{n/2} \cdot \alpha$.

Enfin, la condition (3) entraîne (2). En effet, d'après (1.3):

$$\left| \sum_{|k| \leqq m} (R_y^m F)^k(x) \cdot \frac{(z-x)^k}{k!} \right| \leqq \alpha_1(|x-y|) \cdot (|x-z|^m + |y-z|^m)$$

pour tout $x \in K$, $y \in K$ et $z \in \mathbb{R}^n$. Posons $z - x = |x-y|\, z'$; nous avons l'inégalité, $\forall z' \in \mathbb{R}^n$:

$$\left| \sum_{|k| \leqq m} (R_y^m F)^k(x) \cdot |x-y|^{|k|} \cdot \frac{z'^k}{k!} \right| \leqq \alpha_1(|x-y|) \cdot |x-y|^m \cdot \left(|z'|^m + (1+|z'|)^m\right).$$

En appliquant l'inégalité précédente à des points z'_h ($h \in \mathbb{N}^n$; $|h| \leqq m$) tels que $\det \left| \frac{z_h'^k}{k!} \right| \neq 0$, on trouve qu'il existe une constante C, ne dépendant que de m et n telle que:

$$|(R_y^m F)^k(x)| \cdot |x-y|^{|k|} \leqq C\, \alpha_1(|x-y|) \cdot |x-y|^m;$$

ceci entraîne (2).

Enfin, la dernière assertion résulte de la démonstration précédente. □

Une condition nécessaire pour qu'un jet F appartienne à l'image de J^m est que F vérifie (1.5.1) (évident, d'après la formule de Taylor). Le théorème du prolongement de Whitney affirmera que cette condition est suffisante. Aussi, est-il naturel de poser la définition suivante:

Définition 1.6. Un jet F vérifiant les conditions équivalentes (1.5.1), (1.5.2) ou (1.5.3) est une *fonction de Whitney de classe C^m sur K* (ce n'est pas une fonction au sens habituel, mais cela ne prête pas à confusion). Le sous-espace vectoriel de $\mathsf{J}^m(K)$ formé des fonctions de Whitney sera noté $\mathscr{E}^m(K)$.

Un module de continuité α vérifiant (1.5.2) est un *module de continuité pour F*. Posons:

$$\|F\|_m^K = |F|_m^K + \sup_{\substack{x,y\in K\\ x\neq y\\ |k|\leqq m}} \frac{|(R_x^m F)^k(y)|}{|x-y|^{m-|k|}}$$

$$\|F\|_m'^K = |F|_m^K + \sup_{\substack{x,y\in K\\ x\neq y\\ |k|\leqq m\\ z\in\mathbb{R}^n}} \frac{|T_x^m F(z) - T_y^m F(z)|}{|x-z|^m + |y-z|^m}.$$

(Nous omettrons habituellement l'indice K.)

On munit ainsi $\mathscr{E}^m(K)$ de deux normes $\|\ \|_m$ et $\|\ \|'_m$. On vérifie (démonstration analogue à celle de 1.5) que *ces deux normes sont équivalentes.* De façon précise, il existe des constantes C et C_1 ne dépendant que de m et n telles que:

$$\|F\|_m \leqq C\,\|F\|'_m \leqq C_1\,\|F\|_m.$$

Enfin, pour ces normes, *$\mathscr{E}^m(K)$ est un espace de Banach* (la vérification est laissée au lecteur).

Remarque 1.7. Soit $k\in\mathbb{N}^n$, $|k|\leqq m$. En dérivant (1.3) par rapport à z, on obtient l'égalité:

$$D^k\circ T_x^m F(z) - D^k\circ T_y^m F(z) = \sum_{|h|\leqq m-|k|} \frac{(z-x)^h}{h!}(R_y^m F)^{k+h}(x).$$

Si α est un module de continuité de F, on vérifie l'inégalité suivante:

$$|D^k\circ T_x^m F(z) - D^k\circ T_y^m F(z)|$$
$$\leqq 2^{m-|k|}\cdot e^{n/2}\cdot\alpha(|x-y|)\cdot(|x-z|^{m-|k|}+|y-z|^{m-|k|}).$$

(La démonstration est analogue à celle de l'implication (1.5.2) ⇒ (1.5.3).)

Remarque 1.8. Il existe un module de continuité α de F tel que:

$$\alpha(t) = \alpha(\operatorname{diam} K) \quad \text{si} \quad t \geqq \operatorname{diam} K$$
$$\|F\|_m = |F|_m + \alpha(\operatorname{diam} K).$$

(Voir la démonstration de (1.5.1) ⇒ (1.5.2).)

2. Le théorème du prolongement de Whitney

Si K et L sont deux sous-ensembles de $\mathbb{R}^n$, on note $d(K,L)$ la distance euclidienne de K à L. Le lemme suivant est fondamental:

Lemme 2.1. *Soit K un compact de $\mathbb{R}^n$. Il existe une famille de fonctions Φ_i $(i\in I)$ appartenant à $\mathscr{E}(\mathbb{R}^n\setminus K)$ et vérifiant les propriétés suivantes:*

(1) $\operatorname{supp}\Phi_i$ $(i\in I)$ *est une famille localement finie et si $N(x)$ est le nombre de* $\operatorname{supp}\Phi_i$ *auxquels x appartient, alors $N(x)\leqq 4^n$,*

(2) *$\Phi_i\geqq 0$ pour tout $i\in I$ et $\sum_{i\in I}\Phi_i(x)=1$ pour tout $x\in\mathbb{R}^n\setminus K$,*

(3) *pour tout $i\in I$, on a $2\,d(\operatorname{supp}\Phi_i, K)\geqq\operatorname{diam}(\operatorname{supp}\Phi_i)$,*

(4) *il existe une constante C_k ne dépendant que de k et de n telle que, si $x\in\mathbb{R}^n\setminus K$:*

$$|D^k\Phi_i(x)|\leqq C_k\left(1+\frac{1}{d(x,K)^{|k|}}\right).$$

Preuve. Si $p\in\mathbb{N}$, divisions $\mathbb{R}^n$ en cubes fermés, dont les arêtes ont pour longueur $1/2^p$, par les hyperplans: $x_\nu=\dfrac{j_\nu}{2^p}$ $(1\leqq\nu\leqq n$ et $j_1,\dots,j_n$ décrivent l'ensemble de tous les entiers). Soit Σ_p l'ensemble de tous ces cubes.

Soit S_0 le sous-ensemble de Σ_0 formé des cubes L tels que $d(K,L)\geqq\sqrt{n}$. On définit S_p par récurrence: c'est le sous-ensemble de Σ_p formé des cubes L qui ne sont contenus dans aucun des cubes de $S_0, S_1, \dots, S_{p-1}$ et qui vérifient $d(K,L)\geqq\sqrt{n}/2^p$. Posons $I=\bigcup_{p\in\mathbb{N}}S_p$.

Si L est un cube de Σ_p rencontrant un cube L' de S_{p-1}, on a:

$$d(K,L)\geqq d(K,L')-\sqrt{n}/2^p\geqq\sqrt{n}/2^{p-1}-\sqrt{n}/2^p\geqq\sqrt{n}/2^p.$$

Donc L est contenu dans l'un des cubes de $S_0,\dots,S_{p-1}$ ou $L\in S_p$. Il en résulte que les cubes de la famille I forment un «découpage» de $\mathbb{R}^n\setminus K$ et que tout cube de S_p ne rencontre que des cubes de S_{p-1}, S_p ou S_{p+1}.

Soit Ψ une fonction C^∞ telle que $0\leqq\Psi\leqq 1$; $\Psi(x)=1$ si $|x_i|\leqq 1/2$ pour $1\leqq i\leqq n$; $\Psi(x)=0$ s'il existe un indice i tel que $|x_i|\geqq 3/4$. Si $L\in I$, posons $\Psi_L(x)=\Psi\left(\dfrac{x-x_L}{\lambda_L}\right)$ où x_L est le centre du cube L et λ_L est la longueur d'une de ses arêtes. Visiblement, la famille $\{\operatorname{supp}\Psi_L\}_{L\in I}$ est une famille localement finie de compacts dans $\mathbb{R}^n\setminus K$; nous posons:

$$\Phi_L(x)=\frac{\Psi_L(x)}{\sum\limits_{M\in I}\Psi_M(x)}.$$

On voit aisément que la famille Φ_L $(L\in I)$ vérifie (1) et (2).

Si $L\in S_p$, on a les inégalités:

$$d(\operatorname{supp}\Phi_L, K)\geqq d(L,K)-\frac{\sqrt{n}}{2^{p+2}}\geqq\frac{3\sqrt{n}}{2^{p+2}}\geqq\frac{\operatorname{diam}(\operatorname{supp}\Phi_L)}{2}$$

d'où l'assertion (3).

Enfin,
$$|D^k \Psi_L(x)| = \left| \frac{1}{\lambda_L^{|k|}} \cdot D^k \Psi\left(\frac{x - x_L}{\lambda_L}\right) \right| \leqq \frac{C}{\lambda_L^{|k|}}$$

où C est une constante ne dépendant que de k. D'après (1), si $x \in \mathbb{R}^n \setminus K$:
$$1 \leqq \sum_{M \in I} \Psi_M(x) \leqq 4^n.$$

D'après la formule de Leibniz et les inégalités précédentes, il existe une constante C' ne dépendant que de k et n telle que, si $x \in \mathbb{R}^n \setminus K$:
$$|D^k \Phi_L(x)| \leqq \frac{C'}{\lambda_L^{|k|}}.$$

Si $L \in S_0$, i.e. $\lambda_L = 1$: $|D^k \Phi_L(x)| \leqq C'$.

Soit $L \in S_p$, $p \geqq 1$. Soit L' un cube de Σ_{p-1} contenant L. On a nécessairement:
$$d(K, L') < \frac{\sqrt{n}}{2^{p-1}},$$

d'où:
$$\forall x \in L, \qquad d(x, K) \leqq \frac{\sqrt{n}}{2^{p-1}} + \operatorname{diam}(L') = \frac{\sqrt{n}}{2^{p-2}}$$

et
$$\forall x \in \operatorname{supp} \Phi_L, \quad d(x, K) \leqq \frac{\sqrt{n}}{2^{p-2}} + \frac{\sqrt{n}}{2^{p+2}} = \frac{17\sqrt{n}}{4} \cdot \lambda_L.$$

Ainsi, $\forall x \in \mathbb{R}^n \setminus K$:
$$|D^k \Phi_L(x)| \leqq C' \left(1 + \frac{(17\sqrt{n})^{|k|}}{4^{|k|}\, d(x, K)^{|k|}}\right).$$

Ceci démontre l'assertion (4). □

Théorème 2.2 (Whitney [1]). *Il existe une application linéaire* W: $\mathscr{E}^m(K) \to \mathscr{E}^m(\mathbb{R}^n)$ *telle que, pour tout* F *dans* $\mathscr{E}^m(K)$ *et tout* $x \in K$: $D^k W(F)(x) = F^k(x)$ *si* $|k| \leqq m$ *et telle que la restriction de* $W(F)$ *à* $\mathbb{R}^n \setminus K$ *soit de classe* C^∞.

Preuve. Pour tout $L \in I$, choisissons un point a_L de K tel que $d(\operatorname{supp} \Phi_L, K) = d(\operatorname{supp} \Phi_L, a_L)$. Soit f la fonction définie sur $\mathbb{R}^n$ comme suit:
$$f(x) = F^0(x) \qquad \text{si } x \in K$$
$$f(x) = \sum_{L \in I} \Phi_L(x) \cdot T_{a_L}^m F(x) \qquad \text{si } x \notin K.$$

Nous allons démontrer que $W(F) = f$ est une fonction de classe C^m telle que $D^k f | K = F^k$.

Visiblement, f est de classe C^∞ sur $\mathbb{R}^n \setminus K$. Posons, si $|k| \leqq m$:

$$f^k(x) = F^k(x) \quad \text{si } x \in K$$

$$f^k(x) = D^k f(x) \quad \text{si } x \notin K.$$

Soit Λ un cube de $\mathbb{R}^n$ tel que $K \subset \mathring{\Lambda}$ et posons $\lambda = \sup_{x \in \Lambda}(d(x, K))$. Le théorème résulte facilement de l'assertion suivante:

(2.2.1) Soit α un module de continuité de F. Il existe une constante C ne dépendant que de m, n et λ telle que si $|k| \leqq m$, $a \in K$, $x \in \Lambda$:

$$|f^k(x) - D^k T_a^m F(x)| \leqq C \cdot \alpha(|x-a|) \cdot |x-a|^{m-|k|}.$$

Preuve de (2.2.1). En effet, si $x \in K$, l'inégalité précédente est vérifiée avec $C = 1$.

Soit $x \in \Lambda \setminus K$. On a l'égalité:

$$f(x) - T_a^m F(x) = \sum_{L \in I} \Phi_L(x) \cdot \big(T_{a_L}^m F(x) - T_a^m F(x)\big)$$

d'où par la formule de Leibniz:

$$f^k(x) - D^k T_a^m F(x) = \sum_{\ell \leqq k} \binom{k}{\ell} S_\ell(x)$$

où:

$$S_\ell(x) = \sum_{L \in I} D^\ell \Phi_L(x) \cdot D^{k-\ell}\big(T_{a_L}^m F(x) - T_a^m F(x)\big).$$

Majorons d'abord $|S_0(x)|$. Si $x \in \operatorname{supp} \Phi_L$, d'après 2.1.3 et le choix du point a_L:

$$|x - a_L| \leqq \operatorname{diam}(\operatorname{supp} \Phi_L) + d(K, \operatorname{supp} \Phi_L) \leqq 3\, d(K, \operatorname{supp} \Phi_L) \leqq 3\,|x-a|;$$

$$|a - a_L| \leqq 4\,|x-a|.$$

La fonction α étant concave: $\alpha(|a-a_L|) \leqq 4\alpha(|x-a|)$.

D'après les inégalités précédentes, la remarque 1.7 et 2.1.1:

$$|S_0(x)| \leqq C \cdot \alpha(|x-a|) \cdot |x-a|^{m-|k|}$$

où C ne dépend que de m, n et λ.

Si $\ell \neq 0$, pour tout $b \in K$:

$$S_\ell(x) = \sum_{L \in I} D^\ell \Phi_L(x) \cdot D^{k-\ell}\big(T_{a_L}^m F(x) - T_b^m F(x)\big)$$

car $\sum_{L \in I} D^\ell \Phi_L(x) = 0$. Choisissons b tel que $|x-b| = d(x, K)$. On vérifie comme précédemment les inégalités $|x - a_L| \leqq 3\,d(x, K)$; $|b - a_L| \leqq 4\,d(x, K)$. En utilisant la remarque 1.7 et 2.1.4, on vérifie qu'il existe une constante C_k ne dépendant que de k, n et λ telle que:

$$|S_\ell(x)| \leqq C_k \cdot \alpha\big(d(x, K)\big) \cdot d(x, K)^{m-|k|}.$$

Ceci achève la démonstration de (2.2.1). □

Si $|k|>m$, on a $D^k T_a^m F(x)=0$ et $S_0(x)=0$.

On a donc en outre le résultat suivant:

(2.2.2) Pour tout k tel que $|k|>m$, il existe une constante C_k ne dépendant que de k, n et λ telle que, si $x\in\Lambda\setminus K$:

$$|D^k f(x)| \leqq C_k \cdot \alpha(d(x,K)) \cdot d(x,K)^{m-|k|}.$$

Achevons la démonstration du théorème. La fonction f est de classe C^∞ sur $\mathbb{R}^n\setminus K$, et visiblement, d'après (2.2.1), les f^k sont continues. Soit (i) le multi-indice dont toutes les composantes sont nulles, sauf la $i^{\text{ème}}$ qui est égale à 1. D'après (2.2.1), si $a\in K$, $x\in\mathbb{R}^n$ et $|k|<m$:

$$\left|f^k(x)-f^k(a)-\sum_{i=1}^{n}(x_i-a_i)\,f^{k+(i)}(a)\right| = o(|x-a|)$$

quand $|x-a|\to 0$. La fonction f^k est donc 1-fois continument dérivable et $\dfrac{\partial f^k}{\partial x_i}=f^{k+(i)}$. Ainsi, la fonction $f=W(F)$ est m-fois continument dérivable et $D^k f\,|\,K=F^k$, si $|k|\leqq m$. □

Nous complétons le théorème 2.2 par quelques remarques, dues à G. Glaeser [1]. Si Λ est un sous-ensemble de $\mathbb{R}^n$ et si g est une fonction de classe C^m définie au voisinage de Λ, on pose:

$$|g|_m^\Lambda = \sup_{\substack{x\in\Lambda\\ |k|\leqq m}} |D^k g(x)|.$$

Si Ω est un ouvert de $\mathbb{R}^n$, nous munissons $\mathscr{E}^m(\Omega)$ de sa topologie habituelle, définie par la famille de semi-normes $|\ |_m^\Lambda$, où Λ décrit l'ensemble des compacts de Ω.

Choisissons alors un module de continuité α de F vérifiant les égalités de la remarque 1.8 et appliquons 2.2.1 à un point $x\in\Lambda$ et un point $a\in K$ tel que $d(x,K)=d(x,a)$. Nous obtenons:

$$\begin{aligned}|D^k f(x)| &\leqq |D^k T_a^m F(x)| + C\,\lambda^{m-|k|}\cdot\alpha(\lambda)\\ &\leqq \sum_{|\ell|\leqq m-|k|}\frac{\lambda^{|\ell|}}{\ell!}|F|_m + C\,\lambda^{m-|k|}\cdot(\|F\|_m-|F|_m).\end{aligned}$$

Ainsi:

Complément 2.3. *Il existe une constante C_λ, ne dépendant que de m, n et $\lambda=\sup_{x\in\Lambda} d(x,K)$ telle que: $|W(F)|_m^\Lambda\leqq C_\lambda\cdot\|F\|_m$.*

En particulier, l'application W est linéaire continue.

D'après (2.2.2), nous avons le:

Complément 2.4. *Pour tout k tel que $|k|>m$, il existe une constante C_k ne dépendant que de k, n et λ telle que, si $x\in\Lambda\setminus K$:*

$$|D^k W(F)(x)| \leqq C_k\cdot\alpha(d(x,K))\cdot d(x,K)^{m-|k|}.$$

Remarque 2.5. Les normes $|\ |_m^K$ et $\|\ \|_m^K$ ne sont pas en général équivalentes sur $\mathscr{E}^m(K)$. Voici un critère simple permettant de reconnaître s'il en est ainsi. Faisons d'abord une remarque préliminaire.

Soient $g \in \mathscr{E}^p(\mathbb{R}^n)$ $(p \geqq 1)$ et soient $x, y \in \mathbb{R}^n$. D'après le théorème des accroissements finis:

$$|g(y)-g(x)| \leqq \sqrt{n}\,|x-y| \sup_{\substack{\xi \in [x,y] \\ |\ell|=1}} |D^\ell g(\xi)|.$$

Si σ est un chemin, linéaire par morceaux, joignant x et y, de longueur $|\sigma|$, on a donc l'inégalité:

$$|g(y)-g(x)| \leqq \sqrt{n}\,|\sigma| \sup_{\substack{\xi \in \sigma \\ |\ell|=1}} |D^\ell g(\xi)|.$$

Un passage à la limite montre que l'inégalité précédente est vraie si l'on suppose simplement que le chemin σ est rectifiable.

Supposons g $(p-1)$-plate en x (i.e. nulle en x ainsi que toutes ses dérivées jusqu'à l'ordre $p-1$ inclus). En itérant l'inégalité précédente, on a:

$$|g(y)| \leqq n^{p/2}\,|\sigma|^p \sup_{\substack{\xi \in \sigma \\ |\ell|=p}} |D^\ell g(\xi)|.$$

Supposons le compact K connexe par arcs rectifiables et soit δ la distance géodésique sur K (si $x, y \in K$, $\delta(x,y)$ est la borne inférieure des longueurs des arcs rectifiables joignant x et y). Soit $F \in \mathscr{E}^m(K)$. En appliquant l'inégalité précédente, avec $x, y \in K$; $p=m-|k|$; $g=D^k(W(F)-T_x^m F)$, on voit que:

$$\begin{aligned} |(R_x^m F)^k(y)| &\leqq n^{\frac{m-|k|}{2}}\,\delta(x,y)^{m-|k|} \sup_{\substack{\xi \in K \\ |\ell|=m}} |F^\ell(\xi)-F^\ell(x)| \\ &\leqq 2n^{\frac{m-|k|}{2}}\,\delta(x,y)^{m-|k|}\,|F|_m^K. \end{aligned} \tag{2.5.1}$$

On en déduit le résultat suivant (Whitney [1]):

Proposition 2.6. *Supposons le compact K connexe par arcs rectifiables. Si la distance géodésique sur K est équivalente à la distance euclidienne, alors pour tout $m \in \mathbb{N}$, les normes $|\ |_m^K$ et $\|\ \|_m^K$ sont équivalentes sur $\mathscr{E}^m(K)$.*

Remarque 2.7. Un compact K vérifiant les hypothèses de la proposition précédente est dit 1-*régulier* (voir définition 3.10). Tout compact convexe est visiblement 1-régulier. La proposition précédente admet la réciproque suivante:

Soit K un compact de $\mathbb{R}^n$. Pour que les normes $|\ |_1^K$ et $\|\ \|_1^K$ soient équivalentes, il est nécessaire que K admette un nombre fini de composantes connexes et que chacune de ces composantes soit 1-*régulière* (pour une démonstration, nous renvoyons le lecteur à G. Glaeser [1]).

3. Le théorème de Whitney pour les fonctions C^∞

Conservons les notations précédentes. Soit $\pi_{m,m+1}$: $\mathsf{J}^{m+1}(K)\to\mathsf{J}^m(K)$ la projection associant à tout jet $(F^k)_{|k|\leqq m+1}$ le jet $(F^k)_{|k|\leqq m}$. Visiblement: $\pi_{m,m+1}(\mathscr{E}^{m+1}(K))\subset\mathscr{E}^m(K)$. La limite projective des $\mathsf{J}^m(K)$ (resp. $\mathscr{E}^m(K)$) sera notée $\mathsf{J}(K)$ (resp. $\mathscr{E}(K)$); $\mathscr{E}(K)$ s'identifie à un sous-espace de $\mathsf{J}(K)$. Un élément de $\mathsf{J}(K)$ est *un jet d'ordre infini sur* K; un élément de $\mathscr{E}(K)$ est une *fonction de Whitney de classe* C^∞ *sur* K.

Par passage à la limite projective sur les applications J^m: $\mathscr{E}^m(\mathbb{R}^n)\to\mathsf{J}^m(K)$ on obtient une application linéaire $\mathsf{J}: \mathscr{E}(\mathbb{R}^n)\to\mathsf{J}(K)$. Le théorème de Whitney entraîne que: $\mathscr{E}^m(K)=\mathsf{J}^m(\mathscr{E}^m(\mathbb{R}^n))$. On a un résultat analogue dans le cas C^∞, i.e.

Théorème 3.1. *On a l'égalité:* $\mathscr{E}(K)=\mathsf{J}(\mathscr{E}(\mathbb{R}^n))$.

Ce théorème résulte immédiatement de la proposition suivante:

Proposition 3.2. *Pour tout* $m\in\mathbb{N}$, *soit* $g_m\in\mathscr{E}^m(\mathbb{R}^n)$ *telle que* g_m *soit de classe* C^∞ *sur* $\mathbb{R}^n\setminus K$ *et* $g_{m+1}-g_m$ *soit m-plate sur K. Alors il existe* $g\in\mathscr{E}(\mathbb{R}^n)$ *telle que*, $\forall\, m\in\mathbb{N}$, $g-g_m$ *soit m-plate sur K.*

(Une fonction de classe C^m est *m-plate* sur un ensemble K si elle s'annule sur K ainsi que toutes ses dérivées d'ordre $\leqq m$.)

En effet, soit $F\in\mathscr{E}(K)$. Posons $F_m=\pi_m(F)$, où π_m désigne la projection canonique de $\mathsf{J}(K)$ sur $\mathsf{J}^m(K)$. D'après le théorème de Whitney, il existe $g_m\in\mathscr{E}^m(\mathbb{R}^n)$, de classe C^∞ sur $\mathbb{R}^n\setminus K$, telle que $\mathsf{J}^m(g_m)=F_m$. Evidemment, $g_{m+1}-g_m$ est m-plate sur K. Si g est l'élément de $\mathscr{E}(\mathbb{R}^n)$ fourni par la proposition précédente, $F=\mathsf{J}(g)$. ▯

La démonstration de 3.2 nécessite deux lemmes préliminaires.

Lemme 3.3. *Il existe des constantes* $C_k\geqq 0$, *ne dépendant que de* $k\in\mathbb{N}^n$, *telles que:*

si K est un compact de $\mathbb{R}^n$, *et si* ε *est un nombre réel* >0, *il existe une fonction* C^∞ α_ε *sur* $\mathbb{R}^n$ *vérifiant:*

(1) $\alpha_\varepsilon=1$ *au voisinage de K;* $\alpha_\varepsilon(x)=0$ *si* $d(x,K)\geqq\varepsilon$ *et* $0\leqq\alpha_\varepsilon\leqq 1$,

(2) *pour tout x dans* $\mathbb{R}^n$ *et tout k:*

$$|D^k\alpha_\varepsilon(x)|\leqq\frac{C_k}{\varepsilon^{|k|}}.$$

Preuve. Soit $\Phi\in\mathscr{E}(\mathbb{R}^n)$; $\Phi\geqq 0$; $\Phi=0$ si $|x|\geqq\frac{3}{8}$ et $\int\Phi=1$. Posons

$$\Phi_\varepsilon(x)=\frac{1}{\varepsilon^n}\,\Phi\left(\frac{x}{\varepsilon}\right).$$

Soit α'_ε la fonction caractéristique de l'ensemble

$$\left\{x\in\mathbb{R}^n;\ d(x,K)\leqq\frac{\varepsilon}{2}\right\}.$$

Il suffit de poser $\alpha_\varepsilon=\alpha'_\varepsilon * \Phi_\varepsilon$. ▯

Lemme 3.4. *Soit $g\in\mathscr{E}^m(\mathbb{R}^n)$, m-plate sur K. Avec les notations du lemme précédent:* $\lim_{\varepsilon\to 0}|\alpha_\varepsilon\cdot g|_m^{\mathbb{R}^n}=0$.

Preuve. Posons $K_\varepsilon=\{x\in\mathbb{R}^n;\ d(x,K)\leqq\varepsilon\}$. D'après la formule de Leibniz, le lemme précédent et l'hypothèse:

$$\sup_{x\in\mathbb{R}^n}|D^k(\alpha_\varepsilon\cdot g)(x)|=\sup_{x\in K_\varepsilon}\left|\sum_{h\leqq k}\binom{k}{h}D^h\alpha_\varepsilon(x)\cdot D^{k-h}g(x)\right|$$
$$\leqq\sum_{h\leqq k}\binom{k}{h}\frac{C_h}{\varepsilon^{|h|}}\cdot\varepsilon^{m-|k|+|h|}\cdot\beta(\varepsilon)$$

où $\beta(\varepsilon)\to 0$ quand $\varepsilon\to 0$. Il en résulte que $|\alpha_\varepsilon\cdot g|_m^{\mathbb{R}^n}\to 0$ quand $\varepsilon\to 0$, ce qui démontre le lemme. ▯

Preuve de 3.2. D'après le lemme précédent, il existe une suite ε_p de nombres réels >0 tels que: $|\alpha_{\varepsilon_p}(g_{p+1}-g_p)|_p^{\mathbb{R}^n}\leqq 1/2^p$.

La série $g_0+\sum_{p\geqq 0}\alpha_{\varepsilon_p}(g_{p+1}-g_p)$ converge uniformément sur $\mathbb{R}^n$ vers une fonction g. Posons, si $m\in\mathbb{N}$: $g=h_m+R_m$ où $h_m=g_0+\sum_{p<m}\alpha_{\varepsilon_p}(g_{p+1}-g_p)$. Visiblement, h_m est de classe C^m et $h_m=g_m$ au voisinage de K. De même, R_m est de classe C^m et m-plate sur K. Il en résulte que g est de classe C^∞ et $\forall m$, $g-g_m$ est m-plate sur K. ▯

Remarque 3.5. Soit $a\in\mathbb{R}^n$. Une fonction de Whitney de classe C^∞ sur l'ensemble $\{a\}$ est la donnée d'une famille $(\alpha_k)_{k\in\mathbb{N}^n}$ de nombres réels. D'après 3.1, il existe $f\in\mathscr{E}(\mathbb{R}^n)$ telle que

$$\forall k\in\mathbb{N}^n \quad D^k f(a)=\alpha_k \quad \text{(théorème de Borel généralisé).}$$

Soit X un fermé d'un ouvert Ω de $\mathbb{R}^n$. Les espaces de jets $\mathsf{J}^m(\Omega)$, $\mathsf{J}^m(X)$, $\mathsf{J}(\Omega)$, $\mathsf{J}(X)$ se définissent de façon évidente. Soit $\mathscr{E}^m(X)$ l'ensemble des jets F de $\mathsf{J}^m(X)$ tels que, pour tout compact K de X, la restriction $F|K$ de F à K soit dans $\mathscr{E}^m(K)$. Posons:

$$\|F\|_m^K=\|F|K\|_m^K.$$

Les semi-normes $\|F\|_m^K$ (K décrivant l'ensemble des compacts de X) munissent $\mathscr{E}^m(X)$ d'une structure d'espace de Fréchet.

Soit $\mathscr{E}(X)$ l'ensemble des jets F de $\mathsf{J}(X)$ tels que, pour tout compact K de X, la restriction $F|K$ de F à K soit dans $\mathscr{E}(K)$. Les semi-normes $\|F\|_m^K$ (K et m varient) munissent $\mathscr{E}(X)$ d'une structure d'espace de Fréchet.

Si $X=\Omega$, l'espace $\mathscr{E}^m(\Omega)$ (resp. $\mathscr{E}(\Omega)$) défini de la façon précédente, s'identifie à l'espace des fonctions de classe C^m (resp. C^∞) sur Ω, muni de la topologie habituelle. Un élément de $\mathscr{E}^m(X)$ (resp. $\mathscr{E}(X)$) est une *fonction de Whitney* de classe C^m (resp. de classe C^∞) sur X.

Définition 3.6. Soient X, Y deux sous-ensembles fermés d'un ouvert Ω tels que $Y \subset X$. Un élément de $\mathscr{E}^m(X)$ (resp. $\mathscr{E}(X)$) est *m-plat* (resp. *plat*) sur Y, si son image dans $\mathscr{E}^m(Y)$ (resp. $\mathscr{E}(Y)$) est nulle. Les éléments m-plats sur Y (resp. plats sur Y) forment un idéal noté $\mathscr{I}^m(Y; X)$ (resp. $\mathscr{I}(Y, X)$) de $\mathscr{E}^m(X)$ (resp. $\mathscr{E}(X)$).

On a des suites exactes d'espaces de Fréchet:

$$0 \to \mathscr{I}^m(Y; X) \xrightarrow{\tau_m} \mathscr{E}^m(X) \xrightarrow{\Psi_m} \mathscr{E}^m(Y) \to 0 \tag{3.7}$$

$$0 \to \mathscr{I}(Y; X) \xrightarrow{\tau} \mathscr{E}(X) \xrightarrow{\Psi} \mathscr{E}(Y) \to 0 \tag{3.8}$$

où Ψ_m et Ψ désignent les applications de restrictions (ceci résulte immédiatement du théorème de Whitney, du théorème 3.1 et d'une partition de l'unité). La topologie de $\mathscr{E}^m(Y)$ (resp. $\mathscr{E}(Y)$) est donc quotient de celle de $\mathscr{E}^m(X)$ (resp. $\mathscr{E}(X)$) par $\mathscr{I}^m(Y, X)$ (resp. $\mathscr{I}(Y, X)$).

Remarque 3.9. Il existe un prolongement linéaire continu W_m: $\mathscr{E}^m(Y) \to \mathscr{E}^m(X)$ (donc $\Psi_m \circ W_m$ est l'application identique de $\mathscr{E}^m(Y)$). Par contre, il n'existe pas en général de prolongement linéaire continu W: $\mathscr{E}(Y) \to \mathscr{E}(X)$. Par exemple, soit a un point d'un ouvert Ω. S'il existe un prolongement linéaire continu W: $\mathscr{E}(a) \to \mathscr{E}(\Omega)$, il existe un entier m tel que tout jet $F \in \mathscr{E}(a)$, m-plat sur $\{a\}$, se prolonge en une fonction nulle sur Ω. Ceci est absurde.

Toutefois, si Y est un demi-espace de $\mathbb{R}^n$, on démontre (Mityagin [1] ou Seeley [1]; voir aussi IX.4.4) l'existence d'un prolongement linéaire continu: $\mathscr{E}(Y) \to \mathscr{E}(\mathbb{R}^n)$.

Définition 3.10. Soit p un entier $\geqq 1$. Un compact K de $\mathbb{R}^n$ est *p-régulier* s'il est connexe par arcs rectifiables et s'il existe une constante $C > 0$ telle que:

$$\forall x, y \in K \qquad |x-y| \geqq C \cdot \delta(x, y)^p.$$

(δ désigne la distance géodésique sur K.)

Un fermé X d'un ouvert Ω de $\mathbb{R}^n$ est *régulier*, s'il est connexe et si, $\forall x_0 \in X$, il existe un entier p et un voisinage compact p-régulier de x_0 dans X.

On a le résultat suivant, analogue C^∞ de la proposition 2.6:

Proposition 3.11. *Soit K un compact p-régulier de $\mathbb{R}^n$. Il existe, pour tout $m \in \mathbb{N}$, une constante C_m telle que:*

$$\forall F \in \mathscr{E}(K) \qquad \|F\|_m^K \leqq C_m \cdot |F|_{mp}^K.$$

Preuve. Soient $m \in \mathbb{N}$ et $k \in \mathbb{N}^n$, tels que $|k| \leqq m$. Il existe des constantes C' et C'' telles que, $\forall x, y \in K$ et $F \in \mathscr{E}(K)$:

$$|(R_x^m F)^k(y)| \leqq |(R_x^{mp} F)^k(y)| + C' |x-y|^{m-|k|+1} \cdot |F|_{mp}^K$$

et (d'après (2.5.1) et l'hypothèse):

$$\begin{aligned} |(R_x^{mp} F)^k(y)| &\leqq 2 \cdot n^{\frac{mp-|k|}{2}} \cdot \delta(x,y)^{mp-|k|} \, |F|_{mp}^K \\ &\leqq C'' |x-y|^{m-|k|} \, |F|_{mp}^K. \end{aligned}$$

La proposition résulte immédiatement des inégalités précédentes. ▯

Corollaire 3.12. *Soit X un fermé régulier d'un ouvert Ω de $\mathbb{R}^n$. La topologie de $\mathscr{E}(X)$ est définie par la famille de semi-normes $|\ |_m^K$ où $m \in \mathbb{N}$ et K décrit l'ensemble des compacts de X.*

4. Multiplicateurs et ensembles régulièrement situés

Soit X un sous-ensemble fermé d'un ouvert Ω de $\mathbb{R}^n$. Notons $\mathscr{M}(X;\Omega)$ l'ensemble des fonctions $\varphi \in \mathscr{E}(\Omega \setminus X)$, qui satisfont à la condition suivante:

(4.1) *Pour tout compact $K \subset \Omega$ et tout n-*uple *$k \in \mathbb{N}^n$, il existe des constantes $C>0$, $\alpha>0$ telles que:*

$$|D^k \varphi(x)| \leqq C \cdot d(x,X)^{-\alpha} \qquad \textit{lorsque } x \in K \setminus X.$$

Par exemple, soit F une fonction de Whitney de classe C^m sur un compact K de $\mathbb{R}^n$; d'après 2.4, le prolongement WF, restreint à $\mathbb{R}^n \setminus K$, appartient à $\mathscr{M}(K;\mathbb{R}^n)$.

L'ensemble $\mathscr{M}(X;\Omega)$ est un espace de *multiplicateurs* de l'idéal $\mathscr{I}(X;\Omega)$ des fonctions de $\mathscr{E}(\Omega)$ plates sur X. De façon précise:

Proposition 4.2. *Soient $\varphi \in \mathscr{M}(X;\Omega)$ et $f \in \mathscr{I}(X;\Omega)$. La fonction $\varphi \cdot f$ se prolonge de façon unique en une fonction (notée encore $\varphi \cdot f$), C^∞ sur Ω et plate sur X. En outre, l'application: $\mathscr{I}(X,\Omega) \ni f \to \varphi \cdot f \in \mathscr{I}(X,\Omega)$ est linéaire continue.*

Rappelons d'abord un lemme élémentaire (lemme d'Hesténès):

Lemme 4.3. *Soient $F=(F^k) \in \mathscr{E}^m(X)$ et $f \in \mathscr{E}^m(\Omega \setminus X)$ tels que, pour tout multi-indice $k \in \mathbb{N}^n$, $|k| \leqq m$, la fonction égale à F^k sur X et à $D^k f$ sur $\Omega \setminus X$, soit continue. Alors, la fonction g, égale à F^0 sur X et à f sur $\Omega \setminus X$, est de classe C^m.*

Preuve. Pour la démonstration, on peut supposer $F=0$ (remplacer f par $f - WF$, où WF est un prolongement de classe C^m de F à l'ouvert Ω).

Visiblement, il suffit de considérer le cas $m=1$, $n=1$, ce que nous supposerons. Soit $x \in X \setminus \mathring{X}$; nous devons montrer l'égalité:

$$\lim_{h \to 0} \frac{g(x+h)-g(x)}{h} = 0,$$

soit encore

$$\lim_{\substack{h \to 0 \\ x+h \in \Omega \setminus X}} \frac{f(x+h)}{h} = 0.$$

Supposons $h>0$ pour fixer les idées, et soit x'_h le point de $[x, x+h] \cap X$ le plus près de $x+h$. Appliquons le théorème des accroissements finis à f entre les points x' ($x'_h < x' \leqq x+h$) et $x+h$, et faisons tendre $x' \to x'_h$. On en déduit l'inégalité:

$$|f(x+h)| \leqq h \cdot \sup_{\xi \in]x'_h, x+h[} |f'(\xi)|,$$

d'où le résultat. □

Preuve de 4.2. Soit $x_0 \in X$. Soient $K \subset K'$ deux pavés compacts de Ω contenant x_0 et tels que, $\forall x \in K$, on ait $d(x, X) = d(x, a_x)$, où $a_x \in X \cap K'$. Appliquons à un élément f de $\mathscr{I}(X, \Omega)$ la formule de Taylor au point a_x; pour tout $m \in \mathbb{N}$, il existe une constante C' (indépendante de f) telle que, $\forall x \in K$ et $k \in \mathbb{N}^n$, $|k| \leqq m$:

$$|D^k f(x)| \leqq C' \cdot |f|_m^{K'} \cdot d(x, X)^{m-|k|}.$$

D'après (4.1), l'inégalité précédente et la formule de Leibniz, à tout multi-indice k on peut associer un entier m assez grand et une constante C'' tels que, pour tout $f \in \mathscr{I}(X, \Omega)$ et tout $x \in K \setminus X$, on ait l'inégalité:

$$|D^k(\varphi \cdot f)(x)| \leqq C'' \cdot |f|_m^{K'} \cdot d(x, X).$$

Il en résulte d'abord que les $D^k(\varphi \cdot f)$ se prolongent par continuité en des fonctions nulles sur X, i.e. $\varphi \cdot f$ se prolonge en une fonction plate sur X (d'après 4.3); ensuite, les mêmes majorations entraînent la continuité de l'application linéaire $f \mapsto \varphi \cdot f$. □

Définition 4.4. Deux fermés X et Y d'un ouvert Ω de $\mathbb{R}^n$ sont *régulièrement situés* si la condition suivante est satisfaite:

(Λ) *$\forall x_0 \in X \cap Y$, il existe un voisinage V de x_0 et des constantes $C>0$ et $\alpha \geqq 0$ tels que:*

$$\forall x \in V \quad d(x, X) + d(x, Y) \geqq C\, d(x, X \cap Y)^{\alpha}.$$

Cette condition équivaut à la suivante (la vérification est laissée au lecteur):

(Λ') *$\forall x_0 \in X \cap Y$, il existe un voisinage V de x_0 et des constantes $C'>0$ et $\alpha' \geqq 0$ tels que:*

$$\forall x \in V \cap X \qquad d(x, Y) \geqq C' d(x, X \cap Y)^{\alpha'}.$$

Démontrons d'abord un lemme technique:

Lemme 4.5. *Soient X et Y deux fermés régulièrement situés d'un ouvert Ω. Il existe une fonction $\varphi \in \mathcal{M}(X \cap Y; \Omega)$ telle que $\varphi = 0$ au voisinage de $X \setminus (X \cap Y)$; $\varphi = 1$ au voisinage de $Y \setminus (X \cap Y)$.*

Preuve. Il suffit d'associer à tout point $a \in \Omega$, un voisinage ouvert $V_a \subset \Omega$ et une fonction $\varphi_a \in \mathscr{E}(V_a \setminus (X \cap Y))$ tels que: $\varphi_a = 0$ au voisinage de $(V_a \cap X) \setminus (X \cap Y)$; $\varphi_a = 1$ au voisinage de $(V_a \cap Y) \setminus (X \cap Y)$; pour tout $k \in \mathbb{N}^n$, il existe des constantes C' et $\alpha' > 0$ telles que l'on ait l'inégalité: $|D^k \varphi_a(x)| \leqq C' d(x, X \cap Y)^{-\alpha'}$, pour tout $x \in V_a \setminus (X \cap Y)$. En effet, s'il en est ainsi, on posera $\varphi = \sum_{i \in \mathbb{N}} u_i \cdot \varphi_{a_i}$, où $\{u_i\}_{i \in \mathbb{N}}$ est une famille localement finie de fonctions C^∞ sur Ω, telles que $\sum_{i \in \mathbb{N}} u_i = 1$ et $\operatorname{supp} u_i \subset V_{a_i}$, pour tout $i \in \mathbb{N}$.

Supposons que $a \in X \cap Y$ (si $a \notin X \cap Y$, la construction est triviale) et soit V_a un voisinage ouvert de a, relativement compact dans Ω, sur lequel l'inégalité (Λ) soit vérifiée. Soit K un sous-ensemble compact de X tel que $d(x, X) = d(x, K)$ pour tout $x \in V_a$.

Appliquons au compact K la construction du lemme 2.1. A tout $L \in I$, associons un entier: $\lambda_L = 0$, s'il exists $x \in \operatorname{supp} \Phi_L$ tel que $d(x, K) < \frac{1}{2} d(x, Y)$; $\lambda_L = 1$ sinon. Posons $\varphi_a = \sum \lambda_L \Phi_L$: $\varphi_a \in \mathscr{E}(\mathbb{R}^n \setminus K)$ et $\varphi_a(x) = 0$ si $d(x, K) < \frac{1}{2} d(x, Y)$; donc φ_a se prolonge en une fonction (notée encore φ_a), de classe C^∞ sur $\mathbb{R}^n \setminus (K \cap Y)$, nulle au voisinage de $K \setminus (K \cap Y)$. En outre, $\varphi_a = 1$ au voisinage de $Y \setminus (K \cap Y)$; en effet, si $\operatorname{supp} \Phi_L$ rencontre Y, on a pour tout $x \in \operatorname{supp} \Phi_L$:

$$d(x, K) \geqq d(\operatorname{supp} \Phi_L, K) \geqq \tfrac{1}{2} \operatorname{diam}(\operatorname{supp} \Phi_L) \geqq \tfrac{1}{2} d(x, Y) \qquad \text{et donc } \lambda_L = 1.$$

Soit $x \in V_a \setminus (X \cap Y)$; on a $d(x, K) = d(x, X)$. Si $d(x, X) < \frac{1}{2} d(x, Y)$, on a $\varphi_a(x) = 0$; si $d(x, X) \geqq \frac{1}{2} d(x, Y)$, d'après (2.1.1), (2.1.4) et la condition (Λ):

$$|D^k \varphi_a(x)| \leqq C' d(x, X \cap Y)^{-\alpha |k|},$$

où C' est une constante. Ceci achève la démonstration du lemme. □

Proposition 4.6. *Soit π^* l'épimorphisme $\mathscr{E}(\Omega) \oplus \mathscr{E}(\Omega) \to \mathscr{E}(X \cap Y)$ qui au couple (f, g) associe $f | X \cap Y - g | X \cap Y$. Si X et Y sont régulièrement situés, il existe une application linéaire continue σ: $\ker \pi^* \to \mathscr{E}(\Omega)$ telle que $\sigma(f, g) - f$ (resp. $\sigma(f, g) - g$) soit plate sur X (resp. Y), pour tout $(f, g) \in \ker \pi^*$.*

Preuve. Si $(f, g) \in \ker \pi^*$, on a $g - f \in \mathscr{I}(X \cap Y, \Omega)$. Il suffit de poser: $\sigma(f, g) = f + \varphi(g - f)$, où φ désigne le multiplicateur du lemme 4.5. □

Enfin, soient δ l'injection diagonale:

$$\mathscr{E}(X \cup Y) \ni F \to (F|X, F|Y) \in \mathscr{E}(X) \oplus \mathscr{E}(Y),$$

π l'épimorphisme:

$$\mathscr{E}(X) \oplus \mathscr{E}(Y) \ni (F, G) \to (F|X \cap Y) - (G|X \cap Y) \in \mathscr{E}(X \cap Y).$$

On a visiblement l'inclusion: $\operatorname{Im} \delta \subset \ker \pi$.

Proposition 4.7. *Les fermés X et Y sont régulièrement situés si et seulement si* $\ker \pi = \operatorname{Im} \delta$, *i.e. si et seulement si la suite:*

$$0 \to \mathscr{E}(X \cup Y) \xrightarrow{\delta} \mathscr{E}(X) \oplus \mathscr{E}(Y) \xrightarrow{\pi} \mathscr{E}(X \cap Y) \to 0$$

est exacte.

Preuve. Supposons X et Y régulièrement situés et soit $(F, G) \in \ker \pi$; soient $f \in \mathscr{E}(\Omega)$, $g \in \mathscr{E}(\Omega)$ telles que $f|X = F$, $g|Y = G$; on a $(f, g) \in \ker \pi^*$ et $\delta(\sigma(f, g)|X \cup Y) = (F, G)$; donc $\ker \pi = \operatorname{Im} \delta$.

Réciproquement, supposons que les fermés X et Y ne sont pas régulièrement situés. Il existe une suite $\{x_i\}_{i \in \mathbb{N}}$ de points de X qui converge vers un point de $X \cap Y$, telle que:

$$d(x_i, Y) < d(x_i, X \cap Y)^i.$$

En remplaçant si nécessaire la suite $\{x_i\}$ par une sous-suite, on peut supposer que les boules euclidiennes centrées aux points x_i, de rayons $\frac{1}{2} d(x_i, X \cap Y)$, ne se coupent pas deux à deux. D'après 3.3, il existe $\alpha_i \in \mathscr{E}(\mathbb{R}^n)$ telle que

$$\alpha_i \geqq 0; \quad \alpha_i(x) = 1 \quad \text{si} \quad |x - x_i| \leqq \tfrac{1}{4} d(x_i, X \cap Y); \quad \alpha_i(x) = 0$$

si

$$|x - x_i| \geqq \tfrac{1}{2} d(x_i, X \cap Y) \quad \text{et} \quad |D^k \alpha_i(x)| \leqq C_k \cdot d(x_i, X \cap Y)^{-|k|}$$

pour tout $x \in \mathbb{R}^n$ (C_k est une constante ne dépendant pas de x et de i).

La série $\sum_{i=0}^{\infty} d(x_i, X \cap Y)^i \cdot \alpha_i$ converge uniformément vers une fonction $f \in \mathscr{E}(\mathbb{R}^n)$, plate sur $X \cap Y$. Si $F = f|X$, on a $F(x_i) = d(x_i, X \cap Y)^i > d(x_i, Y)$. Il est donc impossible de prolonger F en un élément de $\mathscr{I}(Y; X \cup Y)$; ainsi $\ker \pi \supsetneqq \operatorname{Im} \delta$. □

Remarque 4.8. Soit $m \in \mathbb{N}$. On a encore une 0-suite:

$$0 \to \mathscr{E}^m(X \cup Y) \to \mathscr{E}^m(X) \oplus \mathscr{E}^m(Y) \to \mathscr{E}^m(X \cap Y) \to 0.$$

Si $m = 0$, la suite précédente est toujours exacte (évident).

Si $m > 0$, la suite précédente est exacte si et seulement si la condition suivante est vérifiée:

$$\forall x_0 \in X \cap Y,$$

il existe un voisinage K de x_0 et une constante $C>0$ tels que:

$$\forall x \in K \qquad d(x, X)+d(x, Y) \geqq C\, d(x, X \cap Y)$$

(la démonstration, analogue à la précédente, est laissée au lecteur). Cette dernière condition est évidemment beaucoup plus restrictive que la condition (Λ).

5. Un théorème de prolongement

Notons $z=(z_1, \ldots, z_n)$ $(z_j=x_j+i\,y_j)$ le point courant de $\mathbb{C}^n$. Soient X un sous-ensemble fermé d'un ouvert de $\mathbb{C}^n$; $\mathscr{E}(X, \mathbb{C})$ l'espace des fonctions de Whitney de classe C^∞ sur X, à valeurs complexes, i.e. l'ensemble des $F=F_1+i\,F_2$ où $F_1 \in \mathscr{E}(X)$, $F_2 \in \mathscr{E}(X)$. On munit $\mathscr{E}(X, \mathbb{C})$ de sa structure d'espace de Fréchet définie par la famille de semi-normes:

$$\|F\|_m^K = \|F_1\|_m^K + \|F_2\|_m^K,$$

où K décrit l'ensemble des compacts de X et $m \in \mathbb{N}$. Bien entendu, tous les résultats des paragraphes précédents se transposent aux fonctions de Whitney à valeurs complexes. A tout point $a \in X$, on associe la série de Taylor de F au point a:

$$T_a F = \sum_{k, \ell \in \mathbb{N}^n} \frac{F^{k, \ell}(a)}{k!\,\ell!}\, x^k y^\ell \in \mathbb{C}[[x; y]].$$

Définition 5.1. Une fonction de Whitney $F \in \mathscr{E}(X, \mathbb{C})$ est *formellement holomorphe* si F vérifie les égalités de Cauchy-Riemann:

$$i \frac{\partial F}{\partial x_j} = \frac{\partial F}{\partial y_j} \qquad \text{pour } j=1, \ldots, n,$$

i.e. si la série de Taylor de F en tout point de X appartient à $\mathbb{C}[[z]]$.

L'ensemble des fonctions de Whitney formellement holomorphes sur X sera noté $\mathscr{H}(X)$; c'est une sous-algèbre fermée de $\mathscr{E}(X, \mathbb{C})$ et donc un espace de Fréchet quand on le munit de la topologie induite par celle de $\mathscr{E}(X, \mathbb{C})$.

Exemples 5.2. Si X est un ouvert Ω de $\mathbb{C}^n$, l'espace de Fréchet $\mathscr{H}(\Omega)$ s'identifie à l'espace des fonctions C^∞ sur Ω et vérifiant les égalités de Cauchy-Riemann, i.e. à l'espace des fonctions holomorphes sur Ω.

Soit Ω un ouvert de $\mathbb{R}^n \subset \mathbb{C}^n$. Toute fonction $f \in C^\infty(\Omega, \mathbb{C})$ (espace des fonctions C^∞ sur Ω, à valeurs complexes) se prolonge naturellement en un élément $\dot{f}$ de $\mathscr{E}(\Omega, \mathbb{C})$: on pose

$$\dot{f}^{k, \ell} = D^k f \quad \text{si} \quad |\ell|=0 \quad \text{et} \quad \dot{f}^{k, \ell}=0 \quad \text{si} \quad |\ell|>0.$$

De même, on peut associer à f sa complexifiée $\tilde{f} \in \mathscr{H}(\Omega)$: en chaque point $a \in \Omega$, la série formelle $T_a \tilde{f}$ s'obtient en substituant la variable z à la variable x dans $T_a f$, i.e.:

$$T_a \tilde{f} = \sum_{k \in \mathbb{N}^n} \frac{D^k f(a)}{k!}(x + i y)^k = \sum_{\ell \in \mathbb{N}^n} \frac{(i y)^\ell}{\ell !} \cdot T_a D^\ell f.$$

Donc $\tilde{f} = \sum_{\ell \in \mathbb{N}^n} \frac{(i y)^\ell}{\ell !} \cdot \widehat{\dot{D^\ell f}}$, et visiblement cette série converge dans l'espace de Fréchet $\mathscr{E}(\Omega, \mathbb{C})$ vers un élément de $\mathscr{H}(\Omega)$. L'application $C^\infty(\Omega, \mathbb{C}) \ni f \to \tilde{f} \in \mathscr{H}(\Omega)$ est un isomorphisme d'espaces de Fréchet.

(5.3) Soit L: $\mathbb{C}^n \to \mathbb{C}^n$ un isomorphisme $\mathbb{C}$-linéaire. Visiblement, L définit un isomorphisme d'espaces de Fréchet L^*: $\mathscr{H}(X) \ni F \to F \circ L \in \mathscr{H}(L^{-1}(X))$ (bien entendu, on pose $F \circ L = (WF \circ L) | L^{-1}(X)$, où WF est un prolongement C^∞ de F à $\mathbb{C}^n$).

(5.4) Soient X et Y deux fermés régulièrement situés de $\mathbb{C}^n$. Considérons l'espace $\ker \pi$ formé des couples $(F, G) \in \mathscr{H}(X) \oplus \mathscr{H}(Y)$ tels que $F | X \cap Y = G | X \cap Y$. D'après 4.7, le champ sur $X \cup Y$ égal à F sur X, à G sur Y, appartient à $\mathscr{H}(X \cup Y)$, et l'application: $\ker \pi \to \mathscr{H}(X \cup Y)$ ainsi définie, est un isomorphisme d'espaces de Fréchet.

(5.5) Nous dirons qu'un sous-espace Π de $\mathbb{C}^n$ est *réellement situé* si Π vérifie l'une des conditions suivantes (équivalentes):

(1) Π est l'image réciproque de $\mathbb{R}^n$ par un isomorphisme $\mathbb{C}$-linéaire L: $\mathbb{C}^n \to \mathbb{C}^n$.

(2) Π est un sous-espace vectoriel réel de dimension n et $\mathbb{C} \cdot \Pi = \mathbb{C}^n$.
Sous les hypothèses précédentes, on a un isomorphisme d'espaces de Fréchet:

$$C^\infty(\mathbb{R}^n, \mathbb{C}) \ni f \to \tilde{f} \circ L \in \mathscr{H}(\Pi).$$

On en déduit, d'après 4.6, le résultat suivant:

Soient X, Y deux fermés de Π régulièrement situés et soit π^* l'épimorphisme $\mathscr{H}(\Pi) \oplus \mathscr{H}(\Pi) \to \mathscr{H}(X \cap Y)$ qui au couple (F, G) associe $F | X \cap Y - G | X \cap Y$. Il existe une application linéaire continue σ: $\ker \pi^* \to \mathscr{H}(\Pi)$ telle que $\sigma(F, G) = F$ sur X, $\sigma(F, G) = G$ sur Y, pour tout $(F, G) \in \ker \pi^*$.

Le théorème suivant (S. Łojasiewicz [2]) joue un rôle essentiel dans le démonstration du théorème de préparation différentiable (chapitre IX):

Théorème 5.6. *Soient $\Pi_1, \ldots, \Pi_r, \ldots, \Pi_s$ des sous-espaces de $\mathbb{C}^n$ réellement situés. Il existe un prolongement linéaire continu:*

$$\mathscr{H}\left(\bigcup_{i=1}^{r} \Pi_i\right) \ni F \to \dot{F} \in \mathscr{H}\left(\bigcup_{i=1}^{s} \Pi_i\right) \quad \left(donc\ \dot{F} \Big| \bigcup_{i=1}^{r} \Pi_i = F\right).$$

Preuve. Visiblement, deux sous-espaces vectoriels réels de $\mathbb{C}^n$ sont toujours régulièrement situés. D'après 5.4, il suffit de démontrer le résultat suivant:

($Ł_r$) *soient $\Pi_1, \ldots, \Pi_r$, Π des sous-espaces réellement situés de $\mathbb{C}^n$; il existe une application linéaire continue:*

$$\mathscr{H}\left(\bigcup_{i=1}^{r} \Pi_i\right) \ni F \to F^{\Pi} \in \mathscr{H}(\Pi) \quad \textit{telle que} \quad F^{\Pi} = F \quad \textit{sur} \quad \left(\bigcup_{i=1}^{r} \Pi_i\right) \cap \Pi.$$

Admettons provisoirement ($Ł_1$) et démontrons ($Ł_r$) ($r>1$) par récurrence sur r. Soit $F \in \mathscr{H}\left(\bigcup_{i=1}^{r} \Pi_i\right)$ et posons $\Gamma = \bigcup_{i=1}^{r-1} \Pi_i$. D'après ($Ł_1$) et l'hypothèse de récurrence, il existe $F_{\Pi_r} \in \mathscr{H}(\Pi)$ telle que $F_{\Pi_r} = F$ sur $\Pi_r \cap \Pi$ et $F_\Gamma \in \mathscr{H}(\Pi)$ telle que $F_\Gamma = F$ sur $\Gamma \cap \Pi$. Donc $F_{\Pi_r} = F_\Gamma$ sur $(\Pi_r \cap \Pi) \cap (\Gamma \cap \Pi)$: d'après 5.5, il existe $F^{\Pi} \in \mathscr{H}(\Pi)$ (fonction linéaire continue de F_{Π_r} et F_Γ, donc de F) telle que $F^{\Pi} = F_{\Pi_r} = F$ sur $\Pi_r \cap \Pi$ et $F^{\Pi} = F_\Gamma = F$ sur $\Gamma \cap \Pi$, d'où le résultat. □

Preuve de ($Ł_1$). Procédons par récurrence sur la codimension ℓ de $\Pi_0 = \Pi_1 \cap \Pi$ dans Π_1. Supposons $\ell > 1$ et le résultat démontré si la codimension est $<\ell$: soient $\Pi_* \supset \Pi_0$ de codimension 1 dans Π et $b \in \Pi_1 \setminus (\Pi_* + i\Pi_*)$. Le sous-espace $\Pi' = \Pi_* + \mathbb{R} \cdot b$ est alors réellement situé (car $b \notin \Pi_* + i\Pi_*$); $\Pi' \cap \Pi_1$ est de codimension $<\ell$ dans Π_1 (car $\Pi' \cap \Pi_1 \supset \Pi_0 + \mathbb{R} b$); enfin, $\Pi' \cap \Pi$ est de codimension 1 dans Π. Il suffit alors de poser $F^{\Pi} = (F^{\Pi'})^{\Pi}$.

Il reste à examiner le cas $\ell = 1$ (le cas $\ell = 0$ est trivial). Supposons ($Ł_1$) démontré sous l'hypothèse supplémentaire: $\Pi_1 \cap \mathbb{C}(\Pi \setminus \Pi_0) \neq \emptyset$, et démontrons ($Ł_1$) dans le cas général. Soient $b \in \Pi_1 \setminus (\Pi_0 + i\Pi_0)$; $a \in \Pi \setminus (\Pi_0 + i\Pi_0)$; on a: $b = i c a + v' + i v$ avec $c \in \mathbb{C} \setminus \{0\}$; $v, v' \in \Pi_0$ (car $\mathbb{C}^n = \mathbb{C} \cdot \Pi = \Pi_0 + i\Pi_0 + \mathbb{C} \cdot a$); le plan $\Pi' = \Pi_0 + \mathbb{R}(c a + v)$ est réellement situé (car $c a + v \notin \Pi_0 + i\Pi_0$); en outre: $b - v' \in \Pi_1 \cap \mathbb{C}(\Pi' \setminus \Pi_0)$, $c a \in \Pi' \cap \mathbb{C}(\Pi \setminus \Pi_0)$, et $\Pi' \cap \Pi_1 = \Pi_0 = \Pi' \cap \Pi$. Il suffit alors de poser, si $F \in \mathscr{H}(\Pi_1)$: $F^{\Pi} = (F^{\Pi'})^{\Pi}$.

Supposons enfin $\ell = 1$ et $\Pi_1 \cap \mathbb{C}(\Pi \setminus \Pi_0) \neq \emptyset$. Soient $a \in \Pi_1 \cap \mathbb{C}(\Pi \setminus \Pi_0)$, $c \in \mathbb{C} \setminus \{0\}$, tels que $c a \in \Pi$; soit L un isomorphisme $\mathbb{C}$-linéaire de $\mathbb{C}^n$ dans $\mathbb{C}^n$ tel que: $L(\Pi_0) = \{0\} \times \mathbb{R}^{n-1}$ et $L(a) = (1, 0)$: on a $L(\Pi_1) = \mathbb{R}^n$ et $L(\Pi) = \mathbb{R} \cdot c \times \mathbb{R}^{n-1}$. Nous supposerons donc que $\Pi_1 = \mathbb{R}^n$ et $\Pi = \mathbb{R} \cdot c \times \mathbb{R}^{n-1}$.

Nous suivons désormais une idée de Seeley, [1]. Soit L_p ($p \in \mathbb{N}$) l'isomorphisme $\mathbb{C}$-linéaire:

$$\mathbb{C}^n \ni (z_1, \omega) \to (2^p c^{-1} z_1, \omega) \in \mathbb{C}^n.$$

On a $L_p^{-1}(\mathbb{R}^n) = \Pi$ et L_p définit un isomorphisme

$$L_p^*\colon \mathscr{H}(\mathbb{R}^n) \ni F \to F \circ L_p \in \mathscr{H}(\Pi).$$

Soit $E(\xi)=\sum_{p\in\mathbb{N}}\lambda_p\,\xi^p$ une série entière de la variable ξ, série que nous préciserons ultérieurement. Enfin, soit φ une fonction numérique, définie et de classe C^∞ sur $\mathbb{R}^n$, telle que $\varphi(x)=1$ si $|x_1|\leqq 1$ et $\varphi(x)=0$ si $|x_1|\geqq 2$: on a $\tilde{\varphi}=1$ sur $\mathbb{R}^n\cap\Pi=\{0\}\times\mathbb{R}^{n-1}$.

Puisque l'application $\mathscr{H}(\mathbb{R}^n)\ni F\to\tilde{\varphi}\cdot F\in\mathscr{H}(\mathbb{R}^n)$ est continue, il suffit de construire une application linéaire continue:

$$\mathscr{H}(\mathbb{R}^n)\cap\{F=0 \text{ si } |x_1|\geqq 2\}\ni F\to F^\Pi\in\mathscr{H}(\Pi)$$

telle que $F^\Pi=F$ sur $\{0\}\times\mathbb{R}^{n-1}$.

Si $F\in\mathscr{H}(\mathbb{R}^n)$ s'annule pour $|x_1|\geqq 2$, la série $\sum_{p\in\mathbb{N}}\lambda_p\,F\circ L_p$ converge dans l'espace de Fréchet $\mathscr{H}(\Pi)$ vers un élément F^Π (car, pour tout $q\in\mathbb{N}$, les séries $\sum_{p\in\mathbb{N}}|\lambda_p|\,2^{pq}$ sont convergentes); en outre, l'application $F\to F^\Pi$ est linéaire, continue.

Il reste à choisir les λ_p de telle sorte qu'on ait toujours $F=F^\Pi$ sur $\{0\}\times\mathbb{R}^{n-1}$. Soit $a\in\{0\}\times\mathbb{R}^{n-1}$; chaque automorphisme L_p laissant fixes les points de $\{0\}\times\mathbb{R}^{n-1}$, on doit vérifier l'égalité des séries formelles $T_a F$ et $T_a F^\Pi$. Si $T_a F=\sum_{q,\ell}A_{q,\ell}\,z_1^q\,\omega^\ell$, on a:

$$T_a F^\Pi=\sum_{q,\ell}A_{q,\ell}\sum_p\lambda_p\,2^{pq}\,c^{-q}\,z_1^q\,\omega^\ell.$$

Il suffit donc, que pour tout $q\in\mathbb{N}$: $\sum_p\lambda_p\,2^{pq}=E(2^q)=c^q$. Une variante classique du théorème de Mittag-Laeffler affirme qu'il existe des fonctions entières prenant des valeurs arbitrairement choisies (ici c^q) en une suite de points (ici 2^q) sous réserve que ceux-ci n'aient pas de point d'accumulation à distance finie (c'est le cas ici). Ceci achève la démonstration du théorème. □

Remarque 5.7. Soit p un entier strictement positif $<n$. Avec les notations du théorème 5.6, supposons que les plans Π_i sont de la forme $\mathbb{R}^p\times\Pi_i'$ où Π_i' est un sous-espace réellement situé de $\mathbb{C}^{n-p}$. La projection: $\mathbb{C}^p\times\mathbb{C}^{n-p}\to\mathbb{C}^p\supset\mathbb{R}^p$ munit les espaces $\mathscr{H}(\Pi_i)$, $\mathscr{H}\left(\bigcup_{i=1}^r\Pi_i\right)$, $\mathscr{H}\left(\bigcup_{i=1}^s\Pi_i\right)$ de structures de modules topologiques sur $\mathscr{H}(\mathbb{R}^p)\simeq C^\infty(\mathbb{R}^p,\mathbb{C})$. Les différents espaces réellement situés Π intervenant dans la démonstration de 5.6, peuvent être choisis de la forme $\mathbb{R}^p\times\Pi'$, où Π' est réellement situé dans $\mathbb{C}^{n-p}$; de même, les différents automorphismes $\mathbb{C}$-linéaires L: $\mathbb{C}^n\to\mathbb{C}^n$ peuvent être choisis de la forme $1_{\mathbb{C}^p}\times L'$ où L': $\mathbb{C}^{n-p}\to\mathbb{C}^{n-p}$ est $\mathbb{C}$-linéaire. On vérifie alors que *le prolongement $F\to\dot{F}$ est un homomorphisme de $\mathscr{H}(\mathbb{R}^p)$-modules topologiques.*

Chapitre V. Idéaux fermés de fonctions différentiables

Ce chapitre contient deux résultats essentiels: d'une part, le classique théorème spectral de Whitney; d'autre part, le théorème 5.6. Ce dernier jouera un rôle essentiel au chapitre VI et dans la première partie du chapitre VIII.

1. Le théorème spectral de Whitney

Soient Λ un pavé compact de $\mathbb{R}^n$; K un sous-ensemble fermé de Λ; E un espace vectoriel réel de dimension finie. On définit de façon évidente l'espace $\mathrm{J}^m(K, E)$ des jets d'ordre m sur K à valeurs dans E; l'espace $\mathscr{E}^m(K, E)$ des fonctions de Whitney de classe C^m sur K à valeurs dans E; et de même, les espaces $\mathrm{J}(K, E)$, $\mathscr{E}(K, E)$. Les résultats du chapitre précédent se transposent trivialement à ces espaces.

Evidemment, $\mathscr{E}^m(\Lambda, E)$ s'identifie à $(\mathscr{E}^m(\Lambda))^q$ où q est la dimension réelle de E; $\mathscr{E}^m(\Lambda, E)$ est donc un module libre sur $\mathscr{E}^m(\Lambda)$ et nous le munissons de la topologie produit. Si $F \in \mathscr{E}^m(\Lambda, E)$, on pose:

$$|F|_m = \sup_{\substack{x \in \Lambda \\ |k| \leq m}} |D^k F(x)|.$$

D'après la remarque IV.2.7, la topologie de $\mathscr{E}^m(\Lambda, E)$ est définie par la norme $|\ |_m$.

Tous les modules considérés par la suite seront des $\mathscr{E}^m(\Lambda)$-modules.

Définition 1.1. Si $a \in \Lambda$, on note T_a^m (resp. T_a) l'application de restriction: $\mathscr{E}^m(\Lambda, E) \to \mathscr{E}^m(\{a\}, E)$ (resp. $\mathscr{E}(\Lambda, E) \to \mathscr{E}(\{a\}, E)$).

Si $f \in \mathscr{E}^m(\Lambda, E)$, $T_a^m f$ s'identifie au polynôme de Taylor d'ordre m de f au point a, ce qui justifie la notation précédente.

Définition 1.2. Un élément f de $\mathscr{E}^m(\Lambda, E)$ *appartient ponctuellement* à un sous-module N de $\mathscr{E}^m(\Lambda, E)$ si, $\forall a \in \Lambda$, $T_a^m f \in T_a^m N$.

Le théorème suivant (Whitney [2]) caractérise les sous-modules fermés de $\mathscr{E}^m(\Lambda, E)$:

Théorème 1.3. *Soit N un sous-module de $\mathscr{E}^m(\Lambda, E)$. L'adhérence $\bar{N}$ de N dans $\mathscr{E}^m(\Lambda, E)$ est égale au module $\hat{N}=\bigcap_{a\in\Lambda}(T_a^m)^{-1}(T_a^m N)$ de toutes les fonctions qui appartiennent ponctuellement à N.*

La démonstration qui suit, due à B. Malgrange (Malgrange [1]) simplifie la démonstration initiale de Whitney et utilise le lemme suivant:

Lemme 1.4. *Soient K un sous-ensemble compact de Λ et p un entier tels que pour tout $a\in K$, la dimension de l'espace vectoriel réel $T_a^m N$ soit égale à p. Soit $F\in\hat{N}$. Alors, pour tout $\varepsilon>0$, il existe $f\in N$ et $\phi\in\mathscr{E}^m(\Lambda)$ tels que $\phi=1$ au voisinage de K et $|\phi F-f|_m\leqq\varepsilon$.*

Preuve. Soit $a\in K$. Par hypothèse, il existe un voisinage V_a de a dans K et $f_1,\dots,f_p$ appartenant à N, tels que $T_x^m f_1,\dots,T_x^m f_p$ soit une base de $T_x^m N$ sur $\mathbb{R}$, pour tout $x\in V_a$. Ainsi, il existe des fonctions numériques continues $\varphi_1,\dots,\varphi_p$ sur V_a telles que, $\forall x\in V_a$:

$$T_x^m F=\sum_{i=1}^{p}\varphi_i(x)\cdot T_x^m f_i.$$

Le compact K est réunion d'un nombre fini de V_a. Il existe donc $f_1,\dots,f_s$ appartenant à N et des fonctions numériques bornées $\varphi_1,\dots,\varphi_s$ sur K telles que:

$$\forall a\in K \qquad T_a^m F=\sum_{i=1}^{s}\varphi_i(a)\cdot T_a^m f_i.$$

Posons $C=\sup_{\substack{a\in K\\ 1\leqq i\leqq s}}|\varphi_i(a)|$ et $f_a=\sum_{i=1}^{s}\varphi_i(a)\cdot f_i$. Soit α un module de continuité pour toutes les composantes de $F, f_1,\dots,f_s$. Visiblement, $(sC+1)\alpha$ est un module de continuité pour toutes les composantes des $F-f_a$, $a\in K$. En outre, $F-f_a$ est m-plate en a. On a donc, si $x\in\Lambda$ et $a\in K$:

$$\begin{aligned}|D^k F(x)-D^k f_a(x)|&=\left|\left(R_a^m(F-f_a)\right)^k(x)\right|\\ &\leqq C'\,|x-a|^{m-|k|}\,\alpha(|x-a|)\end{aligned} \tag{1.4.1}$$

où C' est une constante indépendante de x et a.

Soit d un nombre réel >0. Les cubes ouverts de côté $2d$, centrés aux points $(j_1 d,\dots,j_n d)$ ($j_1,\dots,j_n$ sont des entiers) forment un recouvrement ouvert I de $\mathbb{R}^n$. Une construction semblable à celle du lemme IV.2.1 (et même beaucoup plus simple) permet d'obtenir une partition de l'unité ϕ_i ($i\in I$) subordonnée à I et telle que, si $|k|\leqq m$:

$$\sum_{i\in I}|D^k\phi_i(x)|\leqq\frac{C''}{d^{|k|}} \tag{1.4.2}$$

(C'' est une constante ne dépendant que de m et n). Soit I' la famille des cubes L de I qui rencontrent K. Si $L\in I'$, soit a_L un point de $L\cap K$. Posons:

$$\phi=\sum_{L\in I'}\phi_L,\qquad f=\sum_{L\in I'}\phi_L\, f_{a_L}.$$

On a $\phi(x)=1$ au voisinage de K et:

$$\begin{aligned}|\phi\, F-f|_m&=\sup_{\substack{x\in\Lambda\\|k|\leqq m}}|D^k(\phi\, F-f)(x)|\\&\leqq\sup_{\substack{x\in\Lambda\\|k|\leqq m}}\sum_{L\in I'}|D^k(\phi_L\, F-\phi_L\, f_{a_L})(x)|.\end{aligned}$$

D'après la formule de Leibniz et les inégalités (1.4.1) et (1.4.2):

$$|\phi\, F-f|_m\leqq C'''\cdot\alpha(d)\qquad\text{où } C'''$$

ne dépend pas de d.

Il suffit alors de choisir d tel que $C'''\cdot\alpha(d)\leqq\varepsilon$. □

Preuve du théorème 1.3. Posons $B_p=\{a\in\Lambda\,|\,\text{rang de } T_a^m N\leqq p\}$: B_p est un sous-ensemble fermé de Λ. Si $p\geqq 0$, posons $A_p=B_p\smallsetminus B_{p-1}$. Considérons la proposition:

(H_p) si $F\in\hat{N}$ et si $\varepsilon>0$, il existe une fonction $\phi\in\mathscr{E}^m(\Lambda)$, et un élément f de N, tels que $\phi=1$ au voisinage de B_p et $|\phi\, F-f|_m\leqq\varepsilon$.

La proposition (H_0) est vraie, d'après le lemme 1.4 et le fait que $A_0=B_0$ est fermé. Supposons (H_{p-1}) vraie et démontrons (H_p). Par hypothèse, $\varepsilon>0$ étant donné, il existe $\phi_{p-1}\in\mathscr{E}^m(\Lambda)$ et $f_{p-1}\in N$ tels que $\phi_{p-1}=1$ sur un voisinage ouvert V_{p-1} de B_{p-1} et $|\phi_{p-1}F-f_{p-1}|_m\leqq\frac{\varepsilon}{2}$. Posons $K=B_p\smallsetminus V_{p-1}$: K est un sous-ensemble compact de A_p et d'après le lemme 1.4 (appliqué à $(1-\phi_{p-1})\,F$ au lieu de F), il existe $f\in N$ et $\phi\in\mathscr{E}^m(\Lambda)$, $\phi=1$ au voisinage de K, tels que:

$$|\phi(1-\phi_{p-1})\,F-f|_m\leqq\frac{\varepsilon}{2}.$$

Posons $\phi_p=\phi_{p-1}+\phi(1-\phi_{p-1})$; $f_p=f+f_{p-1}$. On a $\phi_p=1$ au voisinage de B_p et $|\phi_p F-f_p|_m\leqq\varepsilon$. Ceci démontre ($H_p$) par récurrence sur p et donc l'inclusion $\hat{N}\subset\bar{N}$ (car il existe un entier p tel que $B_p=\Lambda$). L'inclusion inverse étant évidente, le théorème est démontré. □

Soir Ω un ouvert de $\mathbb{R}^n$. Si $a\in\Omega$, on note encore T_a^m (resp. T_a) l'application de restriction: $\mathscr{E}^m(\Omega)^q\to\mathscr{E}^m(a)^q$ (resp. $\mathscr{E}(\Omega)^q\to\mathscr{E}(a)^q$). Si N est un sous-module de $\mathscr{E}^m(\Omega)^q$ (resp. $\mathscr{E}(\Omega)^q$), on pose comme précédemment $\hat{N}=\bigcap_{a\in\Omega}(T_a^m)^{-1}(T_a^m N)$ (resp. $\hat{N}=\bigcap_{a\in\Omega}(T_a)^{-1}(T_a N)$).

Corollaire 1.5. *Soit N un sous-module de $\mathscr{E}^m(\Omega)^q$. L'adhérence $\bar{N}$ de N dans $\mathscr{E}^m(\Omega)^q$ est égale à $\hat{N}$.*

Preuve. Soit ϕ_i $(i\in I)$ une partition de l'unité C^∞ de l'ouvert Ω, subordonnée à un recouvrement localement fini de Ω par des cubes ouverts Λ_i $(i\in I)$ tels que $\bar{\Lambda}_i\subset\Omega$. Soit $f\in\hat{N}$. En appliquant le théorème à $\phi_i\cdot f|\bar{\Lambda}_i$, on voit que $\phi_i\cdot f\in\bar{N}$. Il résulte de là et de la définition de la topologie de $\mathscr{E}^m(\Omega)^q$, que $f=\sum_{i\in I}\phi_i\cdot f\in\bar{N}$. Donc $\hat{N}\subset\bar{N}$ et l'inclusion inverse est évidente. □

Corollaire 1.6. *Soit N un sous-module de $\mathscr{E}(\Omega)^q$. L'adhérence $\bar{N}$ de N dans $\mathscr{E}(\Omega)^q$ est égale à $\hat{N}$. En particulier, pour tout $a\in\Omega$, $T_a N=T_a\bar{N}$.*

Preuve. Soit $a\in\Omega$. L'anneau $\mathscr{E}(a)$ est isomorphe à l'anneau des séries formelles $\mathbb{R}[[x_1,\ldots,x_n]]$ (d'après le théorème de Borel généralisé). D'après le lemme I.8.1, le sous-module $T_a N$ de $\mathscr{E}(a)^q$ est fermé pour la topologie de Krull, donc fermé pour la topologie de la convergence simple sur les coefficients. Ainsi $\hat{N}=\bigcap_{a\in\Omega}(T_a)^{-1}(T_a N)$ est fermé dans $\mathscr{E}(\Omega)^q$ et contient N. Il en résulte que $\hat{N}\supset\bar{N}$.

Soient K un sous-ensemble compact de Ω, m un entier positif, ε un nombre réel >0. Soit $f\in\hat{N}$. Puisque $T_a^m f\in T_a^m N$ pour tout $a\in\Omega$, f appartient à l'adhérence du module engendré par N sur $\mathscr{E}^m(\Omega)$ dans $\mathscr{E}^m(\Omega)^q$. Il existe donc $\phi'_1,\phi'_2,\ldots,\phi'_k$ appartenant à $\mathscr{E}^m(\Omega)$ et $g_1,g_2,\ldots,g_k$ appartenant à N tels que $\left|f-\sum_{i=1}^{k}g_i\,\phi'_i\right|_m^K\leqq\varepsilon/2$. L'anneau $\mathscr{E}(\Omega)$ étant dense dans $\mathscr{E}^m(\Omega)$ on peut trouver des ϕ_i dans $\mathscr{E}(\Omega)$ tels que:

$$\left|f-\sum_{i=1}^{k}g_i\,\phi_i\right|_m^K\leqq\varepsilon.$$

Ainsi $f\in\bar{N}$ et $\bar{N}\supset\hat{N}$. □

2. Modules de Fréchet sur $\mathscr{E}(\Omega)$

Soit Ω un ouvert de $\mathbb{R}^n$. Si X est un sous-ensemble fermé de Ω, on note simplement $\underline{m}_X^\infty$ l'idéal $\mathscr{I}(X,\Omega)$ des fonctions de $\mathscr{E}(\Omega)$ plates sur X (donc $\mathscr{E}(X)$ s'identifie à l'anneau $\mathscr{E}(\Omega)/\underline{m}_X^\infty$). On désigne par T_X la projection canonique: $\mathscr{E}(\Omega)\to\mathscr{E}(X)$. Si $a\in\Omega$, l'anneau $\mathscr{E}(a)$ s'identifie à l'anneau des séries formelles $\mathscr{F}_n=\mathbb{R}[[x_1,\ldots,x_n]]$. Pour cette raison, nous le noterons $\mathscr{F}_a$. Posons $\tilde{\mathscr{F}}(\Omega)=\prod_{a\in\Omega}\mathscr{F}_a$. On a une injection canonique i_Ω:

$$\mathscr{E}(\Omega)\ni f\to(T_a f)_{a\in\Omega}\in\tilde{\mathscr{F}}(\Omega).$$

Soit M un module de type fini sur $\mathscr{E}(\Omega)$. Considérons une suite exacte:

$$0 \to N \to \mathscr{E}(\Omega)^q \to M \to 0. \qquad (*)$$

On munit M de la topologie quotient de $\mathscr{E}(\Omega)^q/N$: cette topologie τ_* est indépendante de la suite exacte $(*)$. En effet, soit:

$$0 \to N' \to \mathscr{E}(\Omega)^{q'} \to M \to 0 \qquad (*')$$

une seconde suite exacte. On peut construire un diagramme commutatif:

$$\begin{array}{ccccccccc}
0 & \longrightarrow & N & \longrightarrow & \mathscr{E}(\Omega)^q & \longrightarrow & M & \longrightarrow & 0 \\
 & & \downarrow & & \downarrow & & \downarrow {\scriptstyle 1_M} & & \\
0 & \longrightarrow & N' & \longrightarrow & \mathscr{E}(\Omega)^{q'} & \longrightarrow & M & \longrightarrow & 0
\end{array}$$

ce qui eintraîne $\tau_* > \tau_{*'}$. De même $\tau_* < \tau_{*'}$, donc $\tau_* = \tau_{*'}$. Cette topologie sera dite *canonique*.

Proposition 2.1. *Soit M un module de présentation finie sur $\mathscr{E}(\Omega)$. Les conditions suivantes sont équivalentes:*

(1) *La topologie canonique de M est séparée (donc M est un espace de Fréchet).*

(2) *L'application canonique $\mathfrak{i}_M$:*

$$M \to M \otimes_{\mathscr{E}(\Omega)} \tilde{\mathscr{F}}(\Omega) \quad \textit{est injective.}$$

Preuve. Considérons une suite exacte:

$$0 \to N \to \mathscr{E}(\Omega)^q \to M \to 0.$$

On en déduit le diagramme commutatif:

$$\begin{array}{ccccc}
0 \to \Big(\bigcap_{a\in\Omega} N + \underline{m}_a^\infty \cdot \mathscr{E}(\Omega)^q\Big)/N \to M & \longrightarrow & \prod_{a\in\Omega} M \otimes_{\mathscr{E}(\Omega)} \mathscr{F}_a \\
 & {\scriptstyle \mathfrak{i}_M} \searrow & \uparrow {\scriptstyle \mathfrak{j}_M} \\
 & & M \otimes_{\mathscr{E}(\Omega)} \tilde{\mathscr{F}}(\Omega)
\end{array}$$

où $\mathfrak{j}$ désigne un morphisme fonctoriel évident entre deux foncteurs exacts à droite. Le module M admet une présentation finie:

$$\mathscr{E}(\Omega)^p \to \mathscr{E}(\Omega)^q \to M \to 0.$$

Puisque $\mathfrak{j}_{\mathscr{E}(\Omega)^q}$ et $\mathfrak{j}_{\mathscr{E}(\Omega)^p}$ sont des isomorphismes, $\mathfrak{j}_M$ est un isomorphisme. La première ligne du diagramme étant exacte, l'application $\mathfrak{i}_M$ sera injective si et seulement si $N = \hat{N} = \bigcap_{a\in\Omega} N + \underline{m}_a^\infty \cdot \mathscr{E}(\Omega)^q$, i.e. si et seulement si N est un sous-module fermé de $\mathscr{E}(\Omega)^q$. □

Définition 2.2. Un module M sur $\mathscr{E}(\Omega)$ est un *module de Fréchet* s'il est de présentation finie sur $\mathscr{E}(\Omega)$ et s'il vérifie les conditions équivalentes (1) et (2) de la proposition précédente.

Proposition 2.3. *Soit N un sous-module fermé de $\mathscr{E}(\Omega)^q$ et soit X un sous-ensemble fermé de Ω. On a l'égalité:*

$$\underline{m}_X^\infty \cdot N = N \cap \underline{m}_X^\infty \cdot \mathscr{E}(\Omega)^q.$$

Cette proposition est une conséquence facile du lemme suivant:

Lemme 2.4. *Soit f_i $(i \in \mathbb{N})$ une famille dénombrable de fonctions appartenant à l'idéal $\underline{m}_X^\infty$. Alors, il existe $g \in \underline{m}_X^\infty$, strictement positive sur $\Omega \setminus X$, telle que, $\forall i \in \mathbb{N}$: $f_i \in g \cdot \underline{m}_X^\infty$.*

En effet, supposons démontré le lemme précédent. Soit

$$f \in N \cap \underline{m}_X^\infty \cdot \mathscr{E}(\Omega)^q.$$

D'après 2.4, il existe $g \in \underline{m}_X^\infty$, $g>0$ sur $\Omega \setminus X$, et $h \in \underline{m}_X^\infty \cdot \mathscr{E}(\Omega)^q$, tels que $f = g \cdot h$. Visiblement, $h \in \bigcap_{a \in \Omega} N + \underline{m}_a^\infty \cdot \mathscr{E}(\Omega)^q = N$ et donc: $f \in \underline{m}_X^\infty \cdot N$. Donc $\underline{m}_X^\infty \cdot N \supset N \cap \underline{m}_X^\infty \cdot \mathscr{E}(\Omega)^q$ et l'inclusion inverse est évidente.

Preuve du lemme 2.4. Supposons d'abord que X est un sous-ensemble compact de Ω. On peut alors admettre, pour la démonstration, que $\Omega = \mathbb{R}^n$.

Pour tout entier $i \geqq 0$, posons $U_i = \{a \in \mathbb{R}^n;\, d(a, X) < 1/2^i\}$; $F_i = \bar{U}_i \setminus U_{i+1}$, et pour $i>0$, $G_i = (\mathbb{R}^n \setminus U_{i-1}) \cup (\bar{U}_{i+2})$. La distance entre les fermés F_i et G_i est supérieure à $1/2^{i+2}$. D'après le lemme IV.3.3, il existe des fonctions $\alpha_i \in \mathscr{E}(\mathbb{R}^n)$ telles que:

$\alpha_i = 1$ sur F_i; $\alpha_i = 0$ sur G_i; $\alpha_i \geqq 0$ et il existe des constantes C_r indépendantes de $i \in \mathbb{N}^+$, telles que:

$$|\alpha_i|_r^{\mathbb{R}^n} \leqq C_r \cdot 2^{ir}. \tag{2.4.1}$$

Par hypothèse, $f_i \in \underline{m}_X^\infty$; à tout entier $r>0$, on peut donc associer un entier $\mu(r)>0$ tel que, $\forall a \in U_{\mu(r)}$ et $\forall i \in [0, r]$, on ait l'inégalité:

$$|f_i|_r^a \leqq d(a, X)^{r^2}. \tag{2.4.2}$$

On peut supposer la suite $\mu(r)$ croissante et tendant vers l'infini, quand r tend vers l'infini. Nous construisons une suite $S(i)$ d'entiers positifs, comme suit: $S(i) = r$, si $\mu(r) \leqq i < \mu(r+1)$.

Les inégalités (2.4.1) entraînent que la série $\sum_{i=\mu(1)}^{\infty} \left(\frac{1}{2^i}\right)^{S(i)} \cdot \alpha_i$ converge uniformément sur $\mathbb{R}^n$ ainsi que toutes ses dérivées. Soit $g' \in \underline{m}_X^\infty$ sa limite. Puisque g' est strictement positive sur $U \setminus X$, où U est un voisinage de X, on peut en modifiant de façon convenable g', construire une fonction $g\in\mathscr{E}(\mathbb{R}^n)$, strictement positive sur $\mathbb{R}^n\setminus X$ et égale à g' dans un voisinage de X. Donc, en restriction à $\mathbb{R}^n\setminus X$, $f_i=g\cdot h_i$, où les h_i sont indéfiniment dérivables sur $\mathbb{R}^n\setminus X$: il reste à montrer que les quotients h_i sont prolongeables en des fonctions plates sur X.

Soit $a\in U_{\mu(r)}\setminus U_{\mu(r+1)}$; alors $a\in F_j$ avec $\mu(r)\leqq j<\mu(r+1)$. Ainsi:

$$g'(a)\geqq\left(\frac{1}{2^j}\right)^{S(j)}=\left(\frac{1}{2^j}\right)^r\geqq d(a,X)^r. \tag{2.4.3}$$

Pour tout $s\in\mathbb{N}$, il existe des constantes $C'_s>0$, telles que:

$$\forall i\in\mathbb{N} \text{ et } \forall a\in U_0\setminus X \qquad \left|\frac{f_i}{g'}\right|_s^a\leqq C'_s\cdot\frac{|f_i|_s^a}{(g'(a))^{s+1}}. \tag{2.4.4}$$

En définitive, si $r\geqq s$, et si $a\in U_{\mu(r)}\setminus U_{\mu(r+1)}$, d'après (2.4.2), (2.4.3) et (2.4.4):

$$\forall i\in[0,s] \qquad \left|\frac{f_i}{g'}\right|_s^a\leqq C'_s\cdot\frac{|f_i|_r^a}{(g'(a))^{s+1}}\leqq C'_s\cdot d(a,X)^{r(r-s-1)}.$$

Donc, lorsque $d(a,X)\to 0$, $|h_i|_s^a\to 0$, i.e. les h_i se prolongent en des fonctions C^∞, plates sur X. Ceci démontre le lemme, lorsque X est compact.

Si X est un fermé quelconque de Ω, soit ϕ_j ($j\in\mathbb{N}$) une partition de l'unité C^∞ de l'ouvert Ω, subordonnée à un recouvrement localement fini de Ω par des ouverts relativement compacts Λ_j. Posons $X_j=\operatorname{supp}\phi_j\cap X$. On construit (par récurrence sur j, en utilisant la première partie de la démonstration) des fonctions $g_j\in\underline{m}_{X_j}^\infty$ telles que $g_j=1$ sur $\Omega\setminus\Lambda_j$; $g_j>0$ sur $\Omega\setminus X_j$ et, $\forall i\in\mathbb{N}, f_i\in g_0\cdot g_1\ldots g_j\cdot\underline{m}_X^\infty$.

Tout point de Ω possède un voisinage sur lequel $g_j=1$ pour tous les indices j, sauf un nombre fini d'entre eux. Posons $g=\prod_{j=0}^{\infty}g_j$. Visiblement, $\forall i\in\mathbb{N}, f_i\in g\cdot\underline{m}_X^\infty$; $g\in\underline{m}_X^\infty$ et $g>0$ sur $\Omega\setminus X$. □

Corollaire 2.5. *Soit M un module de Fréchet sur $\mathscr{E}(\Omega)$ et soit X un sous-ensemble fermé de Ω. On a l'égalité:* $\operatorname{Tor}_1^{\mathscr{E}(\Omega)}(M,\mathscr{E}(X))=0$.

Preuve. Considérons une suite exacte de modules sur $\mathscr{E}(\Omega)$: $0\to N\to\mathscr{E}(\Omega)^q\to M\to 0$. Nous devons montrer que l'application: $N\otimes_{\mathscr{E}(\Omega)}\mathscr{E}(X)\to\mathscr{E}(X)^q$ est injective, i.e. que $\underline{m}_X^\infty\cdot N=N\cap\underline{m}_X^\infty\cdot\mathscr{E}(\Omega)^q$. Ceci résulte de la proposition 2.3. □

Corollaire 2.6. *Soit: $0\to M'\to M\to M''\to 0$ une suite exacte de modules sur $\mathscr{E}(\Omega)$. Si M' et M'' sont des modules de Fréchet, M est un module de Fréchet.*

Preuve. Les modules M' et M'' étant de présentation finie, il en sera de même de M. Considérons le diagramme commutatif où les lignes sont exactes:

$$\begin{array}{ccccccccc}
 & & 0\longrightarrow & M' & \longrightarrow & M & \longrightarrow & M'' & \longrightarrow 0\\
 & & & \downarrow{\scriptstyle \mathfrak{i}_{M'}} & & \downarrow{\scriptstyle \mathfrak{i}_M} & & \downarrow{\scriptstyle \mathfrak{i}_{M''}} & \\
 & & & M'\otimes\tilde{\mathscr{F}}(\Omega) & \longrightarrow & M\otimes\tilde{\mathscr{F}}(\Omega) & \longrightarrow & M''\otimes\tilde{\mathscr{F}}(\Omega) & \longrightarrow 0\\
 & & & \wr\downarrow{\scriptstyle \mathfrak{i}_{M'}} & & \wr\downarrow{\scriptstyle \mathfrak{i}_M} & & \wr\downarrow{\scriptstyle \mathfrak{i}_{M''}} & \\
\prod\limits_{a\in\Omega}\mathrm{Tor}_1^{\mathscr{E}(\Omega)}(M'',\mathscr{F}_a) & \longrightarrow & & \prod\limits_{a\in\Omega} M'\otimes\mathscr{F}_a & \longrightarrow & \prod\limits_{a\in\Omega} M\otimes\mathscr{F}_a & \longrightarrow & \prod\limits_{a\in\Omega} M''\otimes\mathscr{F}_a & \longrightarrow 0
\end{array}$$

D'après le corollaire 2.5, $\prod\limits_{a\in\Omega}\mathrm{Tor}_1^{\mathscr{E}(\Omega)}(M'',\mathscr{F}_a)=0$. Les applications $\mathfrak{i}_{M'}$ et $\mathfrak{i}_{M''}$ étant injectives, $\mathfrak{i}_M$ est injective. □

Corollaire 2.7. *Soit M un module sur $\mathscr{E}(\Omega)$ admettant une 2-présentation finie:*

$$\mathscr{E}(\Omega)^{n_2}\to\mathscr{E}(\Omega)^{n_1}\to\mathscr{E}(\Omega)^{n_0}\to M\to 0.$$

Le module M est un module de Fréchet si et seulement si

$$\mathrm{Tor}_1^{\mathscr{E}(\Omega)}\big(M,\tilde{\mathscr{F}}(\Omega)/\mathscr{E}(\Omega)\big)=0.$$

Dans ce cas: $\mathrm{Tor}_1^{\mathscr{E}(\Omega)}\big(M,\tilde{\mathscr{F}}(\Omega)\big)=0$.

Preuve. En tensorisant par M sur $\mathscr{E}(\Omega)$ la suite exacte:

$$0\to\mathscr{E}(\Omega)\to\tilde{\mathscr{F}}(\Omega)\to\tilde{\mathscr{F}}(\Omega)/\mathscr{E}(\Omega)\to 0,$$

on obtient une suite exacte:

$$\mathrm{Tor}_1^{\mathscr{E}(\Omega)}\big(M,\tilde{\mathscr{F}}(\Omega)\big)\to\mathrm{Tor}_1^{\mathscr{E}(\Omega)}\big(M,\tilde{\mathscr{F}}(\Omega)/\mathscr{E}(\Omega)\big)\to M\xrightarrow{\mathfrak{i}_M} M\otimes_{\mathscr{E}(\Omega)}\tilde{\mathscr{F}}(\Omega).$$

Le module M admettant une 2-présentation finie, on vérifie facilement que

$$\mathrm{Tor}_1^{\mathscr{E}(\Omega)}\big(M,\tilde{\mathscr{F}}(\Omega)\big)\simeq\prod_{a\in\Omega}\mathrm{Tor}_1^{\mathscr{E}(\Omega)}(M,\mathscr{F}_a).$$

Le corollaire résulte alors de 2.1 et 2.5. □

Soient X un sous-ensemble fermé de Ω; $\underline{m}_X^{(i)}$ l'idéal de $\mathscr{E}(\Omega)$ formé des fonctions $(i-1)$-plates sur X. Soit M_X un module de type fini sur $\mathscr{E}(X)$; munissons M_X de la structure de groupe topologique *(topologie de Krull)* définie comme suit: un système fondamental de voisinages de l'origine de M_X est formé des $\underline{m}_X^{(i)}\cdot M_X$, $i\in\mathbb{N}$. Démontrons le résultat suivant, analogue au lemme I.8.1.

Proposition 2.8. (1) *Soit N un sous-module fermé de type fini de $\mathscr{E}(\Omega)^q$. Le module $T_X(N)$ engendré par N dans $\mathscr{E}(X)^q$ est fermé dans $\mathscr{E}(X)^q$ muni de la topologie de Krull.*

(2) *Soit M un module de Fréchet sur $\mathscr{E}(\Omega)$. Le module $M \otimes_{\mathscr{E}(\Omega)} \mathscr{E}(X)$ est séparé pour la topologie de Krull.*

Preuve. L'assertion (2) résulte de (1): en effet, si $M = \mathscr{E}(\Omega)^q/N$, le module $M \otimes_{\mathscr{E}(\Omega)} \mathscr{E}(X) = \mathscr{E}(X)^q/T_X(N)$ est séparé si et seulement si $T_X(N)$ est fermé dans $\mathscr{E}(X)^q$ muni de la topologie de Krull.

Démontrons l'assertion (1), i.e. l'égalité:

$$N + \underline{m}_X^\infty \cdot \mathscr{E}(\Omega)^q = \bigcap_{i \in \mathbb{N}} N + \underline{m}_X^{(i)} \cdot \mathscr{E}(\Omega)^q.$$

Par une partition de l'unité, on se ramène au cas où X *est compact*, ce que nous supposerons par la suite. Soit $\varphi \in \bigcap_{i \in \mathbb{N}} N + \underline{m}_X^{(i)} \cdot \mathscr{E}(\Omega)^q$. Il existe des $\varphi_i \in N$ et des $\Psi_i \in \underline{m}_X^{(i)} \cdot \mathscr{E}(\Omega)^q$, tels que, $\forall i \in \mathbb{N}$: $\varphi = \varphi_i + \Psi_i$. Donc $\varphi_{i+1} - \varphi_i \in N$ et est $(i-1)$-plate sur X. D'après IV.3.4, il existe des fonctions $\alpha_\varepsilon \in \mathscr{E}(\Omega)$ (ε réel >0), telles que: $\alpha_\varepsilon = 1$ au voisinage de X et $\forall i \geqq 1$: $\lim_{\varepsilon \to 0} |\alpha_\varepsilon(\varphi_{i+1} - \varphi_i)|_{i-1}^\Omega = 0$.

Soit $\{g_1, \ldots, g_p\}$ un système de générateurs de N. D'après l'hypothèse et le théorème du graphe fermé, l'application

$$\mathscr{E}(\Omega)^p \ni (f_1, \ldots, f_p) \to \sum_{j=1}^p f_j \cdot g_j \in N$$

est un épimorphisme d'espaces de Fréchet.

Il existe donc une suite de fonctions $\alpha_i \in \mathscr{E}(\Omega)$, $\alpha_i = 1$ au voisinage de X; une suite d'entiers $\beta(i)$, $\beta(i) \to \infty$ quand $i \to \infty$; une suite de compacts K_i telle que $K_i \subset \mathring{K}_{i+1}$ et $\bigcup_{i=1}^\infty K_i = \Omega$; enfin, des fonctions $f_{i,j} \in \mathscr{E}(\Omega)$, telles que:

$$\alpha_i(\varphi_{i+1} - \varphi_i) = \sum_{j=1}^p f_{i,j} \cdot g_j$$

et

$$|f_{i,j}|_{\beta(i)}^{K_i} \leqq \frac{1}{2^i}.$$

On a donc:

$$\begin{aligned} \varphi &= \varphi_1 + \psi_1 + \sum_{i=1}^\infty \alpha_i(\varphi_{i+1} + \Psi_{i+1} - \varphi_i - \Psi_i) \\ &= \left(\varphi_1 + \sum_{j=1}^p g_j \sum_{i=1}^\infty f_{i,j}\right) + \left(\Psi_1 + \sum_{i=1}^\infty \alpha_i(\Psi_{i+1} - \Psi_i)\right). \end{aligned}$$

Visiblement, la série à l'intérieur de la première parenthèse converge dans $\mathscr{E}(\Omega)^q$ vers un élément de N; quant à la seconde, elle converge vers un élément de $\underline{m}_X^\infty \cdot \mathscr{E}(\Omega)^q$. Ceci démontre la proposition. □

Corollaire 2.9. *Soit N un sous-module fermé de type fini de $\mathscr{E}(\Omega)^q$ et soient N_i ($i \in \mathbb{N}$) des sous-modules fermés de $\mathscr{E}(\Omega)^q$ tels que, $\forall i \in \mathbb{N}$:*

$$N + \underline{m}_X^\infty \cdot \mathscr{E}(\Omega)^q \subset N_i \subset N + \underline{m}_X^{(i)} \cdot \mathscr{E}(\Omega)^q.$$

Alors $T_X(N)$ est un sous-module fermé de $\mathscr{E}(X)^q$ (muni de sa topologie habituelle, quotient de celle de $\mathscr{E}(\Omega)^q$ par la projection canonique $\mathscr{E}(\Omega)^q \to \mathscr{E}(X)^q$).

Preuve. Il faut démontrer que $N + \underline{m}_X^\infty \cdot \mathscr{E}(\Omega)^q$ est un sous-module fermé de $\mathscr{E}(\Omega)^q$. Mais, d'après 2.8.1 et l'hypothèse:

$$N + \underline{m}_X^\infty \cdot \mathscr{E}(\Omega)^q = \bigcap_{i \in \mathbb{N}} N_i;$$

d'où le résultat. □

3. Modules de Fréchet locaux

Soit $\mathscr{E}$ le faisceau des germes de fonctions numériques de classe C^∞ sur l'ouvert Ω.

Définition 3.1. Un faisceau différentiable $\mathscr{M}$ sur Ω (i.e. un faisceau de modules unitaires sur le faisceau d'anneaux $\mathscr{E}$) est *quasi-flasque*, si pour tout ouvert U de Ω, l'application canonique:

$$\mathscr{M}(\Omega) \otimes_{\mathscr{E}(\Omega)} \mathscr{E}(U) \to \mathscr{M}(U)$$

est un isomorphisme.

Nous avons reporté dans l'appendice de ce chapitre les propriétés, d'ailleurs très élémentaires, de ces faisceaux. Nous les utiliserons fréquemment dans ce paragraphe.

Exemples 3.2. Voici quelques exemples de faisceaux quasi-flasques.

(1) Soit $\mathscr{M}(\Omega)$ un module de présentation finie sur $\mathscr{E}(\Omega)$. Il existe une suite exacte:

$$\mathscr{E}(\Omega)^p \xrightarrow{\lambda_\Omega} \mathscr{E}(\Omega)^q \to \mathscr{M}(\Omega) \to 0.$$

Le morphisme λ_Ω définit un morphisme λ: $\mathscr{E}^p \to \mathscr{E}^q$. Si $\mathscr{M} = \operatorname{coker} \lambda$, pour tout ouvert U de Ω, $\mathscr{M}(U) = \mathscr{M}(\Omega) \otimes_{\mathscr{E}(\Omega)} \mathscr{E}(U)$: le faisceau $\mathscr{M}$ est donc quasi-flasque. Nous dirons que $\mathscr{M}$ est le *faisceau associé au module* $\mathscr{M}(\Omega)$.

(2) On définit un faisceau flasque $\tilde{\mathscr{F}}$ sur Ω en associant à tout ouvert U de Ω le module $\tilde{\mathscr{F}}(U)$ sur $\mathscr{E}(U)$: $\tilde{\mathscr{F}}$ est le faisceau des germes de champs de séries formelles sur Ω. Vérifions que $\tilde{\mathscr{F}}$ est quasi-flasque, i.e. que l'application canonique: $\tilde{\mathscr{F}}(\Omega) \otimes_{\mathscr{E}(\Omega)} \mathscr{E}(U) \to \tilde{\mathscr{F}}(U)$ est un isomorphisme. Elle est visiblement surjective. Soient $\varphi_1, \ldots, \varphi_p \in \tilde{\mathscr{F}}(\Omega)$;

$f_1, \dots, f_p \in \mathscr{E}(U)$ tels que $\sum_{i=1}^{p} \varphi_i f_i = 0$. D'après le lemme 6.1, il existe $\alpha \in \mathscr{E}(\Omega)$, telle que α soit plate sur $\Omega \setminus U$, ne s'annule en aucun point de U et les fonctions $\alpha \cdot f_i$ se prolongent en des fonctions f_i' indéfiniment dérivables sur Ω, plates sur $\Omega \setminus U$. Visiblement,

$$\sum_{i=1}^{p} \varphi_i f_i' = 0 \quad \text{et} \quad \sum_{i=1}^{p} \varphi_i \otimes f_i = \sum_{i=1}^{p} \varphi_i \otimes \frac{f_i'}{\alpha} = \left(\sum_{i=1}^{p} \varphi_i f_i' \right) \otimes 1/\alpha = 0.$$

(3) Les faisceaux $\mathscr{M}$ et $\tilde{\mathscr{F}}$ étant quasi-flasques, il en sera de même de $\mathscr{M} \otimes_{\mathscr{E}} \tilde{\mathscr{F}}$: en effet, on a une suite exacte: $\mathscr{E}^p \xrightarrow{\varphi} \mathscr{E}^q \to \mathscr{M} \to 0$, d'où une suite exacte: $\tilde{\mathscr{F}}^p \to \tilde{\mathscr{F}}^q \to \mathscr{M} \otimes_{\mathscr{E}} \tilde{\mathscr{F}} \to 0$. Les faisceaux $\tilde{\mathscr{F}}^q$, $\tilde{\mathscr{F}}^p$ étant quasi-flasques, $\mathscr{M} \otimes_{\mathscr{E}} \tilde{\mathscr{F}}$ est quasi-flasque (proposition 6.3). Il en sera de même de $\ker \mathrm{i}_{\mathscr{M}}$ où $\mathrm{i}_{\mathscr{M}}$ est l'application canonique: $\mathscr{M} \to \mathscr{M} \otimes_{\mathscr{E}} \tilde{\mathscr{F}}$.

Soit $a \in \Omega$. Si M est un module de présentation finie sur $\mathscr{E}_a$, il est aisé de construire un module de présentation finie $\mathscr{M}(\Omega)$ sur $\mathscr{E}(\Omega)$ tel que $M = \mathscr{M}(\Omega) \otimes_{\mathscr{E}(\Omega)} \mathscr{E}_a$ (i.e. M est la fibre en a du faisceau $\mathscr{M}$ associé au module $\mathscr{M}(\Omega)$). Un tel module $\mathscr{M}(\Omega)$ sera par définition un *représentant de M sur Ω.*

Proposition 3.3. *Si U est un ouvert de Ω et si $\mathscr{M}(\Omega)$ est un module de Fréchet sur $\mathscr{E}(\Omega)$, $\mathscr{M}(U) = \mathscr{M}(\Omega) \otimes_{\mathscr{E}(\Omega)} \mathscr{E}(U)$ est un module de Fréchet sur $\mathscr{E}(U)$.*

Preuve. Il suffit de tensoriser par $\mathscr{E}(U)$ sur $\mathscr{E}(\Omega)$ l'application $\mathrm{i}_{\mathscr{M}(\Omega)}$ et de remarquer que $\mathscr{E}(U)$ est un module plat sur $\mathscr{E}(\Omega)$ (corollaire 6.2) et que $\tilde{\mathscr{F}}$ est quasi-flasque. □

Proposition 3.4. *Soit M un module de présentation finie sur $\mathscr{E}_a$. Les conditions suivantes sont équivalentes:*

(1) *Si $\mathscr{M}(\Omega)$ est un représentant de M sur Ω, il existe un voisinage ouvert U de a dans Ω tel que $\mathscr{M}(U)$ soit un module de Fréchet sur $\mathscr{E}(U)$.*

(2) *L'application canonique i_M: $M \to M \otimes_{\mathscr{E}_a} \tilde{\mathscr{F}}_a$ est injective.*

Preuve. Soit $\mathscr{M}$ le faisceau associé au représentant $\mathscr{M}(\Omega)$. Le noyau $\ker \mathrm{i}_{\mathscr{M}}$ du morphisme canonique: $\mathscr{M} \to \mathscr{M} \otimes_{\mathscr{E}} \tilde{\mathscr{F}}$ est quasi-flasque. La condition (2) signifie que $(\ker \mathrm{i}_{\mathscr{M}})_a = 0$; d'après le corollaire 6.5, il existe un voisinage ouvert U de a tel que $\ker \mathrm{i}_{\mathscr{M}} | U = 0$; i.e. $\mathrm{i}_{\mathscr{M}(U)}$ est injective, i.e. $\mathscr{M}(U)$ est un module de Fréchet sur $\mathscr{E}(U)$. Ainsi (2) entraîne (1).

Réciproquement, si $\mathrm{i}_{\mathscr{M}(U)}$ est injectif et si $\mathscr{V}$ est un système fondamental de voisinages ouverts de a dans U, $\mathrm{i}_{\mathscr{M}(V)}$ est injectif (d'après 3.3) pour tout $V \in \mathscr{V}$. Donc $\mathrm{i}_M = \varinjlim \mathrm{i}_{\mathscr{M}(V)}$ est injectif. □

Définition 3.5. Un module M sur $\mathscr{E}_a$ est *un module de Fréchet* s'il est de présentation finie et s'il vérifie l'une ou l'autre des conditions (1) et (2) de la proposition 3.4.

Un sous-module N de $\mathscr{E}_a^q$ est *fermé* si $\mathscr{E}_a^q/N$ est un module de Fréchet. Cela signifie encore que N est induit par un sous-module fermé, de type fini de $\mathscr{E}(U)^q$, où U est un voisinage convenable de a.

Proposition 3.6. *Soit M un module de Fréchet sur $\mathscr{E}_a$. On a l'égalité:*

$$\operatorname{Tor}_1^{\mathscr{E}_a}(M, \mathscr{F}_a) = 0$$

(ceci résulte trivialement de la définition précédente et du corollaire 2.5).

Proposition 3.7. *Soit M un module sur $\mathscr{E}_a$ admettant une 2-présentation finie:*

$$\mathscr{E}_a^{n_2} \to \mathscr{E}_a^{n_1} \to \mathscr{E}_a^{n_0} \to M \to 0.$$

Le module M est un module de Fréchet si et seulement si $\operatorname{Tor}_1^{\mathscr{E}_a}(M, \tilde{\mathscr{F}}_a/\mathscr{E}_a) = 0$. *Dans ce cas:* $\operatorname{Tor}_1^{\mathscr{E}_a}(M, \tilde{\mathscr{F}}_a) = 0$ (ceci résulte trivialement de la définition 3.5 et du corollaire 2.7).

Proposition 3.8. *Soit $0 \to M' \xrightarrow{\alpha_a} M \xrightarrow{\beta_a} M'' \to 0$ une suite exacte de modules sur $\mathscr{E}_a$. Si M' et M'' sont des modules de Fréchet, M est un module de Fréchet.*

Preuve. Les modules M' et M'' étant de présentation finie, il en est de même de M. Soient $\mathscr{M}'(\Omega)$, $\mathscr{M}(\Omega)$, $\mathscr{M}''(\Omega)$ des représentants sur Ω de M', M, M'' respectivement. D'après la proposition 6.6, il existe un voisinage ouvert U de a et une suite de faisceaux:

$$0 \to \mathscr{M}'|U \xrightarrow{\alpha} \mathscr{M}|U \xrightarrow{\beta} \mathscr{M}''|U \to 0,$$

telle que les morphismes α, β induisent respectivement en a les morphismes α_a et β_a. Puisque $\beta_a \circ \alpha_a = 0$, en diminuant U si nécessaire, on peut supposer que $\beta \circ \alpha = 0$. Les faisceaux $\ker \alpha$, $\operatorname{coker} \beta$, $\ker \beta / \operatorname{Im} \alpha$ sont quasi-flasques (proposition 6.3), et leurs fibres au point a sont nulles. D'après le corollaire 6.5, en diminuant U si nécessaire, la suite $0 \to \mathscr{M}'(U) \to \mathscr{M}(U) \to \mathscr{M}''(U) \to 0$ est exacte et l'on peut supposer que $\mathscr{M}'(U)$ et $\mathscr{M}''(U)$ sont des modules de Fréchet sur $\mathscr{E}(U)$. D'après le corollaire 2.6, $\mathscr{M}(U)$ est un module de Fréchet. Il en sera de même de M. ▯

Exemple 3.9. *Modules de Fréchet de dimension réelle finie.*

Soit $\underline{m}_a$ l'idéal maximal de $\mathscr{E}_a$: $\underline{m}_a$ est l'idéal des germes nuls en a et est engendré par $x_1 - a_1, \ldots, x_n - a_n$, où les a_i désignent les coordonnées de a (en effet, si $f \in \underline{m}_a$, on a

$$f = \sum_{i=1}^{n} (x_i - a_i) \int_0^1 \frac{\partial f}{\partial x_i}(t\,x + (1-t)\,a)\,dt).$$

Visiblement, $\mathscr{E}_a/\underline{m}_a$ est un module de Fréchet.

Soit N un module sur $\mathscr{E}_a$ et supposons que $\dim_{\mathbb{R}} N < \infty$. La suite des $\underline{m}_a^i \cdot N$ est décroissante et donc stationnaire, i.e. il existe i tel que $\underline{m}_a \cdot \underline{m}_a^i \cdot N = \underline{m}_a^i \cdot N$. Il en résulte, par le lemme de Nakayama, que $\underline{m}_a^i \cdot N = 0$. Ainsi N est un module de longueur finie sur l'anneau noethérien $\mathscr{F}_a$. D'après I.3.8, il existe une suite croissante $N_0, \ldots, N_s$ de sous-modules de N telles que $N_0 = 0$; $N_s = N$ et $\forall i \in [0, s-1]$, $N_{i+1}/N_i \simeq \mathscr{E}_a/\underline{m}_a$. D'après 3.8, N est un module de Fréchet.

Proposition 3.10. *Un module M, de présentation finie sur $\mathscr{E}_a$, est un module de Fréchet, si et seulement si* $\ker \mathrm{i}_M$ *est un* $\mathbb{R}$*-espace vectoriel de dimension finie.*

Preuve. La condition est évidemment nécessaire. Montrons qu'elle est suffisante. Posons $M' = \ker \mathrm{i}_M$. Le module M/M', quotient d'un module de présentation finie par un module de type fini, est de présentation finie. L'application i_M induit une application injective:

$$M/M' \to M \otimes_{\mathscr{E}_a} \tilde{\mathscr{F}}_a$$

et

$$M \otimes_{\mathscr{E}_a} \tilde{\mathscr{F}}_a \simeq M/M' \otimes_{\mathscr{E}_a} \tilde{\mathscr{F}}_a \text{ car } \mathrm{Im}(M' \otimes_{\mathscr{E}_a} \tilde{\mathscr{F}}_a \to M \otimes_{\mathscr{E}_a} \tilde{\mathscr{F}}_a) = 0.$$

Ainsi M/M' est un module de Fréchet. D'après 3.9, M' est un module de Fréchet. Il suffit alors d'appliquer 3.8. ☐

Nous donnerons ultérieurement (chapitres VI et VIII) des exemples intéressants de modules de Fréchet sur $\mathscr{E}(\Omega)$ ou $\mathscr{E}_a$. On définit, bien entendu, de façon analogue, les modules de Fréchet sur $\mathscr{E}^m(\Omega)$ ou $\mathscr{E}_a^m$. Par exemple, un module M sur $\mathscr{E}^m(\Omega)$ est un module de Fréchet si $M \simeq \mathscr{E}^m(\Omega)^q/N$ où N est un sous-module fermé de type fini de $\mathscr{E}^m(\Omega)^q$. Malheureusement, cette notion est sans intérêt, ceci d'après la proposition suivante:

Proposition 3.11. *Un module M sur $\mathscr{E}_a^m$ est un module de Fréchet si et seulement si M est libre de type fini.*

Preuve. Soit M un module de Fréchet sur $\mathscr{E}_a^m$ et soit q le nombre minimum de générateurs de M. On a $M = (\mathscr{E}_a^m)^q/N$, où N est engendré sur $\mathscr{E}_a^m$ par p fonctions $f^1, \ldots, f^p$, nulles en a et de classe C^m sur un voisinage ouvert U de a. On peut supposer que les f^i engendrent dans $\mathscr{E}^m(U)^q$ un sous-module fermé $N(U)$. Démontrons un lemme préliminaire:

Lemme 3.12. *Soit $f \in N(U)$, m-plate en a. Il existe $g_1, \ldots, g_p \in \mathscr{E}^m(U)$, m-plates en a, telles que*

$$f = \sum_{i=1}^{p} g_i f^i.$$

Preuve. D'après le lemme IV.3.4, il existe une suite α_i ($i \in \mathbb{N}$) de fonctions de classe C^∞ sur U telles que $\alpha_i = 1$ au voisinage de a et

$\lim_{i\to\infty}\alpha_i\cdot f=0$. Considérons l'épimorphisme d'espaces de Fréchet:

$$\mathscr{E}^m(U)^p \ni (g_1,\dots,g_p) \xrightarrow{\pi} \sum_{j=1}^{p} g_j f^j \in N(U).$$

Il existe des $h^i\in\pi^{-1}(\alpha_i\cdot f)$ tels que $\lim_{i\to\infty} h^i=0$. Puisque $\alpha_i=1$ au voisinage de a, il existe $g^i\in\pi^{-1}(f)$ tel que $g^i=h^i$ au voisinage de a et donc tel que $\lim_{i\to\infty}|g^i|_m^a=0$.

Si T_a^m désigne la projection: $\mathscr{E}^m(U)^p\to\mathscr{E}^m(a)^p$, on voit que 0 appartient à l'adhérence de l'espace affine $T_a^m(\pi^{-1}(f))$ dans l'espace vectoriel de dimension finie $\mathscr{E}^m(a)^p$. Ainsi $0\in T_a^m(\pi^{-1}(f))$, ce qui prouve le lemme. □

Achevons la démonstration de 3.11. Montrons que M est libre, i.e. que $N=0$. Posons $f^j=(f_i^j)$, $i\in[1,q]$, et fixons un indice i. Si tous les f_i^j n'étaient pas tous nuls au voisinage de a, il existerait une suite a^k de points de U, $a^k\neq a$ et $a^k\to a$ quand $k\to\infty$, et un indice j_0 tels que:

$$\forall j\in[1,p] \quad \text{et} \quad \forall k\in\mathbb{N},$$

$$|f_i^{j_0}(a^k)|\geqq|f_i^j(a^k)| \quad \text{et} \quad |f_i^{j_0}(a^k)|>0.$$

D'après le lemme 3.12 (les f_i^j étant nulles en a):

$$\forall \ell\in[1,n] \qquad (x_\ell-a_\ell)^m\cdot f_i^{j_0}=\sum_{j=1}^{p} g_{\ell,j}\cdot f_i^j$$

où les $g_{\ell,j}$ appartiennent à $\mathscr{E}^m(U)$ et sont m-plates en $a=(a_1,\dots,a_n)$. En appliquant l'égalité précédente aux points $a^k=(a_1^k,\dots,a_n^k)$, on vérifie que:

$$\forall k\in\mathbb{N} \qquad \sum_{\ell=1}^{n}|a_\ell^k-a_\ell|^m\leqq\sum_{\ell=1}^{n}\sum_{j=1}^{p}|g_{\ell,j}(a^k)|.$$

Mais cette inégalité est en contradiction avec l'hypothèse que les $g_{\ell,j}$ sont m-plates en a. □

Soit M un module de type fini sur $\mathscr{E}^m(\Omega)$. Le lecteur vérifiera l'équivalence des propositions suivantes:

(1) M est projectif (i.e. facteur direct d'un module libre).

(2) $\forall a\in\Omega$, $M\otimes_{\mathscr{E}^m(\Omega)}\mathscr{E}_a^m$ est un module libre sur $\mathscr{E}_a^m$.

On déduit alors de la proposition 3.11 le:

Corollaire 3.13. *Un module M sur $\mathscr{E}^m(\Omega)$ est un module de Fréchet si et seulement si M est un module projectif de type fini.*

4. L'inégalité de Łojasiewicz

Dans ce paragraphe et les suivants, nous étudions de façon plus précise, les idéaux fermés, de type fini, de $\mathscr{E}(\Omega)$.

Si $x \in \mathbb{R}^n$, on note $|x|$ la norme euclidienne de x; si X est un sous-ensemble de $\mathbb{R}^n$, $d(x, X)$ désigne la distance euclidienne de x à X (si X est vide, on pose $d(x, X) = 1$). Enfin, on pose, pour $\rho \geqq 0$, $B(x, \rho) = \{y \in \mathbb{R}^n; |x-y| \leqq \rho\}$.

Définition 4.1. Soient X et Y deux fermés de Ω, et f une fonction numérique définie sur Ω. On dit que *f vérifie $\mathscr{L}(X, Y)$*, ou que *f vérifie sur Y une inégalité de Łojasiewicz par rapport à X*, si, pour tout compact K contenu dans Y, il existe deux constantes $C > 0$ et $\alpha \geqq 0$ telles que: $\forall x \in K \; |f(x)| \geqq C\, d(x, X)^\alpha$.

Définition 4.2. Soient I un idéal de type fini de $\mathscr{E}(\Omega)$, X l'ensemble de ses zéros. On dit que I est *un idéal de Łojasiewicz* s'il existe $f \in I$ vérifiant $\mathscr{L}(X, \Omega)$.

Dans ce cas, si $f_1, \ldots, f_s$ est un système quelconque de générateurs de I, les fonctions $\sum_{i=1}^{s} |f_i|$ ou $\sum_{i=1}^{s} f_i^2$ vérifient $\mathscr{L}(X, \Omega)$.

Proposition 4.3. *Soient I un idéal de type fini de $\mathscr{E}(\Omega)$, X l'ensemble de ses zéros.*

Les propositions suivantes sont équivalentes:

(1) *I est un idéal de Łojasiewicz.*

(2) *Toute fonction de $\mathscr{E}(\Omega)$, plate sur X, appartient à $\underline{m}_X^\infty \cdot I$.*

(3) *Toute fonction de $\mathscr{E}(\Omega)$, plate sur X, appartient à I.*

Preuve. (1) $\Rightarrow$ (2). Soit $f_1, \ldots, f_s$ un système de générateurs de l'idéal I; posons $f = \sum_{i=1}^{s} f_i^2$. D'après IV.4.2, il suffit de montrer que $1/f$ appartient à $\mathscr{M}(X, \Omega)$. Or, d'après la formule de Leibniz et l'hypothèse, pour tout compact K de Ω et tout n-uple $k \in \mathbb{N}^n$, il existe des constantes C, C', $\alpha > 0$ telles que:

$$|D^k(1/f)(x)| \leqq \frac{C'}{|f(x)|^{|k|+1}}$$

et

$$|f(x)| \geqq C\, d(x, X)^\alpha$$

pour tout $x \in K$. D'où le résultat.

(2) $\Rightarrow$ (3) évident.

(3) $\Rightarrow$ (1) Si I n'était pas un idéal de Łojasiewicz, on pourrait construire une suite points $x^p \in \Omega \setminus X$, convergeant vers un élément $x \in X$, et telle que

$\sum_{i=1}^{s} |f_i(x^p)| \leqq d(x^p, X)^{p+1}$. En remplaçant au besoin la suite x^p par une sous-site, on peut supposer que les boules $B(x^p, \frac{1}{2} d(x^p, X)) = \mathscr{B}_p$, sont deux à deux disjointes. Soit alors $\alpha_p \in \mathscr{E}(\Omega)$, telle que $\alpha_p(x^p) = 1$, $\alpha_p = 0$ sur le complémentaire de $\mathscr{B}_p$, et

$$|\alpha_p|_m^{\mathscr{B}_p} \leqq \frac{C_m}{d(x^p, X)^m},$$

où C_m est une constante indépendante de p (lemme IV.3.3).

La série $\sum_{p=1}^{\infty} d(x^p, X)^p \cdot \alpha_p$ converge vers une fonction $\varphi \in \mathscr{E}(\Omega)$, plate sur X. Par hypothèse $\varphi \in I$. Or, dans ce cas, il existerait une constante C telle que $|\varphi(x^p)| \leqq C \cdot \sum_{i=1}^{s} |f_i(x^p)|$, d'où $d(x^p, X)^p \leqq C \cdot d(x^p, X)^{p+1}$, ce qui est absurde. □

Corollaire 4.4. *Tout idéal I de $\mathscr{E}(\Omega)$, fermé et de type fini, est de Łojasiewicz.*

Preuve. Si X est l'ensemble des zéros de I, on a visiblement: $\underline{m}_X^\infty \subset \hat{I} = I$; d'où le résultat, d'après 4.3. □

Proposition 4.5. *Soit X (resp. Y) l'ensemble des zéros d'un idéal de type fini I (resp. J) de $\mathscr{E}(\Omega)$. Si l'idéal $I+J$ est de Łojasiewicz, les fermés X et Y sont régulièrement situés (cf. IV.4).*

Preuve. En effet, soit $x_0 \in X \cap Y$ et soit K un voisinage compact de x_0 dans Ω. Il existe $f \in I$, $g \in J$ et des constantes $C > 0$ et $\alpha \geqq 0$ telles que:

$$\forall x \in K \quad |f(x)| + |g(x)| \geqq C\, d(x, X \cap Y)^\alpha.$$

Donc si $x \in K \cap X$,

$$|g(x)| \geqq C\, d(x, X \cap Y)^\alpha$$

et en diminuant K si nécessaire, il existe $C' > 0$ telle que $C' d(x, Y) \geqq |g(x)|$; d'où le résultat. □

Soit I un idéal de Łojasiewicz de $\mathscr{E}(\Omega)$ et soit X l'ensemble des zéros de I. En général, X n'est pas stratifiable, i.e. X n'est pas une réunion de sous-variétés différentiables disjointes deux à deux. On a cependant le résultat suivant (R. Thom [2]):

Proposition 4.6. *Sous les hypothèses précédentes, il existe une sous-variété (de classe C^∞) Y de Ω, telle que $\overline{Y} = X$ (les différentes composantes connexes de Y ne sont pas nécessairement toutes de la même dimension).*

Preuve. On procède par récurrence sur $n = \dim(\Omega)$. Si $\dim(\Omega) = 0$, le résultat est trivial. Supposons donc que $\dim(\Omega) > 0$ et soit $a \in X$.

Si U est un voisinage de a, nous devons montrer qu'il existe $x \in U \cap X$, au voisinage duquel X soit une sous-variété de Ω.

Par hypothèse, il existe $f \in \mathscr{E}(\Omega)$, nulle sur X, et des constantes $C > 0$ et $\alpha \geqq 0$ telles que, si U est assez petit: $\forall x \in U \; |f(x)| \geqq C\, d(x, X)^\alpha$. Si $U = U \cap X$, la démonstration est terminée; si $U \neq U \cap X$, la fonction f n'est pas plate sur $U \cap X$ et il existe donc un multi-indice $k \in \mathbb{N}^n$ et un point $b \in U \cap X$, tels que:

$$D^k f(b) \neq 0 \quad \text{et} \quad D^h f(x) = 0, \quad \forall x \in X \cap U \quad \text{et} \quad \forall h \in \mathbb{N}^n, \quad |h| < |k|.$$

Soit k' un multi-indice tel que

$$|k'| = |k| - 1 \quad \text{et} \quad \frac{\partial}{\partial x_j}(D^{k'} f) = D^k f$$

pour un entier $j \in [1, n]$. Soit V un voisinage ouvert de b dans U, tel que $D^k f(x) \neq 0$, $\forall x \in V$. Posons $Y = \{x \in V;\, D^{k'} f(x) = 0\}$: Y est une sous-variété de V et $b \in V \cap X \subset Y$. En outre, $f \mid Y$ vérifie une inégalité de Łojasiewicz par rapport à $V \cap X$. Puisque $\dim(Y) = \dim(\Omega) - 1$, il suffit alors d'appliquer l'hypothèse de récurrence. ▯

Terminons ce paragraphe par quelques remarques et exemples.

Remarque 4.7. Rapportons l'espace vectoriel $\Omega = \mathbb{R}^{n-1} \times \mathbb{R}$ à un système de coordonnées x, y. Considérons un polynôme

$$P(x; y) = y^p + \sum_{i=1}^{p} u_i(x)\, y^{p-i}, \qquad u_i \in \mathscr{E}(\mathbb{R}^{n-1}),$$

et supposons que pour tout $x \in \mathbb{R}^{n-1}$, *le polynôme* $P(x, \cdot)$ *ait toutes ses racines réelles.*

Alors, *la fonction* P *engendre dans* $\mathscr{E}(\Omega)$ *un idéal fermé* I.

En effet, soit $f \in \bar{I}$. D'après le théorème de préparation différentiable (cf. IX.2.7), il existe $Q \in \mathscr{E}(\Omega)$ et un polynôme $R = \sum_{i=1}^{p} v_i\, y^{p-i}$, $v_i \in \mathscr{E}(\mathbb{R}^{n-1})$, tels que: $f = P \cdot Q + R$. Evidemment, $R \in \bar{I}$, et donc, $\forall x \in \mathbb{R}^{n-1}$, R posséde p racines réelles (distinctes ou confondues). Puisque $d^0 R < p$, les v_i s'annulent sur $\mathbb{R}^{n-1}$ et donc $R = 0$.

Exemples 4.8. D'après la remarque précédente, la fonction $y^2 - e^{-1/x^2}$ engendre dans $\mathscr{E}(\mathbb{R}^2)$ un idéal fermé. Par contre, la fonction $y^2 + e^{-1/x^2}$ ne vérifie pas une inégalité de Łojasiewicz par rapport à l'ensemble de ses zéros (l'origine), donc a fortiori n'engendre pas un idéal fermé. La fonction $y(y^2 + e^{-1/x^2})$ engendre un idéal de Łojasiewicz, mais n'engendre pas un idéal fermé (le corollaire 4.4 n'admet donc pas de réciproque).

Exemples 4.9. D'après 4.6, tout fermé de Łojasiewicz X est l'adhérence d'une sous-variété de Ω. Toutefois, le fermé X peut être «pathologique». Voici un exemple où il n'est pas localement connexe à l'origine.

Posons $I_0 =]-\infty, 0]$ et pour tout entier $p>0$,

$$I_p = \left[\frac{1}{p} - e^{-1/p}, \frac{1}{p} + e^{-1/p}\right].$$

Le théorème du prolongement de Whitney (IV.3.1) montre qu'il existe une fonction φ appartenant à $\mathscr{E}(\mathbb{R})$, telle que:

$$\forall x \in I_0, \qquad \varphi(x) = 0$$

$$\forall x \in I_p \quad (p>0), \qquad \varphi(x) = -e^{-\frac{1}{p}}\left(x - \frac{1}{p} - e^{-\frac{1}{p}}\right)\left(x - \frac{1}{p} + e^{-\frac{1}{p}}\right)$$

$$\forall x \in \mathbb{R} \setminus \bigcup_{p=0}^{\infty} I_p, \qquad \varphi(x) < 0.$$

Posons $\Delta = \mathbb{R} \setminus \bigcup_{p=1}^{\infty} I_p$. Visiblement, $\forall x \in \mathbb{R}$:

$$|\varphi(x)| \geqq d(x, \Delta)^3 \tag{4.9.1}$$

Posons $f(x, y) = y^2 + \varphi(x)$. L'ensemble X des zéros de f est réunion de I_0 et d'une suite dénombrable d'ovales disjointes deux à deux, centrées sur le demi-axe des x positifs et tendant vers l'origine.

La fonction f engendre un idéal fermé dans $\mathscr{E}(\mathbb{R}^2)$. En effet, soit $g \in \overline{f \cdot \mathscr{E}(\mathbb{R}^2)}$. D'après le théorème de préparation différentiable, il existe $h \in \mathscr{E}(\mathbb{R}^2)$ et $\varphi_1, \varphi_2 \in \mathscr{E}(\mathbb{R})$, telles que:

$$g(x, y) = f(x, y) \cdot h(x, y) + y\,\varphi_1(x) + \varphi_2(x).$$

Soit $x \in \Delta$: le polynôme f a ses deux racines réelles; le polynôme $y\,\varphi_1(x) + \varphi_2(x)$ admettant ces deux racines, est alors identiquement nul. Ainsi, la fonction $g'(x, y) = y\,\varphi_1(x) + \varphi_2(x)$ est plate sur $\overline{\Delta \times \mathbb{R}}$. La fonction g'/f est définie et de classe C^∞ sur $\mathbb{R}^2 \setminus \overline{\Delta \times \mathbb{R}}$. On vérifie facilement, grâce à l'inégalité (4.9.1), que ce quotient se prolonge en une fonction h', plate sur $\overline{\Delta \times \mathbb{R}}$. Finalement, $g = f(h + h') \in f \cdot \mathscr{E}(\mathbb{R}^2)$.

5. Le théorème fondamental (Tougeron et Merrien [1])

La proposition suivante est une version du théorème des fonctions implicites ordinaire:

Proposition 5.1. *Soit K un compact de $\mathbb{R}^n$ et soit Θ une application de classe C^2 de $\mathbb{R}^n$ dans $\mathbb{R}^n$. Si Δ désigne le jacobien de Θ, il existe des constantes strictement positives C, C', C'' telles que: $\forall a \in K$, avec $\Delta(a) \neq 0$ et $\forall \rho_a$, avec $0 < \rho_a \leqq |\Delta(a)|$, l'application Θ induit un difféomorphisme de*

$B(a, C\rho_a)$ sur son image et en outre:

$$\Theta(B(a, C\rho_a)) \supset B(\Theta(a), C''|\Delta(a)|\rho_a) \supset \Theta(B(a, C'|\Delta(a)|\rho_a))$$

$$B(a, C\rho_a) \supset B(a, C'|\Delta(a)|\rho_a)$$

et $\forall x \in B(a, C|\Delta(a)|)$:

$$|\Delta(x)| \geqq \frac{|\Delta(a)|}{2}.$$

Preuve. Posons $K' = \{x \in K \mid \Delta(x) \neq 0\}$. Si $a \in K'$, on note T_a l'application lineaire tangente à Θ en a; S_a l'inverse de T_a. Il existe une constante $D' > 0$ telle que:

$$\forall a \in K', \quad \forall x \in \mathbb{R}^n \quad |S_a(x)| \leqq \frac{D'}{|\Delta(a)|}|x|. \tag{5.1.1}$$

Soit $D > 0$ telle que $DD' < 1$. Posons $U_a = \Theta - T_a$: les dérivées premières de U_a sont nulles en a. Il résulte de là et du théorème des accroissements finis, qu'il existe une constante $C > 0$ telle que:

$$\forall a \in K, \quad \forall x, x' \in \mathscr{U}_a = B(a, C|\Delta(a)|),$$

$$|U_a(x) - U_a(x')| \leqq D|\Delta(a)| \cdot |x - x'| \tag{5.1.2}$$

et

$$|\Delta(x)| \geqq \frac{|\Delta(a)|}{2}. \tag{5.1.3}$$

Soit ρ_a un nombre réel tel que $0 < \rho_a \leqq |\Delta(a)|$. D'après la proposition 6.1 du chapitre III (où l'on remplace X (resp. Y) par l'espace vectoriel $\mathbb{R}^n$, d'origine a (resp. d'origine $\Theta(a)$); T par T_a; S *par* S_a; $\mathscr{U}$ par $\mathscr{U}_a$; C par $D|\Delta(a)|$; C' par $\frac{D'}{|\Delta(a)|}$; ε par $C\rho_a$) et les inégalités (5.1.1) et (5.1.2):

$$\forall a \in K', \quad \Theta(B(a, C\rho_a)) \supset B(\Theta(a), C''|\Delta(a)|\rho_a)$$

où l'on pose $C'' = \frac{C(1 - DD')}{D'}$. En outre, Θ induit une bijection de $B(a, C\rho_a)$ sur son image; cette bijection est d'ailleurs un difféomorphisme, car Δ ne s'annule en aucun point de $B(a, C\rho_a)$ (d'après 5.1.3). Enfin, si la constante C' est assez petite, on a visiblement, $\forall a \in K'$:

$$B(a, C'|\Delta(a)|\rho_a) \subset B(a, C\rho_a)$$

et

$$\Theta(B(a, C'|\Delta(a)|\rho_a)) \subset B(\Theta(a), C''|\Delta(a)|\rho_a)$$

ce qui achève la démonstration. □

Corollaire 5.2. *Soit $\varphi = (\varphi_1, \ldots, \varphi_k)$ une application de classe C^2 de $\mathbb{R}^n$ dans $\mathbb{R}^k$ $(k \leqq n)$. Soient $V(\varphi)$ l'ensemble des zéros de $\varphi_1, \ldots, \varphi_k$; Δ le* *jacobien de φ par rapport à $x_1, \ldots, x_k$; K un compact de $\mathbb{R}^n$. Alors il existe des constantes $H>0$ et $H'>0$ telles que:*

$$\forall a \in K, \quad \sum_{i=1}^{k} |\varphi_i(a)| \geqq H\,|\Delta(a)| \cdot \inf\big(|\Delta(a)|, H'\, d(a, V(\varphi))\big).$$

Preuve. On applique la proposition 5.1 à la fonction

$$\Theta(x) = \big(\varphi_1(x), \ldots, \varphi_k(x), x_{k+1}, \ldots, x_n\big)$$

en prenant $\rho_a = \inf\big(|\Delta(a)|, C^{-1} d(a, V(\varphi))\big)$, si $a=(a_1, \ldots, a_n) \notin V(\varphi)$. La fonction φ ne s'annule pas à l'intérieur de la boule $B(a, C\,\rho_a)$ et, puisque $\Theta\big(B(a, C\,\rho_a)\big) \supset B\big(\Theta(a), C''|\Delta(a)|\,\rho_a\big)$, le point $a'=(0, \ldots, 0, a_{k+1}, \ldots, a_n)$ n'appartient pas à l'intérieur de cette dernière boule. Donc, $\forall a \in K$:

$$\sum_{i=1}^{k} |\varphi_i(a)| \geqq |a' - \Theta(a)| \geqq C''|\Delta(a)|\,\rho_a \geqq H\,|\Delta(a)| \cdot \inf\big(|\Delta(a)|, H'\, d(a, V(\varphi))\big)$$

en posant $H = C''$ et $H' = 1/C$. □

Soit Ω un ouvert de $\mathbb{R}^n$. Si I est un idéal de $\mathscr{E}(\Omega)$, on note $V(I)$ l'ensemble des zéros de I et $J_k(I)$ l'idéal engendré dans $\mathscr{E}(\Omega)$ par I et tous les jacobiens $\dfrac{D(f_1, \ldots, f_k)}{D(x_{i_1}, \ldots, x_{i_k})}$ où $f_1, \ldots, f_k$ appartiennent à I (si $k>n$, il convient de poser $J_k(I)=I$). Dans toute la suite de ce paragraphe, on étudiera la situation suivante:

($\mathscr{H}$) *$\varphi_1, \ldots, \varphi_s$, δ sont des élements de $\mathscr{E}(\Omega)$; I est l'idéal engendré par $\varphi_1, \ldots, \varphi_s$ et I' celui engendré par I et δ. Pour $j=k+1, \ldots, s$, $\delta \cdot \varphi_j$ appartient à l'idéal (φ) engendré par $\varphi_1, \ldots, \varphi_k$; enfin, on suppose que $\delta \in \sqrt{J_k(\varphi)}$, racine de $J_k(\varphi)$.*

Proposition 5.3. *Si l'idéal I' est de Łojasiewicz, il en est de même de I.*

Preuve. En modifiant δ, on peut supposer que celui-ci appartient à l'idéal engendré par les $\dfrac{D(\varphi_1, \ldots, \varphi_k)}{D(x_{i_1}, \ldots, x_{i_k})}$. Soit K un compact de Ω. Par hypothèse, il existe $H_1>0$ et $\alpha \geqq 0$ tels que:

$$\forall x \in K \quad \sum_{i=1}^{s} |\varphi_i(x)| + |\delta(x)| \geqq H_1\, d\big(x, V(I')\big)^{\alpha}.$$

On peut décomposer K en $K = K' \cup K''$, où K' et K'' sont définis par:

$$K' = \left\{ x \in K \,\Big|\, \sum_{i=1}^{s} |\varphi_i(x)| \geqq \frac{H_1}{2}\, d\big(x, V(I')\big)^{\alpha} \right\}$$

$$K'' = \left\{ x \in K \,\Big|\, |\delta(x)| \geqq \frac{H_1}{2}\, d\big(x, V(I')\big)^{\alpha} \right\}.$$

Puisque $V(I')\subset V(I)$, on a:

$$\forall x\in K' \quad \sum_{i=1}^{s}|\varphi_i(x)|\geqq\frac{H_1}{2}\,d(x, V(I))^\alpha. \tag{5.3.1}$$

D'autre part, il existe $H_2>0$ tel que:

$$\forall x\in K'' \quad \sum_{\underline{i}}\left|\frac{D(\varphi_1,\dots,\varphi_k)}{D(x_{i_1},\dots,x_{i_k})}(x)\right|\geqq H_2\,d(x, V(I'))^\alpha$$

où $\underline{i}=(i_1,\dots,i_k)$ $(1\leqq i_1<\dots<i_k\leqq n)$.

On peut alors écrire $K''=\bigcup_{\underline{i}} K''_{\underline{i}}$ où:

$$K''_{\underline{i}}=\left\{x\in K''\,\middle|\,\left|\frac{D(\varphi_1,\dots,\varphi_k)}{D(x_{i_1},\dots,x_{i_k})}(x)\right|\geqq\frac{H_2}{\binom{n}{k}}\,d(x, V(I'))^\alpha\right\}.$$

Par hypothèse, $V(\delta)\cup V(I)\supset V(\varphi)$, d'où:

$$d(x, V(\varphi))\geqq\inf(d(x, V(\delta)), d(x, V(I)))\geqq\inf(H_3\,|\delta(x)|, d(x, V(I)))$$

pour un $H_3>0$.

D'après le corollaire 5.2, il existe $H>0$ et $H'>0$ tels que:

$$\forall x\in K \quad \sum_{i=1}^{k}|\varphi_i(x)|\geqq H\left|\frac{D(\varphi_1,\dots,\varphi_k)}{D(x_{i_1},\dots,x_{i_k})}(x)\right| \cdot\inf\left(\left|\frac{D(\varphi_1,\dots,\varphi_k)}{D(x_{i_1},\dots,x_{i_k})}(x)\right|, H'\,d(x, V(\varphi))\right).$$

D'après les inégalités précédentes et les définitions de K'' et $K''_{\underline{i}}$:

$$\forall x\in K''_{\underline{i}} \quad \sum_{i=1}^{k}|\varphi_i(x)|\geqq H_4\,d(x, V(I))^\alpha\cdot\inf(H_5\,d(x, V(I))^\alpha, H'\,d(x, V(I))). \tag{5.3.2}$$

La proposition résulte de (5.3.1), (5.3.2) et de l'égalité:

$$K=K'\cup\Big(\bigcup_{\underline{i}}K''_{\underline{i}}\Big). \quad \square$$

Proposition 5.4. *Si I' est un idéal de Łojasiewicz, toute fonction de $\mathscr{E}(\Omega)$, plate sur $V(I')$ et nulle sur $V(I)$, appartient à I.*

Preuve. Nous utiliserons le lemme suivant:

Lemme 5.5. *Soient X et Y deux fermés, $V(I')\subset X\subset Y\subset V(I)$, tels que $\dfrac{D(\varphi_1,\dots,\varphi_k)}{D(x_1,\dots,x_k)}$ vérifie $\mathscr{L}(X,Y)$, et soit g une fonction plate sur X et nulle sur $V(\varphi)$. Alors il existe k éléments de $\mathscr{E}(\Omega)$, $\alpha_1,\dots,\alpha_k$, plats sur X et tels que $g-\sum_{i=1}^{k}\alpha_i\varphi_i$ soit plat sur Y.*

Montrons comment la proposition 5.4 se déduit du lemme 5.5. Soit $f\in\mathscr{E}(\Omega)$, plate sur $V(I')$ et nulle sur $V(I)$. Démontrons que $f\in I$. Puisque I' est un idéal de Łojasiewicz, d'après la proposition 4.3: $f\in\underline{m}^{\infty}_{V(I')}\cdot I'$. L'idéal I' étant engendré sur $\mathscr{E}(\Omega)$ par I et δ, on peut donc supposer, pour la démonstration, que $f\in\underline{m}^{\infty}_{V(I')}\cdot\delta$ et donc que f s'annule sur $V(\delta)\cup V(I)$, ensemble qui contient $V(\varphi)$. Puisque I' est un idéal de Łojasiewicz, δ vérifie $\mathscr{L}\big(V(I'),V(I)\big)$. On peut donc décomposer $V(I)$ en $V(I)=\bigcup_{\underline{i}}X_{\underline{i}}$ de telle sorte que, si $\underline{i}=(i_1,\dots,i_k)$, $\dfrac{D(\varphi_1,\dots,\varphi_k)}{D(x_{i_1},\dots,x_{i_k})}$ vérifie $\mathscr{L}\big(V(I'),X_{\underline{i}}\big)$. On ordonne de manière quelconque l'ensemble des multi-indices:

$$\underline{i}^1,\underline{i}^2,\dots,\underline{i}^p,\dots,p\leqq\binom{n}{k},$$

et on pose: $Y_0=V(I')$, $Y_p=\bigcup_{j\leq p}X_{\underline{i}^j}$, pour $p=1,2,\dots,\binom{n}{k}$. Alors si $\underline{i}^p=(i_1,\dots,i_k)$, le jacobien $\dfrac{D(\varphi_1,\dots,\varphi_k)}{D(x_{i_1},\dots,x_{i_k})}$ vérifie $\mathscr{L}(Y_{p-1},Y_p)$.

On raisonne par récurrence sur p: on suppose que $f=f_p+f_p'$, où f_p est plate sur Y_{p-1} et $f_p'\in(\varphi)$. En appliquant le lemme 5.5 à $g=f_p$, $X=Y_{p-1}$, $Y=Y_p$ et en remplaçant le jacobien $\dfrac{D(\varphi_1,\dots,\varphi_k)}{D(x_1,\dots,x_k)}$ par $\dfrac{D(\varphi_1,\dots,\varphi_k)}{D(x_{i_1},\dots,x_{i_k})}$, on trouve que $f_p-\sum_{i=1}^{k}\alpha_i\varphi_i=f_{p+1}$ est plate sur Y_p. Il en résulte que $f=f_{p+1}+\sum_{i=1}^{k}\alpha_i\varphi_i+f_p'$ et la fonction $f_{p+1}'=\sum_{i=1}^{k}\alpha_i\varphi_i+f_p'$ appartient à (φ). Pour $p=\binom{n}{k}$, on a donc $f=f_{p+1}+f_{p+1}'$ avec $f_{p+1}'\in I$ et f_{p+1} plate sur $V(I)$. D'après les propositions 5.3 et 4.3, $f_{p+1}\in I$, et donc $f\in I$. □

Preuve du lemme 5.5. Nous allons d'abord définir sur $Y\setminus X$ des champs de séries formelles $A_1,\dots,A_k$, tels que pour tout $x\in Y\setminus X$, $T_x g=\sum_{i=1}^{k}(T_x A_i)(T_x\varphi_i)$. Puis nous démontrerons que les champs A_i, prolongés par le champ nul sur X, sont les champs de fonctions α_i de classe C^∞ sur Ω.

Nous utiliserons la remarque suivante: soit $\gamma(y_1, \ldots, y_n)$ une fonction de classe C^∞ telle que $\gamma(0, \ldots, 0, y_{k+1}, \ldots, y_n) \equiv 0$. Alors:

$$\gamma(y) = \sum_{i=1}^{k} y_i \int_0^1 \frac{\partial \gamma}{\partial y_i}(t\, y_1, \ldots, t\, y_k, y_{k+1}, \ldots, y_n)\, dt.$$

On définit Θ: $\Omega \to \mathbb{R}^n$, par $\Theta(x) = (\varphi_1(x), \ldots, \varphi_k(x), x_{k+1}, \ldots, x_n)$. Le jacobien Δ de Θ est $\dfrac{D(\varphi_1, \ldots, \varphi_k)}{D(x_1, \ldots, x_k)}$ et, pour tout $a \in Y \setminus X$, Θ induit un difféomorphisme d'un voisinage de a sur un voisinage de $\Theta(a)$. La proposition 5.1 indique comment varient ces voisinages quand a reste dans un compact fixe K, ce que nous pourrons supposer pour la suite de la démonstration.

Pour un tel compact, il existe, par hypothèse, deux constantes $C_1 \geqq 0$ et $\alpha \geqq 0$, telles que:

$$\forall a \in K \cap Y \quad |\Delta(a)| \geqq C_1\, d(a, X)^\alpha. \tag{5.5.1}$$

a) Définition des champs A_i. Soit $a \in (Y \setminus X) \cap K$. Avec les notations de la proposition 5.1, où on choisit $\rho_a = \inf(|\Delta(a)|, d(a, X))$, Θ induit un difféomorphisme Θ_a de $\mathscr{V}_a = \Theta^{-1}(\mathscr{W}_{\Theta(a)}) \cap B(a, C\rho_a)$ sur $\mathscr{W}_{\Theta(a)} = B(\Theta(a), C''|\Delta(a)|\,\rho_a)$. Pour $y \in \mathscr{W}_{\Theta(a)}$, posons: $\gamma_a(y) = g(\Theta_a^{-1}(y))$. On a donc:

$$\gamma_a(0, \ldots, 0, y_{k+1}, \ldots, y_n) = 0$$

et:

$$\gamma_a(y) = \sum_{i=1}^{k} y_i \int_0^1 \frac{\partial \gamma_a}{\partial y_i}(t\, y_1, \ldots, t\, y_k, y_{k+1}, \ldots, y_n)\, dt.$$

En désignant par $(\Delta_{ij}(x))$ la matrice des cofacteurs de la matrice jacobienne de Θ en x, on a:

$$\frac{\partial \gamma_a}{\partial y_i}(y) = \sum_{j=1}^{n} \frac{\partial g}{\partial x_j}(\Theta_a^{-1}(y)) \cdot \frac{\Delta_{ij}}{\Delta}(\Theta_a^{-1}(y))$$

d'où:

$$\forall x \in \mathscr{V}_a, \quad g(x) = \gamma_a(\Theta(x)) = \sum_{i=1}^{k} \varphi_i(x) \int_0^1 \left(\sum_{j=1}^{n} \frac{\partial g}{\partial x_j} \cdot \frac{\Delta_{ij}}{\Delta} \right) \circ \ell_a(x, t)\, dt$$

où $\ell_a(x, t)$ est une fonction de classe C^∞ à valeurs dans $\mathscr{V}_a$:

$$\ell_a(x, t) = \Theta_a^{-1}(t\, \varphi_1(x), \ldots, t\, \varphi_k(x), x_{k+1}, \ldots, x_n).$$

Posons:

$$A_{a,i}(x) = \int_0^1 \left(\sum_{j=1}^{n} \frac{\partial g}{\partial x_j} \cdot \frac{\Delta_{ij}}{\Delta} \right) \circ \ell_a(x, t)\, dt. \tag{5.5.2}$$

Le chemin $\ell_a(x,t)$ et les fonctions $A_{a,i}$ dépendent de a. Mais si $x \in Y$, $\varphi_1(x) = \cdots = \varphi_k(x) = 0$ et $\ell_a(x,t) \equiv x$. En particulier, $\ell_a(x,t)$ est alors indépendant de a. Il en résulte que la série formelle en un point $x \in \mathscr{V}_a \cap Y$ de $A_{a,i}$ est indépendante de a et définit donc sur $(Y \setminus X) \cap K$ un champ de séries formelles A_i.

b) *Prolongements des champs* A_i. Fixons $m \in \mathbb{N}$. Nous allons d'abord majorer $|A_{a,i}|_m^{\mathscr{V}_a}$.

Pour tout multi-indice $\omega = (\omega_1, \ldots, \omega_n)$ on obtient en dérivant la formule (5.5.2):

$$\forall x \in \mathscr{V}_a \qquad D^\omega A_{a,i}(x) = \int_0^1 \sum_{|\omega'|=1}^{|\omega|+1} h_{a,i,\omega'}(x,t) \cdot \left(\frac{D^{\omega'} g}{\Delta^{2|\omega|+1}} \circ \ell_a(x,t) \right) dt$$

où $h_{a,i,\omega'}$ est une fonction C^∞ sur $\mathscr{V}_a \times [0,1]$ telle que:

$$\sup_{\substack{a,i,\omega' \\ x,t}} |h_{a,i,\omega'}(x,t)| < \infty.$$

D'après 5.1 et 5.5.1:

$$\forall x \in \mathscr{V}_a \qquad |\Delta(x)| \geqq \frac{|\Delta(a)|}{2} \geqq \frac{C_1}{2} d(a,X)^\alpha.$$

On en déduit l'existence d'une constante C_2 telle que:

$$\forall a \in (Y \setminus X) \cap K \qquad |A_{a,i}|_m^{\mathscr{V}_a} \leqq C_2 \cdot \frac{|g|_{m+1}^{\mathscr{V}_a}}{d(a,X)^{(2m+1)\alpha}}. \tag{5.5.3}$$

Puisque $\rho_a \leqq d(a,X)$ on a $\forall x \in \mathscr{V}_a$: $d(x,X) \leqq (C+1)\, d(a,X)$. Il en résulte, puisque g est plate sur X, que pour tout $p \in \mathbb{N}$, il existe une constante $C(p)$, indépendante de a, telle que:

$$|A_{a,i}|_m^{\mathscr{V}_a} \leqq C(p) \cdot d(a,X)^p. \tag{5.5.4}$$

Désignons toujours par A_i les champs A_i prolongés par le champ nul sur X. Pour montrer que A_i est le champ d'une fonction de classe C^∞ sur Ω, il faut montrer (chapitre IV) que, pour tout $m \in \mathbb{N}$, il existe un module de continuité β tel que:

$\forall a \in Y \cap K$, $\forall b \in Y \cap K$, $\forall x \in \mathbb{R}^n$:

$$|T_a^m A_i(x) - T_b^m A_i(x)| \leqq (|a-x|^m + |b-x|^m)\, \beta(|a-b|).$$

Nous distinguerons trois cas. Dans chacun d'eux, on peut déterminer un tel module de continuité:

1) a et b appartiennent à $(Y \setminus X) \cap K$ et $d(a,b) \leqq C_3\, d(a,X)^{2\alpha}$ où C_3 est une constante >0 telle que

$$C_3\, d(a,X)^{2\alpha} \leqq C' \cdot C_1\, d(a,X)^\alpha \cdot \inf\big(C_1\, d(a,X)^\alpha, d(a,X)\big) \leqq C' |\Delta(a)|\, \rho_a$$

(on suppose $\alpha \geqq 1$, ce qui est évidemment toujours possible).

Alors, d'après la proposition 5.1, $b \in \mathscr{V}_a$. Sur $\mathscr{V}_a \cap (Y \setminus X)$, le champ A_i est celui de la fonction $A_{a,i}$. Il existe alors une constante $H_1 > 0$ telle que:

$$|T_a^m A_i(x) - T_b^m A_i(x)| \leqq H_1 (|a-x|^m + |b-x|^m)\, |a-b|\, |A_{a,i}|_{m+1}^{\mathscr{V}_a}$$

et d'après (5.5.4), $|A_{a,i}|_{m+1}^{\mathscr{V}_a}$ est borné quand a décrit $(Y \setminus X) \cap K$.

2) Les points a et b appartiennent à $(Y \setminus X) \cap K$ et $d(a,b) \geqq C_3\, d(a,X)^{2\alpha}$. On voit facilement qu'il existe une constante C_4 telle que:

$$d(a,b) \geqq C_4\, d(b,X)^{2\alpha}.$$

D'après (5.5.4), il existe pour tout entier p, une constante $H(p)$ telle que:

$$\begin{aligned} |T_a^m A_i(x) - T_b^m A_i(x)| &\leqq |T_a^m A_i(x)| + |T_b^m A_i(x)| \\ &\leqq H(p)\big((1+|a-x|^m)\, d(a,X)^p + (1+|b-x|^m)\, d(b,X)^p\big) \\ &\leqq H(p) \left(\sup\left(\frac{1}{C_3}, \frac{1}{C_4} \right) \right)^{\frac{p}{2\alpha}} \\ &\quad \cdot (2+|a-x|^m + |b-x|^m)\, |a-b|^{p/2\alpha} \end{aligned}$$

et il suffit de prendre $p > 2\alpha(m+1)$.

3) Si a ou b appartient à $X \cap K$, l'un des deux termes de la différence $|T_a^m A_i(x) - T_b^m A_i(x)|$ est nul et on majore l'autre comme dans le 2ème cas. $\square$

Théorème 5.6. *Supposons (en plus des hypothèses $(\mathscr{H})$) qu'il existe un sous-ensemble discret X de $V(I)$ tel que, $\forall x \in V(I) \setminus X$, $T_x \delta$ ne soit pas diviseur de zéro dans l'anneau $\mathscr{F}_x / T_x I$. Alors, si I' est un idéal fermé, l'idéal I est fermé.*

Preuve. Soit f une fonction adhérente à I. L'ensemble X étant discret, d'après le théorème spectral de Whitney: $T_X f \in T_X I$. En retranchant de f un élément convenable de I, on peut donc supposer que $T_X f = 0$. Puisque I est contenu dans l'idéal fermé I', on a $f \in I' \cap \underline{m}_X^\infty$. D'après 2.3:

$$f = \sum_{i=1}^{s} g_{i,1}\, \varphi_i + \Psi_1\, \delta$$

ou $g_{i,1} \in \underline{m}_X^\infty$; $\Psi_1 \in \underline{m}_X^\infty$. Pour tout $x \in \Omega$, on a:

$$T_x f = \sum_{i=1}^{s} T_x g_{i,1} \cdot T_x \varphi_i + T_x \Psi_1 \cdot T_x \delta$$

d'où $T_x \delta \cdot T_x \Psi_1 \in T_x I$. Si $x \notin X$, d'après l'hypothèse: $T_x \Psi_1 \in T_x I$; si $x \in X$, $T_x \Psi_1 = 0$ et donc $T_x \Psi_1 \in T_x I$. Ainsi, $\Psi_1 \in \bar{I} \subset I'$, d'où:

$$f = \sum_{i=1}^{s} (g_{i,1} + \delta\, g_{i,2})\, \varphi_i + \Psi_2\, \delta^2$$

avec Ψ_2 plate sur X. En itérant ce raisonnement, on obtient:

$$f = \sum_{i=1}^{s} \left(\sum_{j=0}^{p} \delta^j g_{i,j+1} \right) \varphi_i + \Psi_{p+1} \delta^{p+1}$$

avec Ψ_{p+1} plate sur X.

Soit K un compact contenu dans $V(\delta)$. D'après le lemme IV.3.4, il existe des fonctions $\alpha_j \in \mathscr{E}(\Omega)$, $\alpha_j = 1$ au voisinage de K, telles que la série $\sum_{j=0}^{\infty} \alpha_j \delta^j g_{i,j+1}$ converge uniformément vers une fonction $g_{i,K} \in \mathscr{E}(\Omega)$, pour $i = 1, \ldots, s$. Visiblement, $f - \sum_{i=1}^{s} g_{i,K} \varphi_i \in \underline{m}_K^\infty$. Par une partition de l'unité, on construit alors des fonctions $g_i \in \mathscr{E}(\Omega)$ telles que

$$f - \sum_{i=1}^{s} g_i \varphi_i \in \underline{m}_{V(I')}^\infty.$$

D'après 4.4 et 5.4, $f - \sum_{i=1}^{s} g_i \varphi_i \in I$, d'où $f \in I$. □

Corollaire 5.7. *Soient $\varphi_1, \ldots, \varphi_p$ des éléments de $\mathscr{E}(\Omega)$. Si $J_p(\varphi_1, \ldots, \varphi_p)$ est un idéal de Łojasiewicz et si l'ensemble de ses zéros est discret, l'idéal $(\varphi_1, \ldots, \varphi_p)$ est fermé.*

Preuve. On applique le théorème 5.6 avec $I = (\varphi_1, \ldots, \varphi_p)$; $k = s = p$;

$$\delta = \sum_{i=1}^{p} \varphi_i^2 + \sum_{\underline{i}} \left(\frac{D(\varphi_1, \ldots, \varphi_p)}{D(x_{i_1}, \ldots, x_{i_p})} \right)^2; \qquad X = V(\delta). \quad \square$$

6. Appendice: Faisceaux différentiables quasi-flasques (Tougeron [1])

Soit $\mathscr{E}$ le faisceau des germes de fonctions numériques indéfiniment dérivables sur un ouvert Ω de $\mathbb{R}^n$. Rappelons (définition 3.1) qu'un faisceau différentiable $\mathscr{M}$ sur Ω (i.e. un $\mathscr{E}$-module unitaire) est *quasi-flasque*, si pour tout ouvert U de Ω, l'application canonique:

$$\mathscr{M}(\Omega) \otimes_{\mathscr{E}(\Omega)} \mathscr{E}(U) \to \mathscr{M}(U)$$

est un isomorphisme.

Visiblement, si $\mathscr{M}$ est quasi-flasque et si V est un ouvert de Ω, la restriction $\mathscr{M}|V$ de $\mathscr{M}$ à V, est quasi-flasque.

Lemme 6.1. *Soient U un ouvert de Ω et $\{f_i\}_{i \in \mathbb{N}}$ une famille dénombrable de fonctions appartenant à $\mathscr{E}(U)^q$. Il existe une fonction $\alpha \in \mathscr{E}(\Omega)$ vérifiant les conditions suivantes:*

(1) *α est plate sur $\Omega \setminus U$ et ne s'annule en aucun point de U.*

(2) *Les fonctions $\alpha \cdot f_i$ se prolongent en des fonctions indéfiniment dérivables f_i' sur Ω, plates sur $\Omega \setminus U$.*

Preuve. Soit $\{K_j\}_{j\in\mathbb{N}}$ une suite de compacts de U telle que K_j soit contenu dans l'intérieur de K_{j+1} pour tout $j\in\mathbb{N}$ et $\bigcup_{j\in\mathbb{N}} K_j = U$. Soit $\alpha_j \in \mathscr{E}(\Omega)$, $\alpha_j > 0$, $\alpha_j = 1$ sur K_j et $\alpha_j = 0$ sur $\Omega \setminus K_{j+1}$. Soit ε_j un nombre réel >0 tel que

$$|\varepsilon_j \cdot \alpha_j|_j^\Omega \leqq \frac{1}{2^j} \quad \text{et} \quad |\varepsilon_j \cdot \alpha_j \cdot f_i|_j^\Omega \leqq \frac{1}{2^j}$$

pour tout $i \leqq j$. Il suffit alors de poser $\alpha = \sum_{j=0}^{\infty} \varepsilon_j \cdot \alpha_j$. □

Corollaire 6.2. *L'anneau $\mathscr{E}(U)$ est un module plat sur $\mathscr{E}(\Omega)$.*

Preuve. Soient $\varphi_1, \ldots, \varphi_p \in \mathscr{E}(\Omega)$: nous devons montrer (d'après I.4.2) que le module des relations entre les φ_i à coefficients dans $\mathscr{E}(U)$ est engendré sur $\mathscr{E}(U)$ par le module des relations entre les φ_i à coefficients dans $\mathscr{E}(\Omega)$. Soient $f_1, \ldots, f_p \in \mathscr{E}(U)$ telles que sur U:

$$\sum_{i=1}^{p} f_i \cdot \varphi_i = 0.$$

On a donc, avec les notations du lemme précédent (la famille $\{f_i\}_{i\in\mathbb{N}}$ étant remplacée par $\{f_1, \ldots, f_p\}$): $\sum_{i=1}^{p} f_i' \cdot \varphi_i = 0$ sur l'ouvert Ω et $(f_i) = (1/\alpha) \cdot (f_i')$, ce qui démontre le corollaire. □

Proposition 6.3. *Soit ϕ: $\mathscr{M} \to \mathscr{N}$ un morphisme de faisceaux quasi-flasques. Alors* $\ker\phi$, $\operatorname{coker}\phi$, $\operatorname{Im}\phi$ *sont quasi-flasques.*

De même, si $0 \to \mathscr{M}' \to \mathscr{M} \to \mathscr{M}'' \to 0$ est une suite exacte de faisceaux différentiables et si $\mathscr{M}'$ et $\mathscr{M}''$ sont quasi-flasques, $\mathscr{M}$ est quasi-flasque.

Preuve. De la suite exacte $0 \to \ker\phi \to \mathscr{M} \xrightarrow{\phi} \mathscr{N}$, on déduit un diagramme commutatif:

$$\begin{array}{ccccccc}
0 \longrightarrow & \ker\phi(\Omega) \otimes_{\mathscr{E}(\Omega)} \mathscr{E}(U) & \longrightarrow & \mathscr{M}(\Omega) \otimes_{\mathscr{E}(\Omega)} \mathscr{E}(U) & \longrightarrow & \mathscr{N}(\Omega) \otimes_{\mathscr{E}(\Omega)} \mathscr{E}(U) \\
& \downarrow & & \downarrow \wr & & \downarrow \wr \\
0 \longrightarrow & \ker\phi(U) & \longrightarrow & \mathscr{M}(U) & \longrightarrow & \mathscr{N}(U)
\end{array}$$

Les lignes de ce diagramme sont exactes (la première d'après 6.2) et les deux dernières flèches verticales sont des isomorphismes, d'après l'hypothèse. Il en sera de même de la première et donc $\ker\phi$ est quasi-flasque.

Les autres assertions se démontrent de façon analogue (en remarquant que tout faisceau différentiable est fin, et donc que le foncteur section sur un ouvert U: $\mathcal{M} \to \mathcal{M}(U)$ est exact). □

Proposition 6.4. *Soient $\mathcal{M}$ un faisceau quasi-flasque et a un point de Ω. Si des sections n_j $(j \in J)$ appartenant à $\mathcal{M}(\Omega)$ engendrent $\mathcal{M}_a$, alors elles engendrent $\mathcal{M}_x$ pour tout x suffisamment voisin de a.*

Preuve. Notons $\mathcal{N}$ le sous-faisceau de $\mathcal{M}$ engendré par les sections globales n_j $(j \in J)$. Raisonnons par l'absurde: soit x_i une suite de points tendant vers a, telle que $x_i \neq x_{i'}$ si $i \neq i'$ et $\mathcal{M}_{x_i} \not\subset \mathcal{N}_{x_i}$ pour tout $i \in \mathbb{N}$. Il existe donc $m_i \in \mathcal{M}_{x_i}$, $m_i \notin \mathcal{N}_{x_i}$. En utilisant une partition de l'unité sur $\Omega \setminus \{a\}$, on voit qu'il existe $m \in \mathcal{M}(\Omega \setminus \{a\})$ induisant en chaque point x_i le germe m_i. Puisque $\mathcal{M}$ est quasi-flasque, il existe des $f_k \in \mathcal{E}(\Omega \setminus \{a\})$ et des $m'_k \in \mathcal{M}(\Omega)$ telles que: $m = \sum_{k=1}^{p} f_k \cdot m'_k$. Avec les notations du lemme 6.1 (où la famille $\{f_i\}_{i \in \mathbb{N}}$ est remplacée par $\{f_1, \ldots, f_p\}$; l'ouvert U par $\Omega \setminus \{a\}$), on a:

$$m = \frac{1}{\alpha} \cdot \sum_{k=1}^{p} f'_k \cdot m'_k = \frac{1}{\alpha} \cdot m'', \quad \text{où} \quad m'' \in \mathcal{M}(\Omega).$$

Mais $m''_a \in \mathcal{M}_a = \mathcal{N}_a$, donc $m''_{x_i} \in \mathcal{N}_{x_i}$ pour tout i assez grand et il en sera de même de $m_{x_i} = m_i$, d'où la contradiction. □

Corollaire 6.5. *Soient $\mathcal{M}$ un faisceau quasi-flasque et a un point de Ω. Si $\mathcal{M}_a = 0$, il existe un voisinage ouvert U de a tel que $\mathcal{M} | U = 0$.*

Proposition 6.6. *Soient $\mathcal{M}$ et $\mathcal{N}$ deux faisceaux différentiables; a un point de Ω; $(U_i)_{i \in I}$ un système fondamental de voisinages ouverts du point a.*

(1) *Si $\mathcal{M}$ est quasi-flasque, l'homomorphisme canonique:*

$$\varinjlim \mathrm{Hom}_{\mathcal{E}|U_i}(\mathcal{M} | U_i, \mathcal{N} | U_i) \to \mathrm{Hom}_{\mathcal{E}_a}(\mathcal{M}_a, \mathcal{N}_a)$$

est injectif.

(2) *En outre, si $\mathcal{M}$ est de type fini, c'est un isomorphisme.*

Preuve. (1) Soit ϕ un morphisme de $\mathcal{M} | V$ dans $\mathcal{N} | V$ (où V est un voisinage ouvert de a) tel que $\phi_a = 0$. On a $(\ker \phi)_a = \mathcal{M}_a$, d'où (proposition 6.4) $\ker \phi | U = \mathcal{M} | U$, où U est un voisinage convenable de a contenu dans V. Ainsi $\phi | U = 0$.

(2) On peut supposer, en remplaçant éventuellement Ω par un voisinage ouvert convenable du point a, que $\mathcal{M}(\Omega)$ est engendré sur $\mathcal{E}(\Omega)$ par un nombre fini d'éléments m_i, $i = 1, 2, \ldots, q$. Soit ϕ_a un homomorphisme de $\mathcal{M}_a$ dans $\mathcal{N}_a$. Pour tout i $(1 \leqq i \leqq q)$, soit $n_i \in \mathcal{N}(\Omega)$ qui

induise en a le germe $\phi_a(m_i)$. Pour toute relation $r_j=(r_{ji})$ $(1 \leqq i \leqq q)$ entre les m_i, on a donc: $\sum_{i=1}^{q} r_{ji} n_i = 0$ sur un voisinage ouvert V_j de a. Si $\alpha_j \in \mathscr{E}(\Omega)$ a son support contenu dans V_j, et vaut 1 au voisinage de a: $\sum_{i=1}^{q} \alpha_j r_{ji} n_i = 0$ sur Ω tout entier.

Posons $r'_j=(\alpha_j r_{ji})$ $(1 \leqq i \leqq q)$ et soit $\mathscr{R}(\Omega)$ (resp. $\mathscr{R}'(\Omega)$) le sous-module de $\mathscr{E}(\Omega)^q$ engendré par tous les r_j (resp. tous les r'_j). Le faisceau $\mathscr{R}$ engendré par $\mathscr{R}(\Omega)$ est le noyau d'un épimorphisme: $\mathscr{E}^q \to \mathscr{M}$; il est donc quasi-flasque (proposition 6.3). Si $\mathscr{R}'$ désigne le sous-faisceau de $\mathscr{R}$ engendré par $\mathscr{R}'(\Omega)$, on a $\mathscr{R}_a = \mathscr{R}'_a$. D'après 6.4, il existe un voisinage ouvert U de a tel que $\mathscr{R}|U = \mathscr{R}'|U$.

On définit un homomorphisme ϕ_Ω de $\mathscr{E}(\Omega)^q/\mathscr{R}'(\Omega)$ dans $\mathscr{N}(\Omega)$ par la formule: $\phi_\Omega(f_i)_{1 \leqq i \leqq q} = \sum_{i=1}^{q} f_i n_i$. L'homomorphisme ϕ_Ω induit un morphisme de $\mathscr{M}|U = (\mathscr{E}^q/\mathscr{R})|U = (\mathscr{E}^q/\mathscr{R}')|U$ dans $\mathscr{N}|U$. Visiblement ϕ induit en a l'homomorphisme ϕ_a donné. □

Chapitre VI. Idéaux engendrés par des fonctions analytiques

Soient $\mathcal{O}_n$ (resp. $\mathcal{E}_n$) l'anneau des germes de fonctions numériques, analytiques (resp. C^∞) à l'origine de $\mathbb{R}^n$. Soit M un $\mathcal{O}_n$-module de type fini. Nous étudions d'abord le module $M \otimes_{\mathcal{O}_n} \mathcal{E}_n$, puis nous démontrons quelques propriétés des germes d'ensembles analytiques réels, en relation avec l'anneau $\mathcal{E}_n$.

1. Le théorème de division (Malgrange [1])

Théorème 1.1. *Soit M un $\mathcal{O}_n$-module de type fini. Le module $M \otimes_{\mathcal{O}_n} \mathcal{E}_n$ est un module de Fréchet sur $\mathcal{E}_n$.*

Preuve: Soit $\tilde{\mathcal{F}}_n$ l'anneau des germes de champs de séries formelles à l'origine de $\mathbb{R}^n$. Le module $M \otimes_{\mathcal{O}_n} \mathcal{E}_n$ est de présentation finie sur $\mathcal{E}_n$ (car, l'anneau $\mathcal{O}_n$ étant noéthérien, M est de présentation finie sur $\mathcal{O}_n$) et sera un module de Fréchet si et seulement si l'application canonique:

$$M \otimes_{\mathcal{O}_n} \mathcal{E}_n \xrightarrow{\ \mathrm{i}\ } M \otimes_{\mathcal{O}_n} \tilde{\mathcal{F}}_n$$

est injective (définition V.3.5). De la suite exacte:

$$0 \to \mathcal{E}_n \to \tilde{\mathcal{F}}_n \to \tilde{\mathcal{F}}_n/\mathcal{E}_n \to 0$$

on déduit une suite exacte:

$$\mathrm{Tor}_1^{\mathcal{O}_n}(M, \tilde{\mathcal{F}}_n) \to \mathrm{Tor}_1^{\mathcal{O}_n}(M, \tilde{\mathcal{F}}_n/\mathcal{E}_n) \to M \otimes_{\mathcal{O}_n} \mathcal{E}_n \xrightarrow{\ \mathrm{i}\ } M \otimes_{\mathcal{O}_n} \tilde{\mathcal{F}}_n.$$

Mais, d'après la remarque II.6.10:

$$\mathrm{Tor}_1^{\mathcal{O}_n}(M, \tilde{\mathcal{F}}_n) = 0.$$

Ainsi, $M \otimes_{\mathcal{O}_n} \mathcal{E}_n$ est un module de Fréchet si et seulement si:

$$\mathrm{Tor}_1^{\mathcal{O}_n}(M, \tilde{\mathcal{F}}_n/\mathcal{E}_n) = 0.$$

Démontrons cette dernière égalité par récurrence sur la dimension de Krull $\dim(M)$ du module M. Si $\dim(M)=0$, le module $M \otimes_{\mathcal{O}_n} \mathcal{E}_n$ est un

$\mathbb{R}$-espace vectoriel de dimension finie. D'après V.3.9, $M \otimes_{\mathcal{O}_n} \mathcal{E}_n$ est un module de Fréchet.

Supposons donc que $\dim(M) = n - k > 0$. D'après I.3.8 et la suite exacte des Tor, on peut supposer, pour la démonstration, que $M = \mathcal{O}_n/\mathfrak{p}$, où $\mathfrak{p}$ est un idéal premier de hauteur k.

Soient $\varphi_1, \ldots, \varphi_s$ des fonctions, analytiques sur un voisinage ouvert Ω de l'origine de $\mathbb{R}^n$, et engendrant sur $\mathcal{O}_n$ l'idéal $\mathfrak{p}$. D'après II.3.3 (en choisissant les φ_i de façon convenable), on peut supposer qu'il existe une fonction analytique δ sur Ω telle que:

$$\delta \cdot \varphi_j \in (\varphi_1, \ldots, \varphi_k) \quad \text{pour} \quad j = k+1, \ldots, s; \qquad \delta \in J_k(\varphi_1, \ldots, \varphi_k);$$

le germe δ_0 de δ à l'origine n'appartient pas à $\mathfrak{p}$.

Puisque δ n'est pas diviseur de zéro dans $\mathcal{O}_n/\mathfrak{p}$, δ n'est pas diviseur de zéro dans $\tilde{\mathcal{F}}_n/\mathfrak{p} \cdot \tilde{\mathcal{F}}_n$ (en effet, d'après II.6.10, $\tilde{\mathcal{F}}_n$ est plat sur $\mathcal{O}_n$): cela signifie, en diminuant Ω si nécessaire, que: $\forall x \in V(I)$, $\delta_x = T_x \delta$ n'est pas diviseur de zéro dans $\mathcal{F}_x/T_x I$, où I est l'idéal de $\mathcal{E}(\Omega)$ engendré par $\varphi_1, \ldots, \varphi_s$.

Posons $I' = I + \delta \cdot \mathcal{E}(\Omega)$: si Ω est assez petit, I' est fermé (en effet, l'idéal $\mathfrak{p} + \delta \cdot \mathcal{O}_n$ est de hauteur $> k$, et l'on applique l'hypothèse de récurrence). D'après le théorème V.5.6, l'idéal I est fermé. L'idéal $\mathfrak{p} \cdot \mathcal{E}_n$ induit par I à l'origine est donc fermé. Il en résulte que $M \otimes_{\mathcal{O}_n} \mathcal{E}_n = \mathcal{E}_n/\mathfrak{p} \cdot \mathcal{E}_n$ est un module de Fréchet. □

Corollaire 1.2. *Soit N un sous-module de $\mathcal{O}_n^q$: $N \cdot \mathcal{E}_n$ est un sous-module fermé de $\mathcal{E}_n^q$.*

Corollaire 1.3. *Les anneaux $\tilde{\mathcal{F}}_n$, $\tilde{\mathcal{F}}_n/\mathcal{E}_n$, $\mathcal{E}_n$ sont des $\mathcal{O}_n$-modules plats.*

Preuve. La platitude de $\tilde{\mathcal{F}}_n$ sur $\mathcal{O}_n$ équivaut au théorème de cohérence d'Oka; la platitude sur $\mathcal{O}_n$ de $\tilde{\mathcal{F}}_n/\mathcal{E}_n$ équivaut au théorème 1.1. De la suite exacte:

$$0 \to \mathcal{E}_n \to \tilde{\mathcal{F}}_n \to \tilde{\mathcal{F}}_n/\mathcal{E}_n \to 0$$

on déduit, pour module M sur $\mathcal{O}_n$, une suite exacte:

$$0 = \mathrm{Tor}_2^{\mathcal{O}_n}(M, \tilde{\mathcal{F}}_n/\mathcal{E}_n) \to \mathrm{Tor}_1^{\mathcal{O}_n}(M, \mathcal{E}_n) \to \mathrm{Tor}_1^{\mathcal{O}_n}(M, \tilde{\mathcal{F}}_n) = 0.$$

Ainsi: $\mathrm{Tor}_1^{\mathcal{O}_n}(M, \mathcal{E}_n) = 0$, et donc $\mathcal{E}_n$ est un $\mathcal{O}_n$-module plat. □

Soient Ω un ouvert de $\mathbb{R}^n$; $\mathcal{O}$ le faisceau des germes de fonctions, analytiques sur Ω, à valeurs réelles. Soit N un sous-module de type fini de $\mathcal{O}(\Omega)^q$: d'après 1.2, $\forall a \in \Omega$, le module $N.\ \mathcal{E}_a$ engendré par N dans $\mathcal{E}_a^q$ est fermé. Il en résulte, par une partition de l'unité, que $N \cdot \mathcal{E}(\Omega)$ est un sous-module fermé de $\mathcal{E}(\Omega)^q$ et donc (en posant $M = \mathcal{O}(\Omega)^q/N$) que $M \otimes_{\mathcal{O}(\Omega)} \mathcal{E}(\Omega)$ est un module de Fréchet sur $\mathcal{E}(\Omega)$. Ainsi:

Corollaire 1.4. *Soit M un module de présentation finie sur $\mathcal{O}(\Omega)$. Le module $M \otimes_{\mathcal{O}(\Omega)} \mathcal{E}(\Omega)$ est un module de Fréchet sur $\mathcal{E}(\Omega)$.*

Corollaire 1.5. *Le sous-module de $\mathscr{E}(\Omega)^q$ engendré sur $\mathscr{E}(\Omega)$ par des fonctions $f_1, \ldots, f_p$ appartenant à $\mathscr{O}(\Omega)^q$ est fermé.*

Le corollaire précédent équivaut visiblement au théorème 1.1. Il a d'abord été démontré dans le cas particulier $p=q=1$ par L. Hörmander [1]; (Hörmander considère seulement un polynôme) et S. Łojasiewicz [1], puis généralisé par B. Malgrange [2] (voir aussi Palomodov [1]). Par dualité, on en déduit le théorème de division des distributions par les fonctions analytiques et certains résultats classiques sur les solutions des opérateurs différentiels à coefficients constants (nous renvoyons le lecteur à B. Malgrange [1], chap. VII).

On déduit de 1.5, de V.4.4 et V.4.5, les deux conséquences suivantes:

Corollaire 1.6. *Un idéal de $\mathscr{E}(\Omega)$ engendré par un nombre fini de fonctions analytiques sur Ω est un idéal fermé, donc de Łojasiewicz.*

Corollaire 1.7. *Deux sous-ensembles analytiques fermés X et Y de Ω sont régulièrements situés.*

Signalons enfin le résultat suivant:

Corollaire 1.8. *Soit X un sous-ensemble analytique fermé de Ω. Le sous-module de $\mathscr{E}(X)^q$ engendré par un nombre fini de fonctions analytiques sur Ω, à valeurs dans $\mathbb{R}^q$, est fermé.*

Preuve. Le résultat étant de nature locale, on peut supposer pour la démonstration que $X=V(I)$ où I est un idéal de type fini de $\mathscr{O}(\Omega)$. Soit N un sous-module de type fini de $\mathscr{E}(\Omega)^q$ engendré par un nombre fini de fonctions analytiques. L'idéal $I^i\cdot\mathscr{E}(\Omega)$ est de Łojasiewicz et $X=V(I^i)$; ainsi: $\underline{m}_X^\infty\subset I^i$ et l'on a donc des inclusions:

$$N+\underline{m}_X^\infty\cdot\mathscr{E}(\Omega)^q\subset N_i=N+I^i\cdot\mathscr{E}(\Omega)^q\subset N+\underline{m}_X^{(i)}\cdot\mathscr{E}(\Omega)^q.$$

En outre, N_i est un sous-module de $\mathscr{E}(\Omega)^q$ engendré par un nombre fini de fonctions analytiques, donc fermé dans $\mathscr{E}(\Omega)^q$. D'après V.2.9, le sous-module de $\mathscr{E}(X)^q$ engendré par N est fermé. □

Remarque 1.9. Les résultats précédents sont encore vrais si l'on considère des fonctions à valeurs dans $\mathbb{C}^q$ au lieu de $\mathbb{R}^q$. Par exemple:

Soit X un sous-ensemble analytique fermé de Ω. Le sous-module de $\mathscr{E}(X,\mathbb{C})^q$ engendré sur $\mathscr{E}(X,\mathbb{C})$ par un nombre fini de fonctions analytiques sur Ω, à valeurs dans $\mathbb{C}^q$, est fermé.

En effet, soit $g\in\mathscr{E}(X,\mathbb{C})^q$ adhérente au sous-module N de $\mathscr{E}(X,\mathbb{C})^q$ engendré par les fonctions analytiques $f_1, \ldots, f_p$. Cela signifie que (Re g, Im g) adhère, donc appartient d'après 1.8, au sous-module de $\mathscr{E}(X)^{2q}$ engendré par les (Re f_i, Im f_i) et ($-$Im f_i, Re f_i), $i=1, \ldots, p$. D'où $g\in N$.

2. Ensembles $\mathcal{M}$-denses (Malgrange [4])

Soit $\mathcal{M}$ un faisceau analytique cohérent sur un ouvert Ω de $\mathbb{R}^n$. Tout point $a \in \Omega$ possède un voisinage ouvert U tel qu'il existe une suite exacte (cf. définition II.6.1):

$$(\mathcal{O}|U)^p \to (\mathcal{O}|U)^q \to \mathcal{M}|U \to 0.$$

Le module $(\mathcal{M} \otimes_{\mathcal{O}} \mathcal{E})(U) = \mathcal{M}(U) \otimes_{\mathcal{O}(U)} \mathcal{E}(U)$ étant un module de Fréchet sur $\mathcal{E}(U)$ (corollaire 1.4), l'application canonique

$$(\mathcal{M} \otimes_{\mathcal{O}} \mathcal{E})(U) \to \mathcal{M}(U) \otimes_{\mathcal{O}(U)} \tilde{\mathcal{F}}(U) = \prod_{x \in U} \mathcal{M}_x \otimes_{\mathcal{O}_x} \mathcal{F}_x$$

est injective (proposition V.2.1). Ainsi:

Une section φ du faisceau $\mathcal{M} \otimes_{\mathcal{O}} \mathcal{E}$ sur l'ouvert Ω, est nulle, si et seulement si, $\forall a \in \Omega$, la condition suivante est satisfaite: $C(a)$: l'image $\hat{\varphi}_a$ de φ dans $\hat{\mathcal{M}}_a = \mathcal{M}_a \otimes_{\mathcal{O}_a} \mathcal{F}_a$ est nulle.

Il est facile de voir sur des exemples que la conclusion reste vraie si l'on fait seulement l'hypothèse $C(a)$, pour «suffisamment de points a». Par exemple, soit Σ un sous-ensemble analytique fermé et cohérent de Ω (cf. remarque II.7.8). Posons $\mathcal{M} = \mathcal{O}/\mathcal{J}(\Sigma)$, où $\mathcal{J}(\Sigma)$ désigne le faisceau des germes de fonctions analytiques nuls sur Σ. Nous montrerons ultérieurement (théorème 4.2) que: $\mathcal{M} \otimes_{\mathcal{O}} \mathcal{E} = \mathcal{E}/\mathcal{J}_*(\Sigma)$, où $\mathcal{J}_*(\Sigma)$ est le faisceau des germes de fonctions C^∞ nuls sur Σ. Par conséquent, il suffit d'imposer $C(a)$ pour un ensemble dense dans Σ.

D'une façon générale, posons la définition suivante:

Définition 2.1. Un sous-ensemble X de Ω sera dit «*$\mathcal{M}$-dense*», si toute section φ du faisceau $\mathcal{M} \otimes_{\mathcal{O}} \mathcal{E}$ sur l'ouvert Ω, vérifiant $C(a)$ en tout point $a \in X$, est nulle. [Autrement dit, si la condition «$\forall a \in X$, $C(a)$» entraîne «$\forall a \in \Omega$, $C(a)$».]

Remarque 2.2. Soit $\mathcal{N}$ un sous-faisceau de $\mathcal{O}^q$ engendré par un nombre fini de sections sur Ω. Posons $\mathcal{M} = \mathcal{O}^q/\mathcal{N}$. Un sous-ensemble X de Ω est $\mathcal{M}$-dense si et seulement si la condition suivante est satisfaite:

Pour qu'un élément f de $\mathcal{E}(\Omega)^q$ appartienne à $\mathcal{N}(\Omega)$, il faut et il suffit que, $\forall a \in X$, on ait $T_a f \in \hat{\mathcal{N}}_a = \mathcal{N}_a \cdot \mathcal{F}_a$.

Nous nous proposons de caractériser les ensembles $\mathcal{M}$-denses. Posons $V = \operatorname{Supp}(\mathcal{M}) = \{a \in \Omega \mid \mathcal{M}_a \neq 0\}$; en tout point $a \in \Omega \setminus V$, la condition $C(a)$ est trivialement vérifiée; par conséquent, on peut supposer (quitte à remplacer X par $X \cap V$) que l'on a $X \subset V$, ce que nous ferons désormais. Pour tout point $a \in V$, soient $\mathfrak{p}_{a,i}$ $(1 \leqq i \leqq r(a))$ les idéaux premiers de $\mathcal{O}_a$ associés à $\mathcal{M}_a$ (voir I.3.2), et soit $V_{a,i}$ le germe en a de sous-ensemble analytique-réel de Ω défini par $\mathfrak{p}_{a,i}$ (i.e. le germe des zéros de $\mathfrak{p}_{a,i}$). Désignons encore par V_a le germe de V en a: on a

$$V = V(\sqrt{\operatorname{Ann}(\mathcal{M})}) \quad \text{et} \quad \sqrt{\operatorname{Ann}(\mathcal{M}_a)} = \bigcap_{i=1}^{r(a)} \mathfrak{p}_{a,i}.$$

Ainsi:

$$V_a = \bigcup_{i=1}^{r(a)} V_{a,i}.$$

Remarque 2.3. La décomposition précédente de V_a ne doit pas être confondue avec sa «décomposition en germes irréductibles»; les deux décompositions n'ont presque aucun rapport pour les raisons suivantes:

D'une part, les $V_{a,i}$ ne sont pas forcément irréductibles [en effet, si $\mathfrak{p}$ est un idéal premier de $\mathcal{O}_a$, $V(\mathfrak{p})$ n'est pas nécessairement irréductible: par exemple, $x^2 + z^2 y^2$ engendre dans $\mathbb{R}\{x, y, z\}$ un idéal premier $\mathfrak{p}$, mais $V(\mathfrak{p})$ est la réunion des deux germes de droites $\{x = z = 0\}$ et $\{x = y = 0\}$]; ensuite, il se peut que l'on ait $V_{a,i} \subset V_{a,j}$, pour $i \neq j$, soit parce que $\mathfrak{p}_{a,i} \supset \mathfrak{p}_{a,j}$ [«composantes immergées» de la décomposition primaire], soit encore simplement parce que en analytique réel, le «Nullstellensatz» est faux [par exemple, soit $\mathfrak{p}_1$ (resp. $\mathfrak{p}_2$) l'idéal premier de $\mathbb{R}\{x, y\}$ engendré par $x^2 + y^2$ (resp. engendré par $x^2 + 2y^2$): on a $V(\mathfrak{p}_1) = V(\mathfrak{p}_2)$ et $\mathfrak{p}_1 \not\subset \mathfrak{p}_2$, $\mathfrak{p}_2 \not\subset \mathfrak{p}_1$]. Naturellement, dans le cas analytique complexe, de ces trois accidents, seul le second peut se produire.

Théorème 2.4. *Les propositions suivantes sont équivalentes:*

(1) *X est $\mathcal{M}$-dense.*

(2) *Pour tout point $a \in V$ et tout $i \leqq r(a)$, on a $V_{a,i} \cap X_a \neq \emptyset$ (autrement dit: soit $\tilde{V}_{a,i}$ un représentant de $V_{a,i}$ au voisinage de a; alors $\tilde{V}_{a,i} \cap X$ est adhérent à a).*

Preuve. Démontrons d'abord (1) $\Rightarrow$ (2). Raisonnons par l'absurde, et supposons qu'il existe un point $a \in V$ et un i tels qu'on ait $V_{a,i} \cap X_a = \emptyset$. Il existe φ, section de $\mathcal{M}$ sur un voisinage ouvert U_a de a, telle que le noyau de l'application: $\mathcal{O}_a \ni f \to f.\ \varphi \in \mathcal{M}_a$ soit égal à $\mathfrak{p}_{a,i}$ (lemme I.3.9). Si $\tilde{V}_{a,i}$ est un représentant de $V_{a,i}$ dans U_a (en diminuant U_a si necessaire):

$$\tilde{V}_{a,i} \cap X = \emptyset \quad \text{et} \quad \operatorname{supp} \varphi = \{x \in U_a \mid \varphi_x \neq 0\} = \tilde{V}_{a,i}.$$

L'application naturelle: $\mathcal{M} \to \mathcal{M} \otimes_{\mathcal{O}} \mathcal{E}$ étant injective (en effet, $\forall x \in \Omega$, l'application composée

$$\mathcal{M}_x \to \mathcal{M}_x \otimes_{\mathcal{O}_x} \mathcal{E}_x \to \mathcal{M}_x \otimes_{\mathcal{O}_x} \mathcal{F}_x = \hat{\mathcal{M}}_x$$

est injective, d'après I.8.2), on peut interpréter φ comme une section de $\mathcal{M} \otimes_{\mathcal{O}} \mathcal{E}$ sur U_a. Soit $\Psi \in \mathcal{E}(\Omega)$, telle que $\Psi = 0$ au voisinage de $\Omega \setminus U_a$ et $\Psi = 1$ au voisinage de a: $\Psi \varphi$ peut être considérée comme une section de $\mathscr{M} \otimes_{\mathscr{O}} \mathscr{E}$ sur Ω. Alors: $(\operatorname{supp} \Psi \varphi) \cap X \subset \tilde{V}_{a,i} \cap X = \emptyset$, donc $(\Psi \varphi)_x = (\widehat{\Psi \varphi})_x = 0$ pour tout $x \in X$, mais $(\Psi \varphi)_a \neq 0$, ce qui montre que X n'est pas $\mathscr{M}$-dense.

Démontrons maintenant (2) $\Rightarrow$ (1). Le théorème étant local, il suffit de le démontrer au voisinage d'un point $a \in \Omega$ fixé. Nous allons procéder en deux étapes:

Etape 1. Supposons qu'on ait $\mathscr{M} = \mathscr{O}/\mathscr{I}$, $\mathscr{I}$ faisceau cohérent d'idéaux, avec $\mathscr{O}_a/\mathscr{I}_a$ réduit, i.e. $\mathscr{I}_a$ intersection d'idéaux premiers. Soit f une section de $\mathscr{E}$ au voisinage de a, vérifiant, pour tout point $x \in X$ voisin de a: $T_x f \in \mathscr{I}_x \cdot \mathscr{F}_x = \hat{\mathscr{I}}_x$. Il suffit de montrer qu'on a: $T_a f \in \hat{\mathscr{I}}_a$: en effet, d'après II.7.4, en tout point $b \in V$, assez voisin de a, $\mathscr{O}_b/\mathscr{I}_b$ est réduit, et par conséquent, le même raisonnement, appliqué à b au lieu de a, montrera qu'on a $T_b f \in \hat{\mathscr{I}}_b$, ce qui est le résultat cherché.

On a $\mathscr{I}_a = \bigcap_{i=1}^{r(a)} \mathfrak{p}_{a,i}$; l'anneau $\mathscr{F}_a$ étant plat sur $\mathscr{O}_a$, on a: $\hat{\mathscr{I}}_a = \bigcap_{i=1}^{r(a)} \hat{\mathfrak{p}}_{a,i}$ (d'après I.4.7). Par hypothèse, on a, pour chaque i: $X_a \cap V_{a,i} \neq \emptyset$: ceci montre qu'il suffit de traiter le cas où $\mathscr{I}_a$ est premier, et, plus précisément, de démontrer le lemme suivant:

Lemme 2.5. *Soient $\mathscr{I}$ un faisceau cohérent d'idéaux, avec $\mathscr{I}_a$ premier; X un sous-ensemble de $V = \operatorname{supp}(\mathscr{O}/\mathscr{I})$, avec $X_a \neq \emptyset$, et f une section de $\mathscr{E}$ au voisinage de a, vérifiant: $\forall x \in X$: $T_x f \in \hat{\mathscr{I}}_x$; alors, on a $T_a f \in \hat{\mathscr{I}}_a$.*

Preuve. Posons $n-k = \dim(\mathscr{O}_a/\mathscr{I}_a)$; d'après II.7.2, en tout point $x \in V$ voisin de a, on a encore $n-k = \dim(\mathscr{O}_x/\mathscr{I}_x)$, donc $n-k = \dim(\mathscr{F}_x/\hat{\mathscr{I}}_x)$, d'après II.4.2. Pour tout point $x \in \Omega$, voisin de a, soit $\mathscr{K}_x$ l'idéal de $\mathscr{F}_x$ engendré par $\hat{\mathscr{I}}_x$ et $T_x f$; d'après la proposition II.5.3, la fonction $x \mapsto \dim(\mathscr{F}_x/\mathscr{K}_x)$ est semi-continue supérieurement au voisinage de a; par hypothèse, si $x \in X$, on a $\mathscr{K}_x = \hat{\mathscr{I}}_x$, donc, puisque X est adhérent à a, on aura $\dim(\mathscr{F}_a/\mathscr{K}_a) \geqq n-k$.

D'après le théorème II.4.5, $\hat{\mathscr{I}}_a$ est premier; d'autre part, on a $\dim(\mathscr{F}_a/\hat{\mathscr{I}}_a) = n-k$, et $\mathscr{K}_a \supset \hat{\mathscr{I}}_a$; il en résulte qu'on a nécessairement $\mathscr{K}_a = \hat{\mathscr{I}}_a$, d'où $T_a f \in \hat{\mathscr{I}}_a$, ce qui démontre le lemme et achève la première étape. □

Etape 2. Le cas général. Soit $a \in V$, et soit φ une section de $\mathscr{M} \otimes_{\mathscr{O}} \mathscr{E}$ au voisinage de a, vérifiant, pour tout $x \in X$ voisin de a: $\hat{\varphi}_x = 0$. Pour établir le théorème, il suffit de montrer qu'on a $\hat{\varphi}_a = 0$.

Or, il existe des sous-modules $\mathscr{M}_{a,i}$ $(1 \leqq i \leqq r(a))$ de $\mathscr{M}_a$ tels que $\mathscr{M}_a/\mathscr{M}_{a,i}$ soit $\mathfrak{p}_{a,i}$-coprimaire et $\bigcap_{i=1}^{r(a)} \mathscr{M}_{a,i} = 0$. En raisonnant comme au début de l'étape précédente, on voit qu'il suffit de traiter le cas où $\mathscr{M}_a$ est coprimaire pour un certain idéal $\mathfrak{p}_a$.

Il existe alors une suite de composition:

$$0=\mathcal{N}_{a,0}\subset\mathcal{N}_{a,1}\subset\cdots\subset\mathcal{N}_{a,p+1}=\mathcal{M}_a$$

telle que $\mathcal{N}_{a,i+1}/\mathcal{N}_{a,i}$ soit isomorphe à $\mathcal{O}_a/\mathfrak{q}_{a,i}$, où $\mathfrak{q}_{a,i}$ est un idéal premier de $\mathcal{O}_a$ contenant $\mathfrak{p}_a$ (proposition I.3.8). Soient $\mathcal{N}_i$ des sous-faisceaux cohérents de $\mathcal{M}$, définis au voisinage de a, et vérifiant $(\mathcal{N}_i)_a=\mathcal{N}_{a,i}$. On a encore, au voisinage de a, $\mathcal{N}_{i+1}/\mathcal{N}_i\simeq\mathcal{O}/\mathfrak{q}_i$, où $\mathfrak{q}_i$ est un faisceau cohérent d'idéaux vérifiant $(\mathfrak{q}_i)_a=\mathfrak{q}_{a,i}$ et $\mathfrak{q}_i\supset\mathfrak{p}$ (où $\mathfrak{p}$ est un faisceau cohérent d'idéaux dont la fibre en a est $\mathfrak{p}_a$).

Nous allons démontrer, par récurrence sur i $(0\leqq i\leqq p+1)$, le résultat suivant:

Lemme 2.6. *Il existe g_i, analytique au voisinage de a, avec $g_{i,a}\notin\mathfrak{p}_a$, possèdant la propriété suivante: si φ est une section de $\mathcal{N}\otimes_{\mathcal{O}}\mathcal{E}$ au voisinage de a, vérifiant $\forall x\in X$: $\hat{\varphi}_x=0$, on a $g_i\cdot\varphi=0$.*

Preuve. Pour $i=0$, le résultat est trivial, puisque $\mathcal{N}_0=0$. Supposons alors le résultat acquis pour i, et démontrons le pour $i+1$. Soit Ψ l'image de φ dans l'espace des sections de $(\mathcal{N}_{i+1}/\mathcal{N}_i)\otimes_{\mathcal{O}}\mathcal{E}\simeq\mathcal{E}/\mathfrak{q}_i\cdot\mathcal{E}$. Si $\mathfrak{q}_{a,i}=\mathfrak{p}_a$, on a $\Psi=0$, d'après la première étape (en effet, X satisfait à la condition (2) relativement au faisceau $\mathcal{O}/\mathfrak{p}$, car celui-ci est isomorphe à un sous-faisceau de $\mathcal{M}$ au voisinage de a), donc en fait φ est une section de $\mathcal{N}_i\otimes_{\mathcal{O}}\mathcal{E}$ (en effet, d'après 1.3, $\mathcal{E}$ est plat sur $\mathcal{O}$, et donc l'application $\mathcal{N}_i\otimes_{\mathcal{O}}\mathcal{E}\to\mathcal{N}_{i+1}\otimes_{\mathcal{O}}\mathcal{E}$ est injective: on peut donc considérer le premier comme un sous-faisceau du second); dans ce cas, le lemme est vrai avec $g_{i+1}=g_i$. Si au contraire $\mathfrak{q}_{a,i}\neq\mathfrak{p}_a$, il existe h analytique au voisinage de a, avec $h_a\in\mathfrak{q}_{a,i}$ et $h_a\notin\mathfrak{p}_a$; on aura $h\Psi=0$ au voisinage de a, donc $h\varphi$ est une section de $\mathcal{N}_i\otimes_{\mathcal{O}}\mathcal{E}$ et le lemme sera vrai avec $g_{i+1}=h\,g_i$.

Achevons la démonstration. Soit φ une section de $\mathcal{M}\otimes_{\mathcal{O}}\mathcal{E}$ au voisinage de a, vérifiant, $\forall x\in X$, $\hat{\varphi}_x=0$; on a $g_{p+1}\cdot\varphi=0$, donc en particulier $g_{p+1,a}\cdot\hat{\varphi}_a=0$. Comme $g_{p+1,a}\notin\mathfrak{p}_a$, l'homothétie $g_{p+1,a}$: $\mathcal{M}_a\to\mathcal{M}_a$ est injective (car $\mathcal{M}_a$ est $\mathfrak{p}_a$-coprimaire); par suite (platitude de $\mathcal{F}_a$ sur $\mathcal{O}_a$), l'homothétie $g_{p+1,a}$: $\hat{\mathcal{M}}_a\to\hat{\mathcal{M}}_a$ est aussi injective; ainsi $\hat{\varphi}_a=0$, ce qui démontre le théorème. □

3. Application au cas générique (J. Mather [8])

Soit $\tilde{\mathcal{M}}$ un faisceau différentiable sur l'ouvert Ω, i.e. un faisceau de $\mathcal{E}$-modules. Posons $V=\operatorname{supp}\tilde{\mathcal{M}}$.

Définition 3.1. Le faisceau $\tilde{\mathcal{M}}$ est *générique en un point* $a\in V$ si l'une des deux conditions suivantes (équivalentes, d'après 3.6) est satisfaite:

(1) $\tilde{\mathcal{M}}$ est de présentation finie au voisinage de a. En outre, $\tilde{\mathcal{M}}_a$ est libre, ou sinon, il existe une suite exacte:

$$\mathscr{E}_a^p \xrightarrow{\lambda_a} \mathscr{E}_a^q \to \tilde{\mathcal{M}}_a \to 0$$

telle que les coefficients de la matrice λ_a s'annulent en a (donc $q = g_{\mathscr{E}_a}(\tilde{\mathcal{M}}_a)$, nombre minimum de générateurs de $\tilde{\mathcal{M}}_a$) et soient pq éléments d'un système de coordonnées locales en a (donc $pq \leqq n$).

(2) $\tilde{\mathcal{M}}$ est libre de type fini au voisinage de a ou sinon, il existe un voisinage ouvert U de a et une suite exacte:

$$(\mathscr{E}|U)^p \xrightarrow{\lambda} (\mathscr{E}|U)^q \to \tilde{\mathcal{M}}|U \to 0$$

telle que les coefficients de la matrice λ_U soient pq éléments d'un système de coordonnées sur l'ouvert U (donc $pq \leqq n$).

Le faisceau $\tilde{\mathcal{M}}$ est *générique* s'il est générique en tout point $a \in V$.

Théorème 3.2. *Supposons $\tilde{\mathcal{M}}$ générique et soit X un sous-ensemble de V dense dans V. Une section φ du faisceau $\tilde{\mathcal{M}}$ sur l'ouvert Ω est nulle si et seulement si, $\forall a \in X$, la condition suivante est satisfaite:*

$C'(a)$: l'image $\varphi(a)$ de φ dans $\tilde{\mathcal{M}}_a | \underline{m}_a \cdot \tilde{\mathcal{M}}_a$ est nulle ($\underline{m}_a$: idéal maximal de $\mathscr{E}_a$).

Remarque 3.3. Supposons que l'on ait une suite exacte:

$$\mathscr{E}^p \xrightarrow{\lambda} \mathscr{E}^q \to \tilde{\mathcal{M}} \to 0$$

et notons simplement $\lambda(a)$ la matrice $\lambda_\Omega(a)$: $\mathbb{R}^p \to \mathbb{R}^q$. Soit f une section de $\mathscr{E}^q$ sur Ω qui relève φ. La condition $C'(a)$ signifie qu'il existe $g(a) \in \mathbb{R}^p$ tel que $f(a) = \lambda(a) \cdot g(a)$. D'après 3.2, si cette condition est satisfaite pour tout $a \in X$, il existe $g \in \mathscr{E}(\Omega)^p$ tel que $f = \lambda_\Omega \cdot g$.

Preuve de 3.2. Soit φ une section de $\tilde{\mathcal{M}}$ sur l'ouvert Ω telle que $\varphi(a) = 0$ pour tout $a \in X$. Nous devons montrer que $\varphi = 0$. Pour la démonstration, on peut raisonner localement et donc supposer qu'on a une suite exacte:

$$\mathscr{E}^p \xrightarrow{\lambda} \mathscr{E}^q \to \tilde{\mathcal{M}} \to 0$$

où les coefficients de la matrice λ_Ω appartiennent à un système de coordonnées sur l'ouvert Ω. (Si $\tilde{\mathcal{M}}$ est libre de type fini, le résultat est trivial.) Quitte à faire un changement de coordonnées sur l'ouvert Ω, on peut supposer λ_Ω analytique; on a donc, si $\mathcal{M}$ est le conoyau de λ: $\mathcal{O}^p \to \mathcal{O}^q$, $\mathcal{M} \otimes_{\mathcal{O}} \mathscr{E} \simeq \tilde{\mathcal{M}}$. Distinguons deux cas:

1) *Supposons $p \geqq q$:* Visiblement, l'ensemble $V' = \{a \in \Omega \mid \text{rang de } \lambda(a) = q-1\} = \{a \in \Omega \mid g_{\mathcal{O}_a}(\mathcal{M}_a) = 1\}$ est un ouvert de V, dense dans V; donc $X' = X \cap V'$ est dense dans V. D'après un théorème de Buchbaum et Rim [1], pour tout $a \in V$, le module $\mathcal{M}_a$ est coprimaire. D'après 2.4, l'ensemble X' est $\mathcal{M}$-dense et il suffit donc de montrer que $\hat{\varphi}_a = 0$ pour tout $a \in X'$.

Or, soit $a \in X'$. Puisque $g_{\mathcal{O}_a}(\mathcal{M}_a)=1$, on a sur un voisinage U de a une suite exacte: $(\mathcal{O}|U)^p \xrightarrow{\lambda} \mathcal{O}|U \to \mathcal{M}|U \to 0$ telle que $\lambda_U=(x_1, \ldots, x_p)$, les $x_1, \ldots, x_p$ faisant partie d'un système de coordonnées sur U et $x_1(a)=\cdots=x_p(a)=0$.

Soit $f \in \mathscr{E}(U)$ relevant la section φ. Par hypothèse, $f(x)=0$ pour tout $x \in X' \cap U$, ensemble dense dans la variété $V \cap U=\{x \in U \mid x_1=\cdots=x_p=0\}$; donc $f=0$ sur $V \cap U$, i.e. $f=\lambda_U \cdot g$, avec $g \in \mathscr{E}(U)^p$. Ainsi $\varphi=0$ sur U et donc à fortiori $\hat{\varphi}_a=0$.

2) *Supposons* $p<q$: Soit $f \in \mathscr{E}(\Omega)^q$ relevant la section φ. L'ensemble $V'=\{a \in \Omega \mid \text{rang de } \lambda(a)=p\}=\{a \in \Omega \mid g_{\mathcal{O}_a}(\mathcal{M}_a)=q-p\}$ est un ouvert dense dans $V=\Omega$. Donc $X \cap V'=X'$ est dense dans V'. En tout point $a \in V'$, on a: $f(a)=\lambda(a) \cdot g(a)$ avec $g(a) \in \mathbb{R}^p$ (en effet, le rang de $\lambda(a)$ est constant sur V'; un tel $g(a)$ existe donc, si et seulement si certains déterminants, de classe C^∞ sur V', s'annulent en a; or par hypothèse, ces déterminants s'annulent en tout point de l'ensemble X' dense dans V', donc s'annulent sur V').

Soit π la projection $\mathscr{E}^q \to \mathscr{E}^p$ associant à toute section $f=(f_1, \ldots, f_q)$ de $\mathscr{E}^q$, la section $f^0=(f_1, \ldots, f_p)$ de $\mathscr{E}^p$. Posons $\lambda^0=\pi \circ \lambda$. Soit V^0 l'ensemble des points $a \in \Omega$ tels que le rang de λ_a^0 soit $<p$. L'ensemble $V^0 \cap V'$ est dense dans V^0 et en chaque point de V', on a $f^0(a)=\lambda^0(a) \cdot g(a)$, $g(a) \in \mathbb{R}^p$. D'après la première partie de la démonstration, il existe $h \in \mathscr{E}(\Omega)^p$ telle que $f^0=\lambda_\Omega^0 \cdot h$.

Enfin, posons $V''=\{a \in \Omega \mid \text{rang de } \lambda^0(a)=p\}$; on a $V'' \subset V'$ et V'' est dense dans Ω. Si $a \in V''$, $f^0(a)=\lambda^0(a) \cdot g(a)=\lambda^0(a) \cdot h(a)$; puisque $\lambda^0(a)$ est bijective, on a $g(a)=h(a)$; d'où $f(a)=\lambda(a) \cdot h(a)$ pour tout $a \in V''$ et donc $f=\lambda_\Omega \cdot h$. Ainsi $\varphi=0$. □

Pour terminer, démontrons l'équivalence des conditions (3.1.1) et (3.1.2). Ceci nécessite un lemme élémentaire. Soit A l'anneau des polynômes $\mathbb{R}[y_{i,j}]$, $1 \leqq i \leqq q$, $1 \leqq j \leqq p$ et soit Y: $A^p \to A^q$ la matrice «générique» dont le terme d'indice (i,j) est $y_{i,j}$. Soit k un entier tel que $0<k<r=\inf(p,q)$. Soit $\underline{\eta}$ la matrice carrée $(y_{i,j})$ où $1 \leqq i \leqq k$; $1 \leqq j \leqq k$, et posons $\eta=\det \underline{\eta}$. Si $(\alpha, \beta) \in [k+1, q] \times [k+1, p]$, on note $\xi_{\alpha,\beta}$ le mineur d'ordre $k+1$ de Y obtenu en conservant les k premières lignes et la $\alpha^{\text{ème}}$ et les k premières colonnes et la $\beta^{\text{ème}}$. Soit $\underline{\xi}=(\xi_{\alpha,\beta})$ la matrice de type $(q-k, p-k)$ ainsi obtenue.

Lemme 3.4. *Avec les notations précédentes, il existe des matrices carrées P et Q à coefficients dans A, vérifiant* $\det Q=\eta$, $\det P=\eta^{p-k}$, *et telles que:*

$$Q^{-1} Y P=\begin{bmatrix} I_k & 0 \\ 0 & \underline{\xi} \end{bmatrix}$$

(on désigne par I_k la matrice carrée unité de rang k).

Preuve. Ecrivons Y sous la forme $Y=\begin{bmatrix} Y' \\ Y'' \end{bmatrix}$ où Y' est de type (k, p). Si $(i,j)\in[1,k]\times[1,p-k]$, soit $z_{i,j}$ le mineur de rang k de Y' obtenu en conservant les k premières colonnes, sauf la $i^{\text{ème}}$ que l'on remplace par la $(k+j)^{\text{ème}}$ colonne. Soit $Z=(z_{i,j})$ la matrice de type $(k, p-k)$ ainsi obtenue. Posons

$$P=\begin{bmatrix} I_k & -Z \\ 0 & \eta\cdot I_{p-k} \end{bmatrix}.$$

Le calcul montre que:

$$Y\cdot P=\begin{bmatrix} \underline{\eta} & 0 \\ \underline{\eta}' & \underline{\xi} \end{bmatrix}$$

où $\begin{bmatrix} \underline{\eta} \\ \underline{\eta}' \end{bmatrix}$ est la matrice $(y_{i,j})$, où $i\in[1,q]$ et $j\in[1,k]$. Posons $Q'=\begin{bmatrix} \underline{\eta} & 0 \\ 0 & I_{q-k} \end{bmatrix}$; on a visiblement: $Q'^{-1}\,YP=\begin{bmatrix} I_k & 0 \\ \underline{\eta}' & \underline{\xi} \end{bmatrix}$. Enfin, si $Q''=\begin{bmatrix} I_k & 0 \\ -\underline{\eta}' & I_{q-k} \end{bmatrix}$, on a $Q''Q'^{-1}\,YP=\begin{bmatrix} I_k & 0 \\ 0 & \underline{\xi} \end{bmatrix}$ avec $\det P=\eta^{p-k}$ et, si $Q=Q'Q''^{-1}$, $\det Q=\eta$. □

Remarque 3.5. Soit η le mineur d'ordre $r=\inf(p,q)$, déterminant des $y_{i,j}$, où $1\leqq i\leqq r$; $1\leqq j\leqq r$. On vérifie comme précédemment qu'il existe des matrices carrées P et Q telles que:

1) Si $p\leqq q$, $Q^{-1}\,YP=\begin{bmatrix} I_p \\ 0 \end{bmatrix}$; $\det Q=\eta$, $\det P=1$.

2) Si $p\geqq q$, $Q^{-1}\,YP=[I_q\ \ 0]$, $\det Q=\eta$, $\det P=\eta^{p-q}$.

3.6. *Les conditions* (3.1.1) *et* (3.1.2) *sont équivalentes.*

Visiblement, (3.1.1) entraîne (3.1.2). Réciproquement, supposons (3.1.2) satisfaite et posons $k=$ rang de $\lambda(a)$.

Si $k=0$, les coefficients de λ_a s'annulent en a et (3.1.1) en résulte immédiatement.

Si $o<k<r=\inf(p,q)$, notons $\eta(\lambda)$, $\xi_{\alpha,\beta}(\lambda)$ les mineurs de la matrice λ_U obtenus en substituant les $\lambda_{i,j}$ aux $y_{i,j}$ dans η, $\xi_{\alpha,\beta}$ respectivement. Posons $\underline{\xi}(\lambda)=(\xi_{\alpha,\beta}(\lambda))$. Il existe un mineur d'ordre k de la matrice λ_U, par exemple $\eta(\lambda)$, inversible au voisinage de a. D'après 3.4, la matrice λ_a est équivalente à $\begin{bmatrix} I_k & 0 \\ 0 & \underline{\xi}(\lambda)_a \end{bmatrix}$; en outre, les $\xi_{\alpha,\beta}(\lambda)$ s'annulent en a et visiblement,

$$\frac{\partial\xi_{\alpha,\beta}(\lambda)}{\partial\lambda_{\alpha,\beta}}=\eta(\lambda) \quad \text{et} \quad \frac{\partial\xi_{\alpha,\beta}(\lambda)}{\partial\lambda_{\alpha',\beta'}}=0 \quad \text{si } (\alpha,\beta)\neq(\alpha',\beta').$$

Donc le jacobien des $\xi_{\alpha,\beta}(\lambda)$ par rapport aux coordonnées $\lambda_{\alpha,\beta}$ est $\neq 0$ au voisinage de a. Puisque $\mathscr{M}_a\simeq\operatorname{coker}\big(\mathscr{E}_a^{p-k}\xrightarrow{\underline{\xi}(\lambda)_a}\mathscr{E}_a^{q-k}\big)$, on a (3.1.1). Enfin, si $k=p$, $\tilde{\mathscr{M}}_a$ est libre de rang $q-p$ et l'on a encore (3.1.1). □

4. Fonctions différentiables et ensembles analytiques (B. Malgrange [1])

Soit Σ un sous-ensemble analytique fermé de Ω (cf. II.7). Soit $\mathscr{I}(\Sigma)$ (resp. $\mathscr{I}_*(\Sigma)$) le faisceau des germes de fonctions numériques, analytiques (resp. C^∞) sur Ω et nulles sur Σ. Posons $\mathcal{O}_\Sigma = \mathcal{O}/\mathscr{I}(\Sigma)$.

Si $a\in\Sigma$, soient $\mathfrak{p}_{a,1},\dots,\mathfrak{p}_{a,r(a)}$ les idéaux premiers de $\mathcal{O}_a$ associés à $\mathcal{O}_a/\mathscr{I}(\Sigma)_a$. On a évidemment:

$$\mathscr{I}(\Sigma)_a = \bigcap_{i=1}^{r(a)} \mathfrak{p}_{a,i}; \qquad \Sigma_a = \bigcup_{i=1}^{r(a)} V_{a,i} \qquad \text{où } V_{a,i}$$

est le germe des zéros de $\mathfrak{p}_{a,i}$. On a d'ailleurs $\mathscr{I}(V_{a,i}) = \mathfrak{p}_{a,i}$ [en effet, $\mathscr{I}(V_{a,i}) \supset \mathfrak{p}_{a,i}$, et réciproquement si $f\in\mathscr{I}(V_{a,i})$, soit $f'\in\bigcap_{j\neq i}\mathfrak{p}_{a,j}$, $f'\notin\mathfrak{p}_{a,i}$: on a $f'f\in\mathscr{I}(\Sigma)_a\subset\mathfrak{p}_{a,i}$, donc $f\in\mathfrak{p}_{a,i}$]. Les $V_{a,i}$ sont les *composantes irréductibles* du germe V_a.

Supposons Σ cohérent et soit X la variété analytique des points réguliers de Σ (donc $x\in X$ si et seulement si $\mathcal{O}_{\Sigma,x}$ est un anneau local régulier). Si $\operatorname{ht}(\mathfrak{p}_{a,i}) = k_i$ on sait (prop. II.3.5) que $R_{k_i}(\mathfrak{p}_{a,i}) \supsetneqq \mathfrak{p}_{a,i}$ et donc $V_{a,i} \supsetneqq V'_{a,i}$ où $V'_{a,i}$ est le germe des zéros de $R_{k_i}(\mathfrak{p}_{a,i})$. Ainsi: $V_{a,i} \setminus \left(\bigcup_{j\neq i} V_{a,j} \cup V'_{a,i}\right)$ est non vide et contenu dans X_a (d'après II.7.9). Ainsi, $\forall a\in\Sigma$ et $\forall i=1,\dots,r(a)$: $X_a\cap V_{a,i}\neq\emptyset$.

Ceci démontre le résultat suivant:

Lemme 4.1. *Supposons Σ cohérent. L'ensemble X des points réguliers de Σ est $\mathcal{O}_\Sigma$-dense.*

Théorème 4.2. *L'ensemble analytique Σ est cohérent si et seulement si:*

$$\mathscr{I}(\Sigma)\cdot\mathscr{E} = \mathscr{I}_*(\Sigma).$$

Preuve. Supposons Σ cohérent. On a visiblement:

$$\mathscr{I}(\Sigma)\cdot\mathscr{E}|X = \mathscr{I}_*(\Sigma)|X;$$

l'ensemble X étant $\mathcal{O}_\Sigma$-dense, d'après 2.2:

$$\mathscr{I}(\Sigma)\cdot\mathscr{E} = \mathscr{I}_*(\Sigma).$$

Réciproquement, supposons que $\mathscr{I}_*(\Sigma) = \mathscr{I}(\Sigma)\cdot\mathscr{E}$, et montrons que Σ est cohérent. Le faisceau d'idéaux $\mathscr{I}_*(\Sigma)$ est quasi-flasque (cf. V.6): en effet, si U est un ouvert de Ω, l'application canonique:

$$\mathscr{I}_*(\Sigma)(\Omega)\otimes_{\mathscr{E}(\Omega)}\mathscr{E}(U) \to \mathscr{I}_*(\Sigma)(U)$$

est injective (car $\mathscr{E}(U)$ est un module plat sur $\mathscr{E}(\Omega)$, d'après V.6.2); en outre, si $f\in\mathscr{I}_*(\Sigma)(U)$, il existe $\alpha\in\mathscr{E}(\Omega)$, $\alpha\neq 0$ en tout point de U, telle que $\alpha \cdot f$ se prolonge en une fonction $f' \in \mathscr{E}(\Omega)$, plate sur $\Omega \setminus U$ (d'après V.6.1): visiblement, $f' \in \mathscr{J}_*(\Sigma)(\Omega)$ et $f = 1/\alpha \cdot f'$; l'application précédente est donc surjective.

Soit $a \in \Omega$. D'après l'hypothèse et V.6.4, il existe des fonctions $f_1, \ldots, f_s$ analytiques sur un voisinage U de a et engendrant, pour tout $x \in U$, $\mathscr{J}_*(\Sigma)_x$ sur $\mathscr{E}_x$. L'anneau $\mathscr{E}_x$ étant fidèlement plat sur $\mathscr{O}_x$ (corollaire 1.3), les $f_1, \ldots, f_s$ engendrent $\mathscr{J}(\Sigma)_x$ sur $\mathscr{O}_x$ (d'après I.4.9). Ainsi, le faisceau $\mathscr{J}(\Sigma)$ est de type fini, donc cohérent. □

Corollaire 4.3. *Supposons Σ cohérent. Pour tout $m \in \mathbb{N}$, soit $\mathscr{J}^{(m+1)}(\Sigma)$ (resp. $\mathscr{J}_*^{(m+1)}(\Sigma)$), le faisceau des germes de fonctions numériques, analytiques (resp. C^∞) sur Ω et m-plates sur Σ. On a l'égalité:*

$$\mathscr{J}^{(m+1)}(\Sigma) \cdot \mathscr{E} = \mathscr{J}_*^{(m+1)}(\Sigma).$$

Preuve. L'égalité précédente est vraie pour $m = 0$. Supposons démontré que pour tout $k \leqq m$, $\mathscr{J}^{(k)}(\Sigma) \cdot \mathscr{E} = \mathscr{J}_*^{(k)}(\Sigma)$, et démontrons que $\mathscr{J}^{(m+1)}(\Sigma) \cdot \mathscr{E} = \mathscr{J}_*^{(m+1)}(\Sigma)$. Considérons la suite exacte de $\mathscr{O}$-modules:

$$0 \to \mathscr{J}^{(m+1)}(\Sigma) \xrightarrow{i} \mathscr{J}^{(m)}(\Sigma) \xrightarrow{\Psi} [\mathscr{O}/\mathscr{J}^{(m)}(\Sigma)]^n$$

où i désigne l'injection canonique et Ψ le morphisme de $\mathscr{O}$-modules défini comme suit: si U est un ouvert de Ω et $f \in \mathscr{J}^{(m)}(\Sigma)(U)$:

$$\Psi(f) = \left(\frac{\partial f}{\partial x_1} \bmod \mathscr{J}^{(m)}(\Sigma)(U), \ldots, \frac{\partial f}{\partial x_n} \bmod \mathscr{J}^{(m)}(\Sigma)(U) \right).$$

En tensorisant cette suite exacte par $\mathscr{E}$ sur $\mathscr{O}$, en utilisant l'hypothèse de récurrence et le fait que $\mathscr{E}$ est un module plat sur $\mathscr{O}$ (corollaire 1.3), on obtient une suite exacte de $\mathscr{E}$-modules:

$$0 \to \mathscr{J}^{(m+1)}(\Sigma) \cdot \mathscr{E} \xrightarrow{i_*} \mathscr{J}_*^{(m)}(\Sigma) \xrightarrow{\Psi_*} [\mathscr{E}/\mathscr{J}_*^{(m)}(\Sigma)]^n.$$

Visiblement, le noyau de Ψ_* est $\mathscr{J}_*^{(m+1)}(\Sigma)$, et donc $\mathscr{J}^{(m+1)}(\Sigma) \cdot \mathscr{E} = \mathscr{J}_*^{(m+1)}(\Sigma)$. Ceci démontre le corollaire par récurrence sur m. □

Signalons enfin le résultat suivant:

Théorème 4.4. *Soit $\mathscr{I}$ (resp. $\mathscr{K}$) un sous-faisceau de type fini de $\mathscr{O}$ (resp. $\mathscr{E}$) tel que $\mathscr{I} \subset \mathscr{K}$, et supposons que pour tout $x \in V(\mathscr{K})$, les conditions suivantes soient satisfaites:*

(1) *$\mathscr{K}_x$ est un idéal fermé de $\mathscr{E}_x$.*

(2) *L'anneau $\mathscr{F}_x/\hat{\mathscr{K}}_x$ est réduit et équidimensionnel, de dimension égale à celle de $\mathscr{O}_x/\mathscr{I}_x$ ($\hat{\mathscr{K}}_x$ désigne l'idéal des séries formelles en x des éléments de $\mathscr{K}_x$).*

(3) *La fonction $V(\mathscr{K}) \ni x \to \dim(\mathscr{O}_x/\mathscr{I}_x)$ est localement constante. Alors, il existe un sous-faisceau de type fini $\mathscr{I}'$ de $\mathscr{O}$ tel que: $\mathscr{I}' \cdot \mathscr{E} = \mathscr{K}$.*

Preuve. Le faisceau $\mathscr{I}$ étant analytique cohérent, il en est de même de $\sqrt{\mathscr{I}}$ (d'après II.7.4); en outre, pour tout $x \in \Omega$, on a $\sqrt{\mathscr{I}_x} \subset \hat{\mathscr{K}}_x$: il en résulte, d'après la condition (1), que $\sqrt{\mathscr{I}} \subset \mathscr{K}$. On peut donc supposer, pour la démonstration, que $\mathscr{I} = \sqrt{\mathscr{I}}$.

Si $x \in V(\mathscr{K})$, soient $\mathfrak{p}_{x,1}, \ldots, \mathfrak{p}_{x,r(x)}$ les idéaux premiers de $\mathscr{O}_x$ associés à $\mathscr{O}_x/\mathscr{I}_x$; on a:

$$\mathscr{I}_x = \bigcap_{i=1}^{r(x)} \mathfrak{p}_{x,i}, \quad \text{d'où} \quad \hat{\mathscr{I}}_x = \bigcap_{i=1}^{r(x)} \hat{\mathfrak{p}}_{x,i}$$

et les $\hat{\mathfrak{p}}_{x,i}$ sont des idéaux premiers de $\mathscr{F}_x$ tels que $\operatorname{ht}(\hat{\mathfrak{p}}_{x,i}) = \operatorname{ht}(\mathfrak{p}_{x,i})$ (d'après II.4.2 et II.4.5). D'après l'hypothèse (2), $\hat{\mathscr{K}}_x$ est l'intersection de certains $\hat{\mathfrak{p}}_{x,i}$ (par exemple: $\hat{\mathfrak{p}}_{x,1}, \ldots, \hat{\mathfrak{p}}_{x,s(x)}$), chacun de hauteur égale à $k_x = \operatorname{ht}(\mathscr{I}_x)$. On a donc:

$$\hat{\mathscr{K}}_x = \hat{\mathscr{I}}'_{(x)} \text{ où l'on pose: } \mathscr{I}'_{(x)} = \bigcap_{i=1}^{s(x)} \mathfrak{p}_{x,i}.$$

Soit a un point fixé de $V(\mathscr{K})$. Soit δ une fonction analytique au voisinage de a telle que:

$$\delta_a \in \bigcap_{s(a) < i \leqq r(a)} \mathfrak{p}_{a,i} \quad \text{et} \quad \delta_a \notin \bigcup_{i=1}^{s(a)} \mathfrak{p}_{a,i}$$

(ceci est possible d'après I.3.12): on a $\delta \cdot \mathscr{I}' \subset \mathscr{I} \subset \mathscr{K}$ au voisinage de a, si l'on désigne par $\mathscr{I}'$ un sous-faisceau de type fini de $\mathscr{O}$ au voisinage de a, tel que $\mathscr{I}'_a = \mathscr{I}'_{(a)}$. En outre, $\operatorname{ht}(\hat{\mathscr{K}}_a + \delta_a \cdot \mathscr{F}_a) > k_a$: il en résulte, d'après II.5.3 et l'hypothèse (3), que pour tout $x \in V(\mathscr{K})$ assez voisin de a:

$$\operatorname{ht}(\hat{\mathscr{K}}_x + \delta_x \cdot \mathscr{F}_x) > k_a = k_x.$$

Ainsi δ_x n'appartient à aucun des idéaux premiers $\hat{\mathfrak{p}}_{x,1}, \ldots, \hat{\mathfrak{p}}_{x,s(x)}$; puisque

$$\delta_x \cdot \mathscr{I}'_x \subset \hat{\mathscr{K}}_x = \bigcap_{i=1}^{s(x)} \hat{\mathfrak{p}}_{x,i},$$

on a $\mathscr{I}'_x \subset \hat{\mathscr{K}}_x$. Il résulte de là et de l'hypothèse (1) que $\mathscr{I}' \subset \mathscr{K}$ (au voisinage de a).

Enfin, on a: $\hat{\mathscr{I}}'_a = \hat{\mathscr{I}}'_{(a)} = \hat{\mathscr{K}}_a$; $\mathscr{K}_a$ est donc engendré sur $\mathscr{E}_a$ par $\mathscr{I}'_a$ et des germes $\varphi_1, \ldots, \varphi_p$ appartenant à $\underline{m}_a^\infty$, donc à $\underline{m}_a^\infty \cdot \mathscr{K}_a$ (d'après V.2.3). Ainsi: $\mathscr{K}_a = \mathscr{I}'_a \cdot \mathscr{E}_a + \underline{m}_a^\infty \cdot \mathscr{K}_a$.

D'après le lemme de Nakayama: $\mathscr{K}_a = \mathscr{I}'_a \cdot \mathscr{E}_a$.

Ainsi, pour tout x voisin de a: $\hat{\mathscr{K}}_x = \hat{\mathscr{I}}'_x = \hat{\mathscr{I}}'_{(x)}$: il en résulte que $\mathscr{I}'_x = \mathscr{I}'_{(x)}$ (d'après I.4.9 et le fait que $\mathscr{F}_x$ est fidèlement plat sur $\mathscr{O}_x$). En définitive, les $\mathscr{I}'_{(x)}$ définissent un faisceau analytique cohérent $\mathscr{I}'$ tel que $\mathscr{K} = \mathscr{I}' \cdot \mathscr{E}$. □

Corollaire 4.5. *Soit I un idéal de hauteur k de $\mathscr{O}_n$ et soit W_0 un germe de variété C^∞ à l'origine de $\mathbb{R}^n$, de codimension k et contenu dans le germe des zéros de I. Alors W_0 est un germe de variété analytique.*

Preuve. Si Ω est un voisinage ouvert assez petit de l'origine de $\mathbb{R}^n$, il existe un faisceau d'idéaux analytique cohérent $\mathscr{I}$ sur Ω tel que $\mathscr{I}_0 = I$; un faisceau d'idéaux $\mathscr{K}$, C^∞ et de type fini sur Ω, tel que $\mathscr{K}_0$ soit l'idéal des germes C^∞ nuls sur W_0. En diminuant Ω si nécessaire, on voit aisément que les faisceaux $\mathscr{K}$ et $\mathscr{I}$ vérifient les hypothèses du théorème précédent.

Le corollaire en résulte. □

Remarque 4.6. Le corollaire précédent équivaut visiblement à l'assertion suivante (comparer à III.4.9):

Posons comme d'habitude: $x = (x_1, \ldots, x_n)$; $y = (y_1, \ldots, y_p)$. *Soit* $f = (f_1, \ldots, f_q) \in \mathbb{R}\{x, y\}^q$ *telle que* $f(0, 0) = 0$, *et supposons que la hauteur de l'idéal engendré par* $f_1, \ldots, f_q$ *dans* $\mathbb{R}\{x, y\}$ *est égale à p. Alors toute solution* C^∞ *du système* $f(x, y) = 0$ *est analytique;* i.e. si $y(x)$ appartenant à $\mathscr{E}_n^p$ est telle que $y(0) = 0$ et $f(x, y(x)) = 0$, alors $y(x) \in \mathscr{O}_n^p$. [Il suffit d'appliquer le corollaire en remplaçant n par $n + p$; k par p; I par l'idéal engendré dans $\mathbb{R}\{x, y\}$ par $f_1, \ldots, f_q$; W_0 par le germe de variété défini par les équations $y_j - y_j(x) = 0$, pour $1 \leqq j \leqq p$.]

Remarque 4.7. D'après 4.5, si un germe d'ensemble analytique est un germe de variété C^∞, c'est un germe de variété analytique. Cette conclusion est fausse en général si $n \geqq 2$ et si l'on remplace dans l'hypothèse, C^∞ par C^r, où $r \in \mathbb{N}$. Par exemple, la courbe algébrique: $x_1^3 - x_2^{3r+1} = 0$ induit à l'origine de $\mathbb{R}^2$ le germe de variété de classe C^r, d'équation $x_1 = x_2^{r+1/3}$: visiblement, ceci n'est pas le germe d'une variété analytique.

Chapitre VII. Les théorèmes de transversalité et de quasi-transversalité

Dans ce chapitre, nous démontrons deux variantes du théorème de transversalité de R. Thom. La première concerne les multi-jets au lieu des jets et sera utilisée au chapitre X; la seconde, version algébrique et locale du théorème de transversalité, joue un rôle fondamental au chapitre VIII. Les deux se déduisent principalement du théorème de Sard.

1. Le théorème de Sard

Soient X, Y deux variétés différentiables banachiques, de classe C^s ($s \geqq 1$). Comme toutes les variétés considérées par la suite, nous les supposerons séparées et réunions dénombrables de cartes (donc paracompactes). Un sous-ensemble de Y est *résiduel* s'il est une intersection dénombrable d'ouverts partout denses. La variété Y, étant localement homéomorphe à un espace métrisable complet, est un espace de Baire, i.e. tout ensemble résiduel est dense dans Y.

Soit f une application de classe C^s de X dans Y.

Définition 1.1. Un point $x \in X$ est un *point critique* de f (resp. *point régulier* ou *point de submersion* de f), si l'application linéaire tangente $\tau_x f: \tau_x X \to \tau_{f(x)} Y$ de f au point x, est non surjective (resp. surjective); un point $y \in Y$ est une *valeur critique* de f (resp. *valeur régulière* de f) s'il est l'image par f d'un point critique (resp. s'il n'est l'image par f d'aucun point critique). Enfin, le point x est un *point d'immersion* si $\tau_x f$ est injective.

Théorème 1.2. *Supposons que les variétés X et Y soient de dimensions finies, n et p respectivement. Si $s > \max(0, n-p)$, l'ensemble des valeurs régulières de f est résiduel (et donc dense) dans Y.*

Ce théorème est une conséquence facile du suivant (Sard [1]):

Théorème 1.3. *Soit Ω un ouvert de $\mathbb{R}^n$ et soit f une application de classe C^s de Ω dans $\mathbb{R}^p$. Si $s > \max(0, n-p)$, l'ensemble des valeurs critiques de f est de mesure nulle dans $\mathbb{R}^p$.*

En effet, soit Σ_f l'ensemble des points critiques de $f\colon X \to Y$. Soit $\{K_i\}_{i\in\mathbb{N}}$ un recouvrement de X par des compacts tels que pour tout i, K_i (resp. $f(K_i)$) soit contenu dans une carte de X (resp. Y). Pour tout $i\in\mathbb{N}$, l'ensemble $f(K_i \cap \Sigma_f)$ est, d'après 1.3, un compact de Y sans points intérieurs. L'ensemble $f(\Sigma_f)$ est donc une réunion dénombrable de fermés sans points intérieurs; il en résulte que $Y \setminus f(\Sigma_f)$ est résiduel.

Nous démontrons le théorème 1.3 sous l'hypothèse $s=+\infty$: c'est en effet ce cas particulier qui sera utilisé par la suite. La démonstration générale est plus difficile (voir par exemple B. Malgrange [1]). Nous supposons donc que $f\colon \Omega \to \mathbb{R}^p$ est de classe C^∞. Posons $A^0=\Omega$ et $A^r=\{x\in\Omega \mid D^k f(x)=0 \text{ si } 1\leqq |k|\leqq r\}$.

Démontrons d'abord deux lemmes préliminaires:

Lemme 1.4. *Si $r+1>n/p$, $f(A^r)$ est de mesure nulle. En particulier, si $n<p$, $f(\Omega)$ est de mesure nulle.*

Preuve. Soit K un cube fermé contenu dans Ω. Il suffit de montrer que $f(A^r \cap K)$ est de mesure nulle.

Il existe une constante C telle que, si $x\in K\cap A^r$ et $y\in K$, on ait:

$$|f(x)-f(y)| \leqq C|x-y|^{r+1}.$$

Soit ℓ la longueur de l'arête de K et divisons K en N^n cubes égaux K_i, $1\leqq i \leqq N^n$. Soit J l'ensemble des indices i tels que K_i rencontre A^r. Si $x\in K_j$, $y\in K_j$, $j\in J$, on a:

$$|f(x)-f(y)| \leqq 2C\left(\frac{\ell\sqrt{n}}{N}\right)^{r+1}.$$

Le volume de $f(K_j)$ est donc majoré par

$$C'\left(\frac{\ell}{N}\right)^{p(r+1)},$$

où C' est une constante indépendante de N. Ainsi, le volume de $f(K\cap A^r)$ est majoré par

$$C'\cdot \ell^{p(r+1)}\cdot N^{n-p(r+1)},$$

donc majoré par tout $\varepsilon>0$ (car $n-p(r+1)<0$ et il suffit de choisir N assez grand). □

Lemme 1.5. *L'ensemble $f(A^1)$ est de mesure nulle.*

Preuve. D'après 1.4, le résultat est vrai si $p\geqq n$. Fixons p, et démontrons le théorème par récurrence sur $n=p, p+1, \ldots$. Supposons que le résultat a été établi pour $n-1$ et démontrons le pour n. Il suffit de montrer que pour tout $r \geqq 1$, l'ensemble $f(A^r \setminus A^{r+1})$ est de mesure nulle

$$\left(\operatorname{car} f(A^1) = \bigcup_{r=1}^{s-1} f(A^r \setminus A^{r+1}) \cup f(A^s)\right.$$

et d'après 1.4, $f(A^s)$ est de mesure nulle pour s assez grand$\Big)$.

Soit $x \in A^r \setminus A^{r+1}$ et posons $f = (f_1, \ldots, f_p)$. Il existe $i (1 \leqq i \leqq n)$, $j (1 \leqq j \leqq p)$ et $k \in \mathbb{N}^n$, $|k| = r$, tels que

$$\frac{\partial}{\partial x_i} D^k f_j(x) \neq 0.$$

Il existe donc un voisinage ouvert U de x dans Ω sur lequel $\frac{\partial}{\partial x_i} D^k f_j$ ne s'annule pas, et donc tel que l'ensemble

$$\Omega' = \{x' \in U \mid D^k f_j(x') = 0\}$$

soit une sous-variété C^∞ de dimension $n-1$, contenant $(A^r \setminus A^{r+1}) \cap U$. En appliquant l'hypothèse de récurrence à $f|\Omega'$, on voit que $f\big((A^r \setminus A^{r+1}) \cap U\big)$ est de mesure nulle, ce qui démontre le lemme (car $A^r \setminus A^{r+1}$ est localement fermé dans Ω, et donc réunion dénombrable de sous-ensembles compacts de Ω). □

Preuve du théorème 1.3. Si $n < p$, le théorème résulte de 1.4. Supposons donc $n \geqq p$. Si $0 \leqq r < p$, soit K^r l'ensemble des points x de Ω en lesquels le rang de $\tau(f)$ est égal à r, et soit $a \in K^r$. Il suffit de montrer qu'il existe un voisinage ouvert U de a, tel que $f(K^r \cap U)$ soit de mesure nulle.

Or, on peut trouver un voisinage U de a, un voisinage V de $f(a)$, tels que (dans des systèmes de coordonnées convenables sur U et V), l'application f soit donnée par les équations:

$$\begin{aligned} y_i &= x_i && \text{si} \quad 1 \leqq i \leqq r \\ y_i &= f_i(x_1, \ldots, x_n) && \text{si} \quad r+1 \leqq i \leqq p \end{aligned}$$

où les f_i sont des fonctions de classe C^∞. Un point $(x_1, \ldots, x_n)$ de U appartient alors à K^r si et seulement si

$$\frac{\partial f_i}{\partial x_j}(x_1, \ldots, x_n) = 0, \qquad \text{pour } i \geqq r+1, j \geqq r+1.$$

Fixons les coordonnées $x_1, \ldots, x_r$ et soit $U(x_1, \ldots, x_r)$ (resp. $V(x_1, \ldots, x_r)$) l'ensemble des points de U (resp. V) tels que les r premières coordonnées soient $x_1, \ldots, x_r$. En appliquant 1.5 à $f|U(x_1, \ldots, x_r)$, on voit que $f\big(K^r \cap U(x_1, \ldots, x_r)\big)$ est un sous-ensemble de mesure nulle de $V(x_1, \ldots, x_r)$. D'après le théorème de Lebesgue-Fubini, $f(K^r \cap U)$ est de mesure nulle, ce qui achève la démonstration. □

En plus des hypothèses de 1.2, soit Z une sous-variété de classe C^s et de codimension q de Y (on ne suppose pas que Z est fermée dans Y). Soit Z' un sous-ensemble de Z.

Définition 1.6. Soit $x \in X$. L'application $f: X \to Y$ est *transverse en x à Z sur Z'*, si l'une des deux conditions suivantes est satisfaite:

(1) $y = f(x) \notin Z'$.

(2) $y = f(x) \in Z'$ et $(\tau_x f)(\tau_x X) + \tau_y Z = \tau_y Y$ (ce qui signifie que les plans $(\tau_x f)(\tau_x X)$ et $\tau_y Z$ se coupent transversalement dans $\tau_y Y$, i.e. la somme de leurs codimensions est égale à la codimension de leur intersection).

Soit K un sous-ensemble de X: la restriction $f|K$ de f à K sera dite *transverse à Z sur Z'* si, $\forall x \in K$, f est transverse en x à Z sur Z' (si $Z' = Z$, nous dirons simplement que $f|K$ est transverse à Z).

La condition (2) s'interprète comme suit. La variété Z est au voisinage de y, l'ensemble des zéros de fonctions numériques $\varphi_1, \ldots, \varphi_q$, définies et de classe C^s sur un voisinage de y dans Y, et telles que les différentielles $d_y \varphi_1, \ldots, d_y \varphi_q$ soient linéairement indépendantes. Ces différentielles forment une base de l'espace vectoriel dual du quotient $\tau_y Y | \tau_y Z$. La condition (2) signifie que l'application $\pi: \tau_x X \to \tau_y Y | \tau_y Z$ composée de f_* avec la projection canonique $\tau_y(Y) \to \tau_y Y | \tau_y Z$ est surjective. Cela signifie encore que l'application duale de π est injective, i.e.

$$d_x(\varphi_1 \circ f), \ldots, d_x(\varphi_q \circ f)$$

sont linéairement indépendantes. L'image réciproque $f^{-1}(Z)$ est donc, au voisinage de x, une sous-variété de X de classe C^s et de codimension q, ensemble des zéros de $\varphi_1 \circ f, \ldots, \varphi_q \circ f$.

En particulier, *si f est transverse à Z, l'image réciproque $f^{-1}(Z)$ est une sous-variété de X, de classe C^s et de codimension q.*

On déduit du théorème 1.2 l'importante conséquence suivante:

Corollaire 1.7. *Soient X, Y, A des variétés de classe C^s et de dimensions finies; Z une sous-variété de classe C^s et de codimension q de Y; $\Gamma: X \times A \to Y$ une application de classe C^s, transverse à Z. Si $s > \sup(0, n-q)$, où n est la dimension de X, l'ensemble des points $a \in A$ tels que $\Gamma_a: X \ni x \to \Gamma(x, a) \in Y$ soit transverse à Z, est résiduel (et donc dense) dans A.*

Preuve. Soit π la projection canonique: $X \times A \to A$. Soit $a \in A$, et désignons par i_a l'immersion: $X \ni x \to (x, a) \in X \times A$. L'application Γ étant transverse à Z, une condition nécessaire et suffisante pour que $\Gamma_a = \Gamma \circ i_a$ soit transverse à Z est que i_a soit transverse à la variété $\Gamma^{-1}(Z)$ (de dimension $n+m-q$, où m est la dimension de A). Cela signifie qu'en tout point $(x, a) \in \pi^{-1}(a) \cap \Gamma^{-1}(Z)$:

$$\tau_{(x,a)}(\pi^{-1}(a)) + \tau_{(x,a)}(\Gamma^{-1}(Z)) = \tau_{(x,a)}(X \times A),$$

soit que a est une valeur régulière de $\pi|\Gamma^{-1}(Z)$. D'après 1.2, l'ensemble de ces valeurs régulières sera résiduel si $s > \sup(0, n+m-q-m) = \sup(0, n-q)$. □

Remarque 1.8. La définition 1.6 se généralise naturellement lorsque les variétés X et Y sont banachiques, non nécessairement de dimensions finies. La condition (2) doit être remplacée par la suivante: $f_*(\tau_x X)$ contient un supplémentaire fermé de $\tau_y Z$ dans $\tau_y Y$ et $f_*^{-1}(\tau_y Z)$ admet un supplémentaire fermé dans $\tau_x X$. Le corollaire 1.7 est alors vrai, sans hypothèse de finitude sur A et Y. Ce résultat, l'une des versions les plus générales du théorème de transversalité, est dû à R. Abraham [1].

Nous supposons désormais que les variétés X et Y sont de classe C^∞ et de dimensions respectives n et p. Soit $x \in X$; une application de classe C^∞ $f: X \to Y$ définit un homomorphisme de $\mathbb{R}$-algèbres

$$f_x^*: \mathscr{E}_{f(x)} \ni \varphi \to \varphi \circ f \in \mathscr{E}_x$$

(le faisceau structural de X ou Y est désigné par $\mathscr{E}$), d'où un homomorphisme d'algèbres de séries formelles $\hat{f}_x^*: \mathscr{F}_{f(x)} \to \mathscr{F}_x$. On munit ainsi $\mathscr{F}_x$ d'une structure de module sur $\mathscr{F}_{f(x)}$.

Définition 1.9. Le point x est un *point de platitude* de f (resp. *un point de finitude* de f) si $\mathscr{F}_x$ est un module plat (resp. un module de type fini) sur $\mathscr{F}_{f(x)}$. Bien entendu, tout point régulier (resp. d'immersion) est un point de platitude (resp. de finitude).

Proposition 1.10. (1) *L'ensemble $P\ell(f)$ des points de platitude de f est un ouvert de X contenu dans l'adhérence dans X de l'ensemble des points réguliers de f.*

(2) *L'ensemble* Fin (f) *des points de finitude de f est un ouvert de X contenu dans l'adhérence dans X de l'ensemble des points d'immersion de f.*

La proposition résulte facilement du lemme suivant:

Lemme 1.11. *Soit $\{\varphi_1, \ldots, \varphi_p\}$ une $\mathscr{F}_n$-suite de $\mathscr{F}_n$. Il existe un jacobien*

$$\frac{D(\varphi_1, \ldots, \varphi_p)}{D(x_{i_1}, \ldots, x_{i_p})} \neq 0.$$

En effet, admettons provisoirement ce résultat et démontrons 1.10. Nous pouvons supposer, pour la démonstration, que: X est un ouvert Ω de $\mathbb{R}^n$; $Y = \mathbb{R}^p$ et $f = (f_1, \ldots, f_p)$.

(1) Le point x est un point de platitude de f si et seulement si

$$\{T_x f_1 - f_1(x), \ldots, T_x f_p - f_p(x)\}$$

est une $\mathscr{F}_x$-suite de $\mathscr{F}_x$ (d'après I.4.6 et I.4.1.1), i.e. si et seulement si la hauteur de l'idéal $\mathscr{I}_x$, engendré par les éléments de cette suite dans $\mathscr{F}_x$, est égale à p (on suppose $p \leqq n$; si $p > n$, l'ensemble $P\ell(f)$ est vide). D'après II.5.3, l'ensemble $P\ell(f)$ est ouvert.

Si x est un point de platitude de f, il existe un jacobien

$$\frac{D(f_1, \ldots, f_p)}{D(x_{i_1}, \ldots, x_{i_p})}$$

qui ne s'annule pas identiquement au voisinage de x (d'après 1.11); l'ensemble $P\ell(f)$ est donc contenu dans l'adhérence dans X de l'ensemble des points réguliers de f.

(2) Un point x est un point de finitude de f, si et seulement si $\mathscr{F}_x/\mathscr{I}_x$ est un $\mathbb{R}$-espace vectoriel de dimension finie (car $\hat{f}_x^*$ est excellent, d'après III.2.2), i.e. si et seulement si $\operatorname{ht} \mathscr{I}_x = n$ (ceci implique $p \geqq n$; si $p < n$, l'ensemble $\operatorname{Fin}(f)$ est vide).

D'après II.5.3, l'ensemble $\operatorname{Fin}(f)$ est ouvert.

Si $x \in \operatorname{Fin}(f)$, il existe des indices $i_1, \ldots, i_n$ tels que

$$\{T_x f_{i_1} - f_{i_1}(x), \ldots, T_x f_{i_n} - f_{i_n}(x)\}$$

soit une $\mathscr{F}_x$-suite de $\mathscr{F}_x$.

D'après 1.11, le jacobien

$$\frac{D(f_{i_1}, \ldots, f_{i_n})}{D(x_1, \ldots, x_n)}$$

ne s'annule pas identiquement au voisinage de x; l'ensemble $\operatorname{Fin}(f)$ est donc contenu dans l'adhérence dans X de l'ensemble des points d'immersion de f. □

Preuve de 1.11. Soient $\varphi_{p+1}, \ldots, \varphi_n \in \mathscr{F}_n$ telles que $\{\varphi_1, \ldots, \varphi_n\}$ soit une $\mathscr{F}_n$-suite de $\mathscr{F}_n$. Il suffit de montrer que le jacobien

$$\frac{D(\varphi_1, \ldots, \varphi_n)}{D(x_1, \ldots, x_n)} \text{ est } \neq 0.$$

Posons $y = (y_1, \ldots, y_n)$ et soit $\mathfrak{p}$ l'idéal premier de hauteur n engendré dans $\mathbb{R}[[x;\ y]]$ par $y_1 - \varphi_1(x), \ldots, y_n - \varphi_n(x)$. Le jacobien

$$\frac{D(\varphi_1, \ldots, \varphi_n)}{D(x_1, \ldots, x_n)} \text{ est } \neq 0$$

si et seulement si

$$\frac{D(y_1 - \varphi_1(x), \ldots, y_n - \varphi_n(x))}{D(x_1, \ldots, x_n)}$$

n'appartient pas à $\mathfrak{p}$, i.e. s'il existe $P_1, \ldots, P_n \in \mathfrak{p}$ tels que $\dfrac{D(P_1, \ldots, P_n)}{D(x_1, \ldots, x_n)} \notin \mathfrak{p}$.

Pour cela, nous construisons (en modifiant éventuellement le système de coordonnées $x_1, \ldots, x_n$), par récurrence descendante sur $i=1, \ldots, n$, des polynômes $P_i \in \mathfrak{p}$, distingués en la variable x_i, à coefficients dans

$$\mathbb{R}[[x_1, \ldots, x_{i-1}; y]].$$

Supposons trouvés $P_n, \ldots, P_{i+1}$, et construisons P_i. Posons

$$\mathscr{F}_{i,n} = \mathbb{R}[[x_1, \ldots, x_i; y]];$$

le quotient $\mathscr{F}_{n,n}/\mathfrak{p}$ est un module de type fini sur $\mathscr{F}_{0,n} = \mathbb{R}[[y]]$ (car $\mathfrak{p}$ et les $y_1, \ldots, y_n$ engendrent un idéal de définition de $\mathscr{F}_{n,n}$, et le morphisme $\mathscr{F}_{0,n} \to \mathscr{F}_{n,n}$ est excellent, d'après III.2.2); il en sera de même de $\mathscr{F}_{i,n}/\mathscr{F}_{i,n} \cap \mathfrak{p}$, qui est un sous-module de $\mathscr{F}_{n,n}/\mathfrak{p}$. Ainsi, il existe $\Psi_i \in \mathscr{F}_{i,n} \cap \mathfrak{p}$, telle que $\Psi_i(x_1, \ldots, x_i; 0) \neq 0$. Aprés un changement linéaire de coordonnées sur les variables $x_1, \ldots, x_i$, Ψ_i est équivalente à un polynôme distingué $P_i \in \mathscr{F}_{i-1,n}[x_i]$ (d'aprés le théorème de préparation formel II.1.3).

On peut supposer que $\dfrac{\partial P_i}{\partial x_i} \notin \mathfrak{p}$ (sinon, il existe un plus grand entier m tel que $\dfrac{\partial^m P_i}{\partial x_i^m} \in \mathfrak{p}$ et il suffit de remplacer P_i par cette dérivée partielle); alors

$$\frac{D(P_1, \ldots, P_n)}{D(x_1, \ldots, x_n)} = \prod_{i=1}^{n} \frac{\partial P_i}{\partial x_i} \notin \mathfrak{p},$$

ce qui achève la démonstration. □

Remarque 1.12. Soient X, Y deux variétés analytiques réelles (resp. complexes) et soit f un morphisme entre ces variétés. On définit, comme dans 1.2, les notions de points critiques, points réguliers, ... de f. La définition 1.9 se modifie comme suit: un point $x \in X$ est un point de platitude (resp. de finitude) de f, si $\mathcal{O}_x$ est un module plat (resp. de type fini) sur $\mathcal{O}_{f(x)}$ (le faisceau structural de X ou Y est désigné par $\mathcal{O}$). On vérifie immédiatement qu'un point $x \in X$ est un point critique (resp. point de platitude, etc. ...) de f considéré comme morphisme analytique, si et seulement si c'est un point critique (resp. point de platitude, etc. ...) de f considéré comme morphisme C^∞.

2. Stratifications

Soit X une variété (différentiable de classe C^∞ ou analytique réelle ou analytique complexe) de faisceau structural $\mathscr{A}$ et de dimension n. Si $\mathscr{I}$ est un faisceau d'idéaux de type fini sur X et si $x \in X$, on désigne par $V(\mathscr{I})$ le support de $\mathscr{A}/\mathscr{I}$ et par $\mathscr{I}_x$, la fibre de $\mathscr{I}$ en x. On note $\sqrt{\mathscr{I}}$ le faisceau d'idéaux dont la fibre en tout point $x \in X$ est la racine $\sqrt{\mathscr{I}_x}$ de l'idéal $\mathscr{I}_x$.

Définitions 2.1. Soit $x \in V(\mathcal{I})$; nous dirons que x est un *point régulier de codimension* k de $\mathcal{A}/\mathcal{I}$ si, au voisinage de x, $V(\mathcal{I})$ est une variété régulière de codimension k et si $\mathcal{I}_x$ est l'idéal des germes nuls sur $V(\mathcal{I})$.

On associe naturellement à $\mathcal{I}$ certains faisceaux d'idéaux:

Le faisceau $J_k(\mathcal{I})$: Soit $x \in X$ et soit $\varphi_1, \ldots, \varphi_s$ une famille de générateurs de l'idéal $\mathcal{I}_x$. Si $(U, (x_1, \ldots, x_n))$ est une carte locale de X au voisinage de x, on désigne par $J_k(\mathcal{I})_x$ l'idéal de $\mathcal{A}_x$ engendré par $\mathcal{I}_x$ et tous les jacobiens

$$\frac{D(\varphi_{i_1}, \ldots, \varphi_{i_k})}{D(x_{j_1}, \ldots, x_{j_k})} \quad \text{où } 1 \leqq i_1 < \cdots < i_k \leqq s \quad \text{et} \quad 1 \leqq j_1 < \cdots < j_k \leqq n$$

(on pose $J_0(\mathcal{I})_x = \mathcal{A}_x$ et si $k > n$, $J_k(\mathcal{I})_x = \mathcal{I}_x$). Cet idéal ne dépend pas de la famille de générateurs (φ_i) et de la carte locale $(U, \underline{x})$. Les $J_k(\mathcal{I})_x$ définissent un faisceau d'idéaux de type fini $J_k(\mathcal{I})$.

Le faisceau $\sigma_k(\mathcal{I})$: Pour tout $x \in X$, on pose $\sigma_k(\mathcal{I})_x = \sigma_k(\mathcal{I}_x)$ (cf. I.2): les $\sigma_k(\mathcal{I})_x$ définissent un faisceau d'idéaux $\sigma_k(\mathcal{I})$ (non nécessairement de type fini).

Enfin, on pose: $R_k(\mathcal{I}) = \sqrt{J_k(\mathcal{I})} \cap \sqrt{\sigma_k(\mathcal{I})}$. L'ensemble $V(\mathcal{I}) \setminus V(R_k(\mathcal{I}))$ s'interprète comme suit:

– supposons d'abord que $k \in [1, n]$. Un point x appartient à $V(\mathcal{I}) \setminus V(R_k(\mathcal{I}))$ si et seulement si $x \in V(\mathcal{I}) \setminus V(\sigma_k(\mathcal{I}))$ (i.e. l'idéal $\mathcal{I}_x$ est engendré sur $\mathcal{A}_x$ par k éléments $\varphi_1, \ldots, \varphi_k$ nuls au point x) et $x \in V(\mathcal{I}) \setminus V(J_k(\mathcal{I}))$ (i.e. il existe un jacobien

$$\frac{D(\varphi_1, \ldots, \varphi_k)}{D(x_{j_1}, \ldots, x_{j_k})}$$

différent de 0 au point x).

Cela signifie que x est un point régulier de codimension k de $\mathcal{A}|\mathcal{I}$.

– supposons que $k = 0$. On a $R_0(\mathcal{I}) = \sqrt{\sigma_0(\mathcal{I})}$ et

$$V(\mathcal{I}) \setminus V(R_0(\mathcal{I})) = \{x \in X \mid \mathcal{I}_x = 0\}.$$

Ainsi: *pour* $k \in [0, n]$, $V(\mathcal{I}) \setminus V(R_k(\mathcal{I}))$ *est l'ensemble des points réguliers de codimension k de* $\mathcal{A}|\mathcal{I}$.

Définitions 2.2. Une *strate* de X, de codimension k $(0 \leqq k \leqq n)$, ou encore une k-strate, est un couple $(\mathcal{I}, \mathcal{I}')$ de faisceaux d'idéaux de type fini sur X, tels que:

$$\mathcal{I} \subset \sqrt{\mathcal{I}'} \subset R_k(\mathcal{I}).$$

Un faisceau d'idéaux $\mathcal{I}$ est *stratifiable* s'il existe une suite $\mathcal{I}_j$, $0 \leqq j \leqq s$, de faisceaux d'idéaux sur X, telle que $\sqrt{\mathcal{I}} = \sqrt{\mathcal{I}_0}$; $\mathcal{I}_s = \mathcal{A}$ et $\forall j \in [0, s-1]$, $(\mathcal{I}_j, \mathcal{I}_{j+1})$ est une strate de X.

La famille $(\mathscr{I}_j)_{j\in[0,s]}$ est alors une *stratification* du faisceau d'idéaux $\mathscr{I}$. L'ensemble $V(\mathscr{I})$ est la réunion disjointe des sous-variétés (localement fermées dans X)

$$V(\mathscr{I}_j)\setminus V(\mathscr{I}_{j+1}), \qquad j\in[0,s-1].$$

Remarques 2.3. *Supposons X analytique* et soit $\mathscr{I}$ un faisceau d'idéaux de type fini sur X.

(1) Le faisceau $\mathscr{I}$ est analytique cohérent (d'après II.6.4) et il en est de même de $R_k(\mathscr{I})$ (d'après II.7.7). Ainsi, l'ensemble des points singuliers de $\mathscr{A}|\mathscr{I}$ (i.e. l'ensemble des points $x\in V(\mathscr{I})$ tels que $\mathscr{A}_x|\mathscr{I}_x$ ne soit pas un anneau local régulier) est un sous-ensemble analytique fermé de X, support du faisceau analytique cohérent $\mathscr{A}\Big/\sum_{k=0}^{n} R_k(\mathscr{I})$.

(2) Posons: $\operatorname{ht}\mathscr{I}=\inf_{x\in X}(\operatorname{ht}\mathscr{I}_x)$. Si $k=\operatorname{ht}\mathscr{I}\leqq n$ (i.e. $\mathscr{I}\neq\mathscr{A}$) et si $\mathscr{I}=\sqrt{\mathscr{I}}$, on a (d'après II.3.5.2): $\operatorname{ht}\mathscr{I}<\operatorname{ht}R_k\mathscr{I}$. Le couple $(\mathscr{I}, R_k\mathscr{I})$ est une k-strate de X et, dans le *cas analytique complexe*, la sous-variété (de codimension k) $V(\mathscr{I})\setminus V(R_k\mathscr{I})$ est un ouvert non vide de $V(\mathscr{I})$ (ceci d'après l'inégalité précédente et le nullstellensatz II.8.4). Il en résulte alors que: $\operatorname{ht}\mathscr{I}=\inf_{x\in Y}(\operatorname{ht}\mathscr{I}_x)$, où Y est un sous-ensemble de $V(\mathscr{I})$, dense dans $V(\mathscr{I})$.

(3) *Le faisceau $\mathscr{I}$ est stratifiable.* En effet, définissons par récurrence sur j, une chaîne strictement croissante de faisceaux d'idéaux, analytiques cohérents sur X: $\mathscr{I}_0\subset\cdots\subset\mathscr{I}_j\subset\cdots$, en posant:

$$\mathscr{I}_0=\sqrt{\mathscr{I}} \text{ et, si } j>0, \qquad \mathscr{I}_j=R_{k_{j-1}}(\mathscr{I}_{j-1}) \quad \text{où} \quad k_{j-1}=\operatorname{ht}\mathscr{I}_{j-1}.\ \text{Si } k_{j-1}\leqq n,$$

i.e. $\mathscr{I}_{j-1}\neq\mathscr{A}$, on a $k_{j-1}<k_j$ (d'après (2)).

Il existe donc un plus petit entier $s\leqq n-k_0+1$ tel que $\mathscr{I}_s=\mathscr{A}$. La suite $\operatorname{st}(\mathscr{I})=(\mathscr{I}_j)_{j\in[0,s]}$ est donc une stratification de $\mathscr{I}$, appelée stratification primaire de $\mathscr{I}$.

Nous utiliserons enfin les remarques et définitions suivantes:

Remarques 2.4. *Supposons X analytique* et soient $\mathscr{I}$, $\mathscr{I}'$ deux faisceaux d'idéaux, analytiques cohérents sur X. On désigne par $(\sqrt{\mathscr{I}}:\mathscr{I}')$ le faisceau transporteur de $\mathscr{I}'$ dans $\sqrt{\mathscr{I}}$; par définition, $\forall x\in X$,

$$(\sqrt{\mathscr{I}}:\mathscr{I}')_x=(\sqrt{\mathscr{I}_x}:\mathscr{I}'_x)=\{a\in\mathscr{A}_x \mid a\cdot\mathscr{I}'_x\subset\sqrt{\mathscr{I}_x}\}.$$

Ce faisceau est analytique cohérent (d'après II.7.4 et II.6.8). Supposons X *analytique complexe:*

(1) L'ensemble $V((\sqrt{\mathscr{I}}:\mathscr{I}'))$ est l'adhérence de $V(\mathscr{I})\setminus V(\mathscr{I}')$ dans X. En effet, si $x\in V(\mathscr{I})\setminus V(\mathscr{I}')$, on a $\sqrt{\mathscr{I}_x}\neq\mathscr{A}_x$ et $\mathscr{I}'_x=\mathscr{A}_x$, donc $(\sqrt{\mathscr{I}}:\mathscr{I}')_x=\sqrt{\mathscr{I}_x}\neq\mathscr{A}_x$ et $x\in V((\sqrt{\mathscr{I}}:\mathscr{I}'))$. Ainsi $V((\sqrt{\mathscr{I}}:\mathscr{I}'))\supset\overline{V(\mathscr{I})\setminus Y(\mathscr{I}')}$.

Réciproquement, si $x \notin \overline{V(\mathscr{I}) \setminus V(\mathscr{I}')}$, on a $V(\mathscr{I}) \subset V(\mathscr{I}')$ au voisinage de x, donc $\mathscr{I}'_x \subset \sqrt{\mathscr{I}_x}$ (d'après le nullstellensatz II.8.4), i.e. $(\sqrt{\mathscr{I}} : \mathscr{I}')_x = \mathscr{A}_x$, i.e. $x \notin V((\sqrt{\mathscr{I}} : \mathscr{I}'))$.

(2) On en déduit que:

– si
$$V(\mathscr{I}) \subset V(\mathscr{I}'), \qquad (\sqrt{\mathscr{I}} : \mathscr{I}') = \mathscr{A}.$$
– si
$$V(\mathscr{I}) \not\subset V(\mathscr{I}'), \qquad \operatorname{ht}(\sqrt{\mathscr{I}} : \mathscr{I}') = \inf_{x \in \overline{V(\mathscr{I}) \setminus V(\mathscr{I}')}} (\operatorname{ht} \mathscr{I}_x)$$

(en effet, d'après 2.3.2 et (1): $\operatorname{ht}(\sqrt{\mathscr{I}} : \mathscr{I}') = \inf_{x \in \overline{V(\mathscr{I}) \setminus V(\mathscr{I}')}} \operatorname{ht}(\sqrt{\mathscr{I}} : \mathscr{I}')_x$ et $(\sqrt{\mathscr{I}} : \mathscr{I}')_x = \sqrt{\mathscr{I}_x}$ si $x \in \overline{V(\mathscr{I}) \setminus V(\mathscr{I}')}$).

Définition 2.5. Notons A l'un des anneaux suivants:
$$\mathscr{E}_n; \ \mathscr{O}_n = \underline{k}\{x_1, \dots, x_n\};$$
$$\mathscr{F}_n = \underline{k}[[x_1, \dots, x_n]]; \qquad \mathscr{P}_n = \underline{k}[x_1, \dots, x_n].$$
Soit π un idéal de A. On note $J_k(\pi)$ l'idéal engendré dans A par π et tous les jacobiens
$$\frac{D(\varphi_1, \dots, \varphi_k)}{D(x_{i_1}, \dots, x_{i_k})}, \qquad \varphi_1, \dots, \varphi_k \in A.$$
On pose $R_k(\pi) = \sqrt{\sigma_k(\pi)} \cap \sqrt{J_k(\pi)}$. Par définition, une *$k$-strate de A* est un couple (π, π') d'idéaux de type fini de A tels que $\pi \subset \sqrt{\pi'} \subset R_k(\pi)$.

3. Le faisceau d'idéaux $J_k^*(\pi)$

Soient X, Y deux variétés (différentiables de classe C^∞ ou analytiques réelles ou analytiques complexes) de dimensions respectives n et p. On désigne par $\mathsf{J}^q(X, Y)$ le fibré sur $X \times Y$ des jets d'ordre q de X dans Y. Soient $(U; x_1, \dots, x_n)$ et $(V; y_1, \dots, y_p)$ des cartes locales de X et Y respectivement. Ces coordonnées définissent naturellement sur $\mathsf{J}^q(U, V)$ un système de coordonnées (x_i, y_j^ω) $(1 \leqq i \leqq n; 1 \leqq j \leqq p; \omega \in \mathbb{N}^n$ et $0 \leqq |\omega| \leqq q)$ de la façon suivante: si $\varphi \in \mathsf{J}^q(U, V)$ est un jet d'origine $x^0 = (x_1^0, \dots, x_n^0)$ représenté au voisinage de x^0 par une fonction $f = (f_1, \dots, f_p)$, on pose:
$$x_i(\varphi) = x_i^0; \qquad y_j^\omega(\varphi) = D^\omega f_j(x^0).$$
On munit ainsi $\mathsf{J}^q(X, Y)$ d'une structure de variété (différentiable C^∞ ou analytique réelle ou analytique complexe): son faisceau structural sera encore désigné par $\mathscr{A}$.

Soit ρ_q la projection canonique de $\mathsf{J}^{q+1}(X, Y)$ sur $\mathsf{J}^q(X, Y)$. Si $P \in \mathscr{A}(\Omega')$, où Ω' est un ouvert de $\mathsf{J}^q(U, V)$, on pose:
$$\frac{\partial^* P}{\partial x_i} = \frac{\partial P}{\partial x_i} + \sum_{j, \omega} \frac{\partial P}{\partial y_j^\omega} \cdot y_j^{\omega + (i)} \tag{3.1}$$

(on désigne par (i) le multi-indice dont toutes les composantes sont nulles sauf la $i^{\text{ème}}$ qui est égale à 1). Les fonctions $\dfrac{\partial^* P}{\partial x_i}$ appartiennent à $\mathscr{A}(\rho_q^{-1}(\Omega'))$. Si $P_1, \dots, P_k$ appartiennent à $\mathscr{A}(\Omega')$, on pose:

$$\frac{D^*(P_1, \dots, P_k)}{D(x_{i_1}, \dots, x_{i_k})} = \det\left|\frac{\partial^* P_\alpha}{\partial x_{i_\beta}}\right|, \quad \alpha, \beta \in [1, k]. \tag{3.2}$$

Soit π un faisceau d'idéaux de type fini sur un ouvert Ω de $\mathrm{J}^q(X, Y)$. Nous allons définir un faisceau d'idéaux $J_k^*(\pi)$, de type fini sur $\rho_q^{-1}(\Omega)$: si $\xi \in \rho_q^{-1}(\Omega)$, soit Ω' un voisinage ouvert de $\rho_q(\xi)$, contenu dans Ω et dans une carte $\mathrm{J}^q(U, V)$, tel que $\pi_{\rho_q(\xi)}$ soit engendré par des fonctions $P_1, \dots, P_s \in \mathscr{A}(\Omega')$; par définition, $J_k^*(\pi)_\xi$ est l'idéal engendré par

$$P_1 \circ \rho_q, \dots, P_s \circ \rho_q$$

et les

$$\frac{D^*(P_{\alpha_1}, \dots, P_{\alpha_k})}{D(x_{i_1}, \dots, x_{i_k})} \quad (\alpha_1, \dots, \alpha_k \in [1, s] \quad \text{et} \quad i_1, \dots, i_k \in [1, n]).$$

On vérifie facilement que cet idéal ne dépend pas de la famille $P_1, \dots, P_s$ de générateurs de l'idéal $\pi_{\rho_q(\xi)}$ et de la carte $\mathrm{J}^q(U, V)$.

Si f est une application analytique (ou C^∞, si les variétés sont réelles) de X dans Y, on note f_q l'application analytique (ou C^∞, si f est C^∞) de X dans $\mathrm{J}^q(X, Y)$, associant à tout point $x \in X$ le jet d'ordre q, $\mathrm{J}^q f(x)$, de f au point x.

D'après la formule de dérivation d'une fonction composée, avec les hypothèses et notations de 3.1 et 3.2, on a sur $f_q^{-1}(\Omega') = f_{q+1}^{-1}(\rho_q^{-1}(\Omega'))$:

$$\frac{\partial}{\partial x_i}(P \circ f_q) = \frac{\partial^* P}{\partial x_i} \circ f_{q+1}$$

et donc:

$$\frac{D(P_1 \circ f_q, \dots, P_k \circ f_q)}{D(x_{i_1}, \dots, x_{i_k})} = \frac{D^*(P_1, \dots, P_k)}{D(x_{i_1}, \dots, x_{i_k})} \circ f_{q+1}.$$

Ainsi, on a l'égalité[1]:

$$J_k(f_q^*[\pi]) = f_{q+1}^*[J_k^*(\pi)]. \tag{3.3}$$

Enfin, on déduit immédiatement de (3.1) et (3.2) l'inclusion:

$$J_k^*(\pi) \subset \rho_q^*[J_k(\pi)]. \tag{3.4}$$

---

[1] Si $f\colon X \to Y$ est un morphisme de variétés, et si $\mathscr{I}$ est un faisceau d'idéaux sur un ouvert Ω de Y, on note $f^*[\mathscr{I}]$ le faisceau d'idéaux sur $f^{-1}(\Omega)$ tel que la fibre en tout point x soit engendrée par les $P \circ f$, où $P \in \mathscr{I}_{f(x)}$. Si $\mathscr{I}$ est de type fini, $f^*[\mathscr{I}]$ est de type fini.

Nous supposerons désormais dans ce paragraphe que les variétés X et Y sont analytiques et que π est un faisceau d'idéaux analytique cohérent sur un ouvert Ω de $\mathsf{J}^q(X, Y)$. La proposition suivante permet de comparer les faisceaux d'idéaux (analytiques cohérents sur $\rho_q^{-1}(\Omega)$): $J_k^*(\pi)$ et $\rho_q^*[J_k(\pi)]$.

Proposition 3.5. *On a l'inégalité:*

$$\mathrm{ht}\left(\sqrt{J_k^*(\pi)}:\rho_q^*[J_k(\pi)]\right)>n.$$

Cette inégalité se vérifie localement. Le cas réel se déduit immédiatement, par complexification, du cas complexe. Nous supposerons donc, pour la démonstration, que les variétés X et Y sont *analytiques complexes.*

Soit $\xi\in V(J_k^*(\pi))\smallsetminus\rho_q^{-1}(V(J_k(\pi)))$; d'après 2.4.2, nous devons vérifier que:

$$h=\mathrm{ht}\left(J_k^*(\pi)_\xi\right)>n. \tag{3.5.1}$$

Puisque $\rho_q(\xi)\notin V(J_k(\pi))$, on peut supposer, en diminuant Ω si nécessaire, qu'il existe un sous-faisceau π' de π engendré par k fonctions $P_1, \ldots, P_k$ analytiques sur Ω et telles que $V(J_k(\pi'))=\emptyset$. Puisque $J_k^*(\pi)\supset J_k^*(\pi')$, il suffit de vérifier (3.5.1) pour π' au lieu de π. Ainsi, nous pouvons supposer *que π est engendré par des fonctions analytiques $P_1, \ldots, P_k$ sur Ω et que $V(J_k(\pi))=\emptyset$.*

Il existe des points ξ', appartenant à $\rho_q^{-1}(\Omega)$ et aussi voisins que l'on veut de ξ, tels que $V(J_k^*(\pi))$ soit une variété régulière de codimension h, au voisinage de ξ'. Remplaçant ξ par ξ', nous pouvons donc supposer que $V(J_k^*(\pi))$ *est régulière de codimension h au voisinage de ξ.*

Enfin, on peut admettre (en le diminuant si nécessaire) que Ω est contenu dans une carte locale $\mathsf{J}^q(U, V)$ du point $\rho_q(\xi)$ et que dans la carte $\mathsf{J}^{q+1}(U, V)$, les coordonnées de ξ sont:

$$x_1(\xi)=\cdots=x_n(\xi)=0$$

et pour $j\in[1,p]$ et $\omega\in\mathbb{N}^n$, $0\leqq|\omega|\leqq q+1$, $y_j^\omega(\xi)=\xi_j^\omega$.

Soit ℓ un entier $\geqq q+1$; si $j\in[1,p]$ et $\omega\in\mathbb{N}^n$, $q+1<|\omega|\leqq\ell$, désignons par ξ_j^ω des nombres complexes arbitraires.

Soient A et B deux espaces vectoriels complexes, le premier admettant comme système de coordonnées les $a_j^\mu(\mu\in\mathbb{N}^n;\ 0\leqq|\mu|\leqq\ell;\ j\in[1,p])$, le second admettant comme système de coordonnées les

$$b_j^\nu(\nu\in\mathbb{N}^n;\ \ell+1\leqq|\nu|\leqq\ell+q+2;\ j\in[1,p]).$$

Si U_0, A_0, B_0 sont des voisinages respectifs assez petits de l'origine de U, A, B, on définit une application polynomiale Γ:

$$U_0\times A_0\times B_0\to\rho_q^{-1}(\Omega)$$

en posant:

$$\Gamma^*(x_1)=x_1;\ldots;\Gamma^*(x_n)=x_n$$

et pour $j\in[1,p]$ et $|\omega|\in[0,q+1]$:

$$\Gamma^*(y_j^\omega)=\frac{\partial^{|\omega|}}{\partial x^\omega}\left(\sum_{|\mu|=0}^{\ell}(a_j^\mu+\xi_j^\mu)\frac{x^\mu}{\mu!}+\sum_{|\nu|=\ell+1}^{\ell+q+2}b_j^\nu\frac{x^\nu}{\nu!}\right).$$

Si $a\in A$, on désigne par i_a l'immersion:

$$U_0\times B_0\ni(x,b)\to(x,a,b)\in U_0\times A_0\times B_0,$$

et l'on pose $\Gamma_a=\Gamma\circ i_a$.

Lemme 3.6. *L'application Γ est une submersion. L'application Γ_a restreinte à $(U_0\setminus\{0\})\times B_0$ est une submersion.*

Preuve. Le jacobien de Γ par rapport aux coordonnées $x_1,\ldots,x_n$ et a_j^μ ($0\leqq|\mu|\leqq q+1$ et $j\in[1,p]$) est égal à 1, ce qui démontre la première assertion.

Posons $U_0^i=\{x\in U_0\mid x_i\neq 0\}$. Désignons par $\underline{\nu}^i$ l'ensemble des multi-indices $\nu=(\nu_1,\ldots,\nu_n)\in\mathbb{N}^n$ tels que: $\ell+1\leqq|\nu|\leqq\ell+q+2$ et $\nu_i\geqq\ell+1$. Puisque $U_0\setminus\{0\}=\bigcup_{i=1}^{n}U_0^i$, il suffit de montrer que le jacobien de Γ_a par rapport aux coordonnées $x_1,\ldots,x_n$ et b_j^ν (avec $\nu\in\underline{\nu}^i$ et $j\in[1,p]$) est $\neq 0$ en tout point de $U_0^i\times B_0$. Ce jacobien est visiblement égal au jacobien des

$$\frac{\partial^{|\omega|}}{\partial x^\omega}\left(\sum_{\nu\in\underline{\nu}^i}b_j^\nu\frac{x^\nu}{\nu!}\right)$$

par rapport aux b_j^ν ($\nu\in\underline{\nu}^i$ et $j\in[1,p]$).

Puisque

$$\sum_{\nu\in\underline{\nu}^i}b_j^\nu\frac{x^\nu}{\nu!}=x_i^{\ell+1}\cdot\sum_{\nu\in\underline{\nu}^i}b_j^\nu\frac{x^{\nu-[i]}}{\nu!}$$

(on note $[i]$ le multi-indice dont toutes les composantes sont nulles sauf la $i^{\text{ème}}$ qui est égale à $\ell+1$), la formule de Leibniz montre que ce jacobien est égal au jacobien des

$$x_i^{\ell+1}\cdot\frac{\partial^{|\omega|}}{\partial x^\omega}\left(\sum_{\nu\in\underline{\nu}^i}b_j^\nu\frac{x^{\nu-[i]}}{\nu!}\right)$$

par rapport aux b_j^ν ($\nu\in\underline{\nu}^i$ et $j\in[1,p]$), i.e. à $C\cdot x_i^{(\ell+1)p\binom{n+q+1}{n}}$, où C est un nombre rationnel non nul. Puisque $x_i\neq 0$, ce jacobien est non nul. ◻

Preuve de 3.5. Il suffit de vérifier l'inégalité (3.5.1): $h>n$.

Appliquons le lemme précédent, avec $\ell = q+1$. Soit Π la projection: $U_0 \times A_0 \times B_0 \to A_0 \times B_0$ et posons:

$$\mathscr{V} = \Gamma^{-1}\big(\rho_q^{-1}(V(\pi))\big); \qquad \mathscr{V}^* = \Gamma^{-1}\big(V(J_k^*(\pi))\big).$$

Puisque Γ et ρ_q sont des submersions, $\mathscr{V}$ est une sous-variété régulière de codimension k de $U_0 \times A_0 \times B_0$, définie par les équations $\varphi_1 = 0; \ldots;$ $\varphi_k = 0$, si l'on pose $P_i \circ \rho_q \circ \Gamma = \varphi_i$. De même, $\mathscr{V}^*$ est au voisinage de $\Gamma^{-1}(\xi) = \{0\} \times \{0\} \times B_0$, une sous-variété régulière de codimension h. En outre, d'après 3.3, $\mathscr{V}^*$ est l'ensemble des points de $\mathscr{V}$ en lesquels s'annulent tous les jacobiens

$$\frac{D(\varphi_1, \ldots, \varphi_k)}{D(x_{j_1}, \ldots, x_{j_k})} \qquad (0 < j_1 < \cdots < j_k \leqq n),$$

i.e. *$\mathscr{V}^*$ est l'ensemble des points critiques de $\Pi | \mathscr{V}$*. Il en résulte que *l'ensemble des points réguliers de $\Pi | \mathscr{V}^*$ est vide*, car sinon $\Pi(\mathscr{V}^*)$ contiendrait un ouvert non vide de $A_0 \times B_0$, et l'ensemble des valeurs régulières de $\Pi | \mathscr{V}$ ne serait pas dense dans $A_0 \times B_0$; mais ceci est absurde, d'après 1.2.

Puisque la restriction de Γ à $(U_0 \setminus \{0\}) \times \{0\} \times B_0$ est une submersion (d'après 3.6), $\mathscr{V}_0 = \mathscr{V} \cap \big((U_0 \setminus \{0\}) \times \{0\} \times B_0\big)$ est une sous-variété régulière de codimension k de $U_0 \times \{0\} \times B_0$. Soit Π_0 la projection $U_0 \times \{0\} \times B_0 \to B_0$ et soit b_0 une valeur régulière de $\Pi_0 | \mathscr{V}_0$ (il en existe, d'après le théorème de Sard). Le plan $\Pi^{-1}(0, b_0) = \Pi_0^{-1}(b_0)$ (de dimension n) coupe donc $\mathscr{V}^*$ au seul point $(0, 0, b_0)$ (car, un point régulier de $\Pi_0 | \mathscr{V}_0$ est aussi un point régulier de $\Pi | \mathscr{V}$) et, en ce point, $\mathscr{V}^*$ est une variété de codimension h, définie par des équations:

$$\Psi_1(x, a, b) = \cdots = \Psi_h(x, a, b) = 0.$$

D'après le nullstellensatz (corollaire II.8.4), les fonctions

$$\Psi_1(x, 0, b_0), \ldots, \Psi_h(x, 0, b_0)$$

engendrent dans $\mathbb{C}\{x_1, \ldots, x_n\}$ un idéal de définition; ainsi $h \geqq n$.

Si $h = n$, le point $(0, 0, b_0)$ est un point de platitude de $\Pi | \mathscr{V}^*$; d'après 1.10, l'ensemble des points réguliers de $\Pi | \mathscr{V}^*$ serait non vide, ce qui contredit une remarque antérieure. Ainsi $h > n$, ce qui démontre 3.5. □

4. Le théorème de transversalité

Soient X et Y deux variétés différentiables de classe C^∞, de dimensions respectives n et p. On désigne par $C^\infty(X, Y)$ l'espace des applications C^∞ de X dans Y. Cet espace sera muni de la *topologie fine (ou topologie de*

Whitney): une base d'ouverts pour cette topologie est formée de tous les ensembles

$$\mathcal{U}(q, U) = \{f \in C^\infty(X, Y) \mid f_q(X) \subset U\}$$

où $q \in \mathbb{N}$ et U décrit l'ensemble des ouverts du fibré $\mathsf{J}^q(X, Y)$. Si X n'est pas compact, l'espace $C^\infty(X, Y)$ n'est pas métrisable; toutefois, $C^\infty(X, Y)$ *est un espace de Baire*, i.e. toute intersection dénombrable d'ouverts partout denses est partout dense: voir par exemple J. Mather [5].

Définition 4.1. Une propriété ($\mathbb{P}$) relative aux éléments f de $C^\infty(X, Y)$ est *générique*, si elle est vérifiée en tout point d'un ouvert partout dense de $C^\infty(X, Y)$.

Un exemple fondamental de propriété générique est le suivant:

Théorème 4.2 (R. Thom [1]). *Soient Z une sous-variété de classe C^∞ de $\mathsf{J}^q(X,Y)$; Z' un sous-ensemble de Z, fermé dans $\mathsf{J}^q(X, Y)$; K un fermé de X. L'ensemble $\mathcal{U}_K = \{f \in C^\infty(X, Y) \mid f_q|K$ est transverse à Z sur $Z'\}$ est un ouvert partout dense de $C^\infty(X, Y)$.*

En fait, nous utiliserons au chapitre X, un théorème un peu plus général que le résultat précédent. Pour énoncer ce théorème, précisons d'abord quelques notations.

Soit $r \in \mathbb{N}^+$ et soit ${}_rX$ le sous-espace de X^r formé de points $(x^1, \ldots, x^r)$ tels que $x^i \neq x^j$ pour tout $i \neq j$; de même, soit ${}_r\mathsf{J}^q(X, Y)$ le sous-espace de $\mathsf{J}^q(X, Y)^r$ formé des $(\xi^1, \ldots, \xi^r)$ tels que: source de $\xi^i \neq$ source de ξ^j, pour tout $i \neq j$. L'espace ${}_r\mathsf{J}^q(X, Y)$ est muni naturellement d'une structure de fibré sur ${}_rX \times Y^r$ (fibré des r-jets d'ordre q de X dans Y). Si $f \in C^\infty(X, Y)$, on note ${}_rf_q$ l'application C^∞:

$${}_rX \ni (x^1, \ldots, x^r) \to \big(f_q(x^1), \ldots, f_q(x^r)\big) \in {}_r\mathsf{J}^q(X, Y).$$

Théorème 4.2' (J. Mather [5]). *Soient Z une sous-variété de classe C^∞ de ${}_r\mathsf{J}^q(X, Y)$; Z' un sous-ensemble de Z, fermé dans $\mathsf{J}^q(X, Y)^r$; K un sous-ensemble de ${}_rX$ fermé dans X^r. L'ensemble $\mathcal{U}_K = \{f \in C^\infty(X, Y) \mid {}_rf_q|K$ est transverse à Z sur $Z'\}$ est un ouvert partout dense de $C^\infty(X, Y)$.*

Le théorème 4.2' résulte facilement du lemme suivant:

Lemme 4.3. *Posons $X = \mathbb{R}^n$; $Y = \mathbb{R}^p$. Soit Z une sous-variété de classe C^∞ de $\mathsf{J}^q(X, Y)^r$ et soit K' un compact de X. Soient $(f^1, \ldots, f^r) \in C^\infty(X, Y)^r$; ε un réel >0 et $m \in \mathbb{N}$. Alors il existe $(g^1, \ldots, g^r) \in C^\infty(X, Y)^r$ telle que*

$$(g_q^1, \ldots, g_q^r)\colon X^r \to \mathsf{J}^q(X, Y)^r$$

soit transverse à Z et $|g^i - f^i|_m^{K'} < \varepsilon$ pour $i = 1, \ldots, r$.

Preuve. Soit $\mathbb{P}$ l'espace des applications polynomiales de degré $\leqq q$ de $X = \mathbb{R}^n$ dans $Y = \mathbb{R}^p$: $\mathbb{P}$ est un espace euclidien de dimension finie.

Considérons l'application de classe C^∞

$$\Gamma:\ X^r \times \mathbb{P}^r \ni ((x^1, \ldots, x^r), (P^1, \ldots, P^r)) \to ((f^1 + P^1)_q(x^1), \ldots, (f^r + P^r)_q(x^r)) \in J^q(X, Y)^r.$$

On vérifie facilement que Γ est une submersion. En particulier, Γ est transverse à Z. D'après 1.7, on peut choisir $(P^1, \ldots, P^r)$ assez petit tel que, si $g^i = f^i + P^i$, $i = 1, \ldots, r$, l'application $(g_q^1, \ldots, g_q^r)$ soit transverse à Z et $|g^i - f^i|_m^{K'} < \varepsilon$ pour $i = 1, \ldots, r$. □

Preuve de 4.2'. Visiblement, $\mathscr{U}_K$ est un ouvert de $C^\infty(X, Y)$. Démontrons que $\mathscr{U}_K$ est dense dans $C^\infty(X, Y)$. Soit $f^0 \in C^\infty(X, Y)$: nous devons trouver des éléments de $\mathscr{U}_K$ aussi voisins que l'on veut de f^0. Pour cela, recouvrons X par une famille localement finie (donc dénombrable) d'ouverts relativement compacts W_α de telle sorte que $f^0(\overline{W}_\alpha) \subset V_\alpha$, où V_α est un ouvert de Y difféomorphe à $\mathbb{R}^p$. Posons

$$\mathscr{V} = \{f \in C^\infty(X, Y) \mid \forall \alpha, f(\overline{W}_\alpha) \subset V_\alpha\}:$$

$\mathscr{V}$ est un voisinage ouvert de f^0.

Recouvrons ${}_rX$ par une famille dénombrable d'ouverts

$$U_j = U_j^1 \times \cdots \times U_j^r$$

(donc $U_j^i \cap U_j^{i'} = \emptyset$ si $i \neq i'$) telle que:

(a) Chaque U_j^i est difféomorphe à $\mathbb{R}^n$ et contenu dans un certain W_α, lequel est noté W_j^i; le V_α associé est noté V_j^i.

(b) Il existe $K_j = K_j^1 \times \cdots \times K_j^r$ compact de U_j tel que $\bigcup_j K_j = K$.

Les $\mathscr{U}_{K_j} \cap \mathscr{V}$ sont des ouverts de $\mathscr{V}$. S'ils sont denses dans $\mathscr{V}$ (qui est un ouvert d'un espace de Baire, donc un espace de Baire),

$$\mathscr{U}_K \cap \mathscr{V} = \bigcap_j (\mathscr{U}_{K_j} \cap \mathscr{V})$$

sera dense dans $\mathscr{V}$. Il suffit donc de montrer que $\mathscr{U}_{K_j} \cap \mathscr{V}$ est dense dans $\mathscr{V}$, pour un indice j fixé.

Posons pour $i = 1, \ldots, r$: $U_j^i = U^i$; $V_j^i = V^i$; $K_j^i = K^i$. Soit K'^i un voisinage compact de K^i, contenu dans U^i, et désignons par α^i une fonction C^∞ sur U^i, à valeurs dans $[0, 1]$, égale à 1 au voisinage de K^i et à 0 sur $U^i \setminus K'^i$.

Si $f \in \mathscr{V}$, désignons par f^i l'application de U^i dans V^i induite par f. Puisque $U^i \simeq \mathbb{R}^n$, $V^i \simeq \mathbb{R}^p$, il existe d'après 4.3

$$(g^1, \ldots, g^r) \in C^\infty(U^1, V^1) \times \cdots \times C^\infty(U^r, V^r)$$

telle que $(g_q^1, \ldots, g_q^r)$ soit transverse à Z et $|g^i - f^i|_m^{K'^i} < \varepsilon$ pour $i = 1, \ldots, r$. Soit g l'élément de $C^\infty(X, Y)$ égal à $\alpha^i g^i + (1 - \alpha^i) f^i$ sur U^i, $i = 1, \ldots, r$, et à f sur $X \setminus \left(\bigcup_{i=1}^r K'^i\right)$.

Puisque $g=g^i$ au voisinage de K^i, $i=1, \ldots, r$, on a $g \in \mathscr{U}_{K_j}$. En restriction à $U^i: f-g=\alpha^i(f^i-g^i)$: en choisissant m assez grand et ε assez petit, on peut donc supposer que g est aussi voisin que l'on veut de f, et en particulier que g appartient à $\mathscr{V}$. Ainsi $\mathscr{U}_{K_j} \cap \mathscr{V}$ est dense dans $\mathscr{V}$, ce qui achève la démonstration du théorème. □

Corollaire 4.4. *Soient Z_i, $i \in \mathbb{N}$, des sous-variétés de ${}_r\mathrm{J}^q(X, Y)$. L'ensemble $\mathscr{U}=\{f \in C^\infty(X, Y) \mid$ pour tout $i \in \mathbb{N}$, ${}_rf_q$ est transverse à $Z_i\}$ est une intersection dénombrable d'ouverts partout denses (donc $\mathscr{U}$ est dense dans $C^\infty(X, Y)$).*

Preuve. L'espace ${}_rX$ est une réunion dénombrable de compacts K_j; de même, chaque variété Z_i est une réunion dénombrable de compacts $Z_{i,k}$. Visiblement, $\mathscr{U}=\bigcap_{i,j,k}\{f \in C^\infty(X, Y) \mid {}_rf_q \mid K_j$ est transverse à Z_i sur $Z_{i,k}\}$; ainsi, d'après 4.2′, $\mathscr{U}$ est une intersection dénombrable d'ouverts partout denses. □

Signalons enfin une version analytique du théorème de transversalité 4.2 (elle ne sera pas utilisée par la suite). Soit π un faisceau d'idéaux (différentiable de type fini) sur $\mathrm{J}^q(X, Y)$. Nous dirons que π est *analytique en un point* ξ de $\mathrm{J}^q(X, Y)$, s'il existe une carte locale de ξ, de la forme $(x_i, y_j^{(\omega)})$, telle que π_ξ soit engendré par des fonctions analytiques en ces coordonnées. Le faisceau π sera *localement analytique* s'il est analytique en tout point de $\mathrm{J}^q(X, Y)$.

Théorème 4.5. *Soit π un faisceau d'idéaux, localement analytique sur $\mathrm{J}^q(X, Y)$. Si $f \in C^\infty(X, Y)$, on a génériquement:*

$$\sqrt{f_q^*[J_k(\pi)]}=\sqrt{J_k(f_q^*[\pi])}.$$

Preuve. Posons

$$\Sigma=V\big(\sqrt{J_k^*(\pi)}:\rho_q^*[J_k(\pi)]\big) \quad \text{et} \quad \mathscr{U}=\{f \in C^\infty(X, Y) \mid f_{q+1}^{-1}(\Sigma)=\varnothing\}.$$

Puisque Σ est fermé dans $\mathrm{J}^{q+1}(X, Y)$, l'ensemble $\mathscr{U}$ est ouvert; en outre, d'après 3.5 et 2.3, Σ est une réunion finie de sous-variété de $\mathrm{J}^{q+1}(X, Y)$, de codimensions $>n$: d'après 4.4, $\mathscr{U}$ est dense dans $C^\infty(X, Y)$.

Or, si $f \in \mathscr{U}$, d'après l'égalité 3.3:

$$\sqrt{J_k(f_q^*[\pi])}=\sqrt{f_{q+1}^*[J_k^*(\pi)]} \supset f_{q+1}^*[\sqrt{J_k^*(\pi)}] \supset f_q^*[J_k(\pi)].$$

D'autre part, on a toujours l'inclusion

$$f_q^*[J_k(\pi)] \supset J_k(f_q^*[\pi]),$$

ce qui démontre le théorème. □

Corollaire 4.6. *Soient π, π' des faisceaux d'idéaux, localement analytiques sur $\mathrm{J}^q(X, Y)$, tels que (π, π') soit une k-strate. Alors génériquement, $(f_q^*[\pi], f_q^*[\pi'])$ est une k-strate de X.*

Preuve. Pour tout $f \in C^\infty(X, Y)$, on a visiblement:

$$f_q^*[\sqrt{\sigma_k(\pi)}] \subset \sqrt{\sigma_k(f_q^*[\pi])}.$$

D'après 4.5, on a génériquement:

$$f_q^*[\sqrt{J_k(\pi)}] \subset \sqrt{J_k(f_q^*[\pi])}.$$

Il suffit alors, en tenant compte des inclusions précédentes, d'appliquer f_q^* aux inclusions:

$$\pi \subset \sqrt{\pi'} \subset \sqrt{\sigma_k(\pi)} \cap \sqrt{J_k(\pi)}. \quad \square$$

Corollaire 4.7. *Soit π un faisceau d'idéaux, localement analytique sur $\mathrm{J}^q(X, Y)$. Génériquement, $f_q^*[\pi]$ est stratifiable.*

Preuve. En effet, soit $(\pi_j)_{j \in [0,s]}$ une stratification de π (il en existe, d'après 2.3); alors, génériquement, d'après 4.6, la suite $(f_q^*[\pi_j])_{j \in [0,s]}$ est une stratification de $f_q^*[\pi]$. $\square$

Exemple 4.8. Si k est un entier compris entre 1 et $r = \inf(n, p)$, on note π_k le faisceau d'idéaux, localement analytique sur $\mathrm{J}^1(X, Y)$, défini comme suit: si $(U; x_1, \ldots, x_n)$ et $(V; y_1, \ldots, y_p)$ sont des cartes locales de X et Y respectivement, le faisceau $\pi_k | \mathrm{J}^1(U, V)$ est engendré par les mineurs d'ordre k de la matrice de type (p, n): $|y_j^\omega|$, où $|\omega| = 1$ et $j \in [1, p]$. Si $f \in C^\infty(X, Y)$ et $f(U) \subset V$, le faisceau $f_1^*[\pi_k] | U$ est engendré par les mineurs d'ordre k de la matrice jacobienne de f. En particulier $V_k = V(f_1^*[\pi_k])$ est l'ensemble fermé des points $x \in X$ tels que $\mathrm{rang}(\tau_x(f)) < k$. Soit π_0 le faisceau structural de $\mathrm{J}^1(X, Y)$.

On voit facilement (cf. VIII.5.4.1) que le couple (π_{k+1}, π_k) est, pour $k = 0, \ldots, r-1$, une $(p-k)(n-k)$-strate de $\mathrm{J}^1(X, Y)$. D'après 4.6, *le couple $(f_1^*[\pi_{k+1}], f_1^*[\pi_k])$ est génériquement une $(p-k)(n-k)$-strate de X. En particulier, l'ensemble $V_{k+1} \setminus V_k = \{x \in X \mid \mathrm{rang}(\tau_x(f)) = k\}$ est génériquement une sous-variété de X, de codimension $(p-k)(n-k)$. En particulier, si $(p-k)(n-k) > n$, cet ensemble est vide.*

Signalons deux cas particuliers:

– *Cas $p \geqq 2n$*: on a $(p-k)(n-k) > n$, si $k < n$. L'application f est donc génériquement une immersion.

– *Cas $p = 1$*: génériquement, l'ensemble V_1 des points critiques de f est discret (c'est une sous-variété de codimension n de X); en outre, ces points sont des points réguliers de codimension n de $\mathscr{E}/f_1^*[\pi_1]$, i.e. si x est un point critique de f, le hessien $\det \left| \dfrac{\partial^2 f}{\partial x_i \partial x_j} \right|$ (calculé dans des cartes locales de x et $f(x)$) est $\neq 0$ en x (si ces conditions sont satisfaites, nous dirons que f est une *fonction de Morse:* ainsi, génériquement f est une fonction de Morse).

Exemple 4.9. Notons (x^1, x^2), (y^1, y^2) le point générique de ${}_2X \times Y^2 = {}_2\mathrm{J}^0(X, Y)$ et soit Z la sous-variété de ${}_2\mathrm{J}^0(X, Y)$, de codimension p, définie par $y^1 = y^2$. D'après 4.4, si $p > 2n = \dim {}_2X$, l'ensemble

$$\mathcal{U} = \{f \in C^\infty(X, Y) | {}_2f_0^{-1}(Z) = \emptyset\} = \{f \in C^\infty(X, Y) | f \text{ est injective}\}$$

est dense dans $C^\infty(X, Y)$.

On déduit facilement de 4.8 et 4.9 le théorème du plongement de Whitney:

Théorème 4.10. *Soit X une variété de classe C^∞, de dimension n. Il existe un plongement propre et C^∞ (i.e. une immersion C^∞, propre et injective): $X \to \mathbb{R}^{2n+1}$.*

Preuve. Visiblement, l'ensemble des applications propres de X dans $\mathbb{R}^{2n+1}$ est ouvert dans $C^\infty(X, \mathbb{R}^{2n+1})$ muni de la topologie fine. D'après 4.8 et 4.9, il suffit donc de construire une application propre f de X dans $\mathbb{R}^{2n+1}$.

Pour cela, soit ε_i, $i \in \mathbb{N}$, une famille localement finie de fonctions $\geqq 0$ et C^∞ sur X, telle que supp ε_i soit compact pour tout i et $\sum_i \varepsilon_i \geqq 1$. Posons $g = \sum_i i \cdot \varepsilon_i$: visiblement, on peut choisir $f = (g, \ldots, g)$. □

Pour d'autres applications du théorème de transversalité, voir X.4.

Les deux paragraphes suivants sont consacrés au théorème de quasi-transversalité, version locale du théorème 4.5.

5. Propriétés générales

Soit $\mathscr{F}_n = \underline{k}[[x_1, \ldots, x_n]]$ l'anneau des séries formelles en n variables à coefficients dans un corps commutatif $\underline{k}$, et soit $\underline{m}$ l'idéal maximal de $\mathscr{F}_n$. Posons $\mathscr{F}(n, p) = \bigoplus_p \underline{m}$ et, si q est un entier > 0,

$$\mathscr{F}^q(n, p) = \mathscr{F}(n, p) / \underline{m}^q \cdot \mathscr{F}(n, p).$$

Le point générique de $\mathscr{F}(n, p)$ sera noté $\varphi = (\varphi_1, \ldots, \varphi_p)$ avec

$$\varphi_j = \sum_{|\omega| \geqq 1} a_j^\omega \frac{x^\omega}{\omega!} \quad (\text{i.e. } a_j^\omega = D^\omega \varphi_j(0)).$$

Soit Π_q la projection canonique: $\mathscr{F}(n, p) \to \mathscr{F}^q(n, p)$; si $q' \geqq q$, notons $\Pi_{q,q'}$ la projection canonique: $\mathscr{F}^{q'}(n, p) \to \mathscr{F}^q(n, p)$. Donnons nous dans chaque $\mathscr{F}^q(n,p)$ une variété algébrique (au sens ensembliste) V_q, de telle sorte que $\forall q$: $\Pi_{q,q+1}(V_{q+1}) \subset V_q$. Posons $V = \varprojlim V_q = \bigcap_{q \geqq 1} \Pi_q^{-1}(V_q)$.

La suite $d_q = \operatorname{codim}_{\mathscr{F}^q(n,p)} V_q$ est croissante.

Nous dirons que V est une *provariété algébrique* de codimension égale à $\lim_{q\to\infty} d_q$. Nous réservons le terme de variété à toute provariété de codimension finie.

Remarque 5.1. La provariété V est de codimension infinie si et seulement si, $\forall q$ et $\forall \xi \in \mathscr{F}^q(n,p)$, $\Pi_q^{-1}(\xi) \not\subset V$. En effet, cette condition est visiblement nécessaire. Réciproquement, si elle est satisfaite, soient $V_q^1, \dots, V_q^s$ les composantes irréductibles de V_q et soit $\xi^i \in V_q^i$. Il existe un entier $q' \geqq q$ tel que, $\forall i \in [1,s]$, $V_{q'} \not\supset \Pi_{q,q'}^{-1}(\xi^i)$, donc $V_{q'} \not\supset \Pi_{q,q'}^{-1}(V_q^i)$. Ceci entraîne $d_q < d_{q'}$, d'où codim $V = \infty$.

Définition 5.2. Soit $\mathscr{F}_*(n,p)$ une sous-variété algébrique de $\mathscr{F}(n,p)$. Une propriété $(\mathbb{P})$ relative aux éléments de $\mathscr{F}_*(n,p)$ est *générale*, s'il existe dans $\mathscr{F}_*(n,p)$ une provariété algébrique de codimension infinie V, telle que tout $\varphi \in \mathscr{F}_*(n,p) \smallsetminus V$ satisfasse à $(\mathbb{P})$.

Visiblement, si la propriété $(\mathbb{P})$ est générale, à tout entier $q \geqq 1$ et tout $\xi \in \mathscr{F}^q(n,p)$, on peut associer un entier $q' \geqq q$ et un point $\xi' \in \Pi_{q,q'}^{-1}(\xi)$, tels que tout $\varphi \in \Pi_{q'}^{-1}(\xi')$ satisfasse à $(\mathbb{P})$.

Soient $\Psi_1, \dots, \Psi_s$ des séries formelles en $x_1, \dots, x_n$ à coefficients polynômes en les a_j^ω ($|\omega| \geqq 1$ et $1 \leqq j \leqq p$). Si $\varphi = (\varphi_1, \dots, \varphi_p) \in \mathscr{F}(n,p)$, on désigne par $\Psi_{i,\varphi}$ l'élément de $\mathscr{F}_n$ obtenu en faisant dans Ψ_i: $a_j^\omega = D^\omega \varphi_j(0)$. Soit I_φ l'idéal engendré dans $\mathscr{F}_n$ par $\Psi_{1,\varphi}, \dots, \Psi_{s,\varphi}$.

Lemme 5.3. *Avec les notations précédentes, l'ensemble des $\varphi \in \mathscr{F}(n,p)$ tels que $\dim_{\underline{k}}(\mathscr{F}_n/I_\varphi) < \infty$ est le complémentaire d'une provariété algébrique W.*

Preuve. Posons

$$\begin{aligned} W_h &= \{\varphi \in \mathscr{F}(n,p) \mid \dim_{\underline{k}}(\mathscr{F}_n/I_\varphi) > h\} \\ &= \{\varphi \in \mathscr{F}(n,p) \mid \dim_{\underline{k}}(I_\varphi + \underline{m}^{h+1}/\underline{m}^{h+1}) < \omega(h) - h\}, \end{aligned}$$

en posant $\omega(h) = \binom{n+h}{n}$ (on a cette dernière égalité, d'après II.5.2). Le $\underline{k}$-espace vectoriel $I_\varphi + \underline{m}^{h+1}/\underline{m}^{h+1}$ est engendré par les éléments

$$x^\mu \Psi_{i,\varphi} (\mu \in \mathbb{N}^n \quad \text{ct} \quad 0 \leqq |\mu| \leqq h).$$

Si $\Psi_{i,\mu,\varphi}^{\mu'}$ ($\mu' \in \mathbb{N}^n$ et $0 \leqq |\mu| \leqq h$) est la composante de $x^\mu \Psi_{i,\varphi}$ suivant $x^{\mu'}$, on voit que $\varphi \in W_h$ si et seulement si le rang de la matrice $|\Psi_{i,\mu,\varphi}^{\mu'}|$ (d'indice ligne (i,μ) et d'indice colonne μ') est $< \omega(h) - h$, i.e. si et seulement si les mineurs d'ordre $\omega(h) - h$ de cette matrice sont tous nuls. Ainsi W_h est une sous-variété algébrique de $\mathscr{F}(n,p)$.

Visiblement, $W_h \supset W_{h+1} \supset \cdots$ et $W = \bigcap_{h=0}^{\infty} W_h$ est une provariété algébrique. □

Nous supposerons désormais que $\underline{k} = \mathbb{R}$ ou $\mathbb{C}$.

Soit ξ un point (fixé une fois pour toutes) de $\mathsf{J}^{q+1}(\underline{k}^n, \underline{k}^p)$, se projetant sur l'origine de $\underline{k}^n \times \underline{k}^p$, de coordonnées $x_1 = \cdots = x_n = 0$; $y_j^\omega = \xi_j^\omega$. Posons: $\mathscr{F}_\xi(n,p) = \{\varphi = (\varphi_1, \ldots, \varphi_p) \in \mathscr{F}(n,p) | \forall j \in [1,p]$ et $\forall \omega \in \mathbb{N}^n$, $0 \leqq |\omega| \leqq q+1$: $D^\omega \varphi_j(0) = \xi_j^\omega\}$. Si $\varphi \in \mathscr{F}_\xi(n,p)$, on désigne par φ_{q+1}^* l'homomorphisme de $\underline{k}$-algèbres de $\mathcal{O}_\xi$ dans $\mathscr{F}_n$ obtenu en faisant les substitutions:

$$x_i \to x_i; \qquad y_j^\omega - \xi_j^\omega \to D^\omega \varphi_j - D^\omega \varphi_j(0)$$

(on désigne par $\mathcal{O}$ le faisceau sur $\mathsf{J}^{q+1}(\underline{k}^n, \underline{k}^p)$ des germes de fonctions à valeurs dans $\underline{k}$, analytiques réelles si $\underline{k} = \mathbb{R}$, ou holomorphes si $\underline{k} = \mathbb{C}$).

Proposition 5.4. *Soit* π_ξ^* *un idéal de* $\mathcal{O}_\xi$ *tel que* $\mathrm{ht}(\pi_\xi^*) \geqq n$. *En général,* $\dim_{\underline{k}}(\mathscr{F}_n/\varphi_{q+1}^*[\pi_\xi^*]) < \infty$, *lorsque* φ *décrit* $\mathscr{F}_\xi(n,p)$.[2]

Preuve. Le cas réel se ramène, après complexification, au cas complexe. Nous supposerons donc, pour la démonstration, que $\underline{k} = \mathbb{C}$.

L'idéal π_ξ^* est engendré par des fonctions $P_1, \ldots, P_s$, analytiques sur un voisinage Ω^* de ξ dans $\mathsf{J}^{q+1}(\mathbb{C}^n, \mathbb{C}^p)$. Soit π^* le faisceau d'idéaux, analytique cohérent sur Ω^*, engendré par les P_i. En diminuant Ω^* si nécessaire, on peut supposer que, $\forall \xi' \in \Omega^*$:

$$\mathrm{ht}(\pi_{\xi'}^*) \geqq n. \tag{5.4.1}$$

Posons $\Psi_{1,\varphi} = \varphi_{q+1}^*(P_1), \ldots, \Psi_{s,\varphi} = \varphi_{q+1}^*(P_s)$: les coefficients des séries formelles $\Psi_{1,\varphi}, \ldots, \Psi_{s,\varphi}$ sont des polynômes en les $a_j^\omega = D^\omega \varphi_j(0)$. D'après 5.3, l'ensemble des $\varphi \in \mathscr{F}_\xi(n,p)$ tels que $\dim_{\mathbb{C}}(\mathscr{F}_n/\varphi_{q+1}^*[\pi_\xi^*]) < \infty$ est le complémentaire d'une provariété algébrique W. Il reste à vérifier que W est de codimension infinie.

Soit ℓ un entier $\geqq q+1$ et donnons nous pour $j \in [1,p]$ et $\mu \in \mathbb{N}^n$, $q+1 < |\mu| \leqq \ell$, des nombres complexes arbitraires ξ_j^μ. D'après la remarque 5.1, il suffit de trouver des

$$b_j^\nu (j \in [1,p];\ \nu \in \mathbb{N}^n \text{ et } \ell+1 \leqq |\nu| \leqq \ell+q+2)$$

tels que si:

$$\varphi_j^b = \sum_{|\mu|=0}^{\ell} \xi_j^\mu \frac{x^\mu}{\mu!} + \sum_{|\nu|=\ell+1}^{\ell+q+2} b_j^\nu \frac{x^\nu}{\nu!}$$

on ait: $\varphi^b = (\varphi_1^b, \ldots, \varphi_p^b) \notin W$.

Soit B l'espace vectoriel complexe, admettant comme système de coordonnées les b_j^ν. Si U_0, B_0 sont des voisinages respectifs assez petits de l'origine de $\mathbb{C}^n$, B, on définit une application polynomiale (voir 3.6):

$$\Gamma_0\colon\ U_0 \times B_0 \to \Omega^*$$

---

[2] Si $\varphi^*\colon A \to B$ est un homomorphisme d'anneaux et si I est un idéal de A, on note simplement $\varphi^*[I]$ l'idéal engendré par $\varphi^*(I)$ dans B.

en posant:

$$\Gamma_0^*(x_1)=x_1;\ \dots;\ \Gamma_0^*(x_n)=x_n \quad \text{et} \quad \Gamma_0^*(y_j^\omega)=\frac{\partial^{|\omega|}\varphi_j^b}{\partial x^\omega}.$$

D'après le lemme 3.6, en restriction à $(U_0 \setminus \{0\})\times B_0$, l'application Γ_0 est une submersion. Il résulte de là et de l'inégalité (5.4.1) qu'en tout point de $(U_0\setminus\{0\})\times B_0$, la codimension de $\Gamma_0^{-1}(V(\pi^*))$ est $\geqq n$. Puisque $\{0\}\times B_0$ est un sous-ensemble analytique de codimension n de $U_0\times B_0$, $\Gamma_0^{-1}(V(\pi^*))$ est un sous-ensemble analytique de codimension $\geqq n$ de $U_0\times B_0$. Distinguons deux cas:

– s'il existe $b\in B_0$ tel que $(0,b)\notin \Gamma_0^{-1}(V(\pi^*))$, on a $\varphi_{q+1}^{b*}[\pi_\xi^*]=\mathscr{F}_n$ et donc $\varphi^b\notin W$.

– sinon, $\{0\}\times B_0\subset \Gamma_0^{-1}(V(\pi^*))$. Ces deux ensembles analytiques ont même dimension et le premier est irréductible: il existe donc $b\in B_0$ tel que $\{0\}\times B_0=\Gamma_0^{-1}(V(\pi^*))$ au voisinage de $(0,b)$. Le germe d'ensemble analytique:

$$\{\varphi_{q+1}^{b*}(P_1)=\dots=\varphi_{q+1}^{b*}(P_s)=0\}$$

est donc réduit à l'origine de $\mathbb{C}^n$. D'après le nullstellensatz (corollaire II.8.4), on a ht $\varphi_{q+1}^{b*}[\pi_\xi^*]=n$, ce qui entraîne: $\varphi^b\notin W$. □

6. Le théorème de quasi-transversalité

Dans ce paragraphe, $\underline{k}=\mathbb{R}$. Désignons comme d'habitude par $\mathscr{E}_n$ l'anneau des germes de fonctions numériques C^∞ à l'origine de $\mathbb{R}^n$; par $C^\infty(n,p)$ l'ensemble des germes à l'origine de $\mathbb{R}^n$ d'applications C^∞ $f\colon \mathbb{R}^n\to\mathbb{R}^p$ telles que $f(0)=0$. On a des projections évidentes (notées l'une et l'autre T):

$$\mathscr{E}_n\to\mathscr{F}_n; \qquad C^\infty(n,p)\to\mathscr{F}(n,p),$$

associant à tout germe sa série formelle à l'origine.

Définition 6.1. Soit $\mathscr{F}_*(n,p)$ une sous-variété algébrique de $\mathscr{F}(n,p)$. Une propriété ($\mathbb{P}$) relative aux éléments de $T^{-1}(\mathscr{F}_*(n,p))$ est *générale*. s'il existe dans $\mathscr{F}_*(n,p)$ une provariété algébrique de codimension infinie V, telle que tout $f\in T^{-1}(\mathscr{F}_*(n,p)\setminus V)$ satisfasse à ($\mathbb{P}$).

Posons $C_\xi^\infty(n,p)=T^{-1}(\mathscr{F}_\xi(n,p))=\{f=(f_1,\dots,f_p)\in C^\infty(n,p)\,|\,\forall j\in[1,p]$ et $\forall\omega\in\mathbb{N}^n$, $0\leqq|\omega|\leqq q+1$: $D^\omega f_j(0)=\xi_j^\omega\}$. Si $f\in C_\xi^\infty(n,p)$, soit f_{q+1} le germe à l'origine de $\mathbb{R}^n$ de l'application $\tilde f_{q+1}$, où $\tilde f$ est une application C^∞ de $\mathbb{R}^n$ dans $\mathbb{R}^p$ induisant le germe f à l'origine de $\mathbb{R}^n$. Puisque $f_{q+1}(0)=\xi$, le germe d'application f_{q+1} induit un homomorphisme $f_{q+1}^*\colon \mathscr{O}_\xi\to\mathscr{E}_n$. Bien entendu, si $\varphi=T(f)$, on a: $\varphi_{q+1}^*=T\circ f_{q+1}^*$ et donc, avec les notations de 5.4: $\varphi_{q+1}^*[\pi_\xi^*]=T(f_{q+1}^*[\pi_\xi^*])$. La proposition 5.4 équivaut donc à la suivante:

Proposition 6.2. *Soit π_ξ^* un idéal de $\mathcal{O}_\xi$ tel que* $\mathrm{ht}(\pi_\xi^*) \geqq n$. *En général,*

$$\dim_{\mathbb{R}}(\mathscr{E}_n / f_{q+1}^* [\pi_\xi^*]) < \infty ,$$

lorsque f décrit $C_\xi^\infty(n, p)$ (en effet, si I est un idéal de $\mathscr{E}_n$, $\dim_{\mathbb{R}}(\mathscr{E}_n/I) < \infty$ si et seulement si $\dim_{\mathbb{R}}(\mathscr{F}_n/T(I)) < \infty$).

Soit ρ_q: $J^{q+1}(\mathbb{R}^n, \mathbb{R}^p) \to J^q(\mathbb{R}^n, \mathbb{R}^p)$ la projection canonique. Si $f \in C_\xi^\infty(n, p)$ posons $f_q = \rho_q \circ f_{q+1}$: f_q est un germe d'application C^∞ de $\mathbb{R}^n$ dans $J^q(\mathbb{R}^n, \mathbb{R}^p)$ qui envoie l'origine sur le point $\eta = \rho_q(\xi)$. Le germe d'application f_q induit un homomorphisme $f_q^*: \mathcal{O}_\eta \to \mathscr{E}_n$.

Le théorème suivant est la version locale du théorème 4.5:

Théorème 6.3. *Soit π_η un idéal de $\mathcal{O}_\eta$. Soient $\underline{m}$ l'idéal maximal de $\mathscr{E}_n$ et $k \in \mathbb{N}$. Lorsque f décrit $C_\xi^\infty(n, p)$, en général:*

$$\sqrt{J_k(f_q^*[\pi_\eta])} \supset \underline{m} \cdot f_q^* [J_k(\pi_\eta)] .$$

Preuve. Soit Ω un voisinage de η dans $J^q(\mathbb{R}^n, \mathbb{R}^p)$ et soit π un faisceau d'idéaux, analytique cohérent sur Ω, tel que π_η soit la fibre de π au point η. Le faisceau d'idéaux

$$\pi^* = \left(\sqrt{J_k^*(\pi)} : \rho_q^* [J_k(\pi)]\right)$$

est analytique cohérent sur $\rho_q^{-1}(\Omega)$ et d'après 3.5, $\mathrm{ht}\, \pi_\xi^* > n$. D'après 6.2, en général $f_{q+1}^* [\pi_\xi^*]$ contient une puissance de $\underline{m}$. Or, en utilisant 3.3, on vérifie que:

$$f_{q+1}^* [\pi_\xi^*] \subset \left(\sqrt{J_k(f_q^*[\pi_\eta])} : f_q^* [J_k(\pi_\eta)]\right).$$

Ainsi, en général, le second membre de l'inégalité précédente contient une puissance de $\underline{m}$, donc contient $\underline{m}$ (car il est égal à sa racine).

Ceci démontre le théorème. □

Définition 6.4. Soit (π_η, π'_η) une k-strate de $\mathcal{O}_\eta$ et soit $f \in C_\eta^\infty(n, p)$. Nous dirons que f est *quasi-transverse* sur (π_η, π'_η) si:

$$\sqrt{J_k(f_q^*[\pi_\eta])} \supset \underline{m} \cdot f_q^* [\pi'_\eta] .$$

Cette condition entraîne la suivante (la vérification est triviale et laissée au lecteur):

(1) Dans l'hypothèse $\pi'_\eta \neq \mathcal{O}_\eta$: $(f_q^*[\pi_\eta], f_q^*[\pi'_\eta])$ est une k-strate de $\mathscr{E}_n$.

(2) Dans l'hypothèse $\pi'_\eta = \mathcal{O}_\eta$: $(f_q^*[\pi_\eta], \underline{m})$ est une k-strate de $\mathscr{E}_n$.

D'après le théorème 6.3:

Corollaire 6.5. *En général, une application $f \in C_\xi^\infty(n, p)$ est quasi-transverse sur une k-strate fixée de $\mathcal{O}_\eta$.*

Signalons enfin une seconde conséquence de la proposition 6.2:

Proposition 6.6. *Soit π_η un idéal propre de $\mathcal{O}_\eta$. Lorsque f décrit $C^\infty_\xi(n, p)$, en général:*

$$\operatorname{ht}\big(T(f_q^*[\pi_\eta])\big) = \inf(n, \operatorname{ht}\pi_\eta).$$

Preuve. Nous devons montrer ceci: lorsque φ décrit $\mathscr{F}_\xi(n, p)$, en général:

$$\operatorname{ht}(\varphi_q^*[\pi_\eta]) = \inf(n, \operatorname{ht}\pi_\eta).$$

Posons $k = \operatorname{ht}\pi_\eta$. Si $k \geqq n$, il suffit d'appliquer 5.4. Si $k < n$, soient $P_1, \ldots, P_{n-k}$ appartenant à l'idéal maximal de $\mathcal{O}_\xi$, tels que l'idéal π_ξ^* engendré par $\rho_q^*[\pi_\eta]$ et $P_1, \ldots, P_{n-k}$ soit de hauteur n. D'après 5.4, en général l'idéal $\varphi_{q+1}^*[\pi_\xi^*]$ (engendré par $\varphi_q^*[\pi_\eta]$ et $\varphi_{q+1}^*(P_1), \ldots, \varphi_{q+1}^*(P_{n-k})$) est de hauteur n: ceci implique $\operatorname{ht}(\varphi_q^*[\pi_\eta]) \geqq k$ (car les $\varphi_{q+1}^*(P_j)$ $(1 \leqq j \leqq n-k)$ engendrent un idéal de définition de $\mathscr{F}_n/\varphi_q^*[\pi_\eta]$, et donc la dimension de cet anneau est $\leqq n-k$). Enfin, d'après II.5.4, on a toujours l'inégalité:

$$\operatorname{ht}(\varphi_q^*[\pi_\eta]) \leqq k. \quad \square$$

Pour les applications de la notion de quasi-transversalité, voir chapitre VIII.

Chapitre VIII. Image réciproque d'un idéal analytique par une fonction C^∞. G-stabilité

Soit ξ un point (fixé une fois pour toutes) de $\mathrm{J}^1(\mathbb{R}^n, \mathbb{R}^p)$ se projetant sur l'origine de $\mathbb{R}^n \times \mathbb{R}^p$. Si $f \in C^\infty_\xi(n, p)$ (voir VII.6), l'application f définit un homomorphisme $f^*\colon \mathcal{O}_p \ni \psi \to \psi \circ f \in \mathscr{E}_n$. Soient π un idéal de $\mathcal{O}_p$; M un $\mathcal{O}_p$-module de type fini. Dans les deux premiers paragraphes, sous certaines hypothèses sur f (vérifiées en général), nous montrons que les images réciproques $f^*[\pi]$ et $M \otimes_f \mathscr{E}_n$ ont des propriétés analogues à celles de π et M respectivement. Les techniques utilisées sont celles des chapitres II et V. Dans le reste du chapitre, nous caractérisons les germes qui sont G-stables au sens de 3.3, puis nous terminons par quelques exemples. Cette seconde partie est totalement indépendante de la première.

1. Propriétés générales de $M \otimes_f \mathscr{E}_n$ et des $\mathrm{Tor}_i^f(M, \mathscr{E}_n)$ (Tougeron et Merrien [1])

Soit M un module de type fini sur $\mathcal{O}_p$. L'application f munit tout module B sur $\mathscr{E}_n$ d'une structure de $\mathcal{O}_p$-module. Le module $\mathrm{Tor}_i^{\mathcal{O}_p}(M, B)$ sera noté $\mathrm{Tor}_i^f(M, B)$; de même $M \otimes_{\mathcal{O}_p} B$ sera noté $M \otimes_f B$.

Nous nous appuyons sur les deux résultats suivants, cas particuliers de VII.6.3 et VII.6.6:

Proposition 1.1. *Soit π un idéal de $\mathcal{O}_p$ et soit $k \in \mathbb{N}$. En général:*

$$\sqrt{J_k(f^*[\pi])} \supset \underline{m} \cdot f^*[J_k(\pi)].$$

Proposition 1.2. *Soit π un idéal propre de hauteur k de $\mathcal{O}_p$. En général, la hauteur de l'idéal $T(f^*[\pi])$ est égale à* $\inf(k, n)$.

On désigne (cf. notation de VI.1) par $\tilde{\mathscr{F}}_n$ l'anneau des germes de champs de séries formelles à l'origine de $\mathbb{R}^n$.

Lemme 1.3. *Soit $\underline{a} = \{a_1, \ldots, a_k\}$ une $\mathcal{O}_p$-suite de $\mathcal{O}_p$.*

(1) *Si $k \leq n$, en général:* $\mathrm{Tor}_1^f(\mathcal{O}_p/(\underline{a}), \mathscr{F}_n) = \mathrm{Tor}_1^f(\mathcal{O}_p/(\underline{a}), \tilde{\mathscr{F}}_n) = 0$.

(2) *Si $k > n$, en général:* $\mathrm{Tor}_1^f(\mathcal{O}_p/(\underline{a}), \mathscr{F}_n)$ *est un $\mathbb{R}$-espace vectoriel de dimension finie isomorphe à* $\mathrm{Tor}_1^f(\mathcal{O}_p/(\underline{a}), \tilde{\mathscr{F}}_n)$.

Preuve. Soit Ω un voisinage ouvert de l'origine de $\mathbb{R}^n$ et soient $\varphi_1, \dots, \varphi_k$ des éléments de $\mathscr{E}(\Omega)$ induisant respectivement à l'origine les germes $f^*(a_1), \dots, f^*(a_k)$. Soit I l'idéal engendré par les φ_i dans $\mathscr{E}(\Omega)$.

(1) Si $k \leqq n$, d'après 1.2, en général $\operatorname{ht}(T_0(I)) = k$ (si $x \in \Omega$, on note T_x l'application de $\mathscr{E}(\Omega)$ dans $\mathscr{F}_x$ qui à toute fonction associe sa série formelle en x, cf. notations de V.2). D'après II.5.3, en diminuant Ω si nécessaire, $\forall x \in \Omega$, $\operatorname{ht}(T_x(I)) \geqq k$. Ainsi, ou $T_x(I) = \mathscr{F}_x$, ou $\{T_x(\varphi_1), \dots, T_x(\varphi_k)\}$ est une $\mathscr{F}_x$-suite de $\mathscr{F}_x$. Dans l'un ou l'autre cas, le module des relations entre les $T_x(\varphi_i)$ à coefficients dans $\mathscr{F}_x$ est engendré par les relations triviales (d'après I.6.8).

En passant aux germes à l'origine:

$$\mathscr{R}_{\mathcal{O}_p}(\underline{a}) \cdot \tilde{\mathscr{F}}_n = \mathscr{R}_{\tilde{\mathscr{F}}_n}(\underline{a});$$

de même:

$$\mathscr{R}_{\mathcal{O}_p}(\underline{a}) \cdot \mathscr{F}_n = \mathscr{R}_{\mathscr{F}_n}(\underline{a});$$

d'où le résultat, d'après I.4.1.1.

(2) Si $k \geqq n$, d'après 1.2, en général $\operatorname{ht}(T_0(I)) = n$. Supposons cette condition satisfaite. D'abord, le module $\operatorname{Tor}_1^f(\mathcal{O}_p/(\underline{a}), \mathscr{F}_n)$ est un $\mathbb{R}$-espace vectoriel de dimension finie (car c'est un module de type fini sur $\mathscr{F}_n$, annulé par $(\underline{a}) \cdot \mathscr{F}_n$, idéal de définition de $\mathscr{F}_n$).

Montrons ensuite que l'application canonique:

$$\mathscr{R}_{\tilde{\mathscr{F}}_n}(\underline{a})/\mathscr{R}_{\mathcal{O}_p}(\underline{a}) \cdot \tilde{\mathscr{F}}_n \simeq \operatorname{Tor}_1^f(\mathcal{O}_p/(\underline{a}), \tilde{\mathscr{F}}_n) \to \operatorname{Tor}_1^f(\mathcal{O}_p/(\underline{a}), \mathscr{F}_n) \simeq \mathscr{R}_{\mathscr{F}_n}(\underline{a})/\mathscr{R}_{\mathcal{O}_p}(\underline{a}) \cdot \mathscr{F}_n$$

est un isomorphisme, ce qui terminera la démonstration. D'une part, cette application est visiblement surjective. D'autre part, si Ω est assez petit, l'ensemble des zéros de l'idéal I se réduit à l'origine. Donc,

$$\forall x \in \Omega \setminus \{0\}, \qquad T_x(I) = \mathscr{F}_x$$

et le module des relations entre les $T_x(\varphi_i)$ est engendré par les relations triviales. Passant aux germes à l'origine, on voit que toute relation entre les a_i, à coefficients dans $\tilde{\mathscr{F}}_n$ et plate à l'origine, est combinaison linéaire à coefficients dans $\tilde{\mathscr{F}}_n$ de relations triviales. Ceci prouve que l'application précédente est injective. □

Corollaire 1.4. *Soit M un module de type fini sur $\mathcal{O}_p$. En général: $\operatorname{Tor}_1^f(M, \tilde{\mathscr{F}}_n)$ est un $\mathbb{R}$-espace vectoriel de dimension finie.*

Preuve. Cela résulte du lemme précédent et de la remarque I.6.14. □

La proposition suivante généralise le théorème VI.1.1:

Proposition 1.5. *Soit M un module de type fini sur $\mathcal{O}_p$. En général, $M \otimes_f \mathscr{E}_n$ est un module de Fréchet sur $\mathscr{E}_n$.*

Preuve. Le module M étant de présentation finie (car $\mathcal{O}_p$ est noethérien), le module $M \otimes_f \mathscr{E}_n$ est de présentation finie sur $\mathscr{E}_n$.

Nous procédons par récurrence sur la dimension $p-k$ du module M. Si $M=0$, i.e. si $p-k=-1$, le résultat est trivial. Supposons donc $p-k \geqq 0$ et admettons le résultat pour tout module de dimension strictement inférieure à $p-k$.

(1) Supposons d'abord que $M=\mathcal{O}_p/\pi$, où π est un idéal premier de hauteur k de $\mathcal{O}_p$. Considérons d'abord le cas où π est l'idéal maximal $\underline{n}=(y_1, \dots, y_p)$ de $\mathcal{O}_p$ (i.e. $p-k=0$). Visiblement $J_p(\pi)=\mathcal{O}_p$.

D'après 1.1, en général: $\sqrt{J_p(f^*[\pi])} \supset \underline{m}$. Si $\varphi_1, \dots, \varphi_p$ sont des représentants respectifs de $f^*(y_1), \dots, f^*(y_p)$ sur un voisinage Ω de l'origine de $\mathbb{R}^n$, et si Ω est assez petit, $J_p(\varphi_1, \dots, \varphi_p)$ contient une puissance de l'idéal $\underline{m}_0$ de $\mathscr{E}(\Omega)$ formé des fonctions nulles à l'origine. D'après V.5.7, l'idéal engendré dans $\mathscr{E}(\Omega)$ par les $\varphi_1, \dots, \varphi_p$ est fermé et donc $(\mathcal{O}_p/\pi) \otimes_f \mathscr{E}_n = \mathscr{E}_n/(f^*(y_1), \dots, f^*(y_p))$ est un module de Fréchet.

Supposons $p-k>0$, i.e. $\pi \subsetneqq \underline{n}$. D'après II.3.3, il existe une famille $\phi_1, \dots, \phi_s$ de générateurs de l'idéal π et $\Delta \in (\underline{n} \setminus \pi) \cap J_k(\phi_1, \dots, \phi_k)$ tels que, pour tout $j=k+1, \dots, s$, $\Delta \cdot \phi_j$ appartienne à l'idéal engendré dans $\mathcal{O}_p$ par $\phi_1, \dots, \phi_k$. On en déduit les conséquences suivantes:

a) D'après 1.1, en général: $\underline{m} \cdot f^*(\Delta) \subset \sqrt{J_k(f^*(\phi_1), \dots, f^*(\phi_k))}$, i.e. puisque $f^*(\Delta) \in \underline{m}$: $f^*(\Delta) \in \sqrt{J_k(f^*(\phi_1), \dots, f^*(\phi_k))}$.

b) Pour tout $j=k+1, \dots, s$, $f^*(\Delta) \cdot f^*(\phi_j)$ appartient à l'idéal engendré dans $\mathscr{E}_n$ par $f^*(\phi_1), \dots, f^*(\phi_k)$.

c) On a $\mathrm{ht}(\pi+(\Delta))>k$. D'après l'hypothèse de récurrence, en général $\mathscr{E}_n/f^*[\pi+(\Delta)]$ est un module de Fréchet, i.e. $f^*[\pi+(\Delta)]$ est un idéal fermé de $\mathscr{E}_n$.

d) Considérons la suite exacte:

$$0 \to \mathcal{O}_p/\pi \xrightarrow{\Delta} \mathcal{O}_p/\pi \to \mathcal{O}_p/\pi+(\Delta) \to 0$$

(où Δ désigne la multiplication par Δ). On en déduit une suite exacte:

$$\mathrm{Tor}_1^f(\mathcal{O}_p/\pi+(\Delta), \tilde{\mathscr{F}}_n) \to \tilde{\mathscr{F}}_n/\pi \cdot \tilde{\mathscr{F}}_n \xrightarrow{\Delta} \tilde{\mathscr{F}}_n/\pi \cdot \tilde{\mathscr{F}}_n.$$

D'après le corollaire 1.4 et la suite exacte précédente: en général, le noyau de l'application: $\tilde{\mathscr{F}}_n/\pi \cdot \tilde{\mathscr{F}}_n \xrightarrow{\Delta} \tilde{\mathscr{F}}_n/\pi \cdot \tilde{\mathscr{F}}_n$ est un $\mathbb{R}$-espace vectoriel de dimension finie.

Soient $\varphi_1, \dots, \varphi_s, \delta$ des représentants respectifs de $f^*(\phi_1), \dots, f^*(\phi_s)$, $f^*(\Delta)$, sur un voisinage Ω de l'origine de $\mathbb{R}^n$. Soient I l'idéal engendré dans $\mathscr{E}(\Omega)$ par $\varphi_1, \dots, \varphi_s$; I' l'idéal engendré dans $\mathscr{E}(\Omega)$ par $\varphi_1, \dots, \varphi_s$ et δ. En général: d'après les remarques a) et b), les hypothèses $(\mathscr{H})$ de V.5 sont vérifiées par $\varphi_1, \dots, \varphi_s, \delta$ au voisinage de 0; d'après c), l'idéal I' est fermé au voisinage de 0; enfin, d'après d), pour tout $x \in V(I) \setminus \{0\}$, assez voisin de 0, $T_x\delta$ n'est pas diviseur de zéro dans $\mathscr{F}_x/T_x I$.

D'après V.5.6, en général $f^*[\pi]$ est un idéal fermé de $\mathscr{E}_n$, i.e.

$$(\mathscr{O}_p/\pi)\otimes_f \mathscr{E}_n = \mathscr{E}_n/f^*[\pi]$$

est un module de Fréchet sur $\mathscr{E}_n$.

(2) Soit M un module de type fini sur $\mathscr{O}_p$, de dimension $p-k$. De la suite exacte:

$$0 \to \mathscr{E}_n \to \tilde{\mathscr{F}}_n \to \tilde{\mathscr{F}}_n/\mathscr{E}_n \to 0,$$

on déduit une suite exacte:

$$\mathrm{Tor}_1^f(M, \tilde{\mathscr{F}}_n) \to \mathrm{Tor}_1^f(M, \tilde{\mathscr{F}}_n/\mathscr{E}_n) \to M \otimes_f \mathscr{E}_n \xrightarrow{\mathrm{i}} (M \otimes_f \mathscr{E}_n) \otimes_{\mathscr{E}_n} \tilde{\mathscr{F}}_n.$$

Le module $M \otimes_f \mathscr{E}_n$ est un module de Fréchet si et seulement si

$$\dim_{\mathbb{R}}(\ker \mathrm{i}) < \infty$$

(d'après V.3.10). D'après 1.4, en général:

$$\dim_{\mathbb{R}}(\mathrm{Tor}_1^f(M, \tilde{\mathscr{F}}_n)) < \infty.$$

Si cette condition est satisfaite, d'après la suite exacte précédente, $M \otimes_f \mathscr{E}_n$ sera un module de Fréchet si et seulement si $\mathrm{Tor}_1^f(M, \tilde{\mathscr{F}}_n/\mathscr{E}_n)$ est un $\mathbb{R}$-espace vectoriel de dimension finie.

Il existe une suite croissante: $0 = M_0 \subset M_1 \subset \cdots \subset M_s = M$ de sous-modules de M et des idéaux premiers π_j de hauteur $\geqq k$, tels que $\forall j \in [1, s]$, $M_j/M_{j-1} \simeq \mathscr{O}_p/\pi_j$ (d'après I.3.8). D'après la première partie de la démonstration et la remarque précédente, en général:

$$\forall j \in [1, s], \quad \dim_{\mathbb{R}}(\mathrm{Tor}_1^f(\mathscr{O}_p/\pi_j, \tilde{\mathscr{F}}_n/\mathscr{E}_n)) < \infty.$$

D'où en utilisant la suite exacte des Tor, en général:

$$\dim_{\mathbb{R}}(\mathrm{Tor}_1^f(M, \tilde{\mathscr{F}}_n/\mathscr{E}_n)) < \infty$$

et, en conclusion: en général, $M \otimes_f \mathscr{E}_n$ est un module de Fréchet. □

Corollaire 1.6. *Soit M un module de type fini sur $\mathscr{O}_p$. En général, $\mathrm{Tor}_1^f(M, \mathscr{E}_n)$ est un $\mathbb{R}$-espace vectoriel de dimension finie.*

Preuve. De la suite exacte:

$$0 \to \mathscr{E}_n \to \tilde{\mathscr{F}}_n \to \tilde{\mathscr{F}}_n/\mathscr{E}_n \to 0,$$

on déduit une suite exacte:

$$\mathrm{Tor}_2^f(M, \tilde{\mathscr{F}}_n/\mathscr{E}_n) \to \mathrm{Tor}_1^f(M, \mathscr{E}_n) \to \mathrm{Tor}_1^f(M, \tilde{\mathscr{F}}_n) \to \mathrm{Tor}_1^f(M, \tilde{\mathscr{F}}_n/\mathscr{E}_n)$$
$$\to M \otimes_f \mathscr{E}_n \xrightarrow{\mathrm{i}} M \otimes_f \tilde{\mathscr{F}}_n.$$

D'après 1.4 et 1.5, en général $\mathrm{Tor}_1^f(M, \tilde{\mathscr{F}}_n)$ est un $\mathbb{R}$-espace vectoriel de dimension finie et $\ker \mathrm{i} = 0$. Donc, en général:

$$\dim_{\mathbb{R}}(\mathrm{Tor}_1^f(M, \tilde{\mathscr{F}}_n/\mathscr{E}_n)) < \infty;$$

de même, en général: $\mathrm{Tor}_2^f(M, \tilde{\mathscr{F}}_n/\mathscr{E}_n)$ est un $\mathbb{R}$-espace vectoriel de dimension finie (car $\mathrm{Tor}_2^f(M, \tilde{\mathscr{F}}_n/\mathscr{E}_n) \simeq \mathrm{Tor}_1^f(N, \tilde{\mathscr{F}}_n/\mathscr{E}_n)$ où N est le noyau d'un épimorphisme $\mathscr{O}_p^q \to M$). Le corollaire est alors immédiat. □

Lemme 1.7. *Soit M un module de type fini sur $\mathscr{O}_p$. Si $M \otimes_f \mathscr{E}_n$ est un module de Fréchet sur $\mathscr{E}_n$ et si $\mathrm{Tor}_1^f(M, \mathscr{E}_n)$ est un $\mathbb{R}$-espace vectoriel de dimension finie, les applications canoniques:*

$$\mathrm{Tor}_1^f(M, \mathscr{E}_n) \xrightarrow{u} \mathrm{Tor}_1^f(M, \tilde{\mathscr{F}}_n) \xrightarrow{v} \mathrm{Tor}_1^f(M, \mathscr{F}_n)$$

sont des isomorphismes. En outre, $\mathrm{Tor}_1^f(M, \tilde{\mathscr{F}}_n/\mathscr{E}_n) = 0$.

Preuve. De la suite exacte:

$$0 \to N \to \mathscr{O}_p^q \to M \to 0$$

on déduit, en tensorisant par $\mathscr{E}_n$ sur $\mathscr{O}_p$, une suite exacte:

$$0 \to \mathrm{Tor}_1^f(M, \mathscr{E}_n) \to N \otimes_f \mathscr{E}_n \xrightarrow{\alpha} \mathscr{E}_n^q \xrightarrow{\beta} M \otimes_f \mathscr{E}_n \to 0. \qquad (*)$$

Le module $\mathscr{H} = \mathrm{Im}\, \alpha = \ker \beta$ est de présentation finie (car $N \otimes_f \mathscr{E}_n$ est de présentation finie et $\mathrm{Tor}_1^f(M, \mathscr{E}_n)$ est de type fini) et c'est un sous-module de $\mathscr{E}_n^q$: visiblement, $\mathscr{H}$ est un module de Fréchet. D'après V.3.6:

$$\mathrm{Tor}_1^{\mathscr{E}_n}(M \otimes_f \mathscr{E}_n, \mathscr{F}_n) = \mathrm{Tor}_1^{\mathscr{E}_n}(\mathscr{H}, \mathscr{F}_n) = 0.$$

En tensorisant par $\mathscr{F}_n$ sur $\mathscr{E}_n$ la suite exacte $(*)$, on obtient donc une suite exacte:

$$0 \to \mathrm{Tor}_1^f(M, \mathscr{E}_n) \otimes_{\mathscr{E}_n} \mathscr{F}_n \to N \otimes_f \mathscr{F}_n \to \mathscr{F}_n^q \to M \otimes_f \mathscr{F}_n \to 0.$$

Donc

$$\mathrm{Tor}_1^f(M, \mathscr{F}_n) \simeq \mathrm{Tor}_1^f(M, \mathscr{E}_n) \otimes_{\mathscr{E}_n} \mathscr{F}_n \simeq \mathrm{Tor}_1^f(M, \mathscr{E}_n)$$

(on a ce dernier isomorphisme, car $\mathrm{Tor}_1^f(M, \mathscr{E}_n)$ est un $\mathbb{R}$-espace vectoriel de dimension finie). Ainsi, $v \circ u$ est un isomorphisme.

Il reste à montrer que u est surjective. Le module $\mathscr{H}$ étant de présentation finie, $M \otimes_f \mathscr{E}_n$ admet une 2-présentation finie. D'après V.3.7, $\mathrm{Tor}_1^{\mathscr{E}_n}(M \otimes_f \mathscr{E}_n, \tilde{\mathscr{F}}_n) = 0$. En tensorisant par $\tilde{\mathscr{F}}_n$ sur $\mathscr{E}_n$ la suite exacte $(*)$, on obtient donc une suite exacte:

$$\mathrm{Tor}_1^f(M, \mathscr{E}_n) \otimes_{\mathscr{E}_n} \tilde{\mathscr{F}}_n \to N \otimes_f \tilde{\mathscr{F}}_n \to \tilde{\mathscr{F}}_n^q \to M \otimes_f \tilde{\mathscr{F}}_n \to 0.$$

Puisque $\mathrm{Tor}_1^f(M, \mathscr{E}_n) \simeq \mathrm{Tor}_1^f(M, \mathscr{E}_n) \otimes_{\mathscr{E}_n} \tilde{\mathscr{F}}_n$, on en déduit que u est surjective.

Enfin, on a une suite exacte:

$$\operatorname{coker} u \to \mathrm{Tor}_1^f(M, \tilde{\mathscr{F}}_n/\mathscr{E}_n) \to \ker \mathrm{i};$$

puisque $\ker \mathrm{i} = \operatorname{coker} u = 0$, $\mathrm{Tor}_1^f(M, \tilde{\mathscr{F}}_n/\mathscr{E}_n) = 0$. □

On déduit du lemme précédent, de 1.5 et 1.6, le:

Théorème 1.8. *Soit M un module de type fini sur $\mathcal{O}_p$. En général:*

(1) *$M \otimes_f \mathcal{E}_n$ est un module de Fréchet sur $\mathcal{E}_n$.*

(2) $\forall i \geqq 1$, $\mathrm{Tor}_i^f(M, \tilde{\mathcal{F}}_n/\mathcal{E}_n) = 0$.

(3) $\forall i \geqq 1$, $\mathrm{Tor}_i^f(M, \mathcal{E}_n)$ *est un* $\mathbb{R}$*-espace vectoriel de dimension finie et l'on a des isomorphismes canoniques:*

$$\mathrm{Tor}_i^f(M, \mathcal{E}_n) \simeq \mathrm{Tor}_i^f(M, \tilde{\mathcal{F}}_n) \simeq \mathrm{Tor}_i^f(M, \mathcal{F}_n).$$

Corollaire 1.9. *Soit π un idéal de $\mathcal{O}_p$. En général, $f^*[\pi]$ est un idéal fermé de $\mathcal{E}_n$.*

Nous complétons le théorème 1.8 par un certain nombre de remarques. *Supposons d'abord $p \leqq n$.* L'idéal maximal $\underline{n}$ de $\mathcal{O}_p$ étant engendré par la $\mathcal{O}_p$-suite $\underline{y} = \{y_1, \ldots, y_p\}$, d'après 1.3: en général, $\mathrm{Tor}_1^f(\mathcal{O}_p/\underline{n}, \mathcal{F}_n) = 0$. Il en résulte, d'après le critère de platitude I.4.6, que $\mathcal{F}_n$ est alors un module plat sur $\mathcal{O}_p$.

On déduit de là et du théorème 1.8, le:

Théorème 1.10. *Supposons $p \leqq n$.*

(1) *En général, $\mathcal{F}_n$ est un $\mathcal{O}_p$-module plat, i.e. pour tout module M sur $\mathcal{O}_p$ et tout $i \geqq 1$, $\mathrm{Tor}_i^f(M, \mathcal{F}_n) = 0$.*

(2) *Si M est un module de type fini sur $\mathcal{O}_p$, en général:*

$$\forall i \geqq 1, \qquad \mathrm{Tor}_i^f(M, \mathcal{E}_n) = \mathrm{Tor}_i^f(M, \tilde{\mathcal{F}}_n) = 0.$$

Supposons $p \geqq n$. Soit $\hat{f}^*$ l'homomorphisme de $\mathcal{F}_p$ dans $\mathcal{F}_n$ déduit de l'application $f\big(\forall \varphi \in \mathcal{F}_p, \hat{f}^*(\varphi) = \varphi \circ T(f)\big)$.

Lemme 1.11. *Supposons que $T(f^*[\underline{n}])$ est un idéal de définition de $\mathcal{F}_n$. Alors $\mathcal{F}_n$ est un module de type fini (par $\hat{f}^*$) sur $\mathcal{F}_p$ et la dimension homologique de $\mathcal{F}_n$ (en tant que $\mathcal{F}_p$-module) est égale à $p-n$.*

Preuve. Par hypothèse, le quotient $\mathcal{F}_n/r(\mathcal{F}_p) \cdot \mathcal{F}_n$ est un $\mathbb{R}$-espace vectoriel de dimension finie; le morphisme $\hat{f}^*$ étant excellent (d'après III.2.2), $\mathcal{F}_n$ est un module de type fini sur $\mathcal{F}_p$. Il existe $\phi_1, \ldots, \phi_n \in \underline{n}$ tels que $f^*(\phi_1), \ldots, f^*(\phi_n)$ engendrent un idéal de définition de $\mathcal{F}_n$, i.e. $\{\phi_1, \ldots, \phi_n\}$ est une $\mathcal{F}_p$-suite maximale de $\mathcal{F}_n$. Ainsi:

$$\mathrm{codh}_{\mathcal{F}_p}(\mathcal{F}_n) = p - \mathrm{dh}_{\mathcal{F}_p}(\mathcal{F}_n) = n. \quad \square$$

Théorème 1.12. *Supposons $p \geqq n$.*

(1) *En général, pour tout module M sur $\mathcal{O}_p$ et tout $i > p-n$:*

$$\mathrm{Tor}_i^f(M, \mathcal{F}_n) = 0.$$

(2) *Si M est un module de type fini sur $\mathcal{O}_p$, $M \neq 0$, en général:*

$$\forall i > \sup(0, \mathrm{dh}_{\mathcal{O}_p}(M) - n), \qquad \mathrm{Tor}_i^f(M, \mathscr{E}_n) = \mathrm{Tor}_i^f(M, \tilde{\mathscr{F}}_n) = \mathrm{Tor}_i^f(M, \mathscr{F}_n) = 0.$$

Preuve. (1) résulte immédiatement de 1.2 et 1.11.

(2) D'après le théorème 1.8, il suffit de montrer qu'en général:

$$\forall i > \sup(0, \mathrm{dh}_{\mathcal{O}_p}(M) - n), \qquad \mathrm{Tor}_i^f(M, \mathscr{F}_n) = 0.$$

Nous procédons par récurrence descendante sur $q = \mathrm{dh}_{\mathcal{O}_p}(M)$. Si $q = p$, cela résulte de (1). Supposons donc $q < p$. On a $\mathrm{codh}_{\mathcal{O}_p}(M) = p - q > 0$ et il existe donc $a \in \underline{n}$ tel que a ne soit pas diviseur de zéro dans M. On a $\mathrm{dh}_{\mathcal{O}_p}(M/a \cdot M) = q + 1$ et par hypothèse de récurrence, en général,

$$\forall i > \sup(0, q + 1 - n), \qquad \mathrm{Tor}_i^f(M/a \cdot M, \mathscr{F}_n) = 0.$$

De la suite exacte:

$$0 \to M \xrightarrow{a} M \to M/a \cdot M \to 0,$$

on déduit une suite exacte, pour $i > \sup(0, q + 1 - n)$:

$$\mathrm{Tor}_i^f(M, \mathscr{F}_n) \xrightarrow{a} \mathrm{Tor}_i^f(M, \mathscr{F}_n) \to 0 \to \mathrm{Tor}_{i-1}^f(M, \mathscr{F}_n) \xrightarrow{a} \mathrm{Tor}_{i-1}^f(M, \mathscr{F}_n).$$

Il en résulte d'abord, par le lemme de Nakayama, qu'en général:

$$\forall i > \sup(0, q + 1 - n), \qquad \mathrm{Tor}_i^f(M, \mathscr{F}_n) = 0.$$

Si $q + 1 - n \leqq 0$, le théorème est démontré. Sinon, $q + 1 - n \geqq 1$ et il reste à montrer que $\mathrm{Tor}_{q+1-n}^f(M, \mathscr{F}_n) = 0$ en général. On a une injection

$$\mathrm{Tor}_{q+1-n}^f(M, \mathscr{F}_n) \xrightarrow{a} \mathrm{Tor}_{q+1-n}^f(M, \mathscr{F}_n)$$

et en général (d'après 1.8):

$\mathrm{Tor}_{q+1-n}^f(M, \mathscr{F}_n)$ est un $\mathbb{R}$-espace vectoriel de dimension finie. L'application injective précédente est donc bijective et, par application du lemme de Nakayama, en général:

$$\mathrm{Tor}_{q+1-n}^f(M, \mathscr{F}_n) = 0. \quad \square$$

2. Applications: transfert par f des propriétés de réduction ou de normalité sur π

Si I est un idéal de type fini de $\mathscr{E}_n$, on désigne par $\tilde{I}$ un idéal de type fini de $\mathscr{E}(\mathbb{R}^n)$, choisi une fois pour toutes et induisant l'idéal I à l'origine.

Si $x \in \mathbb{R}^n$, l'idéal de $\mathscr{F}_x$ formé des séries formelles en x des éléments de $\tilde{I}$, sera noté $\hat{I}_x$.

Théorème 2.1. *Soit π un idéal propre de $\mathcal{O}_p$ tel que $\mathcal{O}_p/\pi$ soit réduit et équidimensionnel de dimension $p-k$ et tel que $\mathrm{dh}_{\mathcal{O}_p}(\mathcal{O}_p/\pi)<n$. En général, pour tout x appartenant à $V(\widehat{f^*[\pi]})$ et assez voisin de 0, l'anneau $\mathcal{F}_x/\widehat{f^*[\pi]_x}$ est réduit et équidimensionnel de dimension $n-k$. En général, l'anneau $\mathcal{E}_n/f^*[\pi]$ est réduit.*

Preuve. La dernière assertion est une conséquence immédiate de la première, du théorème spectral de Whitney, et du corollaire 1.9.

Supposons d'abord $\pi \neq \underline{n}$. D'après II.3.6, il existe Δ appartenant à $\underline{n} \cap R_k(\pi)$ tel que la suite:

$$0 \to \mathcal{O}_p/\pi \xrightarrow{\Delta} \mathcal{O}_p/\pi \to \mathcal{O}_p/\pi+(\Delta) \to 0$$

soit exacte.

On a $\mathrm{dh}_{\mathcal{O}_p}(\mathcal{O}_p/\pi+(\Delta))=\mathrm{dh}_{\mathcal{O}_p}(\mathcal{O}_p/\pi)+1 \leqq n$.

D'après les théorèmes 1.10 et 1.12: en général,

$$\mathrm{Tor}_1^f(\mathcal{O}_p/\pi+(\Delta), \tilde{\mathcal{F}}_n)=0, \quad \text{donc:}$$

(1) $f^*(\Delta)$ n'est pas diviseur de zéro dans $\tilde{\mathcal{F}}_n/\pi \cdot \tilde{\mathcal{F}}_n$. D'après 1.1, en général,

$$\underline{m} \cdot f^*(\Delta) \subset \sqrt{J_k(f^*[\pi])}, \quad \text{i.e.} \quad f^*(\Delta) \in \sqrt{J_k(f^*[\pi])};$$

visiblement: $f^*(\Delta) \in \sqrt{\sigma_k(f^*[\pi])}$. Ainsi, en général:

(2) $f^*(\Delta) \in R_k(f^*[\pi])$.

Soit δ un élément de $\mathcal{E}(\mathbb{R}^n)$ induisant le germe $f^*(\Delta)$ à l'origine. Si les conditions (1) et (2) sont satisfaites, pour tout x appartenant à $V(\widehat{f^*[\pi]})$ et assez voisin de 0: $T_x(\delta)$ n'est pas diviseur de zéro dans $\mathcal{F}_x/\widehat{f^*[\pi]_x}$ et $T_x(\delta) \in R_k(\widehat{f^*[\pi]_x})$. Le théorème résulte alors de II.3.6.

Supposons enfin $\pi=\underline{n}$. On a $\mathrm{dh}_{\mathcal{O}_p}(\mathcal{O}_p/\underline{n})=p$, donc $p<n$. Puisque $J_p(\underline{n})=\mathcal{O}_p$, d'après 1.1: en général, $\sqrt{J_p(f^*[\underline{n}])} \supset \underline{m}$. Supposons cette condition satisfaite. Pour tout x appartenant à $V(\widehat{f^*[\underline{n}]}) \setminus \{0\}$, assez voisin de 0, l'anneau $\mathcal{F}_x|\widehat{f^*[\underline{n}]_x}$ est régulier de dimension $n-p$ (donc à fortiori réduit et équidimensionnel).

Il reste à examiner le cas $x=0$. D'après 1.3, en général

$$\{T(f^*(y_1)), \ldots, T(f^*(y_p))\}$$

est une $\mathcal{F}_n$-suite de $\mathcal{F}_n$; les idéaux premiers associés à $T(f^*[\underline{n}])$ sont alors de hauteur p (d'après I.6.7). Puisque $p<n$, il existe $\delta \in R_p(T(f^*[\underline{n}]))$ (en effet, cet idéal contient l'idéal maximal de $\mathcal{F}_n$) tel que δ ne soit pas diviseur de zéro dans $\mathcal{F}_n/T(f^*[\underline{n}])$. D'après II.3.6, $\mathcal{F}_n/T(f^*[\underline{n}])$ est réduit et équidimensionnel de dimension $n-p$. Ceci achève la démonstration du théorème. □

Remarque 2.2. Si l'on ne fait aucune hypothèse sur la dimension homologique de $\mathcal{O}_p/\pi$, on a toutefois le résultat suivant (démonstration identique à la précédente): en général, pour tout x appartenant à $V(\widehat{f^*[\pi]})\setminus\{0\}$ et assez voisin de 0, l'anneau $\mathscr{F}_x/\widehat{f^*[\pi]_x}$ est réduit et équidimensionnel de dimension $n-k$.

Si $\mathscr{M}$ est un module de présentation finie sur $\mathscr{E}_n$, on désigne par $\tilde{\mathscr{M}}$ un représentant (fixé une fois pour toutes) de $\mathscr{M}$ sur $\mathbb{R}^n$ (i.e. $\tilde{\mathscr{M}}$ est un module de présentation finie sur $\mathscr{E}(\mathbb{R}^n)$ tel que $\tilde{\mathscr{M}}\otimes_{\mathscr{E}(\mathbb{R}^n)}\mathscr{E}_n\simeq\mathscr{M}$). Si $x\in\mathbb{R}^n$, le module $\tilde{\mathscr{M}}\otimes_{\mathscr{E}(\mathbb{R}^n)}\mathscr{F}_x$ sera noté $\hat{\mathscr{M}}_x$.

Proposition 2.3. *Soit M un module de type fini sur $\mathcal{O}_p$. En général, pour tout x assez voisin de l'origine:*

(1) $\sigma'_k(\widehat{M\otimes_f\mathscr{E}_n}_x)=\widehat{f^*[\sigma'_k(M)]_x}$,

(2) $\operatorname{ht}\big(\sigma'_k(\widehat{M\otimes_f\mathscr{E}_n}_x)\big)\geqq\inf\big(n,\operatorname{ht}(\sigma'_k(M))\big)$,

(3) $\operatorname{rg}_{\mathscr{F}_x}(\widehat{M\otimes_f\mathscr{E}_n}_x)=\operatorname{rg}_{\mathcal{O}_p}M$.

Preuve. D'après la définition de $\sigma'_k(M)$ (voir I.2.1):

$$f^*[\sigma'_k(M)]=\sigma'_k(M\otimes_f\mathscr{E}_n),$$

ce qui entraîne l'égalité (1). L'inégalité (2) résulte de (1), de la proposition 1.2 et de II.5.3. Enfin, l'égalité (3) résulte de I.2.7.1 et de (1) et (2). □

Proposition 2.4. *Soit M un module de type fini sur $\mathcal{O}_p$ tel que* $\operatorname{dh}_{\mathcal{O}_p}(M)\leqq n$. *En général, pour tout x assez voisin de l'origine, l'idéal $H_i(\widehat{M\otimes_f\mathscr{E}_n}_x)$ est la racine de l'idéal $\widehat{f^*[H_i(M)]_x}$ (cf. notations de* I.5).

Preuve. Considérons une suite exacte:

$$0\to N\to\mathcal{O}_p^{n_{i-1}}\to\cdots\to\mathcal{O}_p^{n_0}\to M\to 0.$$

D'après les théorèmes 1.10 et 1.12, en tensorisant par $\mathscr{E}_n$ sur $\mathcal{O}_p$ la suite exacte précédente, on obtient en général une suite exacte:

$$0\to N\otimes_f\mathscr{E}_n\to\mathscr{E}_n^{n_{i-1}}\to\cdots\to\mathscr{E}_n^{n_0}\to M\otimes_f\mathscr{E}_n\to 0$$

et $M\otimes_f\mathscr{E}_n$ est un module de Fréchet sur $\mathscr{E}_n$.

La suite exacte précédente est induite par une suite exacte de modules sur $\mathscr{E}(\Omega)$ (Ω est un voisinage assez petit de l'origine de $\mathbb{R}^n$):

$$0\to\widetilde{N\otimes_f\mathscr{E}_n}\otimes_{\mathscr{E}(\mathbb{R}^n)}\mathscr{E}(\Omega)\to\mathscr{E}(\Omega)^{n_{i-1}}\dots$$
$$\cdots\to\mathscr{E}(\Omega)^{n_0}\to\widetilde{M\otimes_f\mathscr{E}_n}\otimes_{\mathscr{E}(\mathbb{R}^n)}\mathscr{E}(\Omega)\to 0$$

et l'on peut supposer que $\widetilde{M\otimes_f\mathscr{E}_n}\otimes_{\mathscr{E}(\mathbb{R}^n)}\mathscr{E}(\Omega)$ est un module de Fréchet sur $\mathscr{E}(\Omega)$.

D'après V.3.6, la suite

$$0 \to \widehat{N \otimes_f \mathscr{E}_{n\,x}} \to \mathscr{F}_x^{n_{i-1}} \to \cdots \to \mathscr{F}_x^{n_0} \to \widehat{M \otimes_f \mathscr{E}_{n\,x}} \to 0$$

est exacte, pour tout $x \in \Omega$. La proposition résulte immédiatement des égalités 2.3.1 et 2.3.3 (appliquées à N au lieu de M) et de I.5.4. ▯

On déduit, de la proposition précédente, de 1.2 et II.5.3, le:

Corollaire 2.5. *Soit M un module de type fini sur $\mathcal{O}_p$ tel que $\operatorname{dh}_{\mathcal{O}_p}(M) \leqq n$. En général, pour tout x assez voisin de l'origine,*

$$\operatorname{ht}\big(H_i(\widehat{M \otimes_f \mathscr{E}_{n\,x}})\big) \geqq \inf\big(n, \operatorname{ht}(H_i(M))\big).$$

Théorème 2.6. *Soit π un idéal propre de $\mathcal{O}_p$ tel que $\mathcal{O}_p/\pi$ soit normal de dimension $p-k$ et tel que $\operatorname{dh}_{\mathcal{O}_p}(\mathcal{O}_p/\pi) < n-1$. En général, pour tout x appartenant à $V(\widehat{f^*[\pi]})$ et assez voisin de 0, l'anneau $\mathscr{F}_x/\widehat{f^*[\pi]_x}$ est normal de dimension $n-k$.*

Preuve. Nous vérifions le critère de normalité II.3.7. Remarquons d'abord que:

$$k = \operatorname{ht}(\pi) \leqq \operatorname{dh}_{\mathcal{O}_p}(\mathcal{O}_p/\pi) < n-1$$

(car $\operatorname{codh}_{\mathcal{O}_p}(\mathcal{O}_p/\pi) \leqq \dim(\mathcal{O}_p/\pi)$, d'après I.6.1). En général, pour tout x appartenant à $V(\widehat{f^*[\pi]})$ et assez voisin de 0:

(1) D'après le théorème 2.1, $\mathscr{F}_x/\widehat{f^*[\pi]_x}$ est réduit et équidimensionnel de dimension $n-k$.

(2) D'après les propositions 1.1, 1.2 et II.5.3 (la vérification est facile et laissée au lecteur):

$$\operatorname{ht}\big(R_k(\widehat{f^*[\pi]_x})\big) \geqq \inf\big(n, \operatorname{ht}(R_k(\pi))\big) \geqq \inf(n, k+2) = k+2$$

(la dernière inégalité résulte de II.3.7).

(3) D'après 2.4: $H_{n-2}(\mathscr{F}_x/\widehat{f^*[\pi]_x}) = \mathscr{F}_x$ (car d'après II.3.7, $H_{n-2}(\mathcal{O}_p/\pi) = \mathcal{O}_p$).

(4) Enfin, d'après 2.5, pour $i = k+2, \ldots, n-1$:

$$\operatorname{ht}\big(H_{i-2}(\widehat{\mathscr{F}_x/f^*[\pi]_x})\big) \geqq \inf\big(n, \operatorname{ht}(H_{i-2}(\mathcal{O}_p/\pi))\big) \geqq \inf(n, i+1) = i+1$$

(la dernière inégalité résulte de II.3.7).

D'après (1), (2), (3) et (4), le critère de normalité est vérifié. ▯

Remarque 2.7. Si l'on ne fait aucune hypothèse sur la dimension homologique de $\mathcal{O}_p/\pi$, on a le résultat suivant (démonstration identique à la précédente): en général, pour tout x appartenant à $V(\widehat{f^*[\pi]}) \setminus \{0\}$ et assez voisin de 0, l'anneau $\mathscr{F}_x/\widehat{f^*[\pi]_x}$ est normal de dimension $n-k$.

3. G-stabilité des germes d'applications C^∞ (J. Cl. Tougeron [3])

3.1. Soit G un sous-groupe de Lie, de dimension r, du groupe linéaire $G\ell(p, \mathbb{R})$. Soient $G(n)$ le groupe des germes en 0 des applications g de classe C^∞ de $\mathbb{R}^n$ dans G telles que $g(0)=e$; Diff(n) le groupe des germes en 0 des difféomorphismes τ de classe C^∞ d'un voisinage de 0 dans $\mathbb{R}^n$ sur un voisinage de 0 dans $\mathbb{R}^n$, tels que $\tau(0)=0$. Les groupes $G(n)$ et Diff(n) opèrent de manière évidente sur $C^\infty(n, p)$; si $g \in G(n)$, $\tau \in \text{Diff}(n)$ et $f \in C^\infty(n, p)$, par définition: $g \cdot f$ est le germe d'application: $x \to g(x) \cdot f(x)$ et $\tau \cdot f = f \circ \tau^{-1}$.

On a visiblement: $\tau \cdot (g \cdot f) = (g \circ \tau^{-1}) \cdot (\tau \cdot f)$. Munissons $\mathscr{G}(n) = G(n) \times \text{Diff}(n)$ de la structure de groupe définie par la multiplication: $(g', \tau') \cdot (g, \tau) = (g' \cdot (g \circ \tau'^{-1}), \tau' \circ \tau)$; on vérifie immédiatement que le groupe $\mathscr{G}(n)$ opère sur l'espace $C^\infty(n, p)$ par la formule: $(g, \tau) \cdot f = g \cdot (\tau \cdot f)$.

Soit $\mathscr{F}^q(n, p)$ l'espace des jets d'ordre q des éléments de $C^\infty(n, p)$ (cf. notations de VII.5); la projection: $C^\infty(n, p) \ni f \to f_q(0) \in \mathscr{F}^q(n, p)$ associe à tout germe son jet d'ordre q à l'origine. Enfin, on note $G^q(n)$ (resp. Diff$^q(n)$) le groupe des jets d'ordre q à l'origine des éléments de $G(n)$ (resp. Diff(n)); on munit $\mathscr{G}^q(n) = G^q(n) \times \text{Diff}^q(n)$ de la structure de groupe quotient de $\mathscr{G}(n)$. Visiblement, $\mathscr{G}^q(n)$ est un groupe de Lie opérant analytiquement sur $\mathscr{F}^q(n, p)$ (on quotiente l'action de $\mathscr{G}(n)$ sur $C^\infty(n, p)$).

Définition 3.2. Un jet $\omega \in \mathscr{F}^q(n, p)$ est *G-suffisant* si pour tous $f, f' \in C^\infty(n, p)$ tels que $f_q(0) = f'_q(0) = \omega$, il existe $(g, \tau) \in \mathscr{G}(n)$ tel que: $f' = (g, \tau) \cdot f$.

En particulier, s'il en est ainsi, l'orbite de f sous l'action du groupe $\mathscr{G}(n)$ contient ω (considéré comme le germe d'une application polynomiale de $d^0 \leqq q$).

Définition 3.3. Un germe $f \in C^\infty(n, p)$ est *G-stable* s'il existe un entier q tel que $f_q(0)$ soit G-suffisant.

Par la suite, nous nous proposons de caractériser les germes G-stables. Fixons d'abord quelques notations.

3.4. Soit $A_1, \ldots, A_r$ une base sur $\mathbb{R}$ de l'algèbre de Lie du groupe G. Posons $A = (A_1, \ldots, A_r)$; $u = (u_1, \ldots, u_r)$; $\langle u, A \rangle = u_1 A_1 + \cdots + u_r A_r$. Les éléments $g \in G(n)$ sont les matrices $e^{\langle u(x), A \rangle}$ où $u(x) \in C^\infty(n, r)$, espace des germes en 0 des applications C^∞ de $\mathbb{R}^n$ dans $\mathbb{R}^r$, nulles à l'origine; les éléments $\tau \in \text{Diff}(n)$ sont les germes d'applications:

$$\mathbb{R}^n \ni x \to x + v(x) \in \mathbb{R}^n$$

où $v = (v_1, \ldots, v_n) \in C^\infty(n, n)$ et $\det \left| I + \frac{\partial v}{\partial x}(0) \right| \neq 0$. Avec ce choix de coordonnées, on voit que l'application O_f:

$$\mathscr{G}(n) \ni (g, \tau) \to (g, \tau) \cdot f \in C^\infty(n, p)$$

s'identifie à l'application

$$\big(u(x), v(x)\big) \to e^{\langle u(x), A\rangle} \cdot f\big(x + v(x)\big).$$

Soit M_f l'application $\mathscr{E}_n$-linéaire:

$$C^\infty(n, r) \times C^\infty(n, n) \ni \big(\mu(x), v(x)\big)$$

$$\to \langle \mu(x), A\rangle \cdot f(x) + \left\langle v(x), \frac{\partial f}{\partial x}(x)\right\rangle \in C^\infty(n, p)$$

où l'on pose:

$$\left\langle v, \frac{\partial f}{\partial x}\right\rangle = v_1 \frac{\partial f}{\partial x_1} + \cdots + v_n \frac{\partial f}{\partial x_n}.$$

Posons $I_f = \operatorname{Ann} \operatorname{coker} M_f$. D'après I.2, l'idéal I_f et l'idèal engendré par les mineurs d'ordre p de la matrice

$$M'_f = \left(A_1 \cdot f(x), \ldots, A_r \cdot f(x), \frac{\partial f}{\partial x_1}(x), \ldots, \frac{\partial f}{\partial x_n}(x)\right)$$

ont même racine.

3.5. Soit $f' \in C^\infty(n, p)$ et cherchons une condition suffisante pour que f' appartienne à l'image de O_f (l'idée du raisonnement suivant est due à J. Mather: cf. Mather [3]).

Soit $\mathscr{E}_I$ l'anneau des germes de fonctions numériques C^∞ au voisinage de $I = \{0\} \times [0, 1] \subset \mathbb{R}^n \times \mathbb{R}$. La projection canonique $\mathbb{R}^n \times \mathbb{R} \to \mathbb{R}^n$ permet d'identifier $\mathscr{E}_n$ à un sous-anneau de $\mathscr{E}_I$. Visiblement, le radical de $\mathscr{E}_I$ contient l'idéal $\underline{m}_I$ engendré par $\underline{m}$ dans $\mathscr{E}_I$.

Posons $F(x, t) = t f'(x) + (1 - t) f(x)$. Pour que f' appartienne à l'orbite de f, il suffit qu'il existe $u(x, t) \in \mathscr{E}_I{}^r$ et $v(x, t) \in \mathscr{E}_I{}^n$ tels que les deux conditions suivantes soient satisfaites:

$$u(x, t) \quad \text{et} \quad v(x, t) \text{ ont leurs composantes dans } t \cdot \underline{m}_I{}^2. \tag{3.5.1}$$

$$e^{\langle u(x,t), A\rangle} \cdot F\big(x + v(x, t), t\big) = f(x). \tag{3.5.2}$$

Dérivons l'égalité (3.5.2) par rapport à t; on obtient l'égalité suivante:

$$\left\langle \frac{\partial}{\partial t} u(x, t), A\right\rangle \cdot F\big(x + v(x, t), t\big) + \left\langle \frac{\partial v(x, t)}{\partial t}, \frac{\partial F}{\partial x}\big(x + v(x, t), t\big)\right\rangle$$
$$= f\big(x + v(x, t)\big) - f'\big(x + v(x, t)\big) \tag{3.5.2'}$$

Compte-tenu de (3.5.1), l'égalité (3.5.2) est satisfaite pour $t = 0$, et donc est équivalente à (3.5.2').

Le résultat principal est le suivant:

Théorème 3.6. *Le germe f' appartient à l'orbite de f sous l'action du groupe $\mathscr{G}(n)$ dans chacun des cas suivants:*

(1) *$I_f \subset \underline{m}$ et $f-f'$ a ses composantes dans $\underline{m}\cdot I_f^2$.*

(2) *Il existe $q\in\mathbb{N}$ tel que $I_f\supset \underline{m}^q$ et $f-f'$ a ses composantes dans $\underline{m}^{q+2}$.*

Preuve. Soit M_F l'application $\mathscr{E}_I$-linéaire:

$$\Big(\bigoplus_r \underline{m}_I\Big)\oplus\Big(\bigoplus_n \underline{m}_I\Big)\ni\big(\mu(x,t),\, v(x,t)\big)$$

$$\to \langle \mu(x,t), A\rangle\cdot F(x,t)+\left\langle v(x,t), \frac{\partial F}{\partial x}(x,t)\right\rangle\in\bigoplus_p \underline{m}_I.$$

Par abus de langage, notons encore M_f l'application $\mathscr{E}_n$-linéaire de $\big(\bigoplus_r \underline{m}_I\big)\oplus\big(\bigoplus_n \underline{m}_I\big)$ dans $\bigoplus_p \underline{m}_I$ déduite de M_f.

Dans l'un ou l'autre des cas (1) et (2), $f-f'$ et les $\dfrac{\partial f}{\partial x_i}-\dfrac{\partial f'}{\partial x_i}$ ont leurs composantes dans l'idéal $\underline{m}\cdot I_f$. On en déduit immédiatement les inclusions suivantes:

$$\operatorname{Im} M_F\subset \operatorname{Im} M_f\subset \operatorname{Im} M_F+\underline{m}_I\cdot\operatorname{Im} M_f.$$

D'après le lemme de Nakayama: $\operatorname{Im} M_F=\operatorname{Im} M_f$.

En outre, $f-f'$ a ses composantes dans $\underline{m}^2\cdot I_f$, et donc: $f-f'\in \underline{m}_I\cdot\operatorname{Im} M_f=\underline{m}_I\cdot\operatorname{Im} M_F$. Ainsi, il existe $\mu(x,t)$ et $v(x,t)$ ayant leurs composantes dans $\underline{m}_I^2$, tels que:

$$\langle \mu(x,t), A\rangle\cdot F(x,t)+\left\langle v(x,t), \frac{\partial F}{\partial x}(x,t)\right\rangle = f(x)-f'(x). \tag{3.6.3}$$

D'après le théorème classique sur les solutions d'un système différentiel, il existe $v(x,t)\in\mathscr{E}_I{}^n$ tel que $v(x,t)$ ait ses composantes dans $t\cdot\underline{m}_I^2$ et:

$$\frac{\partial v}{\partial t}(x,t)=v\big(x+v(x,t),t\big). \tag{3.6.4}$$

De même, il existe $u(x,t)\in\mathscr{E}_I{}^r$ tel que $u(x,t)$ ait ses composantes dans $t\cdot\underline{m}_I^2$ et:

$$\frac{\partial u}{\partial t}(x,t)=\mu\big(x+v(x,t),t\big). \tag{3.6.5}$$

L'égalité (3.5.2′) résulte immédiatement de (3.6.3), (3.6.4) et (3.6.5). La condition (3.5.1) étant satisfaite, le germe f' appartient à l'orbite de f. □

Remarques 3.7. 3.7.1. Il existe une version C^∞ du théorème III.3.2 (remplacer dans l'énoncé $\underline{k}\{x,y\}$ par $\mathscr{E}(x,y)$; $\mathscr{O}_n$ par $\mathscr{E}_n$). La preuve est identique à celle de III.3.2. La partie (1) du théorème 3.6 est un corollaire immédiat de ce théorème des fonctions implicites. Malheureusement, cette méthode ne permet pas d'obtenir (2).

3.7.2. L'application M_f: $C^\infty(n,r)\times C^\infty(n,n)\to C^\infty(n,p)$ est en quelque sorte «l'application linéaire tangente» à O_f en e. De même, l'application de $\mathscr{F}^q(n,r)\times\mathscr{F}^q(n,n)$ dans $\mathscr{F}^q(n,p)$ déduite de M_f, s'identifie à l'application linéaire tangente à $O_{f_q(0)}$: $\mathscr{G}^q(n)\ni\gamma\to\gamma\cdot f_q(0)\in\mathscr{F}^q(n,p)$ en l'élément neutre.

Le lemme suivant est une conséquence facile du théorème de préparation différentiable (cf. chapitre IX):

Lemme 3.8. *Soit I un idéal propre de $\mathscr{E}_n$ tel que* ht $T(I)=k$. *Il existe un système de coordonnées locales $x=(x_1,\dots,x_n)$ à l'origine de $\mathbb{R}^n$, tel que tout élément $\varphi\in\mathscr{E}_n$ s'écrive sous la forme $\varphi'+\varphi''$ où $\varphi'\in I$ et φ'' est un polynôme en $x_1,\dots,x_k$ à coefficients germes indéfiniment dérivables des variables $x_{k+1},\dots,x_n$.*

Preuve. Puisque ht $T(I)=k$, il existe un système de coordonnées locales $x=(x_1,\dots,x_n)$ tel que l'idéal engendré dans $\mathscr{F}_n$ par $T(I)$ et $x_{k+1},\dots,x_n$ soit un idéal de définition de $\mathscr{F}_n$. Soit $\mathscr{E}_{n-k}$ (resp. $\mathscr{F}_{n-k}$) l'anneau des germes de fonctions numériques C^∞ (resp. l'anneau des séries formelles à coefficients réels) en les variables $x_{k+1},\dots,x_n$. Par hypothèse, $T(I)+r(\mathscr{F}_{n-k})\cdot\mathscr{F}_n$ contient une puissance, soit $h+1$, de l'idéal maximal de $\mathscr{F}_n$; il en résulte que $I+r(\mathscr{E}_{n-k})\cdot\mathscr{E}_n\supset\underline{m}^{h+1}$.

Ainsi, $\mathscr{E}_n/I+r(\mathscr{E}_{n-k})\cdot\mathscr{E}_n$ est un $\mathbb{R}$-espace vectoriel de dimension finie engendré par $\bar{P}_1,\dots,\bar{P}_s$, où l'on peut visiblement supposer que $P_1,\dots,P_s$ sont des polynômes de degré $\leqq h$ en les variables $x_1,\dots,x_k$.

Ainsi:

$$I+(P_1,\dots,P_s)\cdot\mathscr{E}_{n-k}+r(\mathscr{E}_{n-k})\cdot\mathscr{E}_n=\mathscr{E}_n.$$

L'injection $\mathscr{E}_{n-k}\to\mathscr{E}_n$ étant excellente (d'après IX.3.3), il résulte de III.1.5 que:

$$I+(P_1,\dots,P_s)\cdot\mathscr{E}_{n-k}=\mathscr{E}_n,$$

ce qui démontre le lemme. □

Théorème 3.9. *Soit $f\in C^\infty(n,p)$. Si* ht $T(I_f)=k\leqq n$, *il existe un système de coordonnées locales de classe C^∞ à l'origine de $\mathbb{R}^n$: $x'=(x'_1,\dots,x'_n)$, et un point f' appartenant à l'orbite de f sous l'action du groupe $G(n)$, tels que f' soit polynomial en $x'_1,\dots,x'_k$, à coefficients germes indéfiniment dérivables des variables $x'_{k+1},\dots,x'_n$.*

Preuve. Posons $I=\underline{m}\cdot I_f^2$. Alors: ht $T(I)=k$. D'après 3.8, il existe un système de coordonnées $x=(x_1,\dots,x_n)$ et $f'\in C^\infty(n,p)$, tels que f' soit polynomial en $x_1,\dots,x_k$ à coefficients germes indéfiniment dérivables des variables $x_{k+1}, \ldots, x_n$, et $f'-f$ ait toutes ses composantes dans I. D'après 3.6, il existe $\tau \in \mathrm{Diff}(n)$ et $g \in G(n)$ tels que: $f' \circ \tau = g \cdot f$. Il suffit alors de poser: $x' = \tau(x)$. □

Théorème 3.10. *Soit $f \in C^\infty(n, p)$. Si $I_f \supset \underline{m}^q$, le jet $f_{q+1}(0)$ est G-suffisant.*

Preuve. Soit $f' \in C^\infty(n, p)$ tel que $f_{q+1}(0) = f'_{q+1}(0)$. Le germe $f - f'$ a ses composantes dans $\underline{m}^{q+2}$ et donc, d'après 3.6, f' appartient à l'orbite de f sous l'action du groupe $\mathscr{G}(n)$. □

Le théorème suivant caractérise les germes G-stables.

Théorème 3.11. *Soit $f \in C^\infty(n, p)$. Les conditions suivantes sont équivalentes:*

(1) *f est G-stable.*

(2) $\dim_{\mathbb{R}} \operatorname{coker} M_f < \infty$.

(3) $\dim_{\mathbb{R}} \mathscr{E}_n / I_f < \infty$, *i.e. I_f contient une puissance de $\underline{m}$.*

(4) *Il existe un entier h tel que:* $\dim_{\mathbb{R}} (\operatorname{coker} M_f / \underline{m}^{h+1} \cdot \operatorname{coker} M_f) \leqq h$.

Preuve. L'équivalence des conditions (2) et (3) est évidente. L'équivalence de (2) et (4) résulte de II.5.1. L'implication (3)$\Rightarrow$(1) résulte de 3.10. Démontrons (1)$\Rightarrow$(4).

Par hypothèse, il existe un entier q tel que $f_q(0)$ soit G-suffisant. Si $q' \geqq q$, l'orbite de $f_{q'}(0)$ dans $\mathscr{F}^{q'}(n, p)$ sous l'action du groupe de Lie $\mathscr{G}^{q'}(n)$ contient donc $\Pi_{q,q'}^{-1}(f_q(0))$ ($\Pi_{q,q'}$: $\mathscr{F}^{q'}(n, p) \to \mathscr{F}^q(n, p)$ désigne la projection canonique), i.e. contient une sous-variété affine de $\mathscr{F}^{q'}(n, p)$ de codimension $\leqq h = \dim_{\mathbb{R}} \mathscr{F}^q(n, p)$. D'après un résultat bien connu (cf. lemme 3.12), le conoyau de l'application linéaire tangente au point e à $\mathsf{O}_{f_{q'}(0)}$: $\mathscr{G}^{q'}(n) \ni \gamma \to \gamma \cdot f_{q'}(0) \in \mathscr{F}^{q'}(n, p)$ est de dimension $\leqq h$. D'après 3.7.2, ceci entraîne l'inégalité:

$$\dim_{\mathbb{R}} (\operatorname{coker} M_f / \underline{m}^{q'+1} \cdot \operatorname{coker} M_f) \leqq h.$$

Faisant $q' = h$ dans l'inégalité précédente, on obtient (4). □

Nous avons utilisé le résultat classique suivant:

Lemme 3.12. *Soient $\mathscr{G}$ un groupe de Lie; X une variété de classe C^1. Soit: $\mathscr{G} \times X \ni (g, x) \to g \cdot x \in X$ une application de classe C^1 telle que, $\forall g, g', x$: $e \cdot x = x$ et $g' \cdot (g \cdot x) = (g' \cdot g) \cdot x$. Soit h le rang de l'application linéaire tangente en e à O_x: $\mathscr{G} \ni g \to g \cdot x \in X$. Alors, l'orbite $\mathscr{G} \cdot x$ du point x est une sous-variété de classe C^1, de dimension h, de X (par sous-variété, nous entendons l'image d'une immersion injective).*

Preuve. Par homogénéité, le rang de l'application linéaire tangente à O_x en tout point $g \in \mathscr{G}$ est égal à h. Il suffit alors d'appliquer le théorème du rang constant. □

4. Traduction de la G-stabilité en termes de quasi-transversalité

Soit $\tilde{f} \in C^\infty(\mathbb{R}^n, \mathbb{R}^p)$ un représentant du germe $f \in C^\infty(n,p)$. L'espace tangent en $\tilde{f}(x)$ à l'orbite $G \cdot \tilde{f}(x)$ est engendré par $A_1 \cdot \tilde{f}(x), \dots, A_r \cdot \tilde{f}(x)$; de même, $\tilde{f}_*(\tau_x(\mathbb{R}^n))$ est engendré par $\frac{\partial \tilde{f}}{\partial x_1}(x), \dots, \frac{\partial \tilde{f}}{\partial x_n}(x)$. Donc, si $M'_{\tilde{f}}(x)$ est la matrice dont les vecteurs colonnes sont $A_1 \cdot \tilde{f}(x), \dots, A_r \cdot \tilde{f}(x)$, $\frac{\partial \tilde{f}}{\partial x_1}(x), \dots, \frac{\partial \tilde{f}}{\partial x_n}(x)$ (ainsi, $M'_{\tilde{f}}$ induit M'_f à l'origine):

4.1. *La matrice $M'_{\tilde{f}}(x)$ est de rang p si et seulement si $\tilde{f}$ est transverse en x à l'orbite $G \cdot \tilde{f}(x)$.*

Supposons d'abord f analytique et soient $f^{\mathbb{C}}$ le germe d'application holomorphe de $\mathbb{C}^n$ dans $\mathbb{C}^p$ complexifié de f; $\tilde{f}^{\mathbb{C}}$ un représentant du germe $f^{\mathbb{C}}$. Enfin, soit $G^{\mathbb{C}}$ le sous-groupe de Lie de $G\ell(p, \mathbb{C})$ complexifié de G (si $\mathfrak{g}$ est l'algèbre de Lie de G, celle de $G^{\mathbb{C}}$ est $\mathfrak{g} \otimes_{\mathbb{R}} \mathbb{C}$). On déduit facilement de 3.1.1 la:

Proposition 4.2. *Si f est analytique, les conditions suivantes sont équivalentes:*

(1) *Il existe W voisinage de 0 dans $\mathbb{C}^n$ tel que $\tilde{f}^{\mathbb{C}} | W \setminus \{0\}$ soit transverse à toutes les orbites $G^{\mathbb{C}} \cdot y$, $y \in \mathbb{C}^p$.*

(2) *f est G-stable.*

Preuve. Soit I'_f l'idéal engendré dans $\mathcal{O}_n = \mathbb{R}\{x_1, \dots, x_n\}$ par les mineurs d'ordre p de la matrice M'_f. La condition (1) signifie (d'après 4.1, en remplaçant f par $f^{\mathbb{C}}$ et G par $G^{\mathbb{C}}$) que l'idéal $I'_f \otimes_{\mathbb{R}} \mathbb{C}$ de $\mathbb{C}\{x_1, \dots, x_n\}$ admet $\{0\}$ ou $\emptyset$ comme germe de zéros. D'après le Nullstellensatz (corollaire II.8.4), cela signifie que I'_f contient une puissance de l'idéal maximal de $\mathcal{O}_n$, donc que I_f contient une puissance de $\underline{m}$. □

Interprétons la condition 4.2.1 (avec toutefois une hypothèse supplémentaire sur $G^{\mathbb{C}}$), lorsque f n'est qu'un germe d'application C^∞ (les notations seront celles du chapitre VII). Pour cela, soit π'_k (resp. $\pi'^{\mathbb{C}}_k$) le faisceau d'idéaux analytique cohérent sur $\mathrm{J}^0(\mathbb{R}^n, \mathbb{R}^p) = \mathbb{R}^n \times \mathbb{R}^p$ (resp. $\mathrm{J}^0(\mathbb{C}^n, \mathbb{C}^p) = \mathbb{C}^n \times \mathbb{C}^p$) engendré par les mineurs d'ordre $p-k+1$ de la matrice $(A_1 \cdot y, \dots, A_r \cdot y)$ $(k = 1, \dots, p)$. Posons $\pi'_0 = 0$; $\pi'^{\mathbb{C}}_0 = 0$, et notons π'_{p+1} (resp. $\pi'^{\mathbb{C}}_{p+1}$) le faisceau structural sur $\mathbb{R}^n \times \mathbb{R}^p$ (resp. $\mathbb{C}^n \times \mathbb{C}^p$). Posons $\pi_k = \sqrt{\pi'_k}$; $\pi_k^{\mathbb{C}} = \sqrt{\pi'^{\mathbb{C}}_k}$. Soit $\mathscr{I}$ (resp. $\mathscr{I}^{\mathbb{C}}$) le faisceau d'idéaux analytique cohérent sur $\mathrm{J}^1(\mathbb{R}^n, \mathbb{R}^p)$ (resp. $\mathrm{J}^1(\mathbb{C}^n, \mathbb{C}^p)$) engendré par les mineurs d'ordre p de la matrice $(A_1 \cdot y, \dots, A_r \cdot y, y^{(1)}, \dots, y^{(n)})$; (on note $y^{(i)}$ le vecteur colonne de composantes $y_1^{(i)}, \dots, y_p^{(i)}$, où (i) désigne le multi-indice dont toutes les composantes sont nulles sauf la $i^{\text{ème}}$ qui est égale à 1.) Visiblement:

4.3. *Si* $f_1(0)=\xi$, *i.e.* $f\in C^\infty_\xi(n,p)$: $\sqrt{f_1^*[\mathscr{I}_\xi]}=\sqrt{I_f}$.

Soit $(x,y)\in V(\pi_k{}^{\mathbb{C}})\setminus V(\pi_{k+1}{}^{\mathbb{C}})$; le rang de la matrice $(A_1\cdot y,\dots,A_r\cdot y)$ est alors égal à $p-k$, i.e. l'orbite $G^{\mathbb{C}}\cdot y$ est de codimension k. Ainsi, $V(\pi_k{}^{\mathbb{C}})\setminus V(\pi_{k+1}{}^{\mathbb{C}})$ est le produit de $\mathbb{C}^n$ par la réunion des orbites $G^{\mathbb{C}}\cdot y$ de codimension k. Considérons l'hypothèse suivante:

(H) *Il existe un nombre fini d'orbites* $G^{\mathbb{C}}\cdot y$ *dans* $\mathbb{C}^p$.

Si la condition (H) est satisfaite, pour tout $k=0,\dots,p$, $V(\pi_k{}^{\mathbb{C}})\setminus V(\pi_{k+1}{}^{\mathbb{C}})$ est une sous-variété régulière de codimension k de $\mathbb{C}^n\times\mathbb{C}^p$. En outre, d'après II.7.8: $\mathscr{I}(V(\pi_k{}^{\mathbb{C}}))=\sqrt{\pi_k{}^{\mathbb{C}}}=\pi_k{}^{\mathbb{C}}$. Ainsi: $V(R_k(\pi_k{}^{\mathbb{C}}))\subset V(\pi_{k+1}{}^{\mathbb{C}})$, i.e. $R_k(\pi_k{}^{\mathbb{C}})\supset\pi_{k+1}{}^{\mathbb{C}}$, i.e. le couple $(\pi_k{}^{\mathbb{C}},\pi_{k+1}{}^{\mathbb{C}})$ est une k-strate de $\mathbb{C}^n\times\mathbb{C}^p$. Le couple (π_k,π_{k+1}) est donc aussi une k-strate de $\mathbb{R}^n\times\mathbb{R}^p$.

Lemme 4.4. *Si l'hypothèse* (H) *est satisfaite:*

(1) $V(\mathscr{I}^{\mathbb{C}})=\bigcup_{k=0}^{p}\big(V(J_k^*(\pi_k{}^{\mathbb{C}}))\setminus\rho_0^{-1}V(\pi_{k+1}{}^{\mathbb{C}})\big)$.

(2) $\sqrt{\mathscr{I}}=\bigcap_{k=0}^{p}\big(\sqrt{J_k^*(\pi_k)}:\rho_0^*[\pi_{k+1}]\big)$,

(3) *Pour* $k=0,\dots,p$:

$$\sqrt{(\mathscr{I}+\rho_0^*[\pi_k])}\supset J_k^*(\pi_k)\cap\rho_0^*[\pi_{k+1}]$$

(ρ_0 *désigne l'une ou l'autre des projections:* $\mathrm{J}^1(\mathbb{C}^n,\mathbb{C}^p)\to\mathrm{J}^0(\mathbb{C}^n,\mathbb{C}^p)$; $\mathrm{J}^1(\mathbb{R}^n,\mathbb{R}^p)\to\mathrm{J}^0(\mathbb{R}^n,\mathbb{R}^p)$).

Preuve. Visiblement, la condition (1) équivaut à la suivante:

(1') Un point ξ de $\rho_0^{-1}(V(\pi_k{}^{\mathbb{C}})\setminus V(\pi_{k+1}{}^{\mathbb{C}}))$ appartient à $V(\mathscr{I}^{\mathbb{C}})$ si et seulement si $\xi\in V(J_k^*(\pi_k{}^{\mathbb{C}}))$, $k=0,\dots,p$.

Considérons un tel point ξ et vérifions (1'). Posons $\rho_0(\xi)=\eta=(x_0,y_0)$. Le point ξ appartient à $V(\mathscr{I}^{\mathbb{C}})$ si et seulement si toute application holomorphe φ telle que $\varphi_1(x_0)=\xi$ n'est pas transverse en x_0 à l'orbite $G^{\mathbb{C}}\cdot y_0$, i.e. si et seulement si φ_0 n'est pas transverse en x_0 à $V(\pi_k{}^{\mathbb{C}})\setminus V(\pi_{k+1}{}^{\mathbb{C}})$. Cette dernière condition signifie que $\xi\in V(J_k^*(\pi_k{}^{\mathbb{C}}))$ (cf. VII.3).

Démontrons (2) et (3) par passage aux complexifiés. D'après (1) et la remarque VII.2.4:

$$V(\mathscr{I}^{\mathbb{C}})=V\left(\bigcap_{k=0}^{p}\big(\sqrt{J_k^*(\pi_k{}^{\mathbb{C}})}:\ \rho_0^*[\pi_{k+1}{}^{\mathbb{C}}]\big)\right)$$

i.e. d'après le Nullstellensatz:

$$\sqrt{\mathscr{I}^{\mathbb{C}}}=\bigcap_{k=0}^{p}\big(\sqrt{J_k^*(\pi_k{}^{\mathbb{C}})}:\rho_0^*[\pi_{k+1}{}^{\mathbb{C}}]\big)$$

ce qui entraîne (2).

Enfin, d'après le nullstellensatz, l'inclusion (3) résulte de la suivante:

$$V(J_k^*(\pi_k^{\mathbb{C}})) \cup \rho_0^{-1} V(\pi_{k+1}^{\mathbb{C}}) \supset V(\mathscr{I}^{\mathbb{C}}) \cap \rho_0^{-1} V(\pi_k^{\mathbb{C}})$$

mais ceci est évident, d'après (1). ▯

Théorème 4.5. *Soit* $f \in C_\xi^\infty(n, p)$. *Si l'hypothèse* (H) *est satisfaite, les conditions suivantes sont équivalentes:*

(1) f *est quasi-transverse sur chaque strate*

$$(\pi_{k,0}, \pi_{k+1,0}), \quad k=0, \ldots, p.$$

(2) f *est G-stable.*

Preuve. (2)⇒(1). D'après 4.3, et 3.11, si f est G-stable: $f_1^*[\mathscr{I}_\xi]$ contient une puissance de $\underline{m}$.

D'après 4.4.2 et VII.3.3, il en sera de même de chaque idéal:

$$\left(\sqrt{J_k(f_0^*[\pi_{k,0}])} : f_0^*[\pi_{k+1,0}]\right),$$

i.e.

$$\sqrt{J_k(f_0^*[\pi_{k,0}])} \supset \underline{m} \cdot f_0^*[\pi_{k+1,0}]$$

pour $k=0, 1, \ldots, p$.

(1)⇒(2). Nous devons montrer que I_f ou $f_1^*[\mathscr{I}_\xi]$ contient une puissance de $\underline{m}$. Pour cela, il suffit de remarquer que

$f_1^*[\mathscr{I}_\xi] + f_0^*[\pi_{k,0}]$ contient une puissance de l'idéal $\underline{m} \cdot f_0^*[\pi_{k+1,0}]$,

pour $k=0, \ldots, p$ (en effet, $f_0^*[\pi_{p+1,0}] = \mathscr{E}_n$ et $f_0^*[\pi_{0,0}] = 0$).

D'après 4.4.3 et VII.3.3:

$f_1^*[\mathscr{I}_\xi] + f_0^*[\pi_{k,0}]$ contient une puissance de $J_k(f_0^*[\pi_{k,0}]) \cap f_0^*[\pi_{k+1,0}]$.

D'autre part, d'après l'hypothèse, $J_k(f_0^*[\pi_{k,0}])$ contient une puissance de $\underline{m} \cdot f_0^*[\pi_{k+1,0}]$; d'où le résultat. ▯

Corollaire 4.6. *Si l'hypothèse* (H) *est satisfaite, un germe* $f \in C_\xi^\infty(n, p)$ *est G-stable en général.*

Preuve. Immédiate d'après VII.6.5 et 4.5. ▯

5. G-stabilité: exemples

Soit $f = (f_1, \ldots, f_p) \in C^\infty(n, p)$.

Exemple 5.1. $G = \{e\}$.

I_f contient l'idéal $\mathscr{H}(f)$ engendré dans $\mathscr{E}_n$ par tous les jacobiens: $\dfrac{D(f_1, \ldots, f_p)}{D(x_{i_1}, \ldots, x_{i_p})}$. D'après 3.9 et 3.10:

Proposition 5.1.1. *Si* ht $T(\mathscr{H}(f))=k\leqq n$, *il existe un système de coordonnées locales de classe* C^∞ *à l'origine de* $\mathbb{R}^n$: $x'=(x'_1,\ldots,x'_n)$, *tel que* f *soit polynomial en* $x'_1,\ldots,x'_k$, *à coefficients germes indéfiniment dérivables des variables* $x'_{k+1},\ldots,x'_n$.

Proposition 5.1.2. *Si* $\mathscr{H}(f)\supset \underline{m}^q$, *il existe* $\tau\in\mathrm{Diff}(n)$ *tel que* $f\circ\tau=f_{q+1}(0)$ ($f_{q+1}(0)$ *est le polynôme de Taylor de degré* $q+1$ *de* f *à l'origine*).

Voici quelques conséquences de la proposition 5.1.1:

Corollaire 5.1.3. *Soit* $\varphi\in\underline{m}$.

(1) *Si* $T(\varphi)\neq 0$, *il existe* x' *tel que* φ *soit polynomial en* x'_1 *à coefficients germes indéfiniment dérivables de* $x'_2,\ldots,x'_n$.

(2) *Si* $T(\varphi)$ *est* $\neq 0$ *et sans facteurs multiples, et si* $n\geqq 2$, *il existe* x' *tel que* φ *soit polynomial en* x'_1, x'_2, *à coefficients germes indéfiniment dérivables de* $x'_3,\ldots,x'_n$. *En particulier, si* $n=2$, φ *est polynomial en* x'.

Preuve. L'idéal $\mathscr{H}(\varphi)$ est engendré sur $\mathscr{E}_n$ par les dérivées partielles $\dfrac{\partial\varphi}{\partial x_i}$, $i=1,\ldots,n$: l'assertion (1) est une conséquence immédiate de 5.1.1. Pour (2), il suffit de montrer que: ht $T(\mathscr{H}(\varphi))\geqq 2$.

D'après II.8.3, $T(\varphi)$ appartient à la racine de l'idéal $T(\mathscr{H}(\varphi))$; on a donc:

$$\mathrm{ht}\ T(\mathscr{H}(\varphi))=\mathrm{ht}\ J_1(T(\varphi)).$$

Après un éventuel changement linéaire de coordonnées, $T(\varphi)$ est équivalente, par le théorème de préparation II.1.3, à un polynôme P distingué en x_n, à coefficients séries formelles en $x_1,\ldots,x_{-1}$. Puisque le discriminant de P est différent de zéro (car P est sans facteur multiple) et ne dépend pas de x_n, la hauteur de l'idéal engendré par P et $\dfrac{\partial P}{\partial x_n}$ est égale à 2. Donc, a fortiori: ht $T(\mathscr{H}(\varphi))\geqq 2$. □

Corollaire 5.1.4. *Soit* $f=(f_1,\ldots,f_p)\in C^\infty(n,p)$ *tel que* $\{T(f_1),\ldots,T(f_p)\}$ *soit une* $\mathscr{F}_n$-*suite de* $\mathscr{F}_n$. *Alors, il existe* x' *tel que* f *soit polynomial en* x'_1, *à coefficients germes indéfiniment dérivables de* $x'_2,\ldots,x'_n$.

Preuve. Immédiate d'après 5.1.1 et VII.1.11. □

Exemple 5.2. $G=G\ell(p,\mathbb{R})$.

Soit (f) l'idéal engendré par $f_1,\ldots,f_p$ dans $\mathscr{E}_n$. L'idéal I_f contient $(f)+\mathscr{H}(f)=J_p(f)$. D'après 3.9 et 3.10:

Proposition 5.2.1. *Si* ht $T(J_p(f))=k\leqq n$, *il existe* x' *tel que l'idéal* (f) *soit engendré sur* $\mathscr{E}_n$ *par des polynômes en* $x'_1,\ldots,x'_k$, *à coefficients germes indéfiniment dérivables des variables* $x'_{k+1},\ldots,x'_n$.

Corollaire 5.2.2. *Si $J_p(f) \supset \underline{m}^q$, il existe $\tau \in \mathrm{Diff}(n)$ tel que $(f \circ \tau) = (f_{q+1}(0))$. En particulier, le germe $f^{-1}(0)$ est difféomorphe au germe de variété algébrique $(f_{q+1}(0))^{-1}(0)$.*

Exemple 5.3. G est le groupe des matrices diagonales inversibles. La condition (H) est satisfaite. En outre, la matrice $(A_1 \cdot y, \ldots, A_r \cdot y)$ est la matrice diagonale $p \times p$ dont les termes diagonaux sont $y_1, \ldots, y_p$.

Ainsi, $\pi_k = \bigcap_{1 \leqq i_1 < \cdots < i_k \leqq p} \pi_{i_1, \ldots, i_k}$ où $\pi_{i_1, \ldots i_k}$ désigne le faisceau d'idéaux engendré par $y_{i_1}, \ldots, y_{i_k}$. D'après 4.5 et 4.6:

Proposition 5.3.1. *Les conditions suivantes sont équivalentes:*

(1) f est quasi-transverse sur chaque strate $(\pi_{k,0}, \pi_{k+1,0})$, $k = 0, \ldots, p$.

(2) f est G-stable, i.e. il existe un entier q tel que tout $f' \in C^\infty(n, p)$ vérifiant $f_q(0) = f'_q(0)$ soit de la forme $(g_1 \cdot f_1, \ldots, g_p \cdot f_p) \circ \tau$, où $g_1, \ldots, g_p$ sont des éléments de $\mathscr{E}_n$ vérifiant $g_1(0) = \cdots = g_p(0) = 1$, et $\tau \in \mathrm{Diff}(n)$.

En outre, la G-stabilitè est vraie en général.

Exemple 5.4. *Stabilité locale des matrices différentiables.*

Identifions $\mathbb{R}^{qp}$ à l'espace des matrices $y = |y_{i,j}|$ de type (q, p) à coefficients réels. Le groupe $G\ell(q, \mathbb{R}) \times G\ell(p, \mathbb{R})$ opère linéairement sur $\mathbb{R}^{qp}$; si $(Q, P) \in G\ell(q, \mathbb{R}) \times G\ell(p, \mathbb{R})$ et $y \in \mathbb{R}^{qp}$, par définition: $(Q, P) \cdot y = Q \cdot y \cdot P^{-1}$. Soit G l'image de $G\ell(q, \mathbb{R}) \times G\ell(p, \mathbb{R})$ dans $G\ell(qp, \mathbb{R})$ ainsi obtenue.

Deux matrices y et y' appartiennent à la même orbite, i.e. $y' \in G \cdot y$, si et seulement si y et y' ont même rang. Le groupe G vérifie donc la condition (H).

Soit $\mathscr{I}_k$ (resp. $\mathscr{I}_k^{\mathbb{C}}$) le faisceau d'idéaux analytiques cohérent sur $\mathbb{R}^n \times \mathbb{R}^{qp}$ (resp. $\mathbb{C}^n \times \mathbb{C}^{qp}$) engendré par les mineurs d'ordre k de la matrice générique $Y = |y_{i,j}|$, pour $1 \leqq k \leqq r = \inf(p, q)$. Soit $\mathscr{I}_0$ (resp. $\mathscr{I}_0^{\mathbb{C}}$) le faisceau structural sur $\mathbb{R}^n \times \mathbb{R}^{qp}$ (resp. $\mathbb{C}^n \times \mathbb{C}^{qp}$) et posons $\mathscr{I}_{r+1} = 0$, $\mathscr{I}_{r+1}^{\mathbb{C}} = 0$. L'ensemble $V(\mathscr{I}_{k+1}^{\mathbb{C}}) \setminus V(\mathscr{I}_k^{\mathbb{C}})$ est le produit de $\mathbb{C}^n$ par l'orbite réunion des matrices de rang k, pour $0 \leqq k \leqq r$.

Lemme 5.4.1. *Le couple $(\mathscr{I}_{k+1}, \mathscr{I}_k)$ est une $(p-k)(q-k)$-strate de $\mathbb{R}^n \times \mathbb{R}^{qp}$, si $0 \leqq k \leqq r$.*

Preuve. Nous devons vérifier les inclusions (cf. VII.2.2):

(1) $\sqrt{J_{(p-k)(q-k)}(\mathscr{I}_{k+1})} \supset \mathscr{I}_k$ et

(2) $\sqrt{\sigma_{(p-k)(q-k)}(\mathscr{I}_{k+1})} \supset \mathscr{I}_k$.

Si $k = 0$ ou r, le lemme est trivial. Supposons $1 \leqq k \leqq r - 1$. Considérons un mineur d'ordre k de Y, par exemple η (nous utilisons les notations de VI.3.4). Visiblement, le jacobien des $\xi_{\alpha,\beta}$ par rapport aux

$$y_{\alpha,\beta}(k+1 \leqq \alpha \leqq q,\ k+1 \leqq \beta \leqq p)$$

est égal à $\eta^{(p-k)(q-k)}$; ainsi $\eta \in \sqrt{J_{(p-k)(q-k)}(\mathscr{I}_{k+1})}$ sur $\mathbb{R}^n \times \mathbb{R}^{qp}$, ce qui démontre (1).

D'après VI.3.4, il existe un entier s tel que $\eta^s \cdot \mathscr{I}_{k+1}$ soit contenu dans le sous-faisceau de $\mathscr{I}_{k+1}$ engendré par les $(p-k)(q-k)$ éléments $\xi_{\alpha,\beta}$ de la matrice $\underline{\xi}$. Ainsi, $\eta \in \sqrt{\sigma_{(p-k)(q-k)}(\mathscr{I}_{k+1})}$ sur $\mathbb{R}^n \times \mathbb{R}^{qp}$, ce qui prouve (2). □

Les espaces $C^\infty(n, qp)$, $C^\infty(n, p^2)$, $C^\infty(n, q^2)$ s'identifient aux espaces de matrices à coefficients dans $\underline{m}$, de type (q,p), (p,p), (q,p) respectivement. Ceci dit, on déduit de 5.4.1, 3.11 et 4.5 la:

Proposition 5.4.2. *Soit $\lambda \in C^\infty(n, qp)$. Les conditions suivantes sont équivalentes:*

(1) *λ est G-stable, i.e. il existe un entier s tel que tout $\lambda' \in C^\infty(n, qp)$ vérifiant $\lambda'_s(0) = \lambda_s(0)$ soit de la forme $\mathscr{Q} \cdot \lambda \circ \tau \cdot \mathscr{P}$ où $\mathscr{Q}$ et $\mathscr{P}$ sont des matrices inversibles à coefficients dans $\mathscr{E}_n$ (de types (q,q) et (p,p) respectivement, $\mathscr{Q}(0)$ et $\mathscr{P}(0)$ étant les matrices unités) et $\tau \in \mathrm{Diff}(n)$.*

(2) *Le conoyau de l'application:*

$$C^\infty(n, q^2) \times C^\infty(n, p^2) \times C^\infty(n, n) \ni (\mathscr{Q}, \mathscr{P}, (v_1, \ldots, v_n))$$
$$\to \mathscr{Q} \cdot \lambda + \lambda \cdot \mathscr{P} + \sum_{i=1}^n v_i \frac{\partial \lambda}{\partial x_i} \in C^\infty(n, qp)$$

est un $\mathbb{R}$-espace vectoriel de dimension finie.

(3) *λ est quasi-transverse sur chaque strate $(\mathscr{I}_{k+1}, \mathscr{I}_k)$, $0 \leqq k \leqq r$.*

Remarque 5.4.3. La G-stabilité de la matrice λ est en fait une propriété de $M = \operatorname{coker} \lambda$. En effet, on vérifie facilement (cf. J.Cl. Tougeron [2]) l'équivalence des conditions suivantes:

(1) λ est G-stable.

(2) Il existe un entier s tel que la condition suivante soit vérifiée: Pour tout module M' admettant une présentation

$$\mathscr{E}_n^p \xrightarrow{\lambda'} \mathscr{E}_n^q \to M' \to 0 \quad \text{et tel que} \quad M'/\underline{m}^{s+1} \cdot M' \simeq M/\underline{m}^{s+1} \cdot M,$$

il existe $\tau \in \mathrm{Diff}(n)$ tel que: $M' \simeq \tau^*(M)$.

(On note $\tau^*(M)$ le groupe abélien sous-jacent à M, muni de l'opération externe $*$: si $\varphi \in \mathscr{E}_n$ et si $m \in M$, $\varphi * m = (\varphi \circ \tau^{-1}) \cdot m$; on munit ainsi $\tau^*(M)$ d'une structure de $\mathscr{E}_n$-module.)

Exemple 5.5. Identifions $\mathbb{R}^{\frac{p(p+1)}{2}}$ (resp. $\mathbb{R}^{\frac{p(p-1)}{2}}$), à l'espace des matrices symétriques (resp. anti-symétriques) de type (p, p) à coefficients réels. Le groupe $\mathrm{O}(p)$ des matrices orthogonales de type (p, p) opère linéairement sur $\mathbb{R}^{\frac{p(p+1)}{2}}$: à tout $(P, y) \in \mathrm{O}(p) \times \mathbb{R}^{\frac{p(p+1)}{2}}$ on associe $P \cdot y \cdot P^{-1} \in \mathbb{R}^{\frac{p(p+1)}{2}}$. Soit G l'image de $\mathrm{O}(p)$ dans $G\ell\left(\frac{p(p+1)}{2}, \mathbb{R}\right)$ ainsi obtenue.

Deux matrices symétriques y et y' appartiennent à la même orbite, i.e. $y' \in G \cdot y$, si et seulement si y et y' ont mêmes valeurs propres. Le groupe G ne vérifie donc pas la condition (H). L'espace $C^\infty\left(n, \frac{p(p+1)}{2}\right)$ $\left(\text{resp. } C^\infty\left(n, \frac{p(p-1)}{2}\right)\right)$ s'identifie à l'espace des matrices symétriques (resp. antisymétriques) de type (p, p), à coefficients dans $\underline{m}$. D'après 3.11, sachant que l'algèbre de Lie de $\mathrm{O}(p)$ est formée des matrices antisymétriques de type (p, p):

Proposition 5.5.1. *Soit $\lambda \in C^\infty\left(n, \frac{p(p+1)}{2}\right)$. Les conditions suivantes sont équivalentes:*

(1) *λ est G-stable, i.e. il existe un entier s tel que tout $\lambda' \in C^\infty\left(n, \frac{p(p+1)}{2}\right)$ vérifiant $\lambda_s(0) = \lambda'_s(0)$ soit de la forme: $\mathscr{P} \cdot \lambda \circ \tau \cdot \mathscr{P}^{-1}$ où $\mathscr{P}$ est une matrice orthogonale à coefficients dans $\mathscr{E}_n$ ($\mathscr{P}(0)$ est la matrice unité) et $\tau \in \mathrm{Diff}(n)$.*

(2) *Le conoyau de l'application:*

$$C^\infty\left(n, \frac{p(p-1)}{2}\right) \times C^\infty(n, n) \ni (\mathscr{P}, (v_1, \ldots, v_n))$$

$$\to \mathscr{P} \cdot \lambda - \lambda \cdot \mathscr{P} + \sum_{i=1}^{n} v_i \frac{\partial \lambda}{\partial x_i} \in C^\infty\left(n, \frac{p(p+1)}{2}\right)$$

est un $\mathbb{R}$-espace vectoriel de dimension finie.

Pour terminer, signalons que notre étude de la G-stabilité est très incomplète. Pour d'autres résultats, dans cette direction, nous renvoyons le lecteur à N.H. Kuiper [1], T.C. Kuo [1] et [2], J. Bochnak et S. Łojasiewicz [1], J.Cl. Tougeron [2] et [3].

Chapitre IX. Le théorème de préparation différentiable

Dans ce chapitre, nous démontrons trois résultats importants: un théorème de G. Glaeser sur les fonctions composées différentiables; le théorème de préparation de Malgrange-Mather (la preuve que nous donnons est celle de S. Łojasiewicz); enfin, un théorème de J. Mather affirmant que certains homomorphismes d'anneaux sont excellents.

1. Fonctions composées différentiables (G. Glaeser [2])

Soit $f=(f_1, \ldots, f_p)$ une application de classe C^∞ d'un ouvert U de $\mathbb{R}^n$ dans un ouvert V de $\mathbb{R}^p$ $(p \leqq n)$. Soient X un fermé de U; Y un fermé de V contenant $f(X)$. L'application f définit un homomorphisme de $\mathbb{R}$-algèbres f^*: $\mathscr{E}(Y) \ni \phi \to \phi \circ f \in \mathscr{E}(X)$. On se propose de démontrer le résultat suivant:

Théorème 1.1. *Supposons les conditions suivantes vérifiées:*

(1) *f est analytique et X est un sous-ensemble analytique fermé de U.*

(2) *L'ensemble des points réguliers de f est dense par rapport à X.*

(3) *L'image $Y=f(X)$ est fermée dans V.*

(4) *Pour tout compact $L \subset Y$, il existe un compact $K \subset X$, tel que $L=f(K)$.*

Alors, la sous-algèbre $f^*(\mathscr{E}(Y))=\{\phi \circ f\}_{\phi \in \mathscr{E}(Y)}$ est fermée dans $\mathscr{E}(X)$.

Remarque 1.2. La condition 1.1.2 est satisfaite si tous les points de X sont des points de platitude de f (d'après VII.1.10). De même, les conditions 1.1.3 et 1.1.4 sont satisfaites lorsque f est une application propre. Mais l'application

$$f\colon\ U=X=\mathbb{R}^3 \ni (x_1, x_2, x_3) \to (x_1 x_2, x_1 x_3) \in V=Y=\mathbb{R}^2$$

vérifie les hypothèses du théorème (en effet, f induit un isomorphisme de chaque plan $x_1=C^{\text{te}} \neq 0$ avec son image $\mathbb{R}^2$); cependant, l'application f n'est pas propre, et en outre, les points du plan $x_1=0$ ne sont pas des points de platitude de f.

Preuve de 1.1. Soit φ appartenant à l'adhérence de $f^*(\mathscr{E}(Y))$ dans $\mathscr{E}(X)$. Nous devons construire une fonction de Whitney ϕ sur Y telle que $\phi\circ f=\varphi$. Pour cela, nous procédons en deux étapes:

1ère étape: Il existe un jet unique $\phi\in \mathrm{J}(Y)$ tel que $\phi\circ f=\varphi$; en outre, pour tout $\ell\in\mathbb{N}^p$, $(D^\ell\,\phi)\circ f\in\mathscr{E}(X)$.

Soient $a\in X$; $b=f(a)$. La série de Taylor en a d'un élément Ψ de $\mathscr{E}(X)$ (ou $\mathscr{E}(U)$) est notée $\hat{\Psi}_a$; les $\hat{\Psi}_a$ forment, lorsque Ψ décrit $\mathscr{E}(X)$, une $\mathbb{R}$-algèbre $\mathscr{F}_a$ isomorphe à $\mathbb{R}[[x_1,\dots,x_n]]$. On définit de même

$$\mathscr{F}_b(\approx\mathbb{R}[[y_1,\dots,y_p]]).$$

L'application f induit un morphisme

$$\hat{f}_a^*:\ \mathscr{F}_b\ni S\to S(\hat{f}_{1,a}-f_1(a),\dots,\hat{f}_{p,a}-f_p(a))=S\circ\hat{f}_a\in\mathscr{F}_a.$$

Démontrons un lemme préliminaire:

Lemme 1.3. *Soient $\underline{\hat{m}}_a$, $\underline{\hat{m}}_b$ les idéaux maximaux respectifs de $\mathscr{F}_a$ et $\mathscr{F}_b$. Sous les hypothèses du théorème, il existe un entier $r>0$ tel que, pour tout $q\in\mathbb{N}$:*

$$\hat{f}_a^{*-1}(\underline{\hat{m}}_a^{qr})\subset\underline{\hat{m}}_b^q.$$

En particulier, le morphisme $\hat{f}_a^*$ est injectif.

Preuve. D'après les hypothèses 1.1.1 et 1.1.2, il existe un jacobien, par exemple $\delta=\dfrac{D(f_1,\dots,f_p)}{D(x_1,\dots,x_p)}$ tel que $\hat{\delta}_a\neq 0$. Soit r le plus petit entier s tel que $\hat{\delta}_a\notin\underline{\hat{m}}_a^s$. L'inclusion du lemme est vérifiée si $q=1$, car $\hat{f}_a^*$ est un homomorphisme local. Supposons $q>1$ et raisonnons par récurrence sur q. Soit $S\in\mathscr{F}_b$ telle que $S\circ\hat{f}_a\in\underline{\hat{m}}_a^{qr}$.

En dérivant par rapport aux variables $x_1,\dots,x_p$, on a pour $j=1,\dots,p$:

$$\sum_{i=1}^{p}\left(\frac{\partial S}{\partial y_i}\circ\hat{f}_a\right)\frac{\partial\hat{f}_{i,a}}{\partial x_j}\in\underline{\hat{m}}_a^{qr-1}.$$

D'après la formule de Cramer:

$$\hat{\delta}_a\cdot\left(\frac{\partial S}{\partial y_i}\circ\hat{f}_a\right)\in\underline{\hat{m}}_a^{qr-1}\qquad\text{pour } i=1,\dots,p$$

et, puisque $\hat{\delta}_a\notin\underline{\hat{m}}_a^r$, on a:

$$\frac{\partial S}{\partial y_i}\circ\hat{f}_a\in\underline{\hat{m}}_a^{(q-1)r}.$$

D'après l'hypothèse de récurrence:

$$\frac{\partial S}{\partial y_i} \in \underline{\hat{m}}_b^{q-1} \qquad \text{pour } i=1, \ldots, p$$

et visiblement $S(0)=0$; on a donc $S \in \underline{\hat{m}}_b^q$, ce qui démontre le lemme. □

Démontrons l'existence du jet ϕ. Soit x un second point de X tel que $f(x)=b$. L'idéal $\underline{m}_{(a,x)}^{(s)}$, formé des fonctions de $\mathscr{E}(X)$ $(s-1)$ plates aux points a et x est fermé et de codimension réelle finie. Il en résulte que la somme $f^*(\mathscr{E}(Y)) + \underline{m}_{(a,x)}^{(s)}$ est fermée dans $\mathscr{E}(X)$; donc φ lui appartient et en conséquence, il existe $S_s \in \mathscr{F}_b$ telle que:

$$S_s \circ \hat{f}_a - \hat{\varphi}_a \in \underline{\hat{m}}_a^s$$
$$S_s \circ \hat{f}_x - \hat{\varphi}_x \in \underline{\hat{m}}_x^s.$$

D'après 1.3, si s, s' sont supérieurs à $q\,r$, $S_s - S_{s'} \in \underline{\hat{m}}_b^q$. La suite $S_1, S_2, \ldots, S_s, \ldots$ converge donc dans $\mathscr{F}_b$ (muni de sa topologie $\hat{m}_b$-adique) vers un élément $\phi_b = \sum_{\ell \in \mathbb{N}^p} \frac{\phi^\ell(b)}{\ell!} y^\ell$ tel que:

$$\phi_b \circ \hat{f}_a = \hat{\varphi}_a; \qquad \phi_b \circ \hat{f}_x = \hat{\varphi}_x.$$

D'après 1.3, ϕ_b est déterminé de façon unique par la seule condition $\phi_b \circ \hat{f}_a = \hat{\varphi}_a$; ϕ_b ne depend donc pas du point $x \in f^{-1}(b)$. Visiblement, les ϕ_b définissent un champ de séries formelles ϕ sur Y tel que $\phi \circ f = \varphi$.

Démontrons la continuité des applications ϕ^ℓ: $Y \to \mathbb{R}$. Il suffit de montrer que $(D^\ell \phi) \circ f \in \mathscr{E}(X)$. En effet, la continuité de ϕ^ℓ résultera alors de l'hypothèse 1.1.4 et du lemme élémentaire suivant:

Lemme 1.4. *Soit f une application continue surjective d'un compact K dans un compact L. Une application g de L dans un espace topologique est continue si et seulement si $g \circ f$ est continue.*

Preuve. En effet, si $\mathscr{R}$ est la relation d'équivalence sur K définie par f (les classes d'équivalence sont les $f^{-1}(y)$, $y \in L$), l'application f induit un homéomorphisme: $K|\mathscr{R} \simeq L$. □

Il reste donc à montrer que $(D^\ell \phi) \circ f \in \mathscr{E}(X)$, pour tout $\ell \in \mathbb{N}^p$.

Par hypothèse $\phi \circ f = \varphi \in \mathscr{E}(X)$. Procédant par récurrence sur $|\ell|$, on voit qu'il suffit de prouver le lemme suivant:

Lemme 1.5. *Soit ψ un champ de séries formelles sur Y tel que $\psi \circ f \in \mathscr{E}(X)$. Alors pour $i=1, \ldots, p$, $\frac{\partial \psi}{\partial y_i} \circ f \in \mathscr{E}(X)$.*

Preuve. Posons $\frac{\partial \psi}{\partial y_i} \circ f = \gamma_i$. Par hypothèse, il existe $\xi \in \mathscr{E}(X)$ tel que, pour tout $x \in X$:

$$\psi_{f(x)} \circ \hat{f}_x = \hat{\xi}_x.$$

Soit $a \in X$. Il existe un jacobien, par exemple $\delta = \frac{D(f_1, \ldots, f_p)}{D(x_1, \ldots, x_p)}$, $\neq 0$ au voisinage de a. Dérivons l'égalité précédente par rapport à $x_1, \ldots, x_p$ et résolvons le système linéaire en les inconnues $\hat{\gamma}_{i,x} = \frac{\partial \psi_{f(x)}}{\partial y_i} \circ \hat{f}_x$, ainsi obtenu; on a, pour tout $x \in X$: $\hat{\delta}_x \cdot \hat{\gamma}_{i,x} = \hat{\xi}_{i,x}$, où $\xi_i \in \mathscr{E}(X)$. Cela signifie que ξ_i appartient ponctuellement à l'idéal engendré par la fonction analytique δ dans $\mathscr{E}(X)$; donc $\xi_i = \delta \cdot \gamma'_i$, avec $\gamma'_i \in \mathscr{E}(X)$, d'après VI.1.8. Au voisinage du point a, on a nécessairement $\gamma_i = \gamma'_i$, ce qui prouve que le champ γ est de classe C^∞ au voisinage de a, donc de classe C^∞ sur X. Ceci achève la démonstration de la 1ere étape. □

2ème étape: Le jet ϕ est une fonction de Whitney de classe C^∞ sur $f(X)$.

Soit L un compact de $Y = f(X)$. Il suffit de montrer que $\phi | L$ appartient à $\mathscr{E}(L)$. Ceci résultera facilement du lemme suivant:

Lemme 1.6. *Il existe des compacts K, K' de X $(K \subset K')$; un réel $C > 0$ et un entier $\alpha \geqq 1$ tels que:*

(1) $f(K) = L$.

(2) *Pour tout couple de points a, x appartenant à K, il existe des points a', x' appartenant à K' tels que $f(a') = f(x')$ et*

$$|f(a) - f(x)|^{1/\alpha} \geqq C\,(|a - a'| + |x - x'|).$$

Preuve. Soit K un compact de X tel que $f(K) = L$; soit K' un voisinage compact de K dans X. Munissons $U \times U$ de la distance $d\big((a, x), (a', x')\big) = |a - a'| + |x - x'|$ et considérons la fonction analytique

$$F\colon\ U \times U \ni (a, x) \to |f(a) - f(x)|^2 \in \mathbb{R}.$$

D'après VI.1.6 et VI.1.7 (les ensembles analytiques $F^{-1}(0)$ et $X \times X$ sont régulièrement situés dans $U \times U$), il existe une constante $C' > 0$ et un entier $\alpha \geqq 1$ tels que:

$$|f(a) - f(x)|^{1/\alpha} \geqq C'\, d\big((a, x),\ F^{-1}(0) \cap (X \times X)\big)$$

pour tout $(a, x) \in K \times K$. Considérons deux cas:

– si $d\big((a, x), F^{-1}(0) \cap (X \times X)\big) = d\big((a, x), F^{-1}(0) \cap (K' \times K')\big)$, il existe $(a', x') \in F^{-1}(0) \cap (K' \times K')$ (donc $f(a') = f(x')$) tel que:

$$d\big((a, x), F^{-1}(0) \cap (X \times X)\big) = |a - a'| + |x - x'|$$

– sinon, $d((a,x), F^{-1}(0)\cap(X\times X)) \geqq d(K\times K, (X\times X)\setminus(K'\times K')) = d \geqq (d/\mathrm{diam}(K'\times K'))\cdot(|a-a'|+|x-x'|)$, où (a',x') est un point quelconque de $F^{-1}(0)\cap(K'\times K')$. Posons $C=\inf(C', C'\,d/\mathrm{diam}(K'\times K'))$: dans les deux cas précédents, la condition (2) est satisfaite. □

Achevons la démonstration du théorème. A tout couple de points b, y appartenant à L, associons des points $a, x\in K$ tels que $f(a)=b$; $f(x)=y$. Soient a', x' les points de K' associés à a, x, d'après le lemme 1.6; posons $z=f(a')=f(x')$. Soit m un entier positif; nous devons montrer, d'après IV.1, que:

$$(R_b^m\,\phi)^\ell(y)=o(|y-b|^{m-|\ell|}) \quad \text{si } b, y\in L \text{ et } |\ell|\leqq m,$$

lorsque $|y-b|\to 0$. Visiblement, il suffit de trouver un entier $m'\geqq m$ assez grand tel que:

$$(R_b^{m'}\,\phi)^\ell(y)=o(|y-b|^{m-|\ell|})$$

(en effet, les composantes de ϕ sont continues, donc bornées, sur le compact L). Or:

$$\begin{aligned}(R_b^{m'}\,\phi)^\ell(y)&=(R_z^{m'}\phi)^\ell(y)+((R_b^{m'}\,\phi)^\ell(y)-(R_z^{m'}\,\phi)^\ell(y))\\ &=(R_z^{m'}\,\phi)^\ell(y)+\sum_{|h|\leqq m'-|\ell|}\frac{(y-b)^h}{h!}(R_z^{m'}\,\phi)^{\ell+h}(b)\end{aligned}$$

(on a cette dernière égalité, d'après la remarque IV.1.7).

On voit qu'il suffit de choisir m' assez grand pour que:

$$(R_z^{m'}\,\phi)^\ell(y)=o(|y-b|^{m-|\ell|})$$

et

$$(R_z^{m'}\,\phi)^\ell(b)=o(|y-b|^{m-|\ell|}) \quad \text{si } |\ell|\leqq m.$$

Démontrons la première égalité (la seconde se démontre de manière analogue). On a:

$$(R_z^{m'}\,\phi)^\ell(y)=\phi^\ell\circ f(x)-\sum_{|h|\leqq m'-|\ell|}\frac{\phi^{\ell+h}\circ f(x')}{h!}(f(x)-f(x'))^h.$$

Développons $f(x)-f(x')$ à l'aide de la formule de Taylor à l'ordre $m'-|\ell|$ au point x'. On trouve que:

$$(R_z^{m'}\,\phi)^\ell(y)=R_{x'}^{m'-|\ell|}((D^\ell\phi)\circ f)(x)+\text{des monômes en } (x-x')^h$$

avec $|h|>m'-|\ell|$. Puisque $(D^\ell\,\phi)\circ f$ est de classe C^∞ sur X, on a d'après 1.6:

$$(R_z^{m'}\,\phi)^\ell(y)=o(|x-x'|^{m'-|\ell|})=o\big(|y-b|^{\frac{m'-|\ell|}{\alpha}}\big).$$

Il suffit donc de choisir $m'=\alpha m$. Ceci termine la démonstration du théorème. □

Munissons $f^*(\mathscr{E}(Y))$ de la topologie induite par celle de $\mathscr{E}(X)$. D'après 1.1 et le théorème du graphe fermé, on a la conséquence suivante:

Corollaire 1.7. *Sous les hypothèses du théorème 1.1, l'application* $f^*: \mathscr{E}(Y) \ni \phi \to \phi \circ f \in f^*(\mathscr{E}(Y))$ *est un isomorphisme d'espaces de Fréchet.*

D'après la seconde étape de la preuve de 1.1:

Corollaire 1.8. *Avec les hypothèses du théorème 1.1, soit ϕ un champ de séries formelles sur Y tel que $\phi \circ f \in \mathscr{E}(X)$. Alors $\phi \in \mathscr{E}(Y)$.*

Soit $f=(f_1, \ldots, f_p)$ une application holomorphe d'un ouvert U de $\mathbb{C}^n$ dans un ouvert V de $\mathbb{C}^p$. Soient X un fermé de U, Y un fermé de V contenant $f(X)$. L'application f définit un homomorphisme de $\mathbb{C}$-algèbres $f^*: \mathscr{H}(Y) \ni \phi \to \phi \circ f \in \mathscr{H}(X)$ (cf. IV.5). Les résultats suivants se déduisent immédiatement de ce qui précède:

Théorème 1.9. *Supposons les conditions suivantes vérifiées:*

(1) *X est un sous-ensemble analytique réel et fermé de U.*

(2) *L'ensemble des points réguliers de f est dense par rapport à X.*

(3) *L'image $Y=f(X)$ est fermée dans V.*

(4) *Pour tout compact $L \subset Y$, il existe un compact $K \subset X$, tel que $L=f(K)$.*

Alors, la sous-algèbre $f^*(\mathscr{H}(Y))$ est fermée dans $\mathscr{H}(X)$. L'application $f^*: \mathscr{H}(Y) \ni \phi \to \phi \circ f \in f^*(\mathscr{H}(Y))$ est un isomorphisme d'espaces de Fréchet. Enfin, si ϕ est un champ de séries formelles sur Y tel que $\phi \circ f \in \mathscr{H}(X)$, on a $\phi \in \mathscr{H}(Y)$.

2. Applications: Le théorème de Newton et le théorème de division

Soit $(z'; w)=(z; t; w)=(z_1, \ldots, z_n; t; w_1, \ldots, w_p)$ un système de coordonnées de $\mathbb{C}^m=\mathbb{C}^{n+1} \times \mathbb{C}^p$. Soient $\sigma_1, \ldots, \sigma_p$ les fonctions symétriques élémentaires des variables $w_1, \ldots, w_p$; on a l'identité:

$$\prod_{i=1}^{p} (W-w_i)=W^p+\sum_{i=1}^{p} (-1)^i \sigma_i W^{p-i}.$$

Soit σ l'application: $\mathbb{C}^m \ni (z'; w) \to (z'; \sigma_1(w), \ldots, \sigma_p(w)) \in \mathbb{C}^m$. Le jacobien de σ par rapport aux systèmes z' et w est égal à $\prod_{i<j} (w_i-w_j)$, donc $\neq 0$ au voisinage de tout point de $\mathbb{C}^m$. D'après l'identité précédente, pour tout $j=1, \ldots, p$:

$$|w_j| \leq \sum_{i=1}^{p} |\sigma_i(w)| \, |w_j|^{-i+1}$$

d'où $|w_j| \leqq \sum_{i=1}^{p} |\sigma_i(w)|$ si $|w_j| \geqq 1$. L'application σ est donc propre. Enfin, elle est visiblement surjective.

A toute permutation $\alpha = (\alpha_1, \ldots, \alpha_p)$ de l'ensemble $(1, \ldots, p)$, on associe l'isomorphisme $\mathbb{C}$-linéaire π_α: $(z'; w_1, \ldots, w_p) \to (z'; w_{\alpha_1}, \ldots, w_{\alpha_p})$ de $\mathbb{C}^m$ dans lui-même. Soit X un sous-ensemble fermé et symétrique (i.e. $X = \pi_\alpha(X)$ pour tout α, ou encore $X = \sigma^{-1}(\sigma(X))$) de $\mathbb{C}^m$. Une fonction de Whitney $F \in \mathscr{H}(X)$ sera dite *symétrique* si $F \circ \pi_\alpha = F$ pour tout α. Notons $\mathscr{H}_\sigma(X)$ la sous-algèbre de $\mathscr{H}(X)$ formée des fonctions symétriques: visiblement, $\mathscr{H}_\sigma(X) \supset \sigma^*(\mathscr{H}(Y))$, où l'on pose $Y = \sigma(X)$. En fait, on a le résultat suivant:

Proposition 2.1. *Soit X un sous-ensemble analytique réel, fermé et symétrique, de $\mathbb{C}^m$. Si $Y = \sigma(X)$, l'application σ^*: $\mathscr{H}(Y) \ni \phi \to \phi \circ \sigma \in \mathscr{H}_\sigma(X)$ est un isomorphisme d'espaces de Fréchet.*

Preuve. Il suffit de montrer l'inclusion $\mathscr{H}_\sigma(X) \subset \sigma^*(\mathscr{H}(Y))$. Soient $\varphi \in \mathscr{H}_\sigma(X)$; $x \in X$ et $s \in \mathbb{N}$. Soit $P_s \in \mathbb{C}[z'; w]$ tel que $P_s - \varphi$ soit s-plate sur l'ensemble fini $\sigma^{-1}(\sigma(x))$; alors, pour toute permutation α, $P_s \circ \pi_\alpha - \varphi$ est s-plate sur $\sigma^{-1}(\sigma(x))$ et donc, en posant $P_{s,\sigma} = \sum_\alpha \frac{1}{p!} P_s \circ \pi_\alpha$, $P_{s,\sigma} - \varphi$ est s-plate sur $\sigma^{-1}(\sigma(x))$. Le polynôme $P_{s,\sigma}$ étant symétrique, il existe $Q_s \in \mathbb{C}[z'; w]$ tel que $P_{s,\sigma} = Q_s \circ \sigma$ (cf. appendice, exemple 6.5). La suite $\hat{Q}_{1,y}, \ldots, \hat{Q}_{s,y}, \ldots$ des séries de Taylor au point $y = \sigma(x)$ des fonctions Q_s, converge pour la topologie de Krull vers une série formelle $\phi_y \in \mathbb{C}[[z'; w]]$ (d'après le lemme 1.3). Les ϕ_y définissent sur Y un champ de séries formelles ϕ tel que $\phi \circ \sigma = \varphi$. D'après 1.9, $\phi \in \mathscr{H}(Y)$. ▯

Application 2.2. *Le théorème de Newton différentiable* (G. Glaeser [2]; S. Łojasiewicz [2]). Choisissons $Y = \mathbb{R}^m$; on a $X = \sigma^{-1}(Y) = \bigcup_{2q \leqq p} \Pi_{\alpha q}$ où $\Pi_{\alpha q}$ est le sous-espace réellement situé (cf. IV.5) de $\mathbb{C}^m$ défini par:

$$\operatorname{Im}(w_{\alpha_i} + w_{\alpha_{i+q}}) = \operatorname{Re}(w_{\alpha_i} - w_{\alpha_{i+q}}) = 0, \qquad \text{pour } i = 1, \ldots, q;$$

$$\operatorname{Im} w_{\alpha_i} = 0, \qquad \text{pour } i = 2q+1, \ldots, p;$$

$$\operatorname{Im} z_j = 0, \qquad \text{pour } j = 1, \ldots, n; \qquad \operatorname{Im} t = 0.$$

Soit $\sigma_{\mathbb{R}}$ l'application (non surjective) de $\mathbb{R}^m$ dans lui-même, induite par σ. Notons $C^\infty(\mathbb{R}^m, \mathbb{C})$ l'espace des applications C^∞ de $\mathbb{R}^m$ dans $\mathbb{C}$; $C^\infty_\sigma(\mathbb{R}^m, \mathbb{C})$ le sous-espace fermé du précédent formé des applications symétriques. D'après IV.5.2 et IV.5.6, il existe un prolongement linéaire continu: $C^\infty_\sigma(\mathbb{R}^m, \mathbb{C}) \ni \varphi \to \sum_\alpha \frac{1}{p!} \dot{\tilde{\varphi}} \circ \pi_\alpha \in \mathscr{H}_\sigma(X)$. Donc, d'après 2.1:

Il existe une application linéaire continue:

$$C_\sigma^\infty(\mathbb{R}^m, \mathbb{C}) \ni \varphi \to \phi \in C^\infty(\mathbb{R}^m, \mathbb{C})$$

telle que $\phi \circ \sigma_{\mathbb{R}} = \varphi$ *pour tout* φ (en fait, on a un résultat plus précis; en effet, l'anneau $C^\infty(\mathbb{R}^{n+1}, \mathbb{C})$ opère sur $C_\sigma^\infty(\mathbb{R}^m, \mathbb{C})$ et $C^\infty(\mathbb{R}^m, \mathbb{C})$ grâce à la projection $(z'; w) \mapsto z'$: d'après la remarque IV.5.7, l'application précédente est un homomorphisme de $C^\infty(\mathbb{R}^{n+1}, \mathbb{C})$-modules).

Application 2.3. *Division d'une fonction* C^∞ *par le polynôme générique distingué de degré* p. (S. Łojasiewicz [2]).

Soit P le polynôme générique:

$$(z, t, w) \mapsto t^p + \sum_{i=1}^{p} (-1)^i w_i t^{p-i}; \qquad \text{on a } P \circ \sigma = \prod_{i=1}^{p} (t - w_i).$$

Posons

$$X = \sigma^{-1}(\mathbb{R}^m); \qquad \dot{X} = X \cup \Big(\bigcup_{i=1}^{p} \tau_i^{-1}(X)\Big),$$

où τ_i désigne l'application $(z, t, w) \to (z, t - w_i, w)$ de $\mathbb{C}^m$ dans lui-même. Soient π la projection: $\mathbb{C}^m \ni (z, t, w) \to (z, w) \in \mathbb{C}^n \times \mathbb{C}^p$ et r_j l'application: $\mathbb{C}^n \times \mathbb{C}^p \ni (z, w) \to (z, w_j, w) \in \mathbb{C}^m$.

Pour tout $j = 1, \ldots, p$, on a $r_j \circ \pi(\dot{X}) \subset \dot{X}$ (en effet, si $(z, t, w) \in \dot{X}$, $\tau_j \circ r_j \circ \pi(z, t, w) = (z, 0, w) \in X$). En outre, les fermés $\dot{X}$ et $\pi(\dot{X})$ sont symétriques. Démontrons un lemme préliminaire:

Lemme 2.4. *L'application:*

$$\mathscr{H}(\dot{X}) \times (\mathscr{H}^*(\pi(\dot{X})))^p \ni (q; h_1, \ldots, h_p) \to q \cdot (P \circ \sigma) + \sum_{j=1}^{p} (h_j \circ \pi) \cdot t^{p-j} \in \mathscr{H}(\dot{X})$$

est un isomorphisme d'espaces de Fréchet. En outre, cette application induit un isomorphisme de $\mathscr{H}_\sigma(\dot{X}) \times (\mathscr{H}_\sigma^*(\pi(\dot{X})))^p$ *sur* $\mathscr{H}_\sigma(\dot{X})$.

(Afin d'éviter toute confusion, on note $\mathscr{H}^*(\pi(\dot{X}))$ (resp. $\mathscr{H}_\sigma^*(\pi(\dot{X}))$) l'espace $\mathscr{H}(\pi(\dot{X}))$ (resp. $\mathscr{H}_\sigma(\pi(\dot{X}))$), $\pi(\dot{X})$ *étant considéré comme fermé de* $\pi(\mathbb{C}^m) = \mathbb{C}^n \times \mathbb{C}^p$. En outre, on note simplement $P \circ \sigma$, $h_j \circ \pi$, t, les fonctions de Whitney sur $\dot{X}$ induites par ces fonctions respectives.)

Preuve. L'application est injective. En effet, si l'image de $(q; h_1, \ldots, h_p)$ est nulle, on a pour $i = 1, \ldots, p$: $\sum_{j=1}^{p} h_j w_i^{p-j} = 0$ (en effet, $P \circ \sigma \circ r_i = 0$; $h_j \circ \pi \circ r_i = h_j$, car $\pi(\dot{X}) \subset r_i^{-1}(\dot{X})$; $t \circ r_i = w_i$). On a donc $h_1 = \cdots = h_p = 0, q = 0$.

L'application est surjective. Soit $\dot{F} \in \mathscr{H}(\dot{X})$; par récurrence, il suffit de trouver $q \in \mathscr{H}(\dot{X})$, $h \in \mathscr{H}^*(\pi(\dot{X}))$ tels que $\dot{F} = q(t - w_j) + h \circ \pi$. Or, en chaque point (z^0, t^0, w^0) de $\dot{X}$, la série de Taylor S de $\dot{F} - \dot{F} \circ r_j \circ \pi$ est divisible par celle de $t-w_j$ (en effet, si $t^0 \neq w_j^0$, c'est évident; si $t^0 = w_j^0$, on a $S(z, w_j, w) \equiv 0$, donc $S(z, t, w) = S(z, t, w) - S(z, w_j, w)$ est divisible par $t - w_j$). D'après VI.1.9, il existe $q \in \mathscr{H}(\dot{X})$ tel que: $\dot{F} - \dot{F} \circ r_j \circ \pi = q(t - w_j)$.

La seconde assertion résulte immédiatement de la première et de la symétrie de $P \circ \sigma$. □

Corollaire 2.5. *Posons $\dot{Y} = \sigma(\dot{X})$. L'application:*

$$\mathscr{H}(\dot{Y}) \times (\mathscr{H}^*(\pi(\dot{Y})))^p \ni (Q; H_1, \ldots, H_p) \to Q \cdot P + \sum_{j=1}^{p} (H_j \circ \pi) \cdot t^{p-j} \in \mathscr{H}(\dot{Y})$$

est un isomorphisme d'espaces de Fréchet.

Preuve. Immédiate, d'après 2.1 et 2.4. □

Enfin, soit $G \in \mathscr{H}(\mathbb{R}^m)$. La fonction $F = G \circ \sigma$ appartient à $\mathscr{H}_\sigma(X)$ et se prolonge (par une application linéaire continue, cf. IV.5.6) en un élément $\dot{F} \in \mathscr{H}_\sigma(\dot{X})$ (quitte à remplacer $\dot{F}$ par $\sum_\alpha \frac{1}{p!} F \circ \pi_\alpha$, on peut supposer $\dot{F}$ symétrique). D'après 2.1, il existe $\dot{G}$ unique dans $\mathscr{H}(\dot{Y})$ tel que $\dot{F} = \dot{G} \circ \sigma$: $\dot{G}$ prolonge G et l'application: $\mathscr{H}(\mathbb{R}^m) \ni G \to \dot{G} \in \mathscr{H}(\dot{Y})$ est linéaire continue.

En particulier, soient $\varphi \in \mathscr{E}(\mathbb{R}^m) = C^\infty(\mathbb{R}^m) \subset C^\infty(\mathbb{R}^m, \mathbb{C})$; $\tilde{\varphi} \in \mathscr{H}(\mathbb{R}^m)$ son complexifié. D'après 2.5 (appliqué à $\dot{\tilde{\varphi}} \in \mathscr{H}(\dot{Y})$, en se restreignant à $\mathbb{R}^m$), il existe $(Q; H_1, \ldots, H_p) \in C^\infty(\mathbb{R}^m, \mathbb{C}) \times (C^\infty(\mathbb{R}^n \times \mathbb{R}^p, \mathbb{C}))^p$ fonction linéaire continue de φ, tel que: $\varphi = Q \cdot P + \sum_{j=1}^{p} (H_j \circ \pi) t^{p-j}$; d'où, en se restreignant aux parties réelles des fonctions considérées:

$$\varphi = \operatorname{Re} Q \cdot P + \sum_{j=1}^{p} (\operatorname{Re} H_j \circ \pi) t^{p-j}.$$

Ainsi, on a le résultat fondamental suivant:

Théorème 2.6. *Il existe une application linéaire continue:*

$$\mathscr{E}(\mathbb{R}^m) \ni \varphi \to (Q_\varphi; H_{1,\varphi}, \ldots, H_{p,\varphi}) \in \mathscr{E}(\mathbb{R}^m) \times (\mathscr{E}(\mathbb{R}^n \times \mathbb{R}^p))^p$$

telle que pour tout φ: $\varphi = Q_\varphi \cdot P + \sum_{j=1}^{p} (H_{j,\varphi} \circ \pi) t^{p-j}$.

(En fait, par la projection $(z, t, w) \mapsto z$, les espaces précédents sont des modules sur l'anneau $\mathscr{E}(\mathbb{R}^n)$; l'application précédente est non seulement $\mathbb{R}$-linéaire, mais $\mathscr{E}(\mathbb{R}^n)$-linéaire.)

Corollaire 2.7. *Soient X une variété différentiable de classe C^∞; t la projection canonique: $X \times \mathbb{R} \to \mathbb{R}$; π la projection canonique $X \times \mathbb{R} \to X$.*

Soient $u_1, \ldots, u_p \in \mathscr{E}(X)$ *et posons* $\Gamma = t^p + \sum_{i=1}^{p} (u_i \circ \pi)\, t^{p-i}$. *Il existe des applications* $\mathscr{E}(X)$*-linéaires et continues:*

$$\mathscr{E}(X \times \mathbb{R}) \ni \varphi \to q_\varphi \in \mathscr{E}(X \times \mathbb{R})$$

$$\mathscr{E}(X \times \mathbb{R}) \ni \varphi \to h_{j,\varphi} \in \mathscr{E}(X)$$

telles que:

$$\varphi = q_\varphi \cdot \Gamma + \sum_{j=1}^{p} (h_{j,\varphi} \circ \pi)\, t^{p-j}. \tag{2.7.1}$$

Preuve. Supposons d'abord que $X = \mathbb{R}^n$. Posons

$$u = (-u_1, u_2, \ldots, (-1)^p u_p).$$

On a $P(x, t, u(x)) = \Gamma(x, t)$, d'où:

$$\varphi(x, t) = Q_\varphi(x, t, u(x)) \cdot \Gamma(x, t) + \sum_{j=1}^{p} (H_{j,\varphi}(x, u(x)) \circ \pi)\, t^{p-j}.$$

Il suffit donc de poser $q_\varphi(x, t) = Q_\varphi(x, t, u(x))$; $h_{j,\varphi}(x) = H_{j,\varphi}(x, u(x))$.

Supposons X de dimension n. Soient $(U_i)_{i \in I}$ un recouvrement localement fini de X par des ouverts difféomorphes à des ouverts de $\mathbb{R}^n$ et $(\alpha_i)_{i \in I}$ une partition C^∞ de l'unité subordonnée à ce recouvrement. Si $\varphi \in \mathscr{E}(X \times \mathbb{R})$, on a (remarque 2.8 appliquée à $X = \mathbb{R}^n$):

$$(\alpha_i \circ \pi) \cdot \varphi = q_i \cdot \Gamma + \sum_{j=1}^{p} (h_{j,i} \circ \pi)\, t^{p-j}$$

avec $q_i \in \mathscr{E}(X \times \mathbb{R})$; $h_{j,i} \in \mathscr{E}(X)$ et $\operatorname{supp} q_i \subset U_i \times \mathbb{R}$; $\operatorname{supp} h_{j,i} \subset U_i$. Puisque $\sum_{i \in I} (\alpha_i \circ \pi) \cdot \varphi = \varphi$, il suffit de poser:

$$q_\varphi = \sum_{i \in I} q_i \quad \text{et} \quad h_{j,\varphi} = \sum_{i \in I} h_{j,i}. \quad \square$$

Remarque 2.8. Soient K un fermé de X; $\underline{m}_K^\infty$ (resp. $\underline{m}_{K \times \mathbb{R}}^\infty$) l'idéal de $\mathscr{E}(X)$ (resp. de $\mathscr{E}(X \times \mathbb{R})$) formé des fonctions plates sur K (resp. plates sur $K \times \mathbb{R}$). *Alors, si* $\varphi \in \underline{m}_{K \times \mathbb{R}}^\infty$, *on a* $q_\varphi \in \underline{m}_{K \times \mathbb{R}}^\infty$ *et* $h_{j,\varphi} \in \underline{m}_K^\infty$ *pour* $j = 1, \ldots, p$.

En effet, les applications $\varphi \mapsto q_\varphi$ et $\varphi \mapsto h_{j,\varphi}$ étant $\mathscr{E}(X)$-linéaires, il suffit de montrer que toute fonction $\varphi \in \underline{m}_{K \times \mathbb{R}}^\infty$ est divisible dans $\mathscr{E}(X \times \mathbb{R})$ par une fonction $\psi \circ \pi$, où $\psi \in \underline{m}_K^\infty$. La preuve de ce résultat est facile (d'ailleurs analogue à celle du lemme V.2.4) et laissée au lecteur. Il en résulte que le corollaire 2.7 est encore vrai si l'on remplace X par K, $X \times \mathbb{R}$ par $K \times \mathbb{R}$, $\mathscr{E}(X)$ par $\mathscr{E}(K) = \mathscr{E}(X)/\underline{m}_K^\infty$; $\mathscr{E}(X \times \mathbb{R})$ par $\mathscr{E}(K \times \mathbb{R}) = \mathscr{E}(X \times \mathbb{R})/\underline{m}_{K \times \mathbb{R}}^\infty$, ces derniers espaces étant munis de la topologie quotient.

Remarque 2.9. Contrairement aux cas analytique et formel (cf. III.2), il n'y a pas en général unicité de la division, i.e. q_φ et les $h_{j,\varphi}$ ne sont pas déterminés de manière unique par l'égalité (2.7.1). Par exemple, si $\Gamma = t^2+1$, on peut choisir arbitrairement $f \mapsto h_{1,f}$ et $f \mapsto h_{2,f}$, car Γ est inversible dans $\mathscr{E}(X \times \mathbb{R})$. Bien entendu, si le polynôme $t \mapsto \Gamma(x,t)$ a toutes ses racines réelles pour tout $x \in X$, il y a unicité du reste et donc unicité de la division.

Pour terminer, signalons dans l'ordre chronologique, les diverses démonstrations du théorème 2.6. La version affaiblie du théorème (i.e. l'existence locale du quotient et du reste, sans souci de continuité et de linéarité) a d'abord été démontrée par B. Malgrange [3] (la preuve utilise le dévissage des ensembles analytiques). Le théorème a ensuite été formulé et démontré par J. Mather [1] (la preuve diffère totalement de celle de B. Malgrange et utilise la transformation de Fourier). Signalons ensuite les démonstrations de S. Łojasiewicz [2] (celle que nous avons choisie) et de Nirenberg [1] (en fait, Nirenberg ne démontre pas la linéarité et la continuité des applications $\varphi \mapsto Q_\varphi$ et $\varphi \mapsto H_{j,\varphi}$; cependant, modulo un lemme de J. Mather [7], la méthode utilisée fournit une démonstration complète du théorème). Enfin, G. Lassalle [1] a démontré le théorème de division pour les fonctions de classe C^r (avec bien entendu, perte de dérivées pour Q_φ et les $H_{j,\varphi}$).

3. Le théorème de préparation différentiable (J. Mather [1])

Soient X une variété différentiable de classe C^∞; K un sous-ensemble fermé de X. On note $\mathscr{E}_K(X)$ l'algèbre sur $\mathbb{R}$ des germes en K de fonctions réelles de classe C^∞ sur X. Visiblement, le radical de $\mathscr{E}_K(X)$ est formé des germes nuls sur K. Soient π la projection canonique: $X \times \mathbb{R} \to X$; t la projection canonique: $X \times \mathbb{R} \to \mathbb{R}$. L'application π définit un homomorphisme π^*: $A = \mathscr{E}_K(X) \ni \varphi \to \varphi \circ \pi \in \mathscr{E}_{K \times \mathbb{R}}(X \times \mathbb{R}) = B$.

Lemme 3.1. *L'homomorphisme π^* est excellent.*

Preuve. D'après III.1.8, il suffit de montrer que le couple (π^*, t) vérifie (D). Les projections canoniques permettent d'identifier $\mathscr{E}(X)$, $\mathscr{E}(X \times \mathbb{R})$, etc.... à des sous-algèbres de $\mathscr{E}(X \times \mathbb{R} \times \mathbb{R}^p)$ et de même $\mathscr{E}_K(X)$, $\mathscr{E}_{K \times \mathbb{R}}(X \times \mathbb{R})$, etc. à des sous-algèbres de $\mathscr{E}_{K \times \mathbb{R} \times \mathbb{R}^p}(X \times \mathbb{R} \times \mathbb{R}^p)$. Soient $u_1, \ldots, u_p \in A$; $b \in r(A) \cdot B$ et $\varphi \in B$. Nous devons trouver $q \in B$ et $h_1, \ldots, h_p \in A$ tels que:

$$\varphi = \Lambda q + \sum_{i=1}^{p} h_i t^{p-i} \tag{3.1.1}$$

avec:

$$\Lambda = t^p + \sum_{i=1}^{p} u_i\, t^{p-i} + b.$$

Désignons par $\tilde{u}_1(x), \ldots, \tilde{u}_p(x) \in \mathscr{E}(X)$ des représentants de $u_1, \ldots, u_p$ respectivement et par $\tilde{b}(x,t) \in \underline{m}_K \cdot \mathscr{E}(X \times \mathbb{R})$, un représentant de b ($\underline{m}_K$ désigne l'idéal de $\mathscr{E}(X)$ formé des fonctions nulles sur K). Soit $y = (y_1, \ldots, y_p)$ un système de coordonnées de $\mathbb{R}^p$ et posons $P = t^p + \sum_{i=1}^{p} y_i\, t^{p-i}$. D'après 2.7, il existe $\tilde{q}(x,t,y) \in \underline{m}_K \cdot \mathscr{E}(X \times \mathbb{R} \times \mathbb{R}^p)$ et des $\tilde{h}_i(x,y) \in \underline{m}_K \cdot \mathscr{E}(X \times \mathbb{R}^p)$ telles que:

$$\tilde{b} = \tilde{q} \cdot P + \sum_{i=1}^{p} \tilde{h}_i \cdot t^{p-i}.$$

D'où:

$$\tilde{\Lambda} = t^p + \sum_{i=1}^{p} \tilde{u}_i(x)\, t^{p-i} + \tilde{b} = (1+\tilde{q}) \cdot P + \sum_{i=1}^{p} \tilde{v}_i(x,y)\, t^{p-i}$$

avec $\tilde{v}_i(x,y) = \tilde{u}_i(x) - y_i + \tilde{h}_i(x,y)$. Or, si $x \in K$, $\dfrac{\partial \tilde{v}_i(x,y)}{\partial y_j} = -\delta_{ij}$. D'après le théorème des fonctions implicites, il existe une application C^∞: $X \ni x \to y(x) \in \mathbb{R}^p$, telle que, au voisinage de K: $\tilde{v}_i(x, y(x)) = 0$. Donc, si q est le germe induit par $\tilde{q}$ au voisinage de $K \times \mathbb{R} \times \mathbb{R}^p$, on a:

$$\Lambda = \big(1 + q(x,t,y(x))\big) \cdot P\big(t, y(x)\big).$$

Or, $1 + q(x,t,y(x))$ est inversible dans $\mathscr{E}_{K \times \mathbb{R}}(X \times \mathbb{R})$. On est ramené à démontrer (3.1.1) avec $P(t, y(x))$ au lieu de Λ: mais ceci résulte immédiatement de 2.7. □

Soient Y une variété différentiable de classe C^∞; $f: X \to Y$ une application de classe C^∞; L un sous-ensemble fermé de Y tel que $f(K) \subset L$. L'application f définit un homomorphisme $f^*: \mathscr{E}_L(Y) \ni \varphi \to \varphi \circ f \in \mathscr{E}_K(X)$. En utilisant 3.1 et un dévissage analogue à celui utilisé dans la démonstration du théorème de préparation analytique ou formel (cf. III.2), on démontre aisément le théorème suivant:

Théorème 3.2. *L'homomorphisme $f^*: \mathscr{E}_L(Y) \to \mathscr{E}_K(X)$ est excellent.*

Preuve. D'après le théorème du plongement de Whitney VII.4.10, nous pouvons supposer que X est une sous-variété d'un espace euclidien $\mathbb{R}^n$ rapporté à un système de coordonnées $x = (x_1, \ldots, x_n)$. Soient f_{n+1} l'immersion:

$$X \ni x \to (x, f(x)) \in \mathbb{R}^n \times Y$$

et, pour $i = 1, \ldots, n$, f_i la projection:

$$\mathbb{R}^i \times Y = X_i \ni (x_1, \ldots, x_i; y) \to (x_1, \ldots, x_{i-1}; y) \in X_{i-1} = \mathbb{R}^{i-1} \times Y.$$

Posons $X_0=Y$, $X_{n+1}=X$, $K_0=L$, $K_{n+1}=K$, et pour $i=1,\ldots,n$: $K_i=(f_1\circ\cdots\circ f_i)^{-1}(K_0)$. Enfin, soit f_i^*: $\mathscr{E}_{K_{i-1}}(X_{i-1})\to\mathscr{E}_{K_i}(X_i)$ l'application induite par f_i.

Visiblement, $f^*=f_{n+1}^*\circ\cdots\circ f_1^*$. D'après III.1.4, il suffit de montrer que chaque homomorphisme f_i^* est excellent. Or f_{n+1}^* est surjectif (en effet, toute fonction φ de classe C^∞ sur la sous-variété $f_{n+1}(X)$ de $\mathbb{R}^n\times Y$ se prolonge en une fonction C^∞ sur $\mathbb{R}^n\times Y$), donc f_{n+1}^* est excellent (d'après III.1.2); en outre, $f_1^*,\ldots,f_n^*$ sont excellents, d'après 3.1; d'où le résultat. □

Corollaire 3.3. *Soit f une application de classe C^∞ de $\mathbb{R}^n$ dans $\mathbb{R}^p$ telle que $f(0)=0$. L'homomorphisme f^*: $\mathscr{E}_p\ni\varphi\to\varphi\circ f\in\mathscr{E}_n$ est excellent.*

On déduit facilement du corollaire précédent les théorèmes de division et de préparation différentiables. Voici d'abord une définition:

Définition 3.4. Un germe $\varphi\in\mathscr{E}_n$ est *régulier d'ordre p en x_n* si la série de Taylor de φ à l'origine est régulière d'ordre p en x_n, i.e. si $\dfrac{\partial^j\varphi(0)}{\partial x_n^j}=0$ pour $0\leqq j<p$ et $\dfrac{\partial^p\varphi(0)}{\partial x_n^p}\neq 0$.

Théorème 3.5. *Soit $\phi\in\mathscr{E}_n$ régulière d'ordre p en x_n et soit $\mathscr{E}_{n-1}$ la sous-algèbre de $\mathscr{E}_n$ formée des germes indépendants de la variable x_n. Pour tout $\varphi\in\mathscr{E}_n$, il existe $Q\in\mathscr{E}_n$ et $R\in\mathscr{E}_{n-1}[x_n]$, avec degré de $R<p$, tels que:*

$$\varphi=\phi\cdot Q+R.$$

Théorème 3.6. *Sous les hypothèses précédentes, il existe un polynôme distingué $P\in\mathscr{E}_{n-1}[x_n]$ de degré p et un élément inversible $q\in\mathscr{E}_n$, tels que: $P=\phi\cdot q$.*

Preuve de 3.5 et 3.6. Visiblement, $\mathscr{E}_n=(1,\ldots,x_n^{p-1})\cdot\mathscr{E}_{n-1}+\phi\cdot\mathscr{E}_n+r(\mathscr{E}_{n-1})\cdot\mathscr{E}_n$. D'après III.1.5 (on choisit $A=\mathscr{E}_{n-1}$; $B=N_B=\mathscr{E}_n$; φ est l'injection canonique de $\mathscr{E}_{n-1}$ dans $\mathscr{E}_n$; $\alpha(M_A)=(1,\ldots,x_n^{p-1})\cdot\mathscr{E}_{n-1}$; $\beta(M_B)=\phi\cdot\mathscr{E}_n$), on a: $\mathscr{E}_n=\phi\cdot\mathscr{E}_n+(1,\ldots,x_n^{p-1})\cdot\mathscr{E}_{n-1}$ et donc l'assertion 3.5.

D'après 3.5 appliqué à $\varphi=x_n^p$:

$$x_n^p=\phi\cdot q-\sum_{i=1}^{p}a_i\,x_n^{p-i}$$

avec $q\in\mathscr{E}_n$ et $a_i\in\mathscr{E}_{n-1}$. En faisant $x_1=\cdots=x_{n-1}=0$ dans l'égalité précédente, on vérifie que $a_1(0)=\cdots=a_p(0)=0$ et $q(0)\neq 0$. Le polynôme $P=x_n^p+a_1\,x_n^{p-1}+\cdots+a_p$ est donc distingué et $P=\phi\cdot q$, où $q\in\mathscr{E}_n$ est inversible. □

Enfin, on déduit aisément de 3.2 une formulation globale du théorème de préparation différentiable:

Théorème 3.7. *Soient U, Y, T des variétés de classe C^∞ et soit $f: U \to V = Y \times T$ une application propre et de classe C^∞. Posons $Y_t = Y \times \{t\}$; $X_t = f^{-1}(Y_t)$. Soit J_t (resp. I_t) l'idéal de $B = \mathscr{E}(U)$ (resp. $A = \mathscr{E}(V)$) formé des fonctions nulles sur X_t (resp. Y_t). Soient M_A un module de type fini sur A, M_B et N_B deux modules de type fini sur B, $\alpha: M_A \to N_B$ un f^*-homomorphisme et $\beta: M_B \to N_B$ un B-homomorphisme. Alors:*

(1) *Si $\forall t \in T$: $\alpha(M_A) + \beta(M_B) + I_t \cdot N_B = N_B$, on a:*

$$\alpha(M_A) + \beta(M_B) = N_B.$$

(2) Si $\forall t \in T$, *l'application f est transverse sur Y_t et*

$$\alpha(M_A) + \beta(M_B) + J_t \cdot N_B = N_B, \quad \textit{on a:}$$

$$\alpha(M_A) + \beta(M_B) = N_B.$$

Preuve. Soit $t \in T$ tel que $X_t \neq \emptyset$. Posons $A_t = \mathscr{E}_{Y_t}(V)$; $B_t = \mathscr{E}_{X_t}(U)$; $M_{A_t} = M_A \otimes_A A_t$; $M_{B_t} = M_B \otimes_B B_t$; $N_{B_t} = N_B \otimes_B B_t$. Soient $\alpha_t: M_{A_t} \to N_{B_t}$; $\beta_t: M_{B_t} \to N_{B_t}$ les homomorphismes induits par α et β respectivement. L'hypothese (1) signifie que:

$$\alpha_t(M_{A_t}) + \beta_t(M_{B_t}) + r(A_t) \cdot N_{B_t} = N_{B_t}.$$

D'après le théorème 3.2 et la remarque III.1.5:

$$\alpha_t(M_{A_t}) + \beta_t(M_{B_t}) = N_{B_t}.$$

On en déduit l'égalité: $\alpha(M_A) + \beta(M_B) = N_B$, à l'aide d'une partition C^∞ de l'unité sur V, l'application f étant propre.

Enfin, (2) résulte de (1), car si l'application f est transverse sur Y_t, l'idéal engendré par $f^*(I_t)$ dans l'anneau B est égal à J_t. □

4. Un théorème de prolongement

Les variétés considérées dans ce paragraphe et le suivant seront des *variétés à «coins»*, de classe C^∞. Rappelons brièvement leur définition.

Définition 4.1. Soit X un ensemble. Un *atlas (de dimension n) sur X* est une famille de couples (U_i, φ_i), indexée par un ensemble d'indices I, satisfaisant aux conditions suivantes:

(1) Chaque U_i est un sous-ensemble de X et $X = \bigcup_{i \in I} U_i$.

(2) Chaque φ_i est une bijection de U_i sur un ouvert $\varphi_i(U_i)$ d'un espace $\mathbb{R}^{n-k_i} \times (\mathbb{R}^+)^{k_i}$ et pour tous i, j, $\varphi_i(U_i \cap U_j)$ est ouvert dans $\varphi_i(U_i)$.

(3) L'application $\varphi_j \circ \varphi_i^{-1}: \varphi_i(U_i \cap U_j) \to \varphi_j(U_i \cap U_j)$ est de classe C^∞, pour tous $i, j \in I$.

Deux atlas $(U_i, \varphi_i)_{i \in I}$ et $(V_j, \psi_j)_{j \in J}$ sur X sont *équivalents* si pour tout $i \in I$ et tout $j \in J$, $\varphi_i \circ \psi_j^{-1}$ et $\psi_j \circ \varphi_i^{-1}$ sont de classe C^∞.

A tout atlas $(U_i, \varphi_i)_{i \in I}$, on associe l'unique topologie sur X telle que tous les φ_i soient des homéomorphismes et tous les U_i soient ouverts. Visiblement, deux atlas équivalents définissent la même topologie.

Par *variété* (de dimension n), nous entendons une paire formée de X et d'une classe d'équivalence d'atlas (de dimension n) sur X, de telle sorte que la topologie associée à cette classe soit séparée et dénombrable à l'infini. Les notions de sous-variétés, de produits de variétés, etc.... bien connues dans le cas des variétés ordinaires, se définissent de la même façon.

Définition 4.2. Un point x d'une variété X est un *coin d'indice* k s'il existe une carte (U, φ) telle que $x \in U$; $\varphi(U) = \mathbb{R}^{n-k} \times (\mathbb{R}^+)^k$ et $\varphi(x) = 0$.

Les coins d'indice k forment une sous-variété (sans coins d'indice >0 et de codimension k) X_k de X. Visiblement, X est la réunion disjointe des X_k, $k = 0, 1, \ldots, n$. Le *bord* $b(X)$ de X est par définition la réunion des X_k, $k \geqq 1$. Enfin, l'algèbre $\mathscr{E}(X)$ des fonctions à valeurs réelles, de classe C^∞ sur X, est munie comme d'habitude de la topologie de la convergence uniforme des fonctions et de leurs dérivées sur tout compact.

Théorème 4.3. *Soit X une sous-variété fermée d'une variété Y. Il existe une application linéaire continue: $\mathscr{E}(X) \ni \varphi \to \dot{\varphi} \in \mathscr{E}(Y)$, telle que $\dot{\varphi} \mid X = \varphi$ pour tout $\varphi \in \mathscr{E}(X)$.*

Preuve. Le théorème résulte facilement du lemme suivant:

Lemme 4.4 (Seeley [1]). *Soit X une variété. Il existe une application linéaire continue: $\mathscr{E}(X \times \mathbb{R}^+) \ni \varphi \to \dot{\varphi} \in \mathscr{E}(X \times \mathbb{R})$, telle que $\dot{\varphi} \mid X \times \mathbb{R}^+ = \varphi$ pour tout $\varphi \in \mathscr{E}(X \times \mathbb{R}^+)$.*

Preuve. La méthode de Seeley (cf. preuve de IV.5.6) donne rapidement le résultat. La démonstration suivante (J. Mather [2]) utilise le théorème de préparation différentiable.

Soit $\varphi(x, y)$ une fonction C^∞ sur le demi-espace de $X \times \mathbb{R}$ formé des (x, y) tels que $y \geqq 0$. La fonction $\varphi(x, t^2)$ est donc C^∞ sur l'espace $X \times \mathbb{R}$ paramétré par (x, t). Considérons $\varphi(x, t^2)$ comme une fonction C^∞ sur l'espace $X \times \mathbb{R} \times \mathbb{R}$ paramétré par (x, t, y); d'après 2.7 (le théorème 2.7 est encore vrai si $b(X) \neq \emptyset$, d'après la remarque 2.8), nous pouvons diviser $\varphi(x, t^2)$ par le polynôme distingué en t: $t^2 - y$. Ainsi

$$\varphi(x, t^2) = (t^2 - y)\, Q(x, t, y) + \psi(x, y)\, t + \dot{\varphi}(x, y). \tag{4.4.1}$$

Visiblement, d'après 2.7, l'application: $\mathscr{E}(X \times \mathbb{R}^+) \ni \varphi \to \dot{\varphi} \in \mathscr{E}(X \times \mathbb{R})$ est linéaire continue. En outre, $\dot{\varphi}$ prolonge φ. En effet, supposons $y \geqq 0$ et faisons $t = \sqrt{y}$ et $t = -\sqrt{y}$ dans l'identité (4.4.1); nous obtenons:

$$\varphi(x, y) = \pm \psi(x, y) \sqrt{y} + \dot{\varphi}(x, y)$$

d'où il résulte que $\psi(x, y) = 0$ et donc $\varphi(x, y) = \dot{\varphi}(x, y)$. □

Preuve de 4.3. D'après le théorème du plongement de Whitney VII.4.10, la variété Y est difféomorphe à une sous-variété fermée d'un espace euclidien $\mathbb{R}^p$. Ainsi, il suffit de considérer le cas $Y = \mathbb{R}^p$.

1ère étape: Supposons d'abord que X est le sous-espace $\mathbb{R}^{n-k} \times (\mathbb{R}^+)^k \times \{0\}$ de $\mathbb{R}^p$; k applications successives du lemme 4.4 permettent de construire un prolongement: $\mathscr{E}(X) \ni \varphi \to \tilde{\varphi} \in \mathscr{E}(\mathbb{R}^n \times \{0\})$. Il suffit alors de poser $\dot{\varphi} = \tilde{\varphi} \circ \pi$, où π désigne la projection: $\mathbb{R}^p \to \mathbb{R}^n \times \{0\}$.

2ème étape: Considérons le cas général. Chaque coin $x \in X$ d'indice k possède un voisinage ouvert U_x dans Y de telle sorte que le couple $(U_x, U_x \cap X)$ soit difféomorphe à $(\mathbb{R}^p, \mathbb{R}^{n-k} \times (\mathbb{R}^+)^k \times \{0\})$. Soit ε_i, $i \in I$, une partition C^∞ de l'unité sur Y, subordonnée au recouvrement ouvert de Y formé par $Y \setminus X$ et tous les U_x, $x \in X$.

Soit J l'ensemble des indices i tels que $\operatorname{supp} \varepsilon_i \cap X \neq \emptyset$. Si $i \in J$, soit $x_i \in \operatorname{supp} \varepsilon_i \cap X$ tel que $\operatorname{supp} \varepsilon_i \subset U_{x_i}$.

Soit $\varphi \in \mathscr{E}(X)$; d'après la 1ère étape, $\varphi \mid U_{x_i} \cap X$ se prolonge en une fonction $\dot{\varphi}_i \in \mathscr{E}(U_{x_i})$. Posons $\dot{\varphi} = \sum_{i \in J} \varepsilon_i \dot{\varphi}_i$: visiblement, l'application $\varphi \mapsto \dot{\varphi}$ est linéaire continue et $\dot{\varphi}$ prolonge φ. □

5. Le théorème de préparation pour les fonctions C^∞ dépendant continument d'un paramètre (J. Mather [2])

Dans tout ce paragraphe, (E, e_0) désigne un espace métrique pointé. A toute variété X, on associe la $\mathbb{R}$-algèbre $\mathscr{E}(X)^E$ des germes en e_0 des applications continues de E dans $\mathscr{E}(X)$. Si $\phi \in \mathscr{E}(X)^E$, on désigne par $\tilde{\phi}$: $E \ni e \to \tilde{\phi}_e \in \mathscr{E}(X)$ un représentant de ϕ, choisi une fois pour toutes. Soit v_X (ou v s'il n'y a pas de confusion possible) la projection:

$$\mathscr{E}(X)^E \to \mathscr{E}(X)$$

associant à tout germe ϕ sa valeur ϕ_{e_0} au point e_0. Enfin, soit $\mathbb{R}^E$ l'anneau des germes en e_0 des applications continues de E dans $\mathbb{R}$. On a une injection $\mathbb{R}^E \to \mathscr{E}(X)^E$, $\mathbb{R}$ étant identifié à l'ensemble des applications constantes de X dans $\mathbb{R}$.

Lemme 5.1. *Le radical de $\mathscr{E}(X)^E$ est contenu dans* $\ker v$. *En outre, si X est compacte, ce radical est égal à* $\ker v$ *et de plus est engendré sur $\mathscr{E}(X)^E$*

par l'idéal maximal $\underline{m}$ de $\mathbb{R}^E$ (i.e. par l'idéal de $\mathbb{R}^E$ formé de tous les germes nuls en e_0).

Preuve. Pour tout $x \in X$, soit ξ_x l'application: $\mathscr{E}(X) \ni \varphi \to \varphi(x) \in \mathbb{R}$; on a $\ker v = \bigcap_{x \in X} \ker \xi_x \circ v$; ainsi $\ker v$ est une intersection d'idéaux maximaux et donc contient le radical de $\mathscr{E}(X)^E$.

Supposons désormais X compacte. On a réciproquement:

$$r(\mathscr{E}(X)^E) \supset \ker v;$$

en effet, soit $\phi \in \ker v$; il suffit de montrer que $1+\phi$ est inversible dans $\mathscr{E}(X)^E$. Or, $1+\tilde{\phi}_{e_0}=1$ et X est compacte; par continuité, on aura $1+\tilde{\phi}_e(x) \neq 0$ pour tout $x \in X$ et tout e dans un certain voisinage de e_0; d'où le résultat.

Enfin, soit $\phi \in \ker v$. Pour tout $i \in \mathbb{N}$, il existe V_i voisinage de e_0 dans E tel que $|\tilde{\phi}_e|_i^X \leqq 1/i^2$ pour tout $e \in V_i$ (on note $|\ |_i^X$ une norme sur $\mathscr{E}(X)$ pour la convergence uniforme des fonctions et de leurs dérivées d'ordre $\leqq i$ sur X). On peut supposer que pour tout i: $V_i \supset V_{i+1}$ et $\bigcap V_i = \{e_0\}$. Soit $\tilde{\eta}$ une application continue de E dans $\mathbb{R}$ telle que $\tilde{\eta}(e_0)=0$, $\tilde{\eta} \geqq 1/i$ sur $V_i \setminus V_{i+1}$, $i \in \mathbb{N}$, et soit η le germe de $\tilde{\eta}$ au point e_0. Visiblement, ϕ est divisible par η dans $\mathscr{E}(X)^E$. Ceci achève la preuve du lemme. □

Soit Y une seconde variété et soit F le germe en e_0 d'une application continue $\tilde{F}$ de E dans l'espace $C^\infty(X, Y)$ muni de la topologie de la convergence uniforme des fonctions et de leurs dérivées sur tout compact. Le germe F définit une application F^* de $\mathscr{E}(Y)^E$ dans $\mathscr{E}(X)^E$: si $\phi \in \mathscr{E}(Y)^E$, $F^*(\phi) = \phi \circ F$ sera le germe en e_0 de l'application $e \mapsto \tilde{\phi}_e \circ \tilde{F}_e$. On a un diagramme commutatif:

$$\begin{array}{ccc}
\mathbb{R}^E & \xrightarrow{\text{id}} & \mathbb{R}^E \\
\downarrow & & \downarrow \\
\mathscr{E}(Y)^E & \xrightarrow{F^*} & \mathscr{E}(X)^E \\
\downarrow{\scriptstyle v_Y} & & \downarrow{\scriptstyle v_X} \\
\mathscr{E}(Y) & \xrightarrow{F^*_{e_0}} & \mathscr{E}(X).
\end{array}$$

Enfin, si $f \in C^\infty(X, Y)$, nous noterons $[f]$ le germe en e_0 de l'application constante: $E \ni e \to f \in C^\infty(X, Y)$ (en particulier, à tout $\varphi \in \mathscr{E}(X)$, on associe $[\varphi] \in \mathscr{E}(X)^E$).

Lemme 5.2. *Si X est compacte, on a les égalités:*

$$F^*(r(\mathscr{E}(Y)^E)) \cdot \mathscr{E}(X)^E = F^*(\ker v_Y) \cdot \mathscr{E}(X)^E = r(\mathscr{E}(X)^E) = \ker v_X.$$

Preuve. D'après 5.1: $r(\mathscr{E}(Y)^E) \subset \ker v_Y$; d'où:

$$F^*(r(\mathscr{E}(Y)^E)) \subset F^*(\ker v_Y) \subset \ker v_X = r(\mathscr{E}(X)^E)$$

(on a cette dernière égalité d'après 5.1).

Soit $\varphi \in \mathscr{E}(Y)$, à support compact, et telle que $\varphi = 1$ au voisinage de $F_{e_0}(X)$. Visiblement, $[\varphi] \cdot \underline{m} \subset r(\mathscr{E}(Y)^E)$ (en effet, tout élément de $1 + [\varphi] \cdot \underline{m}$ est inversible dans $\mathscr{E}(Y)^E$). Puisque $F^*([\varphi] \cdot \underline{m}) = \underline{m}$, on a d'après 5.1, l'inclusion: $F^*(r(\mathscr{E}(Y)^E)) \cdot \mathscr{E}(X)^E \supset \ker v_X$, ce qui achève la démonstration du lemme. □

Le résultat essentiel de ce paragraphe est le suivant:

Théorème 5.3. *Si X est compacte, l'homomorphisme F^* est excellent.*

D'après 5.2, ce théorème signifie ceci: *Soit M un module de type fini sur $\mathscr{E}(X)^E$ tel que $M/\ker v_X \cdot M$ soit un module de type fini sur $\mathscr{E}(Y)$ par l'application $F^*_{e_0}$. Alors M est un module de type fini sur $\mathscr{E}(Y)^E$ par l'application F^*.*

Preuve de 5.3. Nous décomposons d'abord l'homomorphisme F^* en un produit d'homomorphismes. Pour cela, démontrons le résultat suivant:

Lemme 5.4. *Un sous-ensemble fermé Z d'une variété X admet un système fondamental de voisinages formé de sous-variétés fermées de X.*

Preuve. Soit U un voisinage ouvert de Z dans X. Il existe $\varphi \in \mathscr{E}(X)$ telle que $\varphi = 1$ sur Z; $\varphi = 0$ sur $X \setminus U$ et $0 < \varphi < 1$ sur $U \setminus Z$. D'après le théorème de Sard (cf. VII.1), il existe $a \in]0, 1[$, tel que a soit une valeur régulière pour chaque application $\varphi | X_k$, X_k désignant la variété formée des coins d'indice k de X. Visiblement, $\varphi^{-1}[a, 1]$ est une sous-variété fermée de X, voisinage de Z, et contenue dans U. □

D'après le théorème du plongement VII.4.10, nous pouvons considérer X comme une sous-variété fermée d'un espace euclidien $\mathbb{R}^N$. Soit G le germe en e_0 de l'application $\tilde{G}$: $E \to C^\infty(X, \mathbb{R}^N \times Y)$ qui associe à tout $e \in E$ l'application $x \mapsto (x, \tilde{F}_e(x))$ ($\tilde{F}$ désigne un représentant de F). Soit Y_N une sous-variété compacte de $\mathbb{R}^N \times Y$, voisinage de $G_{e_0}(X)$ (ceci est possible d'après 5.4). Pour e voisin de e_0, on a $\tilde{G}_e(X) \subset Y_N$, et donc on peut considérer G comme le germe en e_0 d'une application continue de E dans $C^\infty(X, Y_N)$.

Pour $0 \leqq i \leqq N$, notons simplement $\mathbb{R}^i \times Y$ le sous-espace $\mathbb{R}^i \times \{0\} \times Y$ de $\mathbb{R}^N \times Y$ et identifions $\{0\} \times Y$ à Y; soit π_i la projection:

$$\mathbb{R}^i \times Y \to \mathbb{R}^{i-1} \times Y.$$

D'après 5.4, il existe des sous-variétés compactes Y_i de $\mathbb{R}^i \times Y$, $0 < i < N$, telles que $\pi_N(Y_N) \subset Y_{N-1}, \ldots, \pi_i(Y_i) \subset Y_{i-1}, \ldots, \pi_2(Y_2) \subset Y_1$. Posons $Y_0 = Y$

et soit π_i' l'élément de $C^\infty(Y_i, Y_{i-1})$ induit par π_i. Visiblement:

$$F^* = G^* \circ [\pi_N']^* \circ \cdots \circ [\pi_1']^*.$$

D'après III.1.4, il suffit de montrer que G^* et les $[\pi_i']^*$ sont des homomorphismes excellents.

(5.5) *L'homomorphisme G^* est excellent.*

Preuve. D'après III.1.2, il suffit de montrer la surjectivité de G^*. La variété Y étant considérée comme une sous-variété fermée de $\mathbb{R}^p$, considérons l'application continue $\tilde{H}: E \to C^\infty(X, \mathbb{R}^N \times \mathbb{R}^p)$ telle que, pour tout $e \in E$ et tout $x \in X$: $\tilde{H}_e(x) = (x, \tilde{F}_e(x))$. Soit H le germe de $\tilde{H}$ en e_0. La surjectivité de G^* résultera visiblement de celle de H^*. Or, soit $\tilde{D}_e$ le difféomorphisme $\mathbb{R}^N \times \mathbb{R}^p \ni (x, y) \to (x, y - \tilde{F}_{e_0}(x) + \tilde{F}_e(x)) \in \mathbb{R}^N \times \mathbb{R}^p$ et soit D le germe en e_0 de l'application continue: $e \to \tilde{D}_e$. On a visiblement: $H^* = [H_{e_0}]^* \circ D^*$. D'après 4.3, l'homomorphisme $[H_{e_0}]^*$ est surjectif; il en sera de même de H^*, donc de G^*.

(5.6) *Les homomorphismes $[\pi_i']^*$ sont excellents.*

Preuve. Soient X une variété; Y une sous-variété compacte de $X \times \mathbb{R}$. Soient $\pi: X \times \mathbb{R} \to X$; $t: X \times \mathbb{R} \to \mathbb{R}$ les projections et posons $\pi' = \pi | Y$ et $t' = t | Y$. D'après III.1.8, il suffit de vérifier que le couple $([\pi']^*, [t'])$ vérifie la propriété de division.

Soient $u_1, \ldots, u_p \in \mathscr{E}(X)^E$; $\psi \in \mathscr{E}(Y)^E$ tel que $\psi_{e_0} = 0$. Posons

$$\Lambda = [t']^p + \sum_{i=1}^{p} (u_i \circ [\pi']) \cdot [t']^{p-i} + \psi.$$

Soit $\phi \in \mathscr{E}(Y)^E$: nous devons trouver $q \in \mathscr{E}(Y)^E$ et $h_1, \ldots, h_p \in \mathscr{E}(X)^E$ tels que:

$$\phi = \Lambda \cdot q + \sum_{i=1}^{p} (h_i \circ [\pi']) \cdot [t']^{p-i}. \qquad (5.6.1)$$

Cas $\psi = 0$: D'après 4.3, il existe $\tilde{\phi}$, application continue de E dans $\mathscr{E}(X \times \mathbb{R})$, telle que $\tilde{\phi}_e | Y = \phi_e$ pour tout $e \in E$. Soit $y = (y_1, \ldots, y_p)$ un système de coordonnées de l'espace $\mathbb{R}^p$. D'après 2.7:

$$\tilde{\phi}_e(x, t) \equiv \left(t^p + \sum_{i=1}^{p} y_i\, t^{p-i}\right) \cdot \tilde{Q}_e(x, t, y) + \sum_{i=1}^{p} \tilde{H}_{i,e}(x, y)\, t^{p-i}$$

où $e \mapsto \tilde{Q}_e$, $e \mapsto \tilde{H}_{i,e}$ sont des applications continues de E dans

$$\mathscr{E}(X \times \mathbb{R} \times \mathbb{R}^p) \quad \text{et} \quad \mathscr{E}(X \times \mathbb{R}^p)$$

respectivement. Substituant $\tilde{u}_{i,e}(x)$ à y_i pour $i = 1, \ldots, p$ dans l'identité précédente, on obtient l'égalité (5.6.1).

Cas général: En raisonnant comme précédemment, avec ψ au lieu de ϕ, on obtient:

$$\tilde{\tilde{\psi}}_e(x,t) \equiv \left(t^p + \sum_{i=1}^{p} y_i\, t^{p-i}\right) \cdot \tilde{q}_e(x,t,y) + \sum_{i=1}^{p} \tilde{h}_{i,e}(x,y)\, t^{p-i}$$

avec $\tilde{q}_{e_0}=0$ et $\tilde{h}_{i,e_0}=0$ pour $i=1,\dots,p$ (en effet, $\psi_{e_0}=0$ entraîne $\tilde{\tilde{\psi}}_{e_0}=0$, car le prolongement utilisé est linéaire; en outre, la division est aussi linéaire). Posons:

$$\tilde{\Lambda}_e(x,t) \equiv t^p + \sum_{i=1}^{p} \tilde{u}_{i,e}(x)\, t^{p-i} + \tilde{\tilde{\psi}}_e(x,t).$$

On a:

$$\tilde{\Lambda}_e(x,t) \equiv \left(t^p + \sum_{i=1}^{p} y_i\, t^{p-i}\right) (1 + \tilde{q}_e(x,t,y)) + \sum_{i=1}^{p} \tilde{v}_{i,e}(x,y)\, t^{p-i}$$

avec

$$\tilde{v}_{i,e}(x,y) \equiv \tilde{u}_{i,e}(x) - y_i + \tilde{h}_{i,e}(x,y).$$

On a $\tilde{h}_{i,e_0}=0$, pour $i=1,\dots,p$ et $\pi(Y)$ est un compact de X. D'après le théorème des fonctions implicites, il existe donc des applications de classe C^∞: $X \ni x \to \tilde{y}_e(x) = (\tilde{y}_{1,e}(x), \dots, \tilde{y}_{p,e}(x)) \in \mathbb{R}^p$, dépendant continument de e, telles que: $\tilde{v}_{i,e}(x, \tilde{y}_e(x))=0$ pour tout $x \in \pi(Y)$ et tout e situé dans un certain voisinage V_{e_0} de e_0. D'où pour $e \in V_{e_0}$ et $(x,t) \in Y$:

$$\tilde{\Lambda}_e(x,t) \equiv \left(t^p + \sum_{i=1}^{p} \tilde{y}_{i,e}(x)\, t^{p-i}\right) (1 + \tilde{q}_e(x,t,\tilde{y}_e(x))).$$

Soit Λ' le germe en e_0 de l'application $\tilde{\Lambda}'$ de E dans $\mathscr{E}(Y)$ associant à e la restriction à Y du polynôme $t^p + \sum_{i=1}^{p} \tilde{y}_{i,e}(x) \cdot t^{p-i}$. Puisque $\tilde{q}_{e_0}=0$, on a $\Lambda = \Lambda' \cdot \Lambda''$, avec Λ'' inversible dans $\mathscr{E}(Y)^E$. Diviser ϕ par Λ revient donc à diviser ϕ par Λ', et l'on est ramené au cas précédent. □

Corollaire 5.7. *Avec les hypothèses du théorème 5.3, posons* $A' = \mathscr{E}(Y)^E$; $B' = \mathscr{E}(X)^E$; $I' = \ker v_Y$; $J' = \ker v_X$. *Soient* $M_{A'}$ *un* A'*-module de type fini;* $M_{B'}$ *et* $N_{B'}$ *des* B'*-modules de type fini;* $\alpha' : M_{A'} \to N_{B'}$ *un* F^**-homomorphisme;* $\beta' : M_{B'} \to N_{B'}$ *un* B'*-homomorphisme. Si*

$$\alpha'(M_{A'}) + \beta'(M_{B'}) + J' \cdot N_{B'} = N_{B'}$$

on a les égalités:

$$\alpha'(M_{A'}) + \beta'(M_{B'}) = N_{B'}$$

et

$$\alpha'(I' \cdot M_{A'}) + \beta'(J' \cdot M_{B'}) = J' \cdot N_{B'}.$$

Preuve. Immédiate d'après 5.2, 5.3 et la remarque III.1.5. □

6. Appendice: Fonctions composées holomorphes ou polynomiales

Proposition 6.1. *Soient X et Y deux variétés analytiques complexes de dimensions respectives n et p $(n \geqq p)$. Supposons Y connexe et soit f une application holomorphe propre de X dans Y telle que l'ensemble X' des points réguliers de f soit dense dans X. Alors f est surjective. En outre, toute application ϕ: $Y \to \mathbb{C}$ telle que $\phi \circ f$ soit holomorphe sur X, est holomorphe sur Y.*

Preuve. L'application f étant propre, $f(X)$ est un sous-ensemble analytique fermé de Y (cf. Narasimhan [1], chapitre VII).

En outre, $f(X)$ est l'adhérence de l'ouvert $f(X')$. Il en résulte qu'en chacun de ses points, la dimension de $f(X)$ est égale à p; ainsi $f(X)$ est ouvert et fermé dans l'espace connexe Y, et donc $f(X)=Y$.

Puisque la restriction de f à l'ouvert X' est une submersion, ϕ est holomorphe sur $f(X')$. En outre, ϕ est continue sur Y (d'après 1.4, l'application f étant propre). En chacun de ses points, la dimension de l'ensemble analytique $Y \setminus f(X')$ est $<p$: d'après un résultat classique (Gunning et Rossi [1]), l'application ϕ est holomorphe sur Y tout entier. □

Proposition 6.2. *En plus des hypothèses précédentes, supposons que $X=Y=\mathbb{C}^n$ et que f est une application polynomiale. Alors, si $\phi \circ f$ est un polynôme de degré $\leqq q$, l'application ϕ est un polynôme de degré $\leqq m q$ (m désignant un entier indépendant de ϕ).*

La proposition résulte facilement du lemme suivant:

Lemme 6.3. *Soit $P \in \mathbb{R}[x_1, \ldots, x_n]$ tel que $P(x) \to +\infty$ quand $|x| \to \infty$. Alors, il existe un compact K de $\mathbb{R}^n$, des constantes $C>0$, $\alpha>0$ telles que $P(x) \geqq C|x|^\alpha$ pour tout $x \in \mathbb{R}^n \setminus K$.*

Admettons provisoirement ce lemme et démontrons 6.2. D'après le lemme précédent (appliqué à $\mathbb{R}^{2n} \simeq \mathbb{C}^n$ au lieu de $\mathbb{R}^n$ et à $P=|f|^2$), il existe un entier $m>0$ et un voisinage compact K de 0 tels que,

$$\forall z \notin K: \ |f(z)|^m \geqq |z|.$$

Si $\phi \circ f$ est un polynôme de degré $\leqq q$, il existe une constante $C>0$ telle que: $|\phi \circ f(z)| \leqq C|z|^q$, pour tout $z \in \mathbb{C}^n \setminus K$. Ainsi, en dehors du compact K: $|\phi(f(z))| \leqq C|f(z)|^{mq}$, donc $|\phi(z)| \leqq C|z|^{mq}$ pour tout $z \in \mathbb{C}^n \setminus f(K)$. D'après 6.1, l'application ϕ est holomorphe sur $\mathbb{C}^n$; d'après le théorème de Liouville, ϕ est un polynôme de degré $\leqq m q$.

Preuve de 6.3. La démonstration s'inspire de Hörmander ([1], lemme 1). Considérons dans $\mathbb{R}^n \times \mathbb{R} \times \mathbb{R}$ l'ensemble semi-algébrique Σ

formé des points (x, ξ, η) tels que:

$$\xi \cdot |x| \geqq 1, \tag{6.3.1}$$

$$0 \leqq \eta \cdot P(x) \leqq 1. \tag{6.3.2}$$

D'après un théorème de Seidenberg-Tarski (cf. Seidenberg [1]), la projection Σ' sur $\mathbb{R} \times \mathbb{R}$ de cet ensemble semi-algébrique est semi-algébrique. Ainsi, on peut trouver un nombre fini de systèmes

$$G_1(\xi, \eta), \ldots, G_r(\xi, \eta)$$

chacun étant composé d'un nombre fini d'équations polynomiales ou d'inéquations polynomiales strictes en ξ, η, telles que (6.3.1) et (6.3.2) soient vérifiés pour un $x \in \mathbb{R}^n$ si et seulement si (ξ, η) satisfait $G_i(\xi, \eta)$ pour au moins un indice i.

A tout $\xi > 0$, associons $T(\xi) = \sup\limits_{(\xi, \eta) \in \Sigma'} \eta$. D'après (6.3.1), (6.3.2) et l'hypothèse, si (x, ξ, η) décrit Σ et $\xi \to 0$, alors $|x| \to \infty$ et $\eta \to 0$. Il en résulte que $T(\xi) < \infty$ lorsque ξ est assez petit; en outre, un argument de compacité montre facilement que le point $(\xi, T(\xi))$ appartient alors à Σ'. Le point $(\xi, T(\xi))$ doit donc vérifier l'un des systèmes $G_i(\xi, \eta)$ et ce système comporte nécessairement une equation polynomiale non triviale (sinon, $(\xi, T(\xi))$ serait un point intérieur de Σ'). Ainsi, il existe un polynôme $Q \neq 0$ tel que $Q(\xi, T(\xi)) = 0$ pour tout $\xi > 0$ assez petit. Puisque $T(\xi) \to 0$ quand $\xi \to 0$, on a $Q(0,0) = 0$. D'après le théorème de Puiseux, on a pour $\xi > 0$ assez petit: $C \cdot T(\xi) \leqq \xi^\alpha$, où C et α sont des réels > 0. Il en résulte, si $|x|$ est assez grand, que $P(x) \geqq C|x|^\alpha$. (En effet, le point $(1/|x|, 1/P(x))$ appartient à Σ'; donc $1/P(x) \leqq T(1/|x|) \leqq 1/C|x|^\alpha$.) □

Remarque 6.4. En plus des hypothèses de la proposition 6.2, supposons que les composantes f_i $(1 \leqq i \leqq n)$ de f soient des polynômes homogènes. Visiblement, il existe une constante $C > 0$ telle que $|f(z)| \geqq C|z|$ lorsque $|z|$ est assez grand. On peut alors choisir $m = 1$, dans l'énoncé de la proposition.

Exemple 6.5. *Le théorème de Newton holomorphe ou polynomial.*

L'application polynomiale σ de $\mathbb{C}^m$ dans lui-même, considérée au paragraphe 2, est propre, surjective, et l'ensemble de ses points réguliers est dense dans $\mathbb{C}^m$. Une application $\varphi: \mathbb{C}^m \to \mathbb{C}$ se factorise par σ (i.e. il existe $\phi: \mathbb{C}^m \to \mathbb{C}$ telle que $\phi \circ \sigma = \varphi$) si et seulement si φ est symétrique en les variables $w_1, \ldots, w_p$. Puisque les composantes de σ sont des polynômes homogènes, on a le résultat suivant:

Si φ est une fonction holomorphe (resp. un polynôme de degré $\leqq q$) symétrique en les variables $w_1, \ldots, w_p$, il existe une fonction holomorphe unique ϕ (resp. un polynôme unique ϕ de degré $\leqq q$) tel que $\phi \circ \sigma = \varphi$.

Chapitre X. Stabilité des applications différentiables

L'object de ce chapitre est la démonstration du théorème fondamental sur les applications stables (cf. J. Mather [2], [5]): ce théorème donne une caractérisation infinitésimale, aisément vérifiable, de ces applications. Les outils essentiels de la démonstration sont le théorème de préparation différentiable et le théorème de transversalité.

1. Enoncé du résultat

Par variété, nous entendrons une variété sans bord de classe C^∞.

Si X est une variété, on désigne par $\tau(X)$, le fibré tangent à X; par $\phi(X)$ le module sur $\mathscr{E}(X)$ des sections C^∞ de $\tau(X)$; par $\mathrm{Diff}(X)$ le groupe des difféomorphismes C^∞ de X sur X.

Soit Y une seconde variété, et soit $C^\infty(X, Y)$ l'espace des applications C^∞ de X dans Y muni de la topologie fine (cf. VII.4); si $f\in C^\infty(X, Y)$, on note $\phi(f)$ le module sur $\mathscr{E}(X)$ des sections C^∞ de $f^*\tau(Y)$: un élément γ de $\phi(f)$ est donc une application C^∞ de X dans $\tau(Y)$ telle que $P_Y\circ\gamma=f$, où $P_Y\colon \tau(Y)\to Y$ est la projection canonique. Enfin, soit $\tau(f)$ l'application linéaire tangente à f. On définit les applications:

$$\mathsf{O}_f\colon\ \mathrm{Diff}(Y)\times\mathrm{Diff}(X)\ni(h, g)\to h^{-1}\circ f\circ g\in C^\infty(X, Y),$$

$$\alpha_f\colon\ \phi(Y)\ni\eta\to\eta\circ f\in\phi(f),$$

$$\beta_f\colon\ \phi(X)\ni\xi\to\tau(f)\circ\xi\in\phi(f).$$

Définition 1.1. Nous dirons que f est *stable* s'il existe un voisinage E de f dans $C^\infty(X, Y)$ tel que $\forall f'\in E$, il existe $g\in\mathrm{Diff}(X)$ et $h\in\mathrm{Diff}(Y)$ vérifiant:

$$f=h^{-1}\circ f'\circ g.$$

Cela signifie que l'image de O_f, orbite de f sous l'action du groupe $\mathrm{Diff}(Y)\times\mathrm{Diff}(X)$, est un ouvert de $C^\infty(X, Y)$.

Intuitivement, $\phi(Y)\oplus\phi(X)$ est l'espace tangent à $\mathrm{Diff}(Y)\times\mathrm{Diff}(X)$ en $(1_Y, 1_X)$; $\phi(f)$ est l'espace tangent à $C^\infty(X, Y)$ au point f; $\alpha_f+\beta_f$:

$\phi(Y)\oplus\phi(X)\to\phi(f)$ est l'application linéaire tangente à O_f en $(1_Y, 1_X)$. Cela suggère la définition suivante:

Définition 1.2. Nous dirons que f est *infinitésimalement stable* si l'application $\alpha_f+\beta_f$ est surjective, i.e. $\alpha_f(\phi(Y))+\beta_f(\phi(X))=\phi(f)$.

Définition 1.3. Posons $U=X\times[0,1]$, $V=Y\times[0,1]$. Soient $f, f'\in C^\infty(X,Y)$. Une *homotopie stable* de f vers f' est la donnée de trois applications C^∞:

$$F:\ U\ni(x,t)\to F_t(x)\in Y,$$

$$G:\ U\ni(x,t)\to G_t(x)\in X,$$

$$H:\ V\ni(y,t)\to H_t(y)\in Y$$

telles que $G_0=1_X$; $H_0=1_Y$; $F_0=f$; $F_1=f'$ et $\forall t\in[0,1]$, $G_t\in\operatorname{Diff}(X)$, $H_t\in\operatorname{Diff}(Y)$ et

$$f=H_t^{-1}\circ F_t\circ G_t. \tag{1.3.1}$$

Une telle homotopie est *triviale* si $\forall t\in[0,1]$:

$F_t=f,\quad G_t=1_X,\quad H_t=1_Y$ (ceci entraîne évidemment $f=f'$).

Une condition nécessaire et suffisante pour que la condition (1.3.1) soit satisfaite est que:

$$\frac{\partial}{\partial t}(H_t^{-1}\circ F_t\circ G_t)$$
$$=\tau(H_t^{-1})\circ\left(\tau(F_t)\circ\frac{\partial G_t}{\partial t}\circ G_t^{-1}+\frac{\partial F_t}{\partial t}+\tau(H_t)\circ\frac{\partial H_t^{-1}}{\partial t}\circ F_t\right)\circ G_t=0.$$

Soit en remarquant que

$$\frac{\partial}{\partial t}(H_t\circ H_t^{-1})=\tau(H_t)\circ\frac{\partial H_t^{-1}}{\partial t}+\frac{\partial H_t}{\partial t}\circ H_t^{-1}=0,$$

$$\frac{\partial F_t}{\partial t}=\alpha_{F_t}(\eta_t)+\beta_{F_t}(\xi_t) \tag{1.3.2}$$

avec:

$$\xi_t=-\frac{\partial G_t}{\partial t}\circ G_t^{-1},\qquad \eta_t=\frac{\partial H_t}{\partial t}\circ H_t^{-1}.$$

Définition 1.4. Nous dirons que f est *homotopiquement stable* s'il existe un voisinage E de f dans $C^\infty(X,Y)$ et une application continue:

$$E\ni f'\to(F_{f'}, G_{f'}, H_{f'})\in C^\infty(U,Y)\times C^\infty(U,X)\times C^\infty(V,Y)$$

telle que, $\forall f'\in X$, le triple $(F_{f'}, G_{f'}, H_{f'})$ soit une homotopie stable de f vers f', triviale si $f'=f$.

Evidemment, la stabilité homotopique entraîne la stabilité. Le théorème fondamental est le suivant (cf. J. Mather [2], [5]):

Théorème 1.5. *Soient X et Y deux variétés et soit $f: X \to Y$ une application propre, de classe C^∞. Les conditions suivantes sont équivalentes:*

(1) *L'application f est infinitésimalement stable.*

(2) *L'application f est homotopiquement stable.*

(3) *L'application f est stable.*

L'hypothèse de propreté sur f est essentielle: si f n'est pas propre, la stabilité infinitésimale n'implique pas nécessairement la stabilité et réciproquement (cf. J. Mather [2]). *Nous supposerons dans le paragraphe suivant que la variété X est compacte* (ceci élimine certaines difficultés non essentielles liées à la topologie fine sur $C^\infty(X, Y)$).

2. La stabilité infinitésimale entraîne la stabilité homotopique

Soit $f: X \to Y$ une application de classe C^∞ infinitésimalement stable. Par hypothèse:

$$\phi(f) = \alpha_f(\phi(Y)) + \beta_f(\phi(X)). \tag{2.1}$$

Nous devons montrer que f est homotopiquement stable, c'est-à-dire (définition 1.4), construire une famille continue d'homotopies stables $(F_{f'}, G_{f'}, H_{f'})$. Nous construirons d'abord la famille $F_{f'}$, puis nous la «stabiliserons» à l'aide du théorème de préparation différentiable.

(2.2) *Construction des $F_{f'}$.* Posons $U = X \times [0, 1]$, $V = Y \times [0, 1]$. Nous cherchons un voisinage E de f dans $C^\infty(X, Y)$ et une application continue $F: E \ni f' \to F_{f'} \in C^\infty(U, Y)$ telle que, $\forall f' \in E$, $\forall x \in X$, $\forall t \in [0, 1]$:

$$F_{f'}(x, 0) = F_f(x, t) = f(x) \quad \text{et} \quad F_{f'}(x, 1) = f'(x).$$

Pour cela, considérons Y comme une sous-variété fermée d'un espace euclidien $\mathbb{R}^p$ et soit Y' un voisinage tubulaire de Y dans $\mathbb{R}^p$: il existe une rétraction C^∞ $\Pi: Y' \to Y$ (voir par exemple: S. Lang, [1]). Soit γ' l'application C^∞:

$$Y \times Y \times [0, 1] \ni (u, v, t) \to t v + (1-t) u \in \mathbb{R}^p.$$

Si W est un voisinage assez petit de la diagonale de $Y \times Y$, on a $\gamma'(W \times [0, 1]) \subset Y'$. Posons $\gamma = \Pi \circ \gamma'$: γ est une application C^∞ de $W \times [0, 1]$ dans Y telle que:

$$\gamma(u, v, 0) \equiv u; \qquad \gamma(u, v, 1) \equiv v; \qquad \gamma(u, u, t) \equiv u.$$

Il suffit alors de choisir $E=\{f'\in C^\infty(X,Y)\,|\,\forall x\in X,\ (f(x),f'(x))\in W\}$ et, si $f'\in E$, $F_{f'}(x,t)\equiv\gamma(f(x),f'(x),t)$.

(2.3) *Construction des $G_{f'}$ et $H_{f'}$.* Nous procédons en trois étapes:

1ère étape: Soient $\Pi_X\colon U\to X$; $\Pi_Y\colon V\to Y$; $P_X\colon\tau(X)\to X$; $P_Y\colon\tau(Y)\to Y$ les projections canoniques et désignons par $\underline{f}$ l'application $U\ni(x,t)\to(f(x),t)\in V$. Posons $A=\mathscr{E}(V)$; $B=\mathscr{E}(U)$; $M_A=\phi(\Pi_Y)=\{\eta\in C^\infty(V,\tau(Y));\ P_Y\circ\eta=\Pi_Y\}$; $M_B=\phi(\Pi_X)=\{\xi\in C^\infty(U,\tau(X));\ P_X\circ\xi=\Pi_X\}$; $N_B=\phi(\Pi_Y\circ\underline{f})=\{\zeta\in C^\infty(U,\tau(Y));\ P_Y\circ\zeta=\Pi_Y\circ\underline{f}\}$.

On a donc un diagramme:

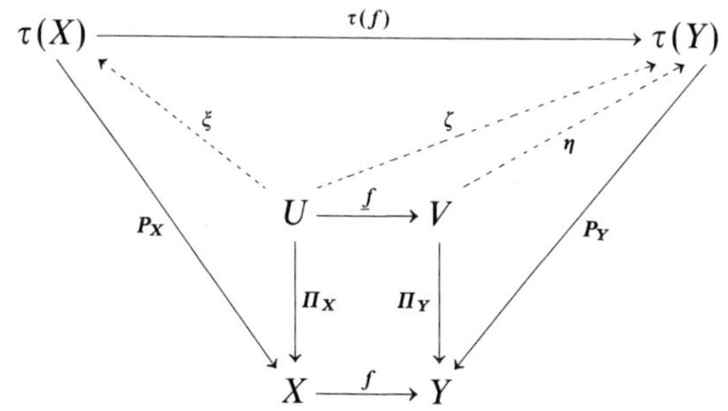

Pour tout $v\in V$, le localisé $M_A\otimes_A\mathscr{E}_v$ du A-module M_A au point v, est libre de rang $p=\dim(Y)$ sur $\mathscr{E}_v$; de même, si $u\in U$, les localisés $M_B\otimes_B\mathscr{E}_u$ et $N_B\otimes_B\mathscr{E}_u$ sont libres de rangs $n=\dim(X)$ et p respectivement sur $\mathscr{E}_u$. D'après l'appendice 5.1, M_A est un module de type fini sur A; M_B et N_B sont des modules de type fini sur B.

On définit un $\underline{f}^*$-homomorphisme $\alpha\colon M_A\ni\eta\to\eta\circ\underline{f}\in N_B$ et un B-homomorphisme $\beta\colon M_B\ni\xi\to\tau(f)\circ\xi\in N_B$. Si J_t est l'idéal de $B=\mathscr{E}(U)$ formé des fonctions nulles sur $X\times\{t\}=\underline{f}^{-1}(Y\times\{t\})$, l'hypothèse (2.1) équivaut à la suivante: $\forall t\in[0,1]$, $\alpha(M_A)+\beta(M_B)+J_t\cdot N_B=N_B$.

D'après le théorème IX.3.7:

$$\alpha(M_A)+\beta(M_B)=N_B. \tag{2.4}$$

2ème étape: Nous employons les notations du paragraphe IX.5. Considérons E (voisinage de f dans $C^\infty(X,Y)$, cf. 2.2) comme un espace métrique pointé par $e_0=f$; et soit $\underline{F}$ l'application continue: $E\ni f'\to\underline{F}_{f'}\in C^\infty(U,V)$, définie par $\underline{F}_{f'}(x,t)\equiv(F_{f'}(x,t),t)$; on a $\underline{F}_{e_0}=\underline{f}$.

Posons

$$A'=A^E;\quad B'=B^E;\quad M_{A'}={M_A}^E;\quad M_{B'}={M_B}^E;$$

$N_{B'}=\{\zeta\in C^\infty(U,\tau(Y))^E;\ \zeta$ admet un représentant $\tilde{\zeta}$ sur un voisinage E' de f dans E, tel que, $\forall f'\in E'$, $P_Y\circ\tilde{\zeta}_{f'}=\Pi_Y\circ\underline{F}_{f'}\}$. (Les espaces $A, B,\ldots$ sont munis de la topologie de la convergence uniforme des fonctions et de leurs dérivées sur tout compact.)

D'après la remarque 5.2, $M_{A'}$ est un A'-module de type fini; de même, on vérifie que $M_{B'}$ et $N_{B'}$ sont des B'-modules de type fini.

On définit un $\underline{F}^*$-homomorphisme α': $M_{A'} \to N_{B'}$ comme suit: si $\tilde{\eta}$ est un représentant de $\eta \in M_{A'}$ sur un voisinage E' de $e_0 = f$, $\alpha'(\eta)$ sera le germe en e_0 de l'application $E' \ni f' \to \tilde{\eta}_{f'} \circ \underline{F}_{f'} \in C^\infty(U, \tau(Y))$. De même, on définit un B'-homomorphisme β': $M_{B'} \to N_{B'}$: si $\tilde{\xi}$ est un représentant de $\xi \in M_{B'}$ sur un voisinage E' de e_0, $\beta'(\xi)$ sera le germe en e_0 de l'application:

$$E' \ni f' \to \beta'(\tilde{\xi})_{f'} \in C^\infty(U, \tau(Y)) \text{ où, } \quad \forall t \in [0,1], \ \beta'(\tilde{\xi})_{f',t} = \tau(F_{f',t}) \circ \tilde{\xi}_{f',t}.$$

Soient I', J' les noyaux respectifs des projections canoniques $A' = A^E \to A$; $B' = B^E \to B$. Visiblement,

$$M_{A'}/I' \cdot M_{A'} = M_A, \qquad M_{B'}/J' \cdot M_{B'} = M_B, \qquad N_{B'}/J' \cdot N_{B'} = N_B$$

et α, β sont les applications induites canoniquement par α', β'. Donc, d'après 2.4:

$$\alpha'(M_{A'}) + \beta'(M_{B'}) + J' \cdot N_{B'} = N_{B'}.$$

D'après le corollaire IX.5.7:

$$\alpha'(I' \cdot M_{A'}) + \beta'(J' \cdot M_{B'}) = J' \cdot N_{B'}. \tag{2.5}$$

3ème étape: Soit $\frac{dF}{dt}$ l'application de E dans $C^\infty(U, \tau(Y))$ définie, si $f' \in E$ et $t \in [0,1]$, par $\left(\frac{dF}{dt}\right)_{f',t} = \frac{\partial F_{f',t}}{\partial t}$. Puisque $F_f(x,t) \equiv f(x)$, $\left(\frac{dF}{dt}\right)(f) = 0$. On voit donc que le germe de $\frac{dF}{dt}$ en $e_0 = f$, appartient à $J' \cdot N_{B'}$. D'après (2.5) et en diminuant si nécessaire le voisinage E de f:

$$\frac{\partial F_{f',t}}{\partial t} = \tilde{\eta}_{f',t} \circ F_{f',t} + \tau(F_{f',t}) \circ \tilde{\xi}_{f',t} = \alpha_{F_{f',t}}(\tilde{\eta}_{f',t}) + \beta_{F_{f',t}}(\tilde{\xi}_{f',t}) \tag{2.6}$$

où $\tilde{\xi}$ et $\tilde{\eta}$ sont des applications continues de E dans $C^\infty(U, \tau(X))$ et $C^\infty(V, \tau(Y))$ respectivement, telles que:

$$\tilde{\eta}_f = 0; \quad \tilde{\xi}_f = 0 \tag{2.7}$$

et bien entendu: $P_Y \circ \tilde{\eta}_{f',t}(y) \equiv y$; $P_X \circ \tilde{\xi}_{f',t}(x) \equiv x$.

Quitte à multiplier $\tilde{\eta}$ par une fonction C^∞ sur Y, à support compact et valant 1 sur un voisinage de $f(X)$, on peut supposer (en diminuant E si nécessaire) que $\tilde{\eta}_{f',t}(y) = 0$ pour tout $f' \in E$, tout $t \in [0,1]$ et tout $y \in Y \setminus K$ où K est un compact de Y.

D'après (2.7) et le théorème d'existence et d'unicité pour les courbes intégrales d'un champ de vecteurs dépendant du temps, on voit qu'il existe (en diminuant E si nécessaire) des applications continues:

$$G: \quad E \ni f' \to G_{f'} \in C^{\infty}(U, X)$$
$$H: \quad E \ni f' \to H_{f'} \in C^{\infty}(V, Y)$$

telles que, $\forall t \in [0, 1]$ et $\forall f' \in E$:

$$G_{f',0} = G_{f,t} = 1_X \quad \text{et} \quad \frac{\partial G_{f',t}}{\partial t} = -\tilde{\xi}_{f',t} \circ G_{f',t}$$

$$H_{f',0} = H_{f,t} = 1_Y \quad \text{et} \quad \frac{\partial H_{f',t}}{\partial t} = \tilde{\eta}_{f',t} \circ H_{f',t} \tag{2.8}$$

$$G_{f',t} \in \mathrm{Diff}(X) \quad \text{et} \quad H_{f',t} \in \mathrm{Diff}(Y).$$

D'après (2.6), (2.8) et l'équivalence de (1.3.1) et (1.3.2), on a: $\forall t \in [0, 1]$ et $\forall f' \in E$:

$$f = H_{f',t}^{-1} \circ F_{f',t} \circ G_{f',t}.$$

Nous avons démontré que f est homotopiquement stable et donc, a fortiori, stable. □

3. La stabilité entraîne la stabilité infinitésimale

Posons $n = \dim(X)$; $p = \dim(Y)$. Soit $f: X \to Y$ une application stable; démontrons l'égalité:

$$\phi(f) = \alpha_f(\phi(Y)) + \beta_f(\phi(X)). \tag{3.1}$$

Soit y un point de Y et soit P un sous-ensemble fermé non vide de la fibre $f^{-1}(y)$ supposée elle-même non vide. Posons, avec les notations de IX.3:

$$A_y = \mathscr{E}_y(Y); \qquad B_P = \mathscr{E}_P(X); \qquad \underline{m}_y = r(A_y); \qquad \underline{m}_P = r(B_P);$$

$$\phi_P(f) = \phi(f) \otimes_{\mathscr{E}(X)} B_p; \quad \phi_P(X) = \phi(X) \otimes_{\mathscr{E}(X)} B_P; \quad \phi_y(Y) = \phi(Y) \otimes_{\mathscr{E}(Y)} A_y.$$

Soient $\alpha_P: \phi_y(Y) \to \phi_P(f)$; $\beta_P: \phi_P(X) \to \phi_P(f)$ les homomorphismes induits par α_f et β_f respectivement.

L'application f étant propre, il suffit de démontrer l'égalité (3.1) au voisinage de chaque fibre $f^{-1}(y)$ (on globalise à l'aide d'une partition de l'unité sur Y), i.e. de démontrer que:

$$\phi_{f^{-1}(y)}(f) = \alpha_{f^{-1}(y)}(\phi_y(Y)) + \beta_{f^{-1}(y)}(\phi_{f^{-1}(y)}(X)). \tag{3.2}$$

Pour tout sous-ensemble fini non vide P de $f^{-1}(y)$, nous démontrerons ultérieurement l'égalité:

$$\phi_P(f) = \alpha_P(\phi_y(Y)) + \beta_P(\phi_P(X)) + \underline{m}_y \cdot \phi_P(f) + \underline{m}_P^{p+1} \cdot \phi_P(f). \tag{3.3}$$

Supposons donc provisoirement (3.3) satisfaite pour tout $y \in Y$ et tout $P \subset f^{-1}(y)$ tel que $\operatorname{card}(P) \leqq p+1$, et démontrons (3.2). D'après le théorème IX.3.2, l'homomorphisme de A_y dans B_P induit par f^* est excellent. Puisque $\underline{m}_P$ est un idéal de type fini de B_P et $\phi_y(Y)$ un module libre de rang p sur l'anneau local A_y, d'après la remarque III.1.6:

$$\phi_P(f) = \alpha_P(\phi_y(Y)) + \beta_P(\phi_P(X)). \tag{3.4}$$

Soit P_y l'ensemble des points $x \in f^{-1}(y)$ tels que:

$$\phi_x(f) \supsetneqq \beta_x(\phi_x(X)).$$

On a card $(P_y) \leqq p$. Sinon, soit P un sous-ensemble de P_y tel que $\operatorname{card}(P) = p+1$. Visiblement:

$$d_P = \dim_{\mathbb{R}}\left(\phi_P(f)/\beta_P(\phi_P(X)) \otimes_{A_y} A_y/\underline{m}_y\right) \geqq p+1.$$

Mais, d'après (3.4), $\phi_y(Y)$ étant un module libre de rang p sur A_y: $d_P \leqq p$. On aboutit à une contradiction.

La preuve de (3.2) est alors immédiate. Soit $\zeta \in \phi_{f^{-1}(y)}(f)$ et désignons par $\tilde{\zeta} \in \phi(f)$ un représentant de ζ. D'après l'égalité (3.4) appliquée à P_y au lieu de P, on voit qu'il existe $\tilde{\eta} \in \phi(Y)$ et $\tilde{\xi} \in \phi(X)$ tels que:

$$\tilde{\zeta}_1 = \tilde{\zeta} - \alpha_f(\tilde{\eta}) - \beta_f(\tilde{\xi}) = 0$$

au voisinage de P_y. Donc $\tilde{\zeta}_1$ appartient localement au module $\beta_f(\phi(X))$ en tout point de la fibre $f^{-1}(y)$. Désignons par ζ_1 et ξ les germes induits en $f^{-1}(y)$ par $\tilde{\zeta}_1$ et $\tilde{\xi}$ respectivement; par η le germe induit en y par $\tilde{\eta}$. Une partition de l'unité sur X montre immédiatement que.

$$\zeta_1 \in \beta_{f^{-1}(y)}(\phi_{f^{-1}(y)}(X)).$$

Ainsi:

$$\zeta = \alpha_{f^{-1}(y)}(\eta) + \beta_{f^{-1}(y)}(\xi) + \zeta_1 \in \alpha_{f^{-1}(y)}(\phi_y(Y)) + \beta_{f^{-1}(y)}(\phi_{f^{-1}(y)}(X))$$

d'où l'égalité (3.2). Ainsi f est infinitésimalement stable.

En outre, nous avons démontré le résultat suivant:

Théorème 3.5. *Une application propre et C^∞ $f\colon X \to Y$ est stable si et seulement si, pour tout $y \in Y$ et tout sous-ensemble non vide P de $f^{-1}(y)$ tel que* $\operatorname{card}(P) \leqq p+1$ $(p = \dim(Y))$, *on a l'égalité:*

$$\phi_P(f) = \alpha_P(\phi_y(Y)) + \beta_P(\phi_P(X)) + \underline{m}_y \cdot \phi_P(f) + \underline{m}_P^{p+1} \cdot \phi_P(f).$$

Preuve de (3.3). Précisons d'abord quelques notations. Soit $\Delta = \{(y^1, \ldots, y^r) \in Y^r \mid y^1 = \cdots = y^r\}$ la diagonale de Y^r et soit ${}_r\Delta^q(X, Y)$ le sous-ensemble de ${}_r\mathrm{J}^q(X, Y)$ (cf. notations de VII.4) formé des r-jets qui se projettent sur ${}_rX \times \Delta$. Le groupe $\operatorname{Diff}(Y) \times \operatorname{Diff}(X)$ opère de manière naturelle sur ${}_r\Delta^q(X, Y)$: si $h \in \operatorname{Diff}(Y)$, $g \in \operatorname{Diff}(X)$, $z = (z^1, \ldots, z^r) \in {}_r\Delta^q(X, Y)$

et f^i est telle que $f_q^i(x^i)=z^i$, on pose:

$$(h,g)\cdot z=(z'^1,\dots,z'^r)$$

avec $z'^i=(h^{-1}\circ f^i\circ g)_q\big(g^{-1}(x^i)\big)$.

On munit ainsi ${}_r\Delta^q(X,Y)$ d'une structure de fibré différentiable sur ${}_rX\times\Delta$: la fibre type est $\mathscr{F}^q(n,p)^r$ et le groupe structural est $\mathrm{Diff}^q(p)\times \mathrm{Diff}^q(n)^r$ (cf. notations du VIII.3); l'action du groupe de Lie $\mathrm{Diff}^q(p)\times \mathrm{Diff}^q(n)^r$ sur $\mathscr{F}^q(n,p)^r$ étant donnée par:

$$(h;g_1,\dots,g_r)\cdot(z^1,\dots,z^r)=(h^{-1}\circ z^1\circ g_1,\dots,h^{-1}\circ z^r\circ g_r).$$

Une orbite $\mathsf{O}_z=\big(\mathrm{Diff}(Y)\times\mathrm{Diff}(X)\big)\cdot z$ est donc localement le produit d'un ouvert de ${}_rX\times\Delta$ par une orbite $\big(\mathrm{Diff}^q(p)\times\mathrm{Diff}^q(n)^r\big)\cdot\omega$, $\omega\in\mathscr{F}^q(n,p)^r$. D'après VIII.3.12, cette orbite est une sous-variété au sens faible (i.e. image d'une immersion injective) de $\mathscr{F}^q(n,p)^r$. En fait, on démontre que c'est une vraie sous-variété analytique de $\mathscr{F}^q(n,p)^r$ (cf. J. Mather [5], proposition 1.4). En conséquence, O_z est une sous-variété de ${}_r\Delta^q(X,Y)$.

D'après VII.4.4, l'ensemble des $f'\in C^\infty(X,Y)$ tels que ${}_rf'_q$ soit transverse à une orbite O_z est partout dense dans $C^\infty(X,Y)$. Cette orbite étant invariante par l'action du groupe $\mathrm{Diff}(Y)\times\mathrm{Diff}(X)$ et f étant stable, on voit que ${}_rf_q$ est également transverse à O_z.

Soit $P=\{x^1,\dots,x^r\}\subset f^{-1}(y)$ $(x^i\neq x^j$ si $i\neq j)$. Nous allons montrer que la transversalité de ${}_rf_q$ en $x=(x^1,\dots,x^r)$ à l'orbite O_z, $z=\big(f_q(x^1),\dots,f_q(x^r)\big)$, se traduit par la condition:

$$\phi_P(f)=\alpha_P\big(\phi_y(Y)\big)+\beta_P\big(\phi_P(X)\big)+\underline{m}_P^{q+1}\cdot\phi_P(f). \tag{3.6}$$

Visiblement, l'égalité (3.6) pour $q=p$, implique (3.3).

Soient J_x la fibre de $\mathsf{J}={}_r\mathsf{J}^q(X,Y)$ au dessus de x; O_x la fibre de $\mathsf{O}=\mathsf{O}_z$ au dessus de x. Il existe un isomorphisme naturel de $\mathbb{R}$-espaces vectoriels:

$$\tau_z(\mathsf{J}_x)\simeq\phi_P(f)/\underline{m}_P^{q+1}\cdot\phi_P(f) \tag{3.7}$$

défini comme suit:

Soient $\bar\zeta\in\phi_P(f)/\underline{m}_P^{q+1}\cdot\phi_P(f)$; ζ un élément de $\phi_P(f)$ se projetant sur $\bar\zeta$; $\tilde\zeta\in\phi(f)$ un représentant de ζ. Soit $\{f_t\colon X\to Y\}_{0\leqq t\leqq\varepsilon}$ une famille à un paramètre d'applications C^∞ de X dans Y telles que $f_0=f$ et $\left.\dfrac{\partial f_t}{\partial t}\right|_{t=0}=\tilde\zeta$. Alors:

$$\frac{\partial}{\partial t}\,{}_r(f_t)_q(x)|_{t=0}$$

est un élément de $\tau_z(\mathsf{J}_x)$ ne dépendant que de $\bar\zeta$. On identifie $\bar\zeta$ à cet élément.

Pour traduire la condition de transversalité, exprimons d'abord l'espace tangent en z à l'orbite O. Cet espace $\tau_z(\mathsf{O})$ est engendré sur $\mathbb{R}$ par deux types de vecteurs:

(i) Soient $\bar{\xi}\in\phi_P(X)/\underline{m}_P^{q+1}\cdot\phi_P(X)$; ξ un élément de $\phi_P(X)$ se projetant sur $\bar{\xi}$; $\tilde{\xi}\in\phi(X)$ un représentant de ξ à support compact. Soit $\{g_t\}$ le groupe à un paramètre engendré par $\tilde{\xi}$. Alors, le vecteur:

$$V_{\bar{\xi}}=\frac{\partial}{\partial t}\left[{}_r(f\circ g_t)_q\left(g_t^{-1}(x)\right)\right]\Big|_{t=0}$$

appartient à $\tau_z(\mathsf{O})$ et ne dépend que de $\bar{\xi}$.

En outre, si $\bar{\xi}\in\underline{m}_P\cdot\phi_P(X)/\underline{m}_P^{q+1}\cdot\phi_P(X)$, ce vecteur s'identifie à $\beta_P(\bar{\xi})=\beta_P(\xi)\bmod\underline{m}_P^{q+1}\cdot\phi_P(f)$, élément de $\tau_z(\mathsf{O}_x)\subset\tau_z(\mathsf{J}_x)$.

(ii) Soient $\bar{\eta}\in\phi_y(Y)/\underline{m}_y^{q+1}\cdot\phi_y(Y)$; η un élément de $\phi_y(Y)$ se projetant sur $\bar{\eta}$; $\tilde{\eta}\in\phi(Y)$ un représentant de η à support compact. Soit $\{h_t\}$ le groupe à un paramètre engendré par $\tilde{\eta}$. Alors, le vecteur:

$$V_{\bar{\eta}}=\frac{\partial}{\partial t}\,{}_r(h_t^{-1}\circ f)_q(x)\big|_{t=0}$$

appartient à $\tau_z(\mathsf{O}_x)\subset\tau_z(\mathsf{J}_x)$, ne dépend que de $\bar{\eta}$, et s'identifie d'ailleurs à

$$-\alpha_P(\bar{\eta})=-\alpha_P(\eta)\bmod\underline{m}_P^{q+1}\cdot\phi_P(f).$$

L'espace $\tau_z(\mathsf{J})$ est la somme directe:

$$\tau_z(\mathsf{J}_x)\oplus\mathrm{Im}\left(\tau_x({}_rf_q)\right).$$

Soit ω la projection: $\tau_z(\mathsf{J})\to\tau_z(\mathsf{J}_x)$. Visiblement, l'application ${}_rf_q$ sera transverse en x à O si et seulement si:

$$\omega\left(\tau_z(\mathsf{O})\right)=\tau_z(\mathsf{J}_x). \tag{3.8}$$

Puisque $V_{\bar{\eta}}\in\tau_z(\mathsf{J}_x)$:

$$\omega(V_{\bar{\eta}})=V_{\bar{\eta}}=-\alpha_P(\bar{\eta}).$$

En outre:

$$V_{\bar{\xi}}=\frac{\partial}{\partial t}\,{}_r(f\circ g_t)_q(x)\big|_{t=0}+\tau_x({}_rf_q)\left(\frac{\partial g_t^{-1}}{\partial t}(x)\big|_{t=0}\right).$$

Le premier terme du second membre est $\beta_P(\bar{\xi})$; quand au second, il appartient à $\ker\omega$. Ainsi:

$$\omega(V_{\bar{\xi}})=\beta_P(\bar{\xi}).$$

Compte-tenu de l'identification précédente, on a donc:

$$\omega\left(\tau_z(\mathsf{O})\right)=\frac{\alpha_P\left(\phi_y(Y)\right)+\beta_P\left(\phi_P(X)\right)+\underline{m}_P^{q+1}\cdot\phi_P(f)}{\underline{m}_P^{q+1}\cdot\phi_P(f)}. \tag{3.9}$$

D'après (3.7) et (3.9), la condition (3.8) équivaut à 3.6, ce qui achève la preuve. □

En outre, nous avons démontré le résultat suivant:

Théorème 3.10. *Soit f une application propre et C^∞ de X dans Y. Les conditions suivantes sont équivalentes:*

(1) *f est stable.*

(2) *Pour tout $r \leqq p+1$, ${}_rf_p$ est transverse sur toutes les orbites O de ${}_r\Delta^p(X, Y)$.*

(3) *Pour tout r et tout q, ${}_rf_q$ est transverse sur toutes les orbites O de ${}_r\Delta^q(X, Y)$.*

Remarque 3.11. De même que (3.6), l'égalité (3.3) est une condition de transversalité. Pour voir cela, associons à tout $z \in \mathsf{J}^q(X, Y)$ une $\mathbb{R}$-algèbre $Q(z)$ définie comme suit: soient $f' \in C^\infty(X, Y)$, $x \in X$, $y \in Y$ tels que $f'_q(x) = z$ et $f'(x) = y$; alors la $\mathbb{R}$-algèbre $Q(z) = \mathscr{E}_x(X)/\big(f'^*(\underline{m}_y) \cdot \mathscr{E}_x(X) + \underline{m}_x^{q+1}\big)$ ne dépend que de z.

Ceci posé, nous dirons que $(z^1, \ldots, z^r)$ et $(z'^1, \ldots, z'^r)$, éléments de ${}_r\Delta^q(X, Y)$, sont *équivalents* («contact équivalent» dans la terminologie de Mather), si, pour tout $i = 1, \ldots, r$, les $\mathbb{R}$-algèbres $Q(z^i)$ et $Q(z'^i)$ sont isomorphes. Soit O_z^* la classe d'équivalence de $z \in {}_r\Delta^q(X, Y)$. On voit facilement que O_z^* est un fibré sur ${}_rX \times \Delta$, localement isomorphe au produit d'un ouvert de ${}_rX \times \Delta$ par une orbite:

$$\big((G^q(n) \times \mathrm{Diff}^q(n)) \cdot \omega^1, \ldots, (G^q(n) \times \mathrm{Diff}^q(n)) \cdot \omega^r\big)$$

où: $(\omega^1, \ldots, \omega^r) \in \mathscr{F}^q(n, p)^r$ et $G = G\ell(p, \mathbb{R})$ (cf. notations de VIII.3); O_z^* est donc une sous-variété de ${}_r\Delta^q(X, Y)$.

Soit $P = \{x^1, \ldots, x^r\} \subset f^{-1}(y)$ ($x^i \neq x^j$ si $i \neq j$). Avec l'identification (3.7), la transversalité de ${}_rf_q$ en $x = (x^1, \ldots, x^r)$ à la classe d'équivalence O_z^*, $z = \big(f_q(x^1), \ldots, f_q(x^r)\big)$, se traduit par la condition:

$$\phi_P(f) = \alpha_P\big(\phi_y(Y)\big) + \beta_P\big(\phi_P(X)\big) + \underline{m}_y \cdot \phi_P(f) + \underline{m}_P^{q+1} \cdot \phi_P(f).$$

Ainsi, d'après 3.5:

Théorème 3.12. *Soit f une application propre et C^∞ de X dans Y. Les conditions suivantes sont équivalentes:*

(1) *f est stable.*

(2) *Pour tout $r \leqq p+1$, ${}_rf_p$ est transverse sur toutes les classes d'équivalence O^* de ${}_r\Delta^p(X, Y)$.*

(3) *Pour tout r et tout q, ${}_rf_q$ est transverse sur toutes les classes d'équivalence O^* de ${}_r\Delta^q(X, Y)$.*

4. Germes stables. Exemples

Signalons sans démonstrations les versions locales du théorème 1.5. Voici d'abord quelques définitions:

Définition 4.1. Soient $f, f' \in C^\infty(X, Y)$; $x, x' \in X$. Le germe f_x de f en x est *équivalent* au germe $f'_{x'}$ de f' en x', s'il existe un difféomorphisme C^∞ g d'un voisinage de x sur un voisinage de x' et un difféomorphisme C^∞ h d'un voisinage de $f(x)$ sur un voisinage de $f'(x')$, tels que:

$$f_x = h^{-1} \circ f'_{x'} \circ g.$$

L'équivalence de f_x et $f'_{x'}$ sera notée: $f_x \sim f'_{x'}$.

Définition 4.2. Soit $x \in X$. Le germe f_x d'une application $f \in C^\infty(X, Y)$ est *stable* si pour tout voisinage U de x, il existe un voisinage E de f dans $C^\infty(X, Y)$ tel que, pour tout $f' \in E$, il existe $x' \in U$ vérifiant: $f'_{x'} \sim f_x$.

Définition 4.3. Soit $x \in X$. Le germe f_x d'une application $f \in C^\infty(X, Y)$ est de *détermination finie*, s'il existe un entier q tel que, pour tout $f' \in C^\infty(X, Y)$ vérifiant $f_q(x) = f'_q(x)$, on ait: $f'_x \sim f_x$. (Comparer avec la notion de germe G-stable, chapitre VIII, paragraphe 3.)

Le théorème suivant (cf. J. Mather [3]) caractérise les germes stables et ceux de détermination finie:

Théorème 4.4. *Soient $x \in X$; $y \in Y$; $f \in C^\infty(X, Y)$ telle que $f(x) = y$. Le germe f_x est stable (resp. de détermination finie) si et seulement si l'application:*

$$\alpha_x + \beta_x \colon \phi_y(Y) \oplus \phi_x(X) \to \phi_x(f)$$

est surjective (resp. admet un conoyau de dimension réelle finie).

D'après la remarque III.1.6, l'application $\alpha_x + \beta_x$ est surjective (et donc f_x est stable) si et seulement si:

$$\phi_x(f) = \alpha_x(\phi_y(Y)) + \beta_x(\phi_x(X)) + \underline{m}_y \cdot \phi_x(f) + \underline{m}_x^{p+1} \cdot \phi_x(f). \qquad (4.4.1)$$

Visiblement, la condition (4.4.1) ne fait intervenir que le jet d'ordre $p+1$ $f_{p+1}(x)$; i.e., si $f' \in C^\infty(X, Y)$ est telle que $f_{p+1}(x) = f'_{p+1}(x)$, la stabilité de f_x implique la stabilité de f'_x et vice-versa. En outre, on a le résultat fondamental suivant (cf. J. Mather [4]):

Théorème 4.5. *Soient $f, f' \in C^\infty(X, Y)$; $x, x' \in X$, tels que f_x et $f'_{x'}$ soient stables. Alors, $f_x \sim f'_{x'}$ si et seulement si les $\mathbb{R}$-algèbres $Q(f_{p+1}(x))$ et $Q(f'_{p+1}(x'))$ sont isomorphes.* (*Voir* 3.11 *pour la définition de* $Q(z)$.)

4.6. Pour classifier les germes stables, à équivalencc près, on peut supposer que $X = \mathbb{R}^n$; $Y = \mathbb{R}^p$; $x = 0$; $y = 0$. Soit φ le germe de f à l'origine de $\mathbb{R}^n$ et posons: $Q_r(\varphi) = Q(f_r(0))$ pour tout $r \in \mathbb{N}$.

Visiblement, $\phi_x(f)=\mathscr{E}_n^p$; $\alpha_x(\phi_y(Y))$ est le sous-ensemble de $\mathscr{E}_n^p$ formé des $\eta\circ\varphi$, où $\eta\in\mathscr{E}_p^p$; $\beta_x(\phi_x(X))$ est le sous-module de $\mathscr{E}_n^p$ engendré par $\frac{\partial\varphi}{\partial x_1},\dots,\frac{\partial\varphi}{\partial x_n}$; $\underline{m}_y\cdot\phi_x(f)$ est le sous-module $(\varphi)\cdot\mathscr{E}_n^p$, où (φ) désigne l'idéal de $\mathscr{E}_n$ engendré par les composantes $\varphi_1,\dots,\varphi_p$ de φ. Identifiant $\mathbb{R}$ à l'ensemble des germes d'applications constantes, on a les inclusions:

$$\mathbb{R}^p\subset\alpha_x(\phi_y(Y))\subset\mathbb{R}^p+\underline{m}_y\cdot\phi_x(f).$$

Soient $\underline{m}$ l'idéal maximal de $\mathscr{E}_n$; $\frac{\partial\varphi}{\partial x}$ la matrice $\left(\frac{\partial\varphi}{\partial x_1},\dots,\frac{\partial\varphi}{\partial x_n}\right)$ identifiée à une application $\mathscr{E}_n$-linéaire de $\mathscr{E}_n^n$ dans $\mathscr{E}_n^p$. Compte-tenu des remarques précédentes, la condition (4.4.1) se traduit par l'égalité suivante:

$$\mathscr{E}_n^p=\operatorname{Im}\left(\frac{\partial\varphi}{\partial x}\right)+\mathbb{R}^p+\left((\varphi)+\underline{m}^{p+1}\right)\cdot\mathscr{E}_n^p$$

i.e. sachant que $Q_p(\varphi)=\mathscr{E}_n/(\varphi)+\underline{m}^{p+1}$, par la condition:

(4.6.1) Le conoyau de l'application $\overline{\frac{\partial\varphi}{\partial x}}: Q_p(\varphi)^n\to Q_p(\varphi)^p$ *induite par* $\frac{\partial\varphi}{\partial x}$ *est engendré sur* $\mathbb{R}$ *par les constantes* (*i.e. par l'image de l'application canonique de* $\mathbb{R}^p$ *dans* $Q_p(\varphi)^p$).

Soit k le rang de l'application linéaire tangente à φ à l'origine. On peut trouver des systèmes de coordonnées C^∞ à l'origine de $\mathbb{R}^n$ et à l'origine de $\mathbb{R}^p$, de sorte que φ soit de la forme suivante:

$$\varphi_j(x)=x_j \quad \text{pour } 1\leqq j\leqq k$$

et

$$\varphi_i(x)=u_i(x_{k+1},\dots,x_n)+\sum_{j=1}^{k}x_j\cdot v_i^j(x_{k+1},\dots,x_n)+w_i$$

pour $k+1\leqq i\leqq p$, avec

$$u_i(0)=\frac{\partial u_i}{\partial x_{k+1}}(0)=\dots=\frac{\partial u_i}{\partial x_n}(0)=v_i^j(0)=0;$$

w_i appartient à l'idéal engendré dans $\mathscr{E}_n$ par les $x_{j'}\cdot x_j$ $(1\leqq j', j\leqq k)$; les u_i et v_i^j appartiennent à l'anneau $\mathscr{E}_{n-k}$ des germes de fonctions numériques C^∞ en la variable $x'=(x_{k+1},\dots,x_n)$.

Posons $u=(u_{k+1},\dots,u_p)$; $v^j=(v_{k+1}^j,\dots,v_p^j)$ et soit (u) l'idéal engendré par $u_{k+1},\dots,u_p$ dans $\mathscr{E}_{n-k}$. Si $\underline{m}_{n-k}$ désigne l'idéal maximal de $\mathscr{E}_{n-k}$, l'injection canonique: $\mathscr{E}_{n-k}\to\mathscr{E}_n$ induit visiblement pour tout r, un isomorphisme de $\mathbb{R}$-algèbres:

$$Q_r(u)=\mathscr{E}_{n-k}/(u)+\underline{m}_{n-k}^{r+1}\simeq\mathscr{E}_n/(\varphi)+\underline{m}^{r+1}=Q_r(\varphi). \qquad (4.6.2)$$

Posons $\frac{\partial u}{\partial x'} = \left(\frac{\partial u}{\partial x_{k+1}}, \ldots, \frac{\partial u}{\partial x_n}\right)$; $v=(v^1, \ldots, v^k)$. Compte-tenu des isomorphismes (4.6.2), l'application $\overline{\frac{\partial \varphi}{\partial x}}$ s'identifie à l'application $\overline{M}$ de $Q_p(u)^n$ dans $Q_p(u)^p$ induite par la matrice:

$$\begin{pmatrix} I & 0 \\ v & \frac{\partial u}{\partial x'} \end{pmatrix}$$

(I désigne la matrice unité $k \times k$).

La condition (4.6.1) sera donc satisfaite (i.e. le conoyau de $\overline{M}$ sera engendré par les constantes) si et seulement si le conoyau de l'application $\frac{\partial \bar{u}}{\partial x'}$: $Q_p(u)^{n-k} \to Q_p(u)^{p-k}$ est engendré sur $\mathbb{R}$ par $v^1, \ldots, v^k$ et les constantes (la vérification est laissée au lecteur). En résumé:

Le germe φ est stable si et seulement si $v^1, \ldots, v^k$ et les constantes engendrent sur $\mathbb{R}$ le quotient de $Q_p(u)^{p-k}$ par le sous-module engendré sur $\mathscr{E}_{n-k}$ par $\frac{\partial u}{\partial x_{k+1}}, \ldots, \frac{\partial u}{\partial x_n}$. En outre, (d'après 4.5 et 4.6.2), la classe d'équivalence du germe stable φ ne dépend que de la classe d'isomorphisme de la $\mathbb{R}$-algèbre $Q_{p+1}(u)$.

4.7. Exemples de germes stables

Exemple 4.7.1: $k=n-1$ et $p \geqq n$.

L'algèbre $Q_{p+1}(u)$ est alors un quotient de $\mathscr{E}_1/\underline{m}_1^{p+2} \simeq \mathbb{R}[[x_n]]/(x_n^{p+2})$. Cherchons une forme canonique du germe stable φ tel que $Q_{p+1}(u) = \mathbb{R}[[x_n]]/(x_n^{h+1})$ (donc $1 \leqq h \leqq p+1$).

Choisissons $u_n = x_n^{h+1}$; $u_i = 0$ si $i > n$. Le quotient de $Q_p(u)^{p-n+1}$ par le sous-module engendré par $\frac{\partial u}{\partial x_n}$ s'identifie à

$$\mathbb{R}[[x_n]]/(x_n^h) \oplus (\mathbb{R}[[x_n]]/(x_n^{h+1}))^{p-n}.$$

On peut donc choisir φ comme suit:

$$\varphi_i(x) = x_i \quad \text{si } 1 \leqq i \leqq n-1,$$

$$\varphi_n(x) = x_n^{h+1} + \sum_{j=1}^{h-1} x_j \cdot x_n^j,$$

$$\varphi_i(x) = \sum_{j=0}^{h-1} x_{j+(i-n)h} \cdot x_n^{j+1} \quad \text{si } n+1 \leqq i \leqq p$$

sous la condition: $h-1+(p-n)h \leqq n-1$, i.e.

$$h(p-n+1) \leqq n.$$

Donc, si $p \geqq 2n$, il n'existe pas de germes stables du type précédent. Par contre, si $p=n$, il existe exactement n germes stables (à équivalence près), correspondant aux cas $h=1, \ldots, n$.

Les singularités du type précédent furent d'abord étudiées par H. Whitney (cas $n=p=2$; cf. Whitney [3]) et B. Morin (cf. Morin [1]).

Exemple 4.7.2: $k=p-1$ et $p<n$.

Tout germe stable est alors (à équivalence près) de la forme:

$$\varphi_i(x)=x_i \quad \text{si } 1 \leqq i \leqq p-1,$$

$$\varphi_p(x)=u(x_p, \ldots, x_n)+\sum_{j=1}^{p-1} x_j \cdot v^j(x_p, \ldots, x_n) \qquad \text{où } u \in \underline{m}_{n-k}^2$$

et $v^1, \ldots, v^{p-1}$ forment une famille de générateurs de l'espace vectoriel réel $\underline{m}_{n-k}/(J_1(u)+\underline{m}_{n-k}^{p+1})$ ($J_1(u)$ est l'idéal engendré par u, $\frac{\partial u}{\partial x_p}, \ldots, \frac{\partial u}{\partial x_n}$ dans $\mathscr{E}_{n-k}$).

Par exemple, on peut choisir:

$$\varphi_p(x)=-\sum_{j=p}^{\lambda} x_j^2+\sum_{j=\lambda+1}^{n-1} x_j^2+x_n^{p+1}+\sum_{j=1}^{p-1} x_j \cdot x_n^j$$

où λ est un entier compris entre p et $n-1$. Cette singularité a d'abord été étudiés par *B.* Morin [1] et généralise le lemme de Morse (cas $p=1$).

Pour d'autres exemples, voir J. Mather [6].

4.8. Exemples d'applications stables

Soit $f\colon X \to Y$ une application de classe C^∞, propre et stable. Signalons tout d'abord quelques propriétés de f:

4.8.1: Pour tout $x \in X$, le germe f_x est stable (évident, d'après les définitions d'un germe stable et d'une fonction stable).

4.8.2: Soient $y \in Y$; $x^1, \ldots, x^r$ des points distincts de la fibre $f^{-1}(y)$.

Le théorème de transversalité VII.4.2′ et l'hypothèse de stabilité sur f entraînent que l'application $f \times \cdots \times f\colon X^r \to Y^r$ est transverse en $(x^1, \ldots, x^r)$ à la diagonale de Y^r, i.e.:

$$\tau_y(Y)^r=\Delta+\sum_{i=1}^{r} T_i$$

où Δ désigne la diagonale de $\tau_y(Y)^r$ et T_i est le sous-espace de $\tau_y(Y)^r$ formé des vecteurs $(V_1, \ldots, V_r)$ tels que $V_j=0$ si $j \neq i$ et $V_i \in f_*(\tau_{x^i}(X))$. Cela équivaut à l'égalité suivante:

$$\dim \tau_y(Y)^r=\dim \Delta+\dim\left(\sum_{i=1}^{r} T_i\right)-\dim\left(\Delta \cap \sum_{i=1}^{r} T_i\right)$$

i.e.
$$pr=p+\sum_{i=1}^{r}\dim\big(f_*(\tau_{x^i}(X))\big)-\dim\Big(\bigcap_{i=1}^{r} f_*(\tau_{x^i}(X))\Big)$$

soit en regardant les codimensions dans $\tau_y(Y)$:
$$\operatorname{codim}\Big(\bigcap_{i=1}^{r} f_*(\tau_{x^i}(X))\Big)=\sum_{i=1}^{r}\operatorname{codim}\big(f_*(\tau_{x^i}(X))\big). \qquad (4.8.2.1)$$

Cette dernière égalité signifie que *les espaces vectoriels* $f_*(\tau_{x^i}(X))$ *sont en position générale.*

Une application de classe C^∞ $f: X\to Y$ telle que la condition (4.8.2.1) soit satisfaite pour tout $y\in Y$ et tout sous-ensemble fini $\{x^1,\dots,x^r\}$ ($x^i\neq x^j$ si $i\neq j$) de la fibre $f^{-1}(y)$, sera dite *normale.* Visiblement, si f est normale:

– $\operatorname{card} f^{-1}(y)\leqq p/p-n$ si $p>n$.

– si $p\leqq n$ et si Σ_y est l'ensemble des points de $f^{-1}(y)$ en lesquels f n'est pas une submersion: $\operatorname{card}\Sigma_y\leqq p$.

4.8.3. D'après VII.4.8, le théorème de transversalité et l'hypothèse de stabilité sur f:

L'ensemble des points $x\in X$ *en lesquels le rang de* $\tau_x(f)$ *est égal à* k *est une sous-variété* C^∞ *de* X, *de codimension* $(p-k)(n-k)$. *En particulier, si* $(p-k)(n-k)>n$, *cet ensemble est vide.*

Terminons par quelques exemples d'applications stables.

Exemple 4.8.4: Submersions et Immersions.

Toute submersion propre est stable (en effet, l'application β_P: $\phi_P(X)\to\phi_P(f)$ est alors surjective et il suffit d'appliquer 3.5). De même, *toute immersion propre et normale est stable* (on vérifie facilement le critère 3.5; la preuve est laissée au lecteur).

Exemple 4.8.5: Cas $p>2n$.

Soit f une application propre et stable; d'après 4.8.3, f est une immersion (car $p\geqq 2n$); d'après 4.8.2, f est normale, donc injective (car $p>2n$). Les applications propres et stables sont donc les immersions propres et injectives.

Exemple 4.8.6: Cas $p=2n$.

Les applications propres et stables sont les immersions propres et normales (donc $\operatorname{card} f^{-1}(y)\leqq 2$ pour tout $y\in Y$).

Exemple 4.8.7: Cas $3n<2p$; $p<2n$.

Soit f une application propre et stable.

Par hypothèse: $2(p-n+2)>n$; d'après 4.8.3, le rang de f_* en tout point $x\in X$ est $\geqq n-1$. Si le rang de f_* en un point x est $n-1$, le germe f_x est équivalent à la singularité de l'exemple 4.7.1 correspondant à $h=1$ (c'est en effet la seule singularité qui convienne à l'hypothèse $3n<2p$).

En outre, f est normale. L'hypothèse $3n<2p$ entraîne donc l'inégalité $\operatorname{card} f^{-1}(y) \leqq 2$ pour tout $y \in Y$.

Enfin, si x^1 et x^2 sont deux points de X tels que $f(x^1)=f(x^2)$, une application immédiate du théorème de transversalité montre que f_{x^1} et f_{x^2} sont des immersions.

Réciproquement, une application propre f vérifiant les trois conditions précédentes, est stable.

Exemple 4.8.8: Cas $3n=2p$.

Les conditions sont les mêmes que les précédentes. Toutefois, l'hypothèse $3n=2p$ entraîne simplement l'inégalité $\operatorname{card} f^{-1}(y) \leqq 3$ pour tout $y \in Y$.

Exemple 4.8.9: Cas $p=1$.

Une fonction propre et stable f est une fonction de Morse (car les fonctions de Morse forment un ouvert partout dense de $C^\infty(X, Y)$, d'après VII.4.8); en outre, f est normale, i.e. la restriction de f à l'ensemble des points critiques de f est injective.

Réciproquement, une fonction de Morse propre et normale est stable, car elle vérifie le critère 3.5.

Dans tous les exemples précédents, la stabilité est générique, i.e. les fonctions propres et stables forment un ouvert dense de l'ensemble des applications propres. Toutefois, il existe des valeurs de n et p pour lesquelles la stabilité n'est pas générique (voir Mather [6]).

Bibliographie: Thom et Levine [1]: ce cours de R. Thom est à l'origine de la théorie de Mather; Mather [2] à [6]; Morin [1]; Boardman [1]; Arnold [1]; C.T.C. Wall [1].

5. Appendice

Si A désigne un anneau et M un A-module, on note $g_A(M)$ le nombre minimum de générateurs de M sur A.

Soient X une variété de classe C^∞, de dimension n; $\mathscr{E}$ le faisceau des germes de fonctions numériques, de classe C^∞ sur X.

Proposition 5.1. *Soit $\mathscr{M}$ un $\mathscr{E}$-module de type fini et supposons qu'il existe un entier p tel que, $\forall x \in X$, $g_{\mathscr{E}_x}(\mathscr{M}_x) \leqq p$. Alors $g_{\mathscr{E}(X)}(\mathscr{M}(X)) \leqq (n+1)p$.*

Preuve. Par hypothèse, tout point x de X possède un voisinage ouvert U_x tel que $g_{\mathscr{E}(U_x)}(\mathscr{M}(U_x)) \leqq p$. D'après la théorie de la dimension, il existe un recouvrement localement fini de X par des ouverts U_i, $i \in I$, tels que:

a) Chaque U_i rencontre au plus $n+1$ ouverts U_j.

b) Chaque U_i est contenu dans un ouvert U_x.

Soit $J \subset I$. Considérons la famille de tous les sous-ensembles K de J tels que, $\forall i,\ j \in K,\ i \neq j,\ U_i \cap U_j = \emptyset$. Soit $p(J)$ un élément maximal de cette famille.

Posons $I_1 = p(I)$ et définissons par récurrence sur m,

$$I_m = p\big(I \smallsetminus (I_1 \cup \cdots \cup I_{m-1})\big).$$

Par construction, si $m' < m$ et $i \in I_m$, il existe $i' \in I_{m'}$, tel que $U_{i'} \cap U_i \neq \emptyset$. D'après a), on a donc $I_{n+2} = \emptyset$ et $X = \bigcup_{m=1}^{n+1} X_m$, où l'on pose $X_m = \bigcup_{i \in I_m} U_i$.

D'après b), $\mathcal{M}(U_i)$ est engendré sur $\mathcal{E}(U_i)$ par des sections en nombre p. L'ouvert X_m étant une réunion disjointe d'ouverts U_i, le module $\mathcal{M}(X_m)$ sera donc engendré sur $\mathcal{E}(X_m)$ par p sections $\psi_{m,1}, \ldots, \psi_{m,p}$. On a d'ailleurs $\mathcal{M}(X_m) \simeq \mathcal{M}(X) \otimes_{\mathcal{E}(X)} \mathcal{E}(X_m)$ et l'on voit facilement, en utilisant le lemme V.6.1, que la section $\psi_{m,j}$ peut s'écrire sous la forme $\psi_{m,j} = \varphi_{m,j} \otimes \lambda_{m,j}$, où $\varphi_{m,j} \in \mathcal{M}(X)$ et $\lambda_{m,j} \in \mathcal{E}(X_m)$. Puisque $X = \bigcup_{m=1}^{n+1} X_m$, $\mathcal{M}(X)$ est engendré sur $\mathcal{E}(X)$ par les sections $\varphi_{m,j}$, $1 \leqq m \leqq n+1$, $1 \leqq j \leqq p$. □

Remarque 5.2. Avec les hypothèses de 5.1, supposons en outre que $\mathcal{M}$ est un faisceau localement libre. Alors $\mathcal{M}(X)$ est un module projectif sur $\mathcal{E}(X)$. Si $\eta_1, \ldots, \eta_s$ est une famille de générateurs de $\mathcal{M}(X)$, il existe donc une application $\mathcal{E}(X)$-linéaire: $\mathcal{M}(X) \ni \eta \to (\varphi_1(\eta), \ldots, \varphi_s(\eta)) \in \mathcal{E}(X)^s$ telle que $\eta = \sum_{i=1}^{s} \varphi_i(\eta) \cdot \eta_i$.

Munissons $\mathcal{E}(X)$, $\mathcal{M}(X)$ de la topologie de la convergence uniforme des fonctions et de leurs dérivées sur tout compact, et soit E un espace topologique. Toute application continue: $E \ni e \to \eta(e) \in \mathcal{M}(X)$ est de la forme:

$$e \to \sum_{i=1}^{s} \varphi_i\big(\eta(e)\big) \cdot \eta_i$$

où les applications $e \to \varphi_i\big(\eta(e)\big)$ sont continues. *Si l'espace topologique E est pointé, le module $\mathcal{M}(X)^E$ est donc engendré sur $\mathcal{E}(X)^E$ par les germes d'applications constantes:*

$$e \to \eta_1, \ldots, e \to \eta_s.$$

Bibliographie

Abraham, R., Robbin, J.: [1] Transversal mappings and flows. Benjamin 1967.

Arnold, V. I.: [1] Singularities of smooth mappings. Russian Math. Surveys 1–43 (1969).

Artin, M.: [1] On the solutions of analytic equations. Invent. Math. **5**, 277–291 (1968).

Boardman, J. M.: [1] Singularities of differentiable maps. Publ. Math. I.H.E.S. **33**, 21–57 (1967).

Bochnak, J., Łojasiewicz, S.: [1] A converse of the Kuiper-Kuo theorem. Liverpool Symposium on singularities of smooth manifolds and maps. Springer lecture notes 192.

Bourbaki, N.: [1] Algèbre commutative, chap. I et II; – [2] Algèbre commutative, chap. III et IV.

Buchsbaum, D., Rim, D.: [1] A generalized Koszul complex II. Trans. Amer. Math. Soc. **111**, 197–224 (1964).

Glaeser, G.: [1] Etude de quelques algèbres tayloriennes. J. An. Math. Jerusalem **6**, 1–124 (1958); – [2] Fonctions composées différentiables. Ann. of Math. **77**, 193–209 (1963).

Gunning, R., Rossi, H.: [1] Analytic functions of several complex variables. Prentice-Hall series in modern analysis (1965).

Herve, M.: [1] Several complex variables, Local theory. Oxford: Univ. Press 1963.

Hörmander, L.: [1] On the division of distributions by polynomials. Ark. Mat. **3**, 555–568 (1958).

Kuiper, N. H.: [1] C^1-equivalence of functions near isolated critical points. Symposium infinite dimensional topology, Baton Rouge 1967.

Kuo, T. C.: [1] On C^0-sufficiency of jets of potential functions. Topology **8**, 167–171 (1969); – [2] Criteria for V-sufficiency of jets.

Lang, S.: [1] Introduction to differentiable manifolds. New York: John Wiley & Sons, Inc. 1962.

Lassalle, G.: [1] Une démonstration du théorème de division pour les fonctions différentiables. Topology.

Łojasiewicz, S.: [1] Sur le problème de la division. Studia Math. **8**, 87–136 (1959) [or Rozprawy Matematyczne **22** (1961)]; – [2] Whitney fields and Malgrange-Mather preparation theorem. Liverpool symposium on singularities of smooth manifolds and maps. Springer lecture notes 192.

Malgrange, B.: [1] Ideals of differentiable functions. Oxford: Univ. Press 1966; – [2] Division des distributions, Seminaire L. Schwartz 1959/60, exposés 21–25; – [3] Le théorème de préparation en géométrie différentiable. Séminaire H. Cartan, 1962/63, exposés 11, 12, 13, 22; – [4] Une remarque sur les idéaux de fonctions différentiables. Invent. Math. **9**, 279–283 (1970).

Mather, J.: [1] Stability of C^∞ mappings, I: The division theorem. Ann. of Math. **87**, 89–104 (1968); – [2] Stability of C^∞ mappings, II: Infinitesimal stability implies stability. Ann. of Math. **89**, 254–291 (1969); – [3] Stability of C^∞ mappings, III: Finitely determined map germs. Publ. Math. I.H.E.S. **35**, 127–156 (1968); – [4] Stability of C^∞ mappings, IV: Classification of stable germs by $\mathbb{R}$-algebras. Publ. Math. I.H.E.S. **37**,

223–248 (1969); – [5] Stability of C^∞ mappings, V: Transversality. Advances in Math. **4**, No. 3, June 1970; – [6] Stability of C^∞ mappings, VI: The nice dimensions. Proceedings of Liverpool Singularities. Springer lecture notes 192; – [7] On Nirenberg's proof of Malgrange's preparation theorem. Proceedings of Liverpool singularities. Springer lecture notes 192; – [8] Smooth solutions of linear equations; – [9] Notes on topological stability. Lecture notes, Harvard University (1970).

Mityagin, B.: [1] Approximate dimension and bases in nuclear spaces. Russian Math. Surveys **16**, 59–128 (1961).

Morin, B.: [1] Forme canonique des singularités d'une application différentiable. C.R. Acad. Sci. Paris **260**, 5 · 662–5 · 665 et 6 · 503–6 · 506 (1965).

Narasimhan, R.: [1] Introduction to the theory of analytic spaces. Springer lecture notes 25.

Nirenberg, L.: [1] A proof of the Malgrange preparation theorem. Proceedings of Liverpool singularities. Springer lecture notes 192.

Northcott, D.G.: [1] An introduction to homological algebra. Cambridge: Univ. Press 1960.

Palomodov, V.P.: [1] La structure des idéaux de polynômes et de leurs quotients dans les espaces de fonctions C^∞ [en Russe]. Dokl. Akad. Nauk SSSR **141** (6), 1302–1305 (1961).

Sard, A.: [1] The measure of critical values of differentiable maps. Bull. Amer. Math. Soc. **48**, 883–890 (1942).

Seeley, R.: [1] Extension of C^∞ functions defined in a half space. Proc. Amer. Math. Soc. **15**, 625–626 (1964).

Seidenberg, A.: [1] A new decision method for elementary algebra. Ann. of Math. (2) **60**, 365–374 (1954).

Serre, J.P.: [1] Algèbre locale, multiplicités. Lecture notes in mathematics, 11 (1965).

Thom, R.: [1] Un lemme sur les applications différentiables. Bol. Soc. Mat. Mexicana (1956), 59–71; – [2] On some ideals of differentiable functions. J. Math. Soc. Japan **19**, No. 2, 255–259 (1967).

Thom, R., Levine, H.: [1] Singularities of differentiable mappings. Bonn. Math. Schr. **6** (1959).

Tougeron, J.Cl.: [1] Faisceaux différentiables quasi-flasques. C.R. Acad. Sci. Paris **260**, 2971–2973 (1965); – [2] Idéaux de fonctions différentiables, I. Ann. Inst. Fourier **18**, 177–240 (1968); – [3] $\mathscr{G}$-stabilité des germes d'applications différentiables.

Tougeron, J.Cl., Merrien, J.: [1] Idéaux de fonctions différentiables, II. Ann. Inst. Fourier **20**, 179–233 (1970).

Wall, C.T.C.: [1] Lectures on C^∞-stability and classification. Proceedings of Liverpool singularities. Springer lecture notes 192.

Whitney, H.: [1] Analytic extensions of differentiable functions defined in closed sets. Trans. Amer. Math. Soc. **36**, 63–89 (1934); – [2] On ideals of differentiable functions. Amer. J. Math. **70**, 635–658 (1948); – [3] On singularities of mappings of euclidean spaces, I. Ann. of Math. **62**, 347–410 (1955).

Zariski, O., Samuel, P.: [1] Commutative algebra, I and II. Van Nostrand 1958/1960.

Index terminologique

Ergebnisse der Mathematik und ihrer Grenzgebiete

1. Bachmann: Transfinite Zahlen
2. Miranda: Partial Differential Equations of Elliptic Type
4. Samuel: Méthodes d'Algèbre Abstraite en Géométrie Algébrique
5. Dieudonné: La Géométrie des Groupes Classiques
6. Roth: Algebraic Threefolds with Special Regard to Problems of Rationality
7. Ostmann: Additive Zahlentheorie. 1. Teil: Allgemeine Untersuchungen
8. Wittich: Neuere Untersuchungen über eindeutige analytische Funktionen
11. Ostmann: Additive Zahlentheorie. 2. Teil: Spezielle Zahlenmengen
13. Segre: Some Properties of Differentiable Varieties and Transformations
14. Coxeter/Moser: Generators and Relations for Discrete Groups
15. Zeller/Beckmann: Theorie der Limitierungsverfahren
16. Cesari: Asymptotic Behavior and Stability Problems in Ordinary Differential Equations
17. Severi: Il teorema di Riemann-Roch per curve-superficie e varietà questioni collegate
18. Jenkins: Univalent Functions and Conformal Mapping
19. Boas/Buck: Polynomial Expansions of Analytic Functions
20. Bruck: A Survey of Binary Systems
21. Day: Normed Linear Spaces
23. Bergmann: Integral Operators in the Theory of Linear Partial Differential Equations
25. Sikorski: Boolean Algebras
26. Künzi: Quasikonforme Abbildungen
27. Schatten: Norm Ideals of Completely Continuous Operators
28. Noshiro: Cluster Sets
30. Beckenbach/Bellman: Inequalities
31. Wolfowitz: Coding Theorems of Information Theory
32. Constantinescu/Cornea: Ideale Ränder Riemannscher Flächen
33. Conner/Floyd: Differentiable Periodic Maps
34. Mumford: Geometric Invariant Theory
35. Gabriel/Zisman: Calculus of Fractions and Homotopy Theory
36. Putnam: Commutation Properties of Hilbert Space Operators and Related Topics
37. Neumann: Varieties of Groups
38. Boas: Integrability Theorems for Trigonometric Transforms
39. Sz.-Nagy: Spektraldarstellung linearer Transformationen des Hilbertschen Raumes
40. Seligman: Modular Lie Algebras
41. Deuring: Algebren
42. Schütte: Vollständige Systeme modaler und intuitionistischer Logik
43. Smullyan: First-Order Logic
44. Dembowski: Finite Geometries
45. Linnik: Ergodic Properties of Algebraic Fields
46. Krull: Idealtheorie
47. Nachbin: Topology on Spaces of Holomorphic Mappings
48. A. Ionescu Tulcea/C. Ionescu Tulcea: Topics in the Theory of Lifting
49. Hayes/Pauc: Derivation and Martingales
50. Kahane: Séries de Fourier Absolument Convergentes
51. Behnke/Thullen: Theorie der Funktionen mehrerer komplexer Veränderlichen
52. Wilf: Finite Sections of Some Classical Inequalities
53. Ramis: Sous-ensembles analytiques d'une variété banachique complexe
54. Busemann: Recent Synthetic Differential Geometry
55. Walter: Differential and Integral Inequalities

56. Monna: Analyse non-archimédienne
57. Alfsen: Compact Convex Sets and Boundary Integrals
58. Greco/Salmon: Topics in $\mathfrak{m}$-Adic Topologies
59. López de Medrano: Involutions on Manifolds
60. Sakai: C*-Algebras and W*-Algebras
61. Zariski: Algebraic Surfaces
62. Robinson: Finiteness Conditions and Generalized Soluble Groups, Part 1
63. Robinson: Finiteness Conditions and Generalized Soluble Groups, Part 2
64. Hakim: Topos annelés et schémas relatifs
65. Browder: Surgery on Simply-Connected Manifolds
66. Pietsch: Nuclear Locally Convex Spaces
67. Dellacherie: Capacités et processus stochastiques
68. Raghunathan: Discrete Subgroups of Lie Groups
69. Rourke/Sanderson: Introduction to Piecewise-Linear Topology
70. Kobayashi: Transformation Groups in Differential Geometry
71. Tougeron: Idéaux de fonctions différentiables